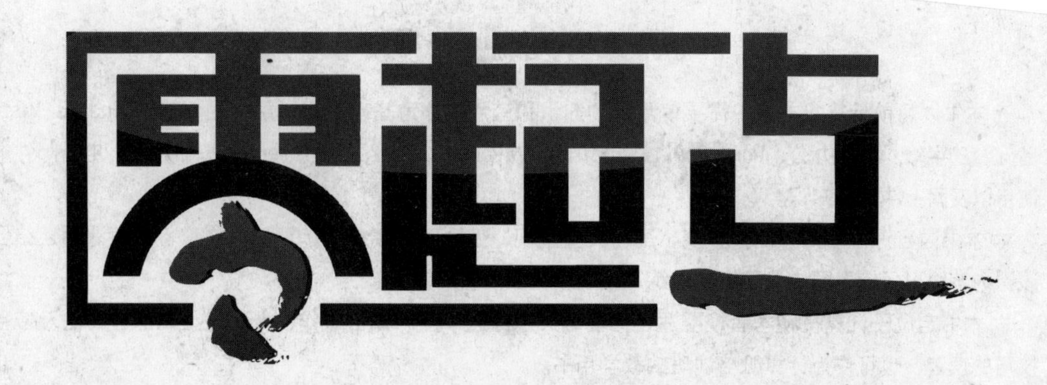

Windows Vista, Word/Excel/PowerPoint 2007与Internet五合一培训教程

卓越科技 编著

電子工業出版社
Publishing House of Electronics Industry
北京•BEIJING

内 容 简 介

本书以目前计算机办公中需要使用到的知识和应用软件为基础进行讲解，主要包括Windows Vista基础、汉字输入法与办公、Word 2007、Excel 2007、PowerPoint 2007、Internet基础知识、电子邮件的使用以及网上冲浪等知识。

本书内容深入浅出、图文并茂，配有大量直观、生动而且实用的计算机操作实例，每课后还结合该课内容给出了练习题，让读者通过练习进一步巩固所学的知识。

本书定位于计算机初学者，既适合无基础又想快速掌握计算机操作、办公、上网操作方法及应用技巧的读者，也可作为计算机培训班的教学用书。

图书在版编目（CIP）数据

Windows Vista，Word/Excel/PowerPoint 2007与Internet五合一培训教程 / 卓越科技编著.
—北京：电子工业出版社，2010.8
（零起点）
ISBN 978-7-121-11103-7

Ⅰ.①W… Ⅱ.①卓… Ⅲ.①电子计算机—技术培训—教材 Ⅳ.①TP3

中国版本图书馆CIP数据核字（2010）第111403号

责任编辑：李云静
印　　刷：北京天宇星印刷厂
装　　订：三河市皇庄路通装订厂
出版发行：电子工业出版社
　　　　　北京市海淀区万寿路173信箱　　邮编：100036
开　　本：787×1092　1/16　　印张：20　　字数：512千字
印　　次：2010年8月第1次印刷
定　　价：35.00元

凡所购买电子工业出版社图书有缺损问题，请向购买书店调换。若书店售缺，请与本社发行部联系，联系及邮购电话：（010）88254888。

质量投诉请发邮件至zlts@phei.com.cn，盗版侵权举报请发邮件至dbqq@phei.com.cn。

服务热线：（010）88258888。

前　　言

随着计算机技术和通信技术的迅猛发展，计算机的应用已深入到了人们生活与工作的各个层面，操作计算机成为人们必须掌握的一项基本技能。Windows Vista操作系统和Office 2007办公软件正是众多读者需要掌握的操作系统和办公软件，也因此得到了广泛应用。

本书定位

本书定位于计算机初学者，以一个计算机初学者的学习过程来安排各个知识点，并融入大量操作技巧，让读者能学到最实用的知识，迅速成为操作Windows Vista系统、Office 2007软件的高手。本书特别适合各类培训学校、大专院校、中职中专作为相关课程的教材使用，也可供计算机初学者、在校学生、办公人员学习和参考。

本书主要内容

本书共15课，从内容上可分为5部分，各部分主要内容如下。

- **第1部分（第1课至第4课）**：主要讲解Windows Vista操作系统的相关知识，包括Windows Vista基本操作、在Windows Vista中输入字符的方法、文件与文件夹的操作与管理、使用Windows Vista附带的程序，以及安装与卸载应用程序等知识。
- **第2部分（第5课至第7课）**：主要讲解Word 2007的入门知识，包括Word 2007的基本操作、编辑文档和插入图形对象等知识。
- **第3部分（第8课至第10课）**：主要讲解Excel 2007的入门知识，包括Excel 2007的基本操作、输入和编辑数据、计算数据等知识。
- **第4部分（第11课至第12课）**：主要讲解PowerPoint 2007的入门知识，包括PowerPoint 2007的基本操作、插入超链接及设置动画效果等知识。
- **第5部分（第13课至第15课）**：主要讲解计算机上网的相关知识，包括浏览网页、搜索与下载资源、网上聊天和收发电子邮件等知识。

本书特点

本书从计算机基础教学实际出发，设计了一个“**本课目标+知识讲解+上机练习+疑难解答+课后练习**”的教学结构，每课均按此结构编写。该结构各板块的编写原则如下。

- **本课目标**：包括本课要点、具体要求和本课导读三个栏目。“本课要点”列出本课的重要知识点，“具体要求”列出对读者的学习建议，“本课导读”描述本课将讲解的内容在全书中的地位以及在实际应用中有何作用。

- **知识讲解**：为教师授课而设置，其中每个二级标题下分为“知识讲解”和“典型案例”两部分。“知识讲解”讲解本节涉及的知识点，“典型案例”结合“知识讲解”部分的内容设置相应上机示例，对本课重点、难点内容进行深入练习。
- **上机练习**：为课堂实践而设置，包括2~3个上机练习题，并给出各题的最终效果或结果以及操作思路，读者可通过此环节对本课内容进行实际操作。
- **疑难解答**：将本课学习过程中读者可能会遇到的常见问题，以一问一答的形式体现出来，解答读者可能产生的疑问，以便进一步提高。
- **课后练习**：为进一步巩固本课知识而设置，包括选择题、问答题和上机题几种题型，各题目与本课内容密切相关。

其中，“知识讲解”环节中还穿插了“注意”、“说明”和“技巧”等小栏目。“注意”用于提醒读者需要特别关注的知识，“说明”用于对正文知识进行解释或进一步延伸，“技巧”则用于指点捷径。

图书资源文件

对于本书讲解过程中涉及的资源文件（素材文件与效果图等），请访问博文视点公司网站（www.broadview.com.cn）的“资源下载”栏目查找并下载。

本书作者

本书的作者均已从事计算机教学及相关工作多年，拥有丰富的教学经验和实践经验，并已编写出版过多本计算机相关书籍。参与本书编写工作的人员有刘红涛、杨秀鸿、刘思雨、刘芳、吴娟、李娜、王伟、李正辉、李丽雯、范娜、刘文静、李秋锋、刘丽君、黄伟、范燕。我们相信，一流的作者奉献给读者的将是一流的图书。

由于作者水平有限，书中疏漏和不足之处在所难免，恳请广大读者及专家不吝赐教。

目　录

第1课　Windows Vista基础知识

第2课　Windows Vista的设置与管理

第3课　汉字输入法

第1课

Windows Vista基础知识

本课要点

认识Windows Vista
Windows Vista的基本操作

具体要求

Windows Vista的硬件支持环境
Windows Vista的启动
Windows Vista的桌面
鼠标应用基础
键盘应用基础
鼠标和键盘的配合应用
退出Windows Vista
认识【计算机】窗口
窗口的基本操作
【资源管理器】窗口
使用【开始】菜单
创建快捷方式图标
菜单的操作
对话框的操作
应用程序的基本操作

本课导读

操作系统是完成计算机中基本任务的系统软件，目前最流行的操作系统是Windows操作系统，本书将以Windows Vista为例进行讲解。

1.1 认识Windows Vista

和以往的Windows操作系统相比，Windows Vista操作系统的界面和功能都有了巨大的变化，同时系统的稳定性和安全性也有了前所未有的提高。

1.1.1 知识讲解

如果计算机使用的是Windows Vista操作系统，打开计算机后将进入该操作系统，此时看到的是其桌面，随后进行的操作将由用户通过鼠标或键盘来完成，使用完后应退出操作系统。

1. Windows Vista的硬件支持环境

Windows Vista对计算机硬件的要求比之前的版本有了一定的提高，其最低硬件配置要求如表1.1所示。

表1.1 Windows Vista最低硬件配置要求

名称	配置要求
CPU	1GHz
内存	512MB
硬盘	6GB可用空间

此外，Windows Vista对显卡有比较高的要求，需要支持DirectX 9.0版本、显存在128MB以上、支持Pixel Shader 2.0和WDDM、32位真彩色的显卡才可以获得较好的显示效果和使用某些特有功能。当然，如果达不到要求也可以运行Windows Vista，只是显示效果不会太好，并且某些功能无法使用。

2. Windows Vista的启动

在计算机中安装好Windows Vista后，即可将其启动，具体操作如下：

步骤01 首先打开外设（也就是主机以外的其他设备，如显示器、打印机等）的电源开关。

步骤02 打开主机上的电源开关，系统开始自动对计算机中的一些重要硬件设备（如内存、显卡和键盘等）进行检测，确认各设备工作正常后将系统的引导权交给操作系统。

步骤03 稍后将出现登录界面，单击其中的用户名图标，如图1.1所示。

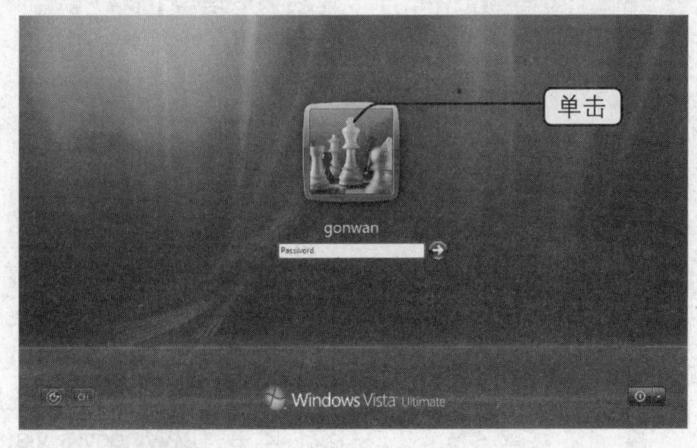

图1.1 登录界面

步骤04 在文本框中输入密码。

步骤05 单击文本框右侧的按钮或者按【Enter】键，启动Windows Vista系统。

3. Windows Vista的桌面

成功启动Windows Vista操作系统后，将出现如图1.2所示的画面，这就是Windows Vista的默认桌面。用户可以设置桌面的各种属性，使其变得更加漂亮，图1.3所示是经过设置后的桌面。

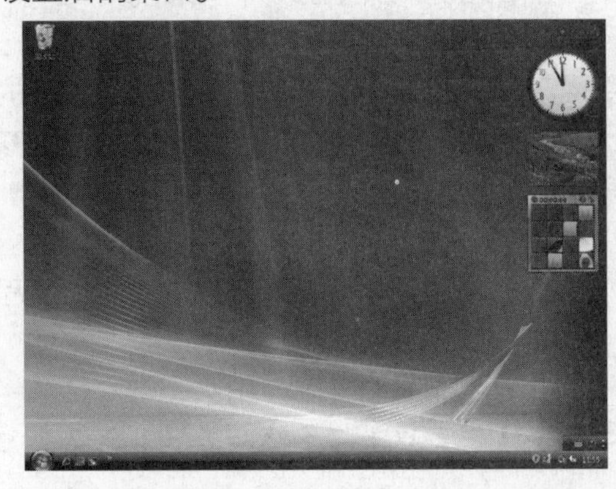

图1.2 显示桌面

图1.3 经过设置后的桌面

桌面用来放置操作计算机时最常用的“物品”，如【计算机】图标、【回收站】图标、常用应用程序的快捷方式、文件及文件夹等。简单地说，“桌面”就是用键盘和鼠标控制计算机的工作环境，是用户使用计算机开展工作的场所。

Windows Vista的桌面主要包括桌面背景、桌面图标、任务栏和边栏（有关边栏的详细介绍可参见2.1.1节）等几个组成部分，具体如下所述。

1）桌面背景

桌面背景是操作系统为用户提供的一个图形界面，其作用是美化桌面的外观，用户可通过设置更换不同的背景效果。

2）桌面图标

桌面上的每个图标都指向一个程序、文件或文件夹等，用鼠标指针双击（鼠标的相关操作参见1.1.1节的第4小节）某个图标即可启动相应的程序或打开相应的文件/文件夹。但在第一次登录系统时，只在桌面的右下角显示【回收站】图标，其他图标是通过用户手动添加或在程序安装时自动生成的。

【回收站】用于暂时存放用户删除的文件或文件夹。当删除文件或文件夹时，系统并不是立即将其从硬盘中清除，而是先放到“回收站”里。这样做的好处是，如果用户后悔删除了它们，还可以通过“回收站”将其恢复。当确实不再需要它们时，可以清空回收站将其永久删除。

在桌面上的某些图标中包含一个箭头，如，这些图标被称为快捷图标，因为它们是程序、文件或文件夹的快捷方式，而非程序、文件或文件夹本身，将其放到桌面上是为了在启动程序或打开文件时更加方便。

3）任务栏

默认情况下任务栏位于桌面的最下方，它是一个长条形区域，其组成结构如图1.4所示。

图1.4 任务栏

通过任务栏可进行相关任务的操作。任务栏主要包括【开始】按钮、快速启动栏、窗口显示区域、语言栏和系统通知区域等部分。各个组成部分的含义如下所述。

【开始】按钮

与以往的操作系统不同，【开始】按钮变成了一个Windows图标按钮，但是该按钮的功能和以前版本中的【开始】按钮是一样的，单击它就会显示【开始】菜单，单击【开始】菜单中的某个选项即可启动对应的系统程序或应用程序。

快速启动栏

位于【开始】按钮的右侧，里面有一些小图标，单击某个图标，可以启动相应的程序。若单击图标，可快速显示桌面。

如果Windows Vista的任务栏上没有显示快速启动栏，要将其显示出来，可在任务栏的空白处单击鼠标右键，在弹出的快捷菜单中执行【工具栏】→【快速启动】命令，如图1.5所示，就可以打开快速启动栏。

窗口显示区域

每打开一个窗口后，窗口显示区域就会显示该窗口的任务按钮，颜色为黑色，表示该窗口为当前操作的窗口。

语言栏

语言栏是一个浮动的工具条，语言栏可以帮助用户选择使用哪种输入法进行文字录入。单击其中的小键盘图标按钮，在弹出的菜单中可选择当前要使用的输入法，如图1.6所示。

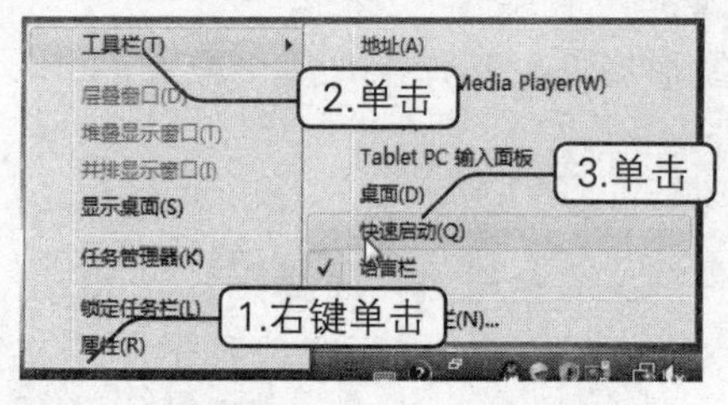

图1.5 快捷菜单

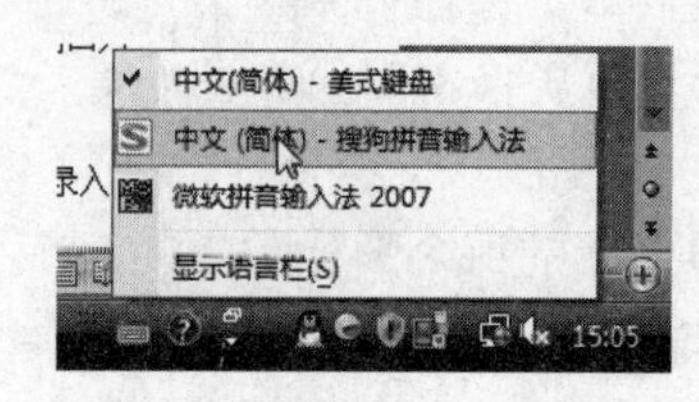

图1.6 选择输入法

单击语言栏中的【还原】按钮可以将语言栏移动到桌面上，并且用户可以拖动语言栏到桌面的任何位置，再次单击【最小化】按钮，就可以将语言栏最小化到任务栏中。

系统通知区域

其中包括“时钟”、“音量”以及一些后台运行的程序的图标，如病毒防护程序等。

4. 鼠标应用基础

使用计算机，通常需要使用鼠标，通过拖动鼠标或单击鼠标按键可实现对计算机的各种控制操作。

鼠标的名字缘于其形状像一只老鼠，如图1.7所示。经过多年的发展，鼠标已经从最早的两键发展到现在的三键了。所谓三键鼠标其实就是在鼠标的中间添加了一个滚轮，如图1.8所示，通过上下拨动滚轮可以实现屏幕显示内容滚动的功能。

图1.7　鼠标

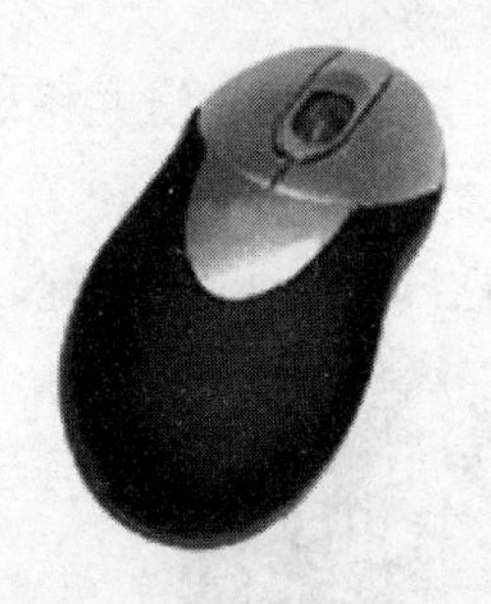

图1.8　三键鼠标

要学会使用鼠标，必须正确掌握手握鼠标的姿势。首先将右手放在鼠标上，大拇指自然放在鼠标左侧，无名指和小拇指放在鼠标的右侧，食指放在左键上，中指放在右键上，当需要使用滚轮的时候，再移动食指到滚轮上，上下拨动即可，如图1.9所示。

鼠标对计算机的控制操作是通过鼠标指针来完成的。下面我们介绍鼠标的基本操作，主要包括移动、指向、单击、双击、间隔单击、右击、滚动和拖动等。

移动

用手握住鼠标在鼠标垫或电脑桌上移动，此时鼠标的箭头光标也会随之在显示屏幕上同步移动。

指向

把鼠标指针移到某一操作对象上，通常会激活对象或显示该对象的有关提示信息，如图1.10所示。

单击

用食指按下左键，然后快速放开，主要用来选定目标，如图1.11所示。

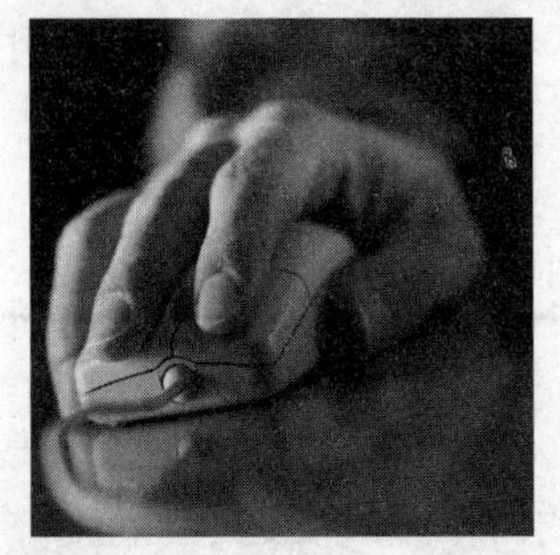

图1.9　鼠标握法

图1.10　指向对象

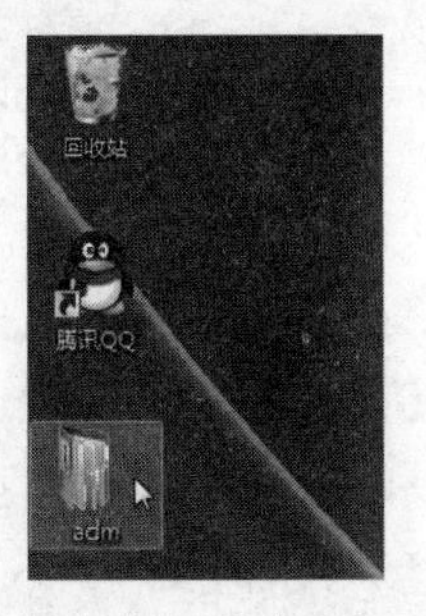

图1.11　单击鼠标

双击

用食指快速地连续两次按下左键，其目的是运行程序或打开文件。

间隔单击

在完成第一次单击后等待1～2秒再进行一次单击，此操作主要用于修改文件或文件夹的名称，如图1.12所示。有时间隔单击可以对某些软件进行特殊操作。

右击

用中指按下鼠标右键，其目的是打开系统中的快捷菜单，如图1.13所示。

拖动

用食指按下鼠标左键并移动鼠标，如图1.14所示。

滚动

用食指上下滚动鼠标滚轮，在浏览网页或查看Word文件时经常用到这一操作。

图1.12 间隔单击

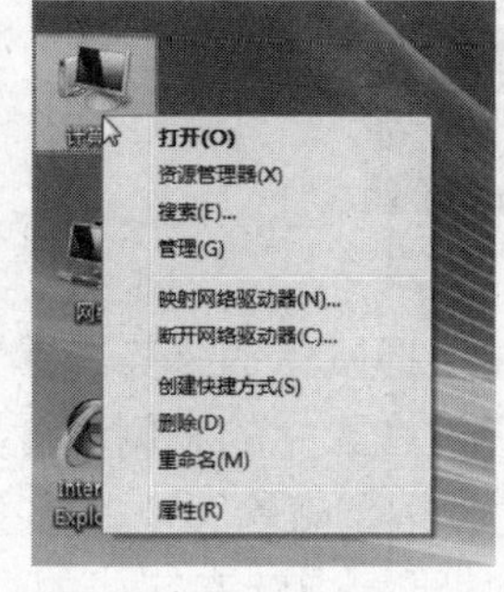

图1.13 右击鼠标

图1.14 拖动对象

在使用鼠标进行上述操作或系统处于不同的工作状态时，鼠标指针会呈现出不同的形态。表1.2列举了鼠标指针的几种常见形态及其所代表的含义。

表1.2 鼠标指针形态与含义

指针形态	含义
↖	表示Windows Vista准备接受用户输入命令
↖○	表示Windows Vista正处于忙碌状态
○	表示系统处于忙碌状态，正在处理较复杂的任务，用户需要等待
I	此光标出现在文本编辑区，表示此处可输入文本内容
👆	表示鼠标光标所在的位置是一个超链接
⇔ ⇕	鼠标光标处于窗口的边缘时出现该形态，此时拖动鼠标即可改变窗口大小
⤡ ⤢	鼠标光标处于窗口的四角时出现该形态，拖动鼠标可同时改变窗口的高度和宽度
✥	这种鼠标光标在移动对象时出现，拖动鼠标可移动该对象
+	表示鼠标此时将做精确定位，常出现在制图软件中
⊘	鼠标所在的按钮或某些功能不能使用
↖?	鼠标光标变为此形态时单击某个对象可以得到与之相关的帮助信息

5. 键盘应用基础

和鼠标一样，键盘是人和计算机进行交流的工具。在操作Windows Vista系统时，不仅许多时候需要输入文字、数字和字符，而且绝大多数的命令都需要通过键盘来输入，这就要求人们熟悉键盘的操作。键盘按照各键功能的不同，分为6个区：主键盘区、功能键区、编辑控制键区、小键盘区、电源控制键区和状态指示灯区，如图1.15所示。

图1.15 键盘分布

1）功能键区

功能键区位于键盘的顶端，排列成一行，包括【Esc】键和【F1】~【F12】键。其中【Esc】键常用于取消当前正在执行的操作或返回原菜单，而【F1】~【F12】键主要用于快速实现某一功能，各个键的功能因软件的不同而不同，但在大多数程序窗口中按【F1】键可以获取该程序的帮助信息。

2）电源控制键区

电源控制键区位于编辑控制键区的上面，包括【Wake Up】键、【Sleep】键和【Power】键，按【Wake Up】键可将计算机从待机状态中唤醒；按【Sleep】键可将计算机置于待机状态；按【Power】键可关闭计算机电源。

3）状态指示灯区

状态指示灯区位于小键盘区上方，主要包括【Num Lock】、【Caps Lock】和【Scroll Lock】3个提示灯，分别用于提示小键盘工作状态、大小写状态以及滚屏锁定状态。【Num Lock】灯亮时表示小键盘处于数字输入状态；【Caps Lock】灯亮时表示正处于大写英文输入状态；【Scroll Lock】灯亮时表示正处于滚屏锁定状态。

4）主键盘区

主键盘区是键盘上最重要、使用率最高的区域，主要用于英文、汉字、数字和符号等的输入，该区包括字母键、数字键、符号键、控制键和Windows功能键，如图1.16所示。

图1.16　主键盘区

字母键、数字键和符号键分别用于输入相应的内容，需要注意的是，数字键与符号键的键位上有两种不同的字符，这类键被称为双字符键，上面的符号称为上挡字符，下面的称为下挡字符。单独按下这些键，将输入下挡字符；如果按住【Shift】键不放再按这些键，将输入上挡字符。

下面介绍主键盘区中各控制键的作用。

- **空格键：**该键位于主键盘区的下方，是键盘上最长的键，键面上通常无任何标记。按下该键将在光标位置处产生一个空字符，同时光标向右移动一个字符位置。
- **【Tab】键：**也称制表键，它位于键盘字母键的左侧，常用于在文字处理中对齐文本。【Tab】键上也有两种不同符号，默认情况按该键，光标会向右移动一个制表位的距离；若按住【Shift】键不放再按此键，光标会向左移动一个制表位的距离。
- **【Caps Lock】键：**又称大写字母锁定键，用于大、小写字母输入状态的切换。
- **【Ctrl】键：**在主键盘区的左下角和右下角各有一个，通常与其他键配合使用，在不同的应用软件中其作用也不一样。
- **【Shift】键：**又称上挡键，它主要用于辅助输入双字符键中的上挡符号，即具有在上下挡符号之间转换的功能。为了方便左右手的输入习惯，键盘上提供了两个【Shift】键，它们分别位于主键盘区的左右两侧，其功能完全相同。

- **【Alt】键：**该键主要与其他键配合使用，如在应用程序中按【Alt+F4】组合键可退出程序。
- **【BackSpace】键：**也称退格键，它位于主键盘区的右上角，当出现输入错误时按该键可删除光标左侧的字符，此时光标将向左移动一个字符位置。
- **Windows功能键：**包括⊞键和▤键，⊞键又被称为【开始菜单】键或【Win】键，主键盘区的左右两侧均有一个，按下该键可打开【开始】菜单；▤键又被称为快捷菜单键，位于主键盘区的右下角，按下该键可打开相应的快捷菜单，其功能相当于单击鼠标右键。
- **【Enter】键：**也称回车键，它具有确认并执行输入的命令的功能，在文字输入时按该键可进行换行。

5）编辑控制键区

编辑控制键区位于主键盘区和小键盘区之间，主要用于在文本编辑过程中对光标进行控制。其中各按键的功能如下。

- **【Print Screen Sys Rq】键：**又称屏幕复制键，在Windows Vista操作系统中按下该键可将当前整个屏幕的内容以图片形式复制下来，按【Ctrl+V】组合键可把屏幕图片粘贴到Word等文件中使用；按【Alt+Print Screen Sys Rq】组合键，则将当前窗口的内容以图片形式复制下来。
- **【Scroll Lock】键：**又称屏幕锁定键，在自动滚屏显示时按该键可停止屏幕的滚动。
- **【Pause Break】键：**又称暂停键，在启动计算机时的系统自检过程中，按下该键可以起到暂停的作用。
- **【Insert】键：**也称插入键，该键可以切换插入和改写状态。处于【插入】状态时，在光标处输入字符，光标右侧的内容将后移；处于【改写】状态时，输入的内容将自动替换原来光标右侧的内容。
- **【Home】键：**按下该键，光标将快速移至文本当前行的行首。
- **【Page Up】键：**又称向前翻页键。按下此键，可以翻至文档上一页。
- **【Page Down】键：**又称向后翻页键。按下此键，可以翻至文档下一页。
- **【End】键：**按下该键，光标将快速移至当前行的行尾。
- **【↑】、【↓】、【←】、【→】键：**统称光标键，按下某键可将光标往箭头所指的方向移动一个字符位置。
- **【Delete】键：**也称删除键，用于删除所选对象，在Word等字处理软件中每按一次该键，将删除光标位置右边的一个字符，后面的所有字符将向左移动一个字符位置。

6）小键盘区

小键盘区又被称为数字小键盘区，它位于键盘的最右侧，主要用于快速输入数字及进行光标移动控制，在银行系统和财务会计等领域应用非常广泛。该区的数字键也是双字符键，通过【Num Lock】键可在其上下挡字符输入状态之间切换，当状态指示灯区的【Num Lock】灯亮时，只能输入上挡符号，反之则只能输入下挡符号。

6. 鼠标和键盘的配合应用

通常情况下，用户在操作计算机时鼠标和键盘的操作是分开的，即操作鼠标时不操作键盘，操作键盘时不操作鼠标。如果两手同时操作鼠标和键盘，可提高工作效率。例如，按住【Ctrl】键不放，同时单击鼠标左键，可以选中多个对象。

7. 退出Windows Vista

完成对计算机的操作后，需要关闭计算机，这时就要退出Windows Vista。退出的方法是：单击屏幕左下角的Windows图标按钮，打开【开始】菜单，单击【开始】菜单右下角的右箭头图标，在弹出的菜单中单击【关机】选项，如图1.17所示。等待片刻后计算机就自动关闭了，关闭界面如图1.18所示。

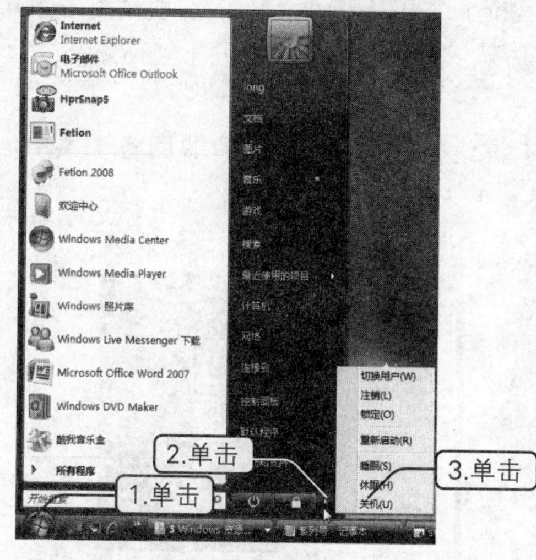

图1.17 选择【关机】选项

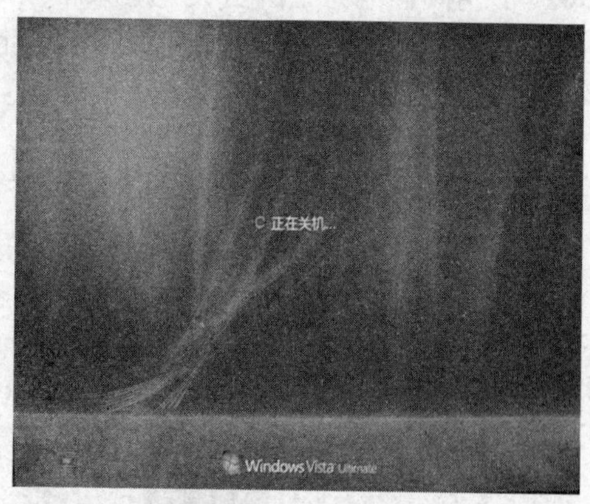

图1.18 关闭界面

为了保证系统运行的稳定性，我们可以根据不同的需要选择不同的安全退出方式，如重新启动、关机、待机、注销以及休眠等。

在关闭或重新启动计算机前，应关闭所有打开的文件和应用程序，否则可能导致数据的丢失或程序被破坏。

1.1.2 典型案例——使用鼠标和键盘浏览【开始】菜单

在Windows Vista操作系统中，键盘和鼠标是最常使用的设备，对计算机的绝大部分操作都通过它们来完成，因此本案例将以使用鼠标和键盘浏览【开始】菜单为例，练习这两种常用输入设备的使用方法。

操作思路：

步骤01 启动并进入Windows Vista后，按键盘上的快捷键，弹出【开始】菜单。

步骤02 使用鼠标展开【开始】菜单中的各子菜单并进行浏览。

步骤03 按【Esc】键来收回各子菜单。

操作步骤

步骤01 启动计算机，进入Windows Vista操作系统。

步骤02 按主键盘区左下角的【Win】键，弹出【开始】菜单。

步骤03 在弹出的菜单上移动鼠标光标，当其指向【所有程序】命令时，该命令呈蓝色显示，停留片刻后，系统自动弹出其子菜单。

步骤04 在弹出的子菜单中单击【Microsoft Office】选项，打开其下级子菜单，如图1.19所示。

步骤05 将鼠标光标移至【Microsoft Office Word 2007】选项上，该选项没有子菜单，因此稍等片刻系统将弹出提示信息，显示该选项的含义，如图1.20所示。

步骤06 使用同样的方法浏览其他子菜单或命令。

步骤07 浏览完成后，按键盘左上角的【Esc】键或将鼠标往回移动，收回各子菜单，最后收回整个【开始】菜单。

图1.19 浏览【开始】菜单

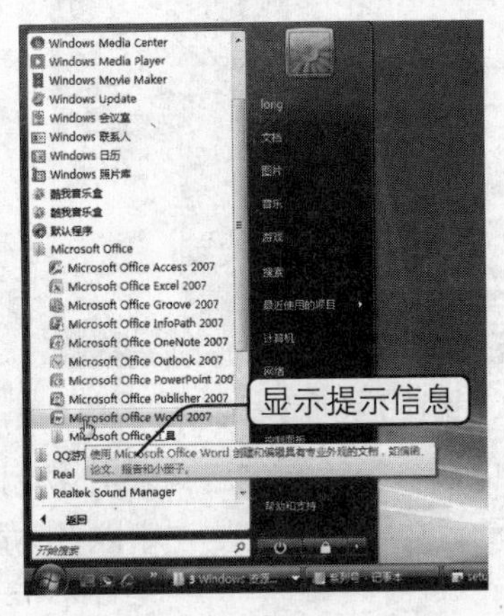

图1.20 显示命令的含义

案例小结

本案例既练习了鼠标和键盘的使用方法，又初步认识了【开始】菜单的组成，为后面的学习打下了基础。读者可使用同样的方法浏览【开始】菜单中的其他选项或命令。

1.2 Windows Vista的基本操作

在认识了Windows Vista以及熟悉了键盘和鼠标的使用方法后，下面将着重讲解Windows Vista的一些基本操作。

1.2.1 知识讲解

Windows Vista的基本操作包括【计算机】窗口的操作、资源管理器的操作、桌面图标的操作、菜单的操作和对话框的操作等。

1. 认识【计算机】窗口

窗口是Windows Vista操作系统中最为重要的对象之一，是用户与计算机进行“交流”的场所。双击桌面上的【计算机】图标可打开【计算机】窗口，通过它可对存储在计算机中的所有资料进行管理和操作。【计算机】窗口的组成部分如图1.21所示。

默认情况下，在安装Windows Vista后并不会在桌面上显示【计算机】图标，要想将其显示在桌面上，可打开【开始】菜单，在【计算机】选项上单击鼠标右键，在弹出的快捷菜单中单击【在桌面上显示】命令即可，如图1.22所示。在【开始】菜单中选择【计算机】选项，可以打开【计算机】窗口。

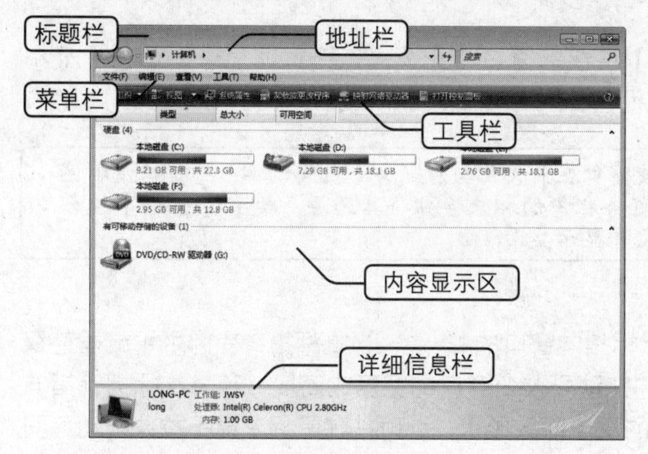

图1.21 【计算机】窗口

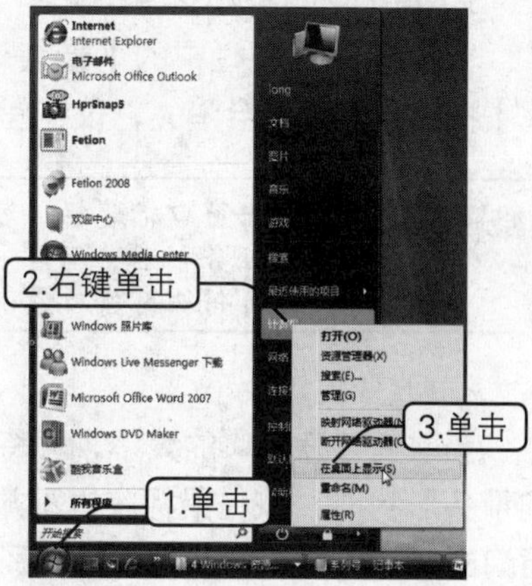

图1.22 选择【在桌面上显示】命令

在Windows Vista中打开一个程序、文件或文件夹时都将打开对应的窗口，虽然窗口的样式多种多样，但其组成结构大致相同，下面就以【计算机】窗口为例进行讲解。

1）标题栏

标题栏位于窗口的顶部，在其左端显示了当前所打开对象的名称。通过标题栏右端的【最小化】、【最大化】/【向下还原】和【关闭】3个窗口控制按钮，可以对窗口进行相应的操作。

2）地址栏

用于显示文件或者文件夹的具体位置，并且可以在后面的搜索栏中输入关键字进行搜索。

3）菜单栏

此区域显示了各个菜单项，其中包含了可以对文件进行操作的所有命令。

4）工具栏

在此不仅可以设置【计算机】窗口的样式，而且可以设置文件的显示方式，还能打开相应的管理程序。

5）内容显示区

一般用于显示当前位置包含的文件或者文件夹。在【计算机】窗口中显示当前系统中安装的所有磁盘和移动存储设备，并且标出了磁盘容量以及可用空间。

如果磁盘的可用空间过少，系统会用红色横条显示已经使用的磁盘空间，以起到提醒作用。

6）详细信息栏

这里显示选中对象的详细信息。例如，刚打开【计算机】窗口时，这里显示CPU、内存、工作组以及计算机名称等信息。选择了某个文件或者文件夹时，这里会显示该文件或者文件夹的详细信息（详细信息栏中的信息会根据所选文件的类型而变化）。

2. 窗口的基本操作

窗口的基本操作很简单，主要包括放大、缩小、移动、切换和关闭等，下面分别进行讲解。

1）最大化与最小化窗口

单击窗口标题栏中的【最大化】按钮，窗口将会放大至全屏幕显示。单击【最小化】按钮，窗口就会消失，仅在任务栏显示一个窗口按钮。

双击窗口标题栏，可使窗口在最大化与原始大小之间切换；将窗口最小化至任务栏后，可单击任务栏中的相应按钮将其还原；按【Win+D】组合键可将所有窗口最小化并显示桌面。

2）改变窗口大小

要改变打开窗口的大小，可将鼠标指向窗口的4条边，当鼠标指针变为水平或垂直双向箭头形状时，按住鼠标左键不放并拖动可改变窗口的宽度或高度；若将鼠标指针指向窗口的4个角，鼠标指针会变为倾斜的双向箭头形状，此时按住鼠标左键不放并拖动可同时改变窗口的高度和宽度。

3）移动窗口

窗口是显示在桌面上的，当打开的窗口遮住了桌面上的其他内容，或打开的多个窗口出现重叠现象时，可通过移动窗口位置来显示其他内容。移动窗口的方法如下：用鼠标左键单击窗口标题栏后按住鼠标键不放，将窗口标题栏拖动到适当位置后释放鼠标左键即可。

最大化后的窗口由于已填满了整个屏幕，因此不能进行移动操作，要想显示其他内容，可将窗口还原至原始大小后再进行移动，或直接将其最小化至任务栏。

4）切换窗口

如果需要对所有打开的程序窗口进行查找或切换等操作，无论窗口是打开状态还是最小化状态，都可以在任务栏中单击快速启动栏中的【在窗口之间切换】按钮，如图1.23所示。单击该按钮后出现如图1.24所示的窗口，其中列出了当前系统中所有打开的窗口，并可以显示各窗口的名称。此时，用户只要用鼠标单击某个窗口图标，即可使对应窗口在桌面的最前端显示。

若要关闭某窗口，则单击其标题栏右侧的【关闭】按钮即可。

图1.23　单击【在窗口之间切换】按钮

图1.24　选择需要的窗口

3.【资源管理器】窗口

【资源管理器】窗口可以说是【计算机】窗口的一种变形，而且在操作时比【计算机】窗口更方便。

要启动【资源管理器】窗口，可以先打开【开始】菜单，然后右键单击【计算机】选项，在出现的快捷菜单中单击【资源管理器】选项即可，如图1.25所示。

打开的【资源管理器】窗口如图1.26所示。和【计算机】窗口相比，【资源管理器】窗口中多了收藏区和树形操作区，而地址栏、工具栏、内容显示区和详细信息栏等其他区域是一样的。

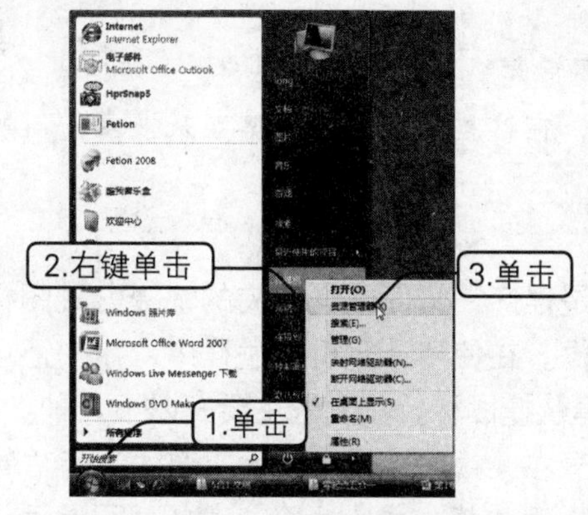

图1.25　选择【资源管理器】选项

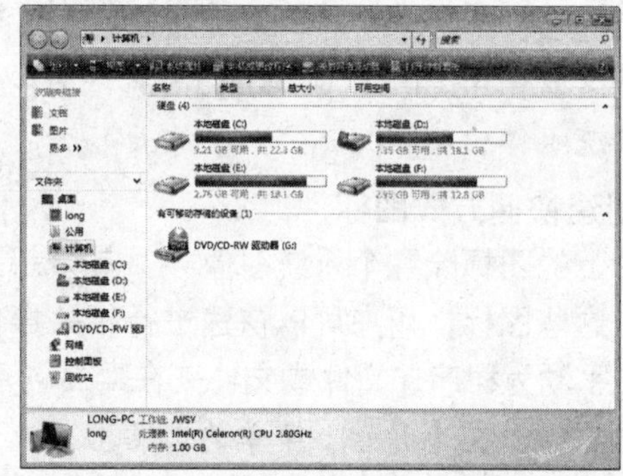

图1.26　【资源管理器】窗口

- **收藏区**：这个区域是Windows Vista的一个新特性，其样式和功能与旧版本操作系统中的【我的文档】文件夹类似，只是在Windows Vista中分类更加合理、更加详细了。通过单击收藏区中的相关选项就可以打开有关子文件夹，这是一个相当人性化的设置。
- **树形操作区**：这个区域包含了计算机中的所有磁盘和文件夹，用户可以很方便地通过单击某个磁盘或者文件夹选项来浏览相关的内容，从而找到需要的信息。

4. 使用【开始】菜单

前面介绍了如何弹出【开始】菜单以及浏览其中的各子菜单或命令，下面介绍【开始】菜单中各组成部分的含义，【开始】菜单如图1.27所示。

若菜单选项右侧有小三角形符号▶，则表示该选项下面还有子菜单。将鼠标指针移动到有子菜单的选项上稍等片刻，即可展开其子菜单。单击其中的选项，则可打开相应的应用程序、窗口或对话框。

不同用户的【开始】菜单中的内容可能会不一样，这是因为【开始】菜单中的命令和选项会随着用户使用某些程序的频率以及系统安装的应用程序而自动调整。【开始】菜单中通常包含以下几个选项。

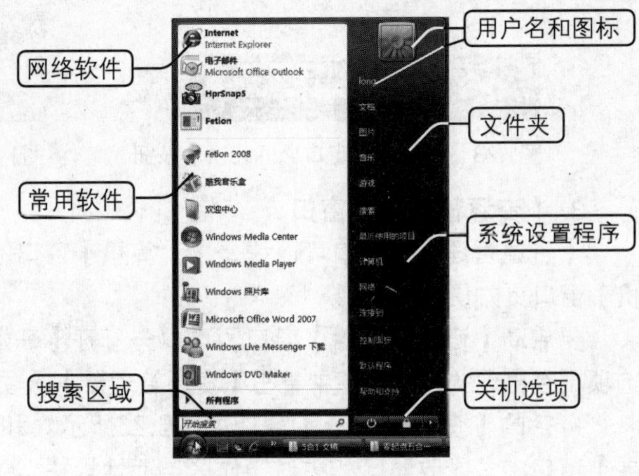

图1.27 【开始】菜单

- **用户名**：位于【开始】菜单右侧顶端的是当前登录的用户名和图标。
- **网络软件**：主要包括上网使用的浏览器软件和电子邮件客户端软件。
- **常用软件**：这里也称为【历史记录】栏，显示使用最频繁的程序。
- **文件夹**：包括了最常用的文件夹，用户可以从这里快速找到要打开的文件夹。
- **系统设置程序**：这里列出的程序主要用于系统的设置。
- **关机选项**：这里的按钮和选项主要用于关闭计算机和注销当前用户。
- **搜索区域**：这是Windows Vista的新增功能，在这里可以输入关键字来搜索任何所需的系统组件和功能。

5. 创建快捷方式图标

桌面上的图标除几个系统对象外，其余都是程序、文件或文件夹的快捷方式图标，通过双击这些图标，用户可以快速进行相关操作。在使用计算机的过程中，用户还可根据需要，手动为程序、文件或文件夹在桌面创建快捷图标，其方法主要有以下几种。

- **单击右键**：在【开始】菜单的选项上，或者在某一文件或文件夹上单击鼠标右键，在弹出的快捷菜单中选择【发送到】→【桌面快捷方式】命令，如图1.28所示，即可为程序、文件或文件夹在桌面创建快捷方式图标。
- **自动生成**：这是某些应用程序在安装时自带的功能，在安装程序时用户可选择是否在桌面上为其创建快捷方式图标。
- **拖动鼠标**：按住【Alt】键的同时将某一个文件或文件夹拖动到桌面上，如图1.29所示，然后松开鼠标键即可在桌面上创建一个快捷方式图标。

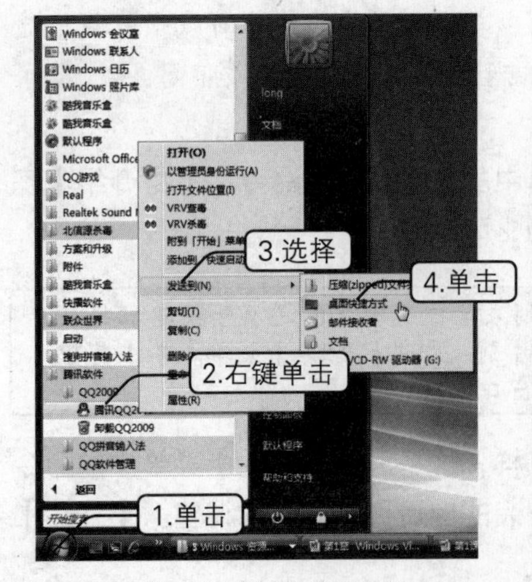

图1.28 使用右键创建桌面快捷方式

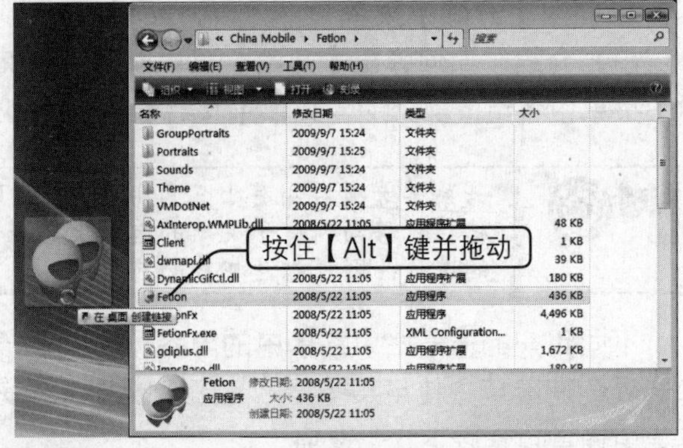

图1.29 拖动鼠标生成桌面快捷方式

6. 菜单的操作

窗口的菜单栏中有很多菜单项，通过选择这些菜单项，可弹出相应的下拉菜单，如图1.30所示即在【计算机】窗口中选择【查看】菜单项时弹出的下拉菜单，而且多数下拉菜单中还包含有子菜单。

7. 对话框的操作

当用户执行了某个操作或选择了右边带省略号的菜单命令时，系统便会打开一个对话框，用户在其中可输入信息或做出某种选择和设置。如图1.31所示即Windows Vista中的某个程序命令的对话框，其中各组成部件的名称及其使用方法如下。

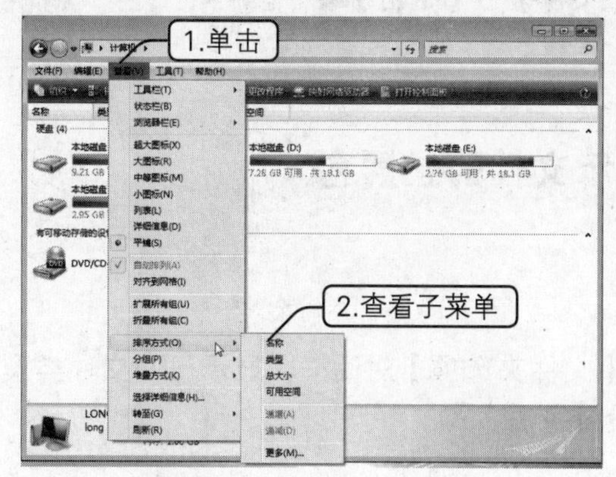

图1.30　子菜单

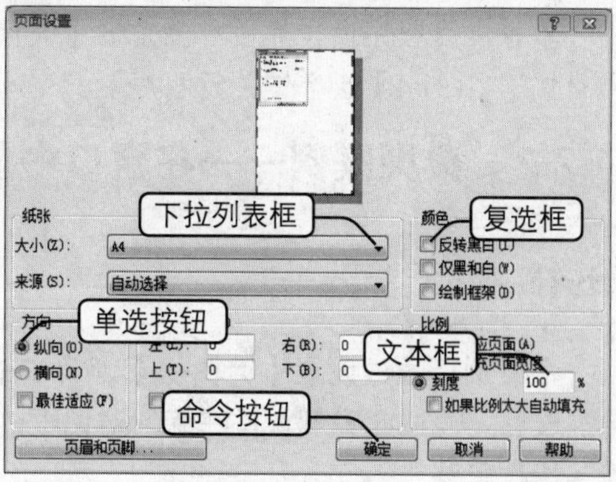

图1.31　对话框

1）单选按钮

单选按钮的外形是一个小圆圈，当选中单选按钮时小圆圈将变为◉形状；当未选中单选按钮时小圆圈为○形状。由于单选按钮具有排他性，所以同一选区内在同一时间仅有一个会被选中，单击单选按钮即可将其选中。

2）复选框

复选框的外形是一个小的方形框，用来表示是否选中该选项。当复选框被选中时，方形框为☑；若没有被选中，则方形框为☐。若要选中或取消选中某个复选框，只要单击复选框前的方形框即可。

3）下拉列表框

默认情况下下拉列表框只显示一个选项，单击其右侧的小倒三角按钮，将弹出一个下拉列表，从中可以选择其他所需的选项。

4）文本框

文本框是用于输入文本的方框，在文本框中单击并出现插入光标后即可输入新字符。

5）命令按钮

命令按钮简称按钮，其外形为一个矩形块，上面显示有该按钮的名称，如 取消 命令按钮。单击命令按钮，即可执行相应的操作。

8. 应用程序的基本操作

要让计算机完成具体任务，需要借助于计算机中安装的应用程序。应用程序的基本操作包括启动与退出操作。

1）启动

启动应用程序有很多方法，比较常用的是在桌面上双击应用程序的快捷方式图标和在【开始】菜单中选择要启动的程序。

在计算机中安装了应用程序后，其相应的菜单命令通常会出现在【开始】菜单中的【所有程序】子菜单下，单击相应程序下的启动命令，即可启动该应用程序。

2）退出

退出应用程序一般有如下几种方法：

- 在应用程序的操作界面的菜单栏中执行【文件】→【退出】命令。
- 单击应用程序操作界面右上角的【关闭】按钮。
- 按【Alt+F4】组合键关闭程序。

1.2.2 典型案例——在窗口中显示文件的扩展名

案例目标

本案例将通过设置【计算机】窗口中的【文件夹选项】对话框，显示已知文件类型的扩展名。通过此案例，旨在练习对话框的设置方法。

操作思路：

步骤01 打开【计算机】窗口，再打开【文件夹选项】对话框。

步骤02 在打开的对话框中进行具体的设置。

操作步骤

步骤01 双击桌面上的【计算机】图标，打开【计算机】窗口，在菜单栏中执行【工具】→【文件夹选项】命令，如图1.32所示。

步骤02 此时将打开【文件夹选项】对话框，如图1.33所示。

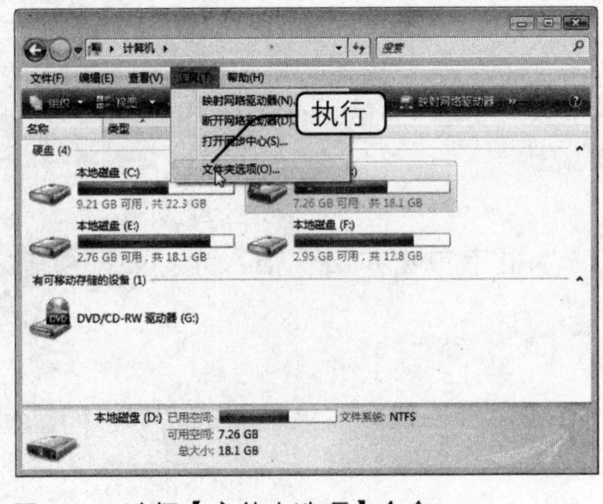

图1.32 选择【文件夹选项】命令

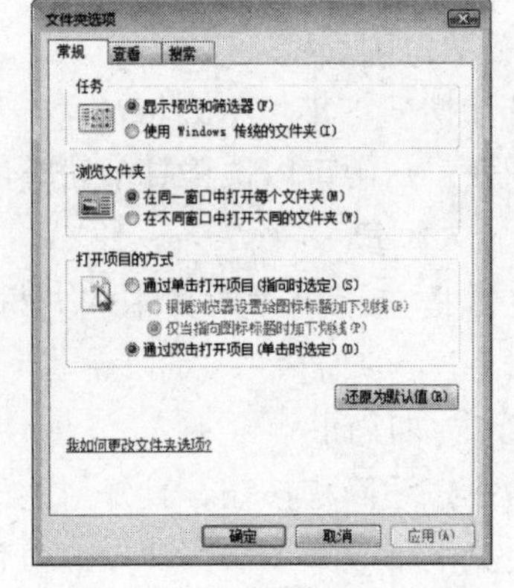

图1.33 【文件夹选项】对话框

步骤03 打开【查看】选项卡，在【高级设置】列表框中取消选中【隐藏已知文件类型的扩展名】复选框，如图1.34所示。

步骤04 单击【确定】按钮，完成设置。

步骤05 打开任何一个窗口查看文件，此时会发现文件的扩展名显示出来了，如图1.35所示。

案例小结

通过本案例的操作，可以使读者了解对话框的常规设置方法。如果想取消显示文件的扩展名，只需再次选中【隐藏已知文件类型的扩展名】复选框即可。

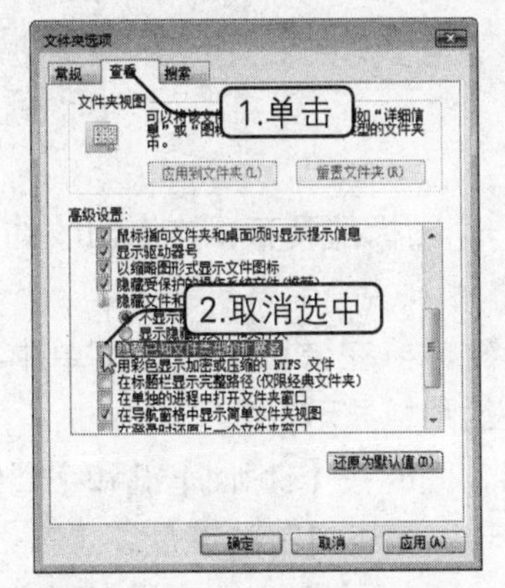

图1.34 【查看】选项卡

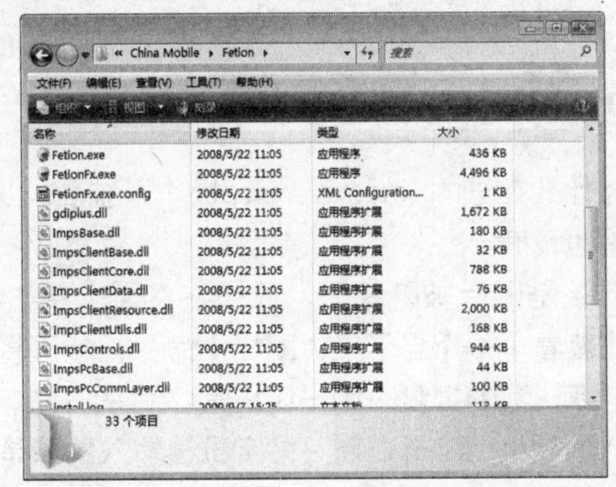

图1.35 显示扩展名

1.3 上机练习

1.3.1 启动计算器程序

本次上机练习将通过【开始】菜单启动计算器程序，主要练习应用程序的启动方法。

操作思路：

步骤01 在任务栏中单击Windows图标按钮，打开【开始】菜单。

步骤02 单击【所有程序】命令，在打开的菜单列表中单击【附件】命令，打开其子菜单，如图1.36所示。

步骤03 在【附件】子菜单中单击【计算器】命令，即可启动该程序。

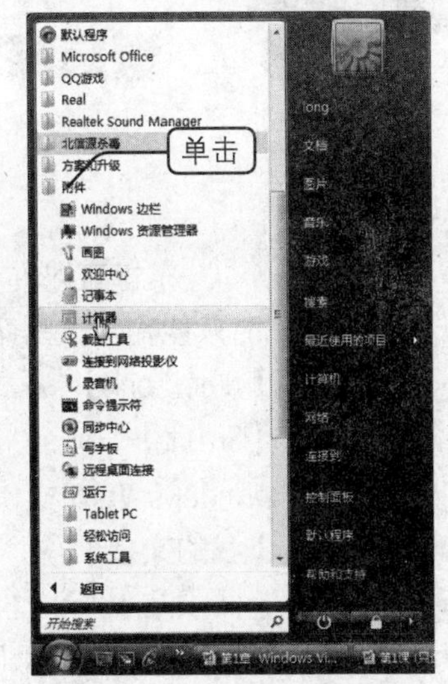

图1.36 打开【附件】子菜单

1.3.2 创建桌面快捷方式

本次上机练习将通过【开始】菜单为计算器程序添加桌面快捷方式。

操作思路：

步骤01 在任务栏中单击Windows图标按钮，打开【开始】菜单。

步骤02 单击【所有程序】命令，在打开的菜单列表中单击【附件】命令，打开其子菜单。

步骤03 在【计算器】选项上单击鼠标右键，在弹出的快捷菜单中执行【发送到】→【桌面快捷方式】命令即可。

1.4 疑难解答

问：为什么在进入Windows Vista操作系统后，桌面上一个图标都没有，连【回收站】图标也没有？

答：应该是图标被隐藏了，只需在桌面上单击鼠标右键，再在弹出的快捷菜单中执行【查看】→【显示桌面图标】命令，就可将桌面上的图标显示出来了。

问：老师，我的键盘开始一切正常，后来不知怎么回事，同时按【Shift】键和字母键输入的是小写字母，而只按字母键输入的却是大写字母？是不是我的键盘坏了？

答：你的键盘没问题，应该是你无意中已经按下了【Caps Lock】键，锁定了大写字母，此时按【Shift】键和字母键输入的便是小写字母。只要再次按【Caps Lock】键，让状态指示灯区中的【Caps Lock】指示灯熄灭，这时输入就正常了。

问：为什么使用小键盘不能输入数字呢？

答：应该是你按了【Num Lock】键，状态指示灯区的【Num Lock】灯不亮了，应再次按下【Num Lock】键，使【Num Lock】灯变亮，这样才能输入数字。

1.5 课后练习

选择题

1 按（　　）键可以在大小写字母输入状态之间切换，当键盘右上方的第2个指示灯亮时只能输入大写字母。

A、【Num Lock】　　B、【Caps Lock】

C、【Shift】　　D、【Ctrl】

2 进入Windows Vista操作系统后，可见桌面上只有一个（　　）图标。

A、【我的文档】　　B、【计算机】

C、【回收站】　　D、【Internet】

3 鼠标的基本操作包括（　　）。

A、拖动　　B、单击

C、指向　　D、双击

问答题

1 如何启动Windows Vista操作系统？
2 按照键盘上各个按键的功能，可以将键盘分成哪几个区？
3 窗口的基本操作有哪些？

上机题

1 练习Windows Vista操作系统的启动和退出操作。
2 练习鼠标的几种操作。

第2课

Windows Vista 的设置与管理

本课要点

Windows Vista的基本设置

Windows Vista的日常管理

具体要求

设置桌面背景

定制Windows Vista边栏

设置屏幕保护程序

设置任务栏

自定义【开始】菜单

磁盘管理

用户账户管理

安装和删除程序

本课导读

对操作系统进行适当的设置，可以让其具有个性化的外观；对操作系统进行管理，可以让计算机运行得更加流畅，同时也便于用户管理操作系统。

2.1 Windows Vista的基本设置

本节将介绍如何配置个性化的系统环境，包括设置桌面背景、屏幕保护程序和边栏等。通过个性化设置，可以让Windows Vista操作系统更有特点，使其更适合自己的使用习惯。

2.1.1 知识讲解

在Windows Vista中，可以很容易地做到桌面背景和界面外观等显示属性的个性化。同时，系统中的不同账户可以单独设置个性化的系统环境。

1. 设置桌面背景

如果厌烦了持久不变的桌面背景，可以自己设置桌面的背景。用户可以将喜欢的一幅图片设置为桌面的背景，使桌面真正体现自己的个性，创建真正的自我空间。

设置桌面背景的具体操作步骤如下：

步骤01 右击桌面的空白区域，在打开的快捷菜单中单击【个性化】选项，打开【个性化】窗口，如图2.1所示。

步骤02 单击该窗口中的【桌面背景】超链接，打开【桌面背景】窗口，如图2.2所示。

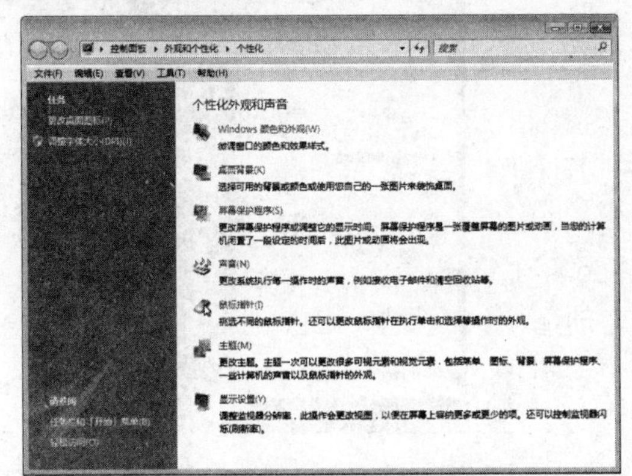

图2.1 【个性化】窗口

图2.2 【桌面背景】窗口

在【开始】菜单中单击【控制面板】命令，打开【控制面板】窗口，在【外观和个性化】选区中单击【更改桌面背景】超链接，如图2.3所示，也可以打开【桌面背景】窗口。

步骤03 在窗口中单击选择自己喜欢的图片，然后在下面的【应该如何定位图片】中选择定位方式，一般都选择第一种。

也许你对Windows系统默认的图片感觉不满意，这时可以单击【浏览】按钮选择自己保存的图片。定位图片背景有3种方式：适应屏幕、平铺和居中。适应屏幕指图片的大小自动调整为与屏幕同等大小，平铺是指图片按原始的大小平铺在屏幕上，居中是指图片按原始大小居于屏幕的正中作为背景。

步骤04 设置完成之后，单击【确定】按钮，桌面背景就更改为选定的图片了，如图2.4

所示。

图2.3 【控制面板】窗口

图2.4 更改后的桌面背景

2. 定制Windows Vista边栏

Windows Vista中新增加了Windows边栏（sidebar）。Windows边栏指的是在桌面边缘显示的一个垂直长条区域，其中包含许多“小工具”。这些小工具其实是一些实用的小程序，如日历、便笺、时钟等。

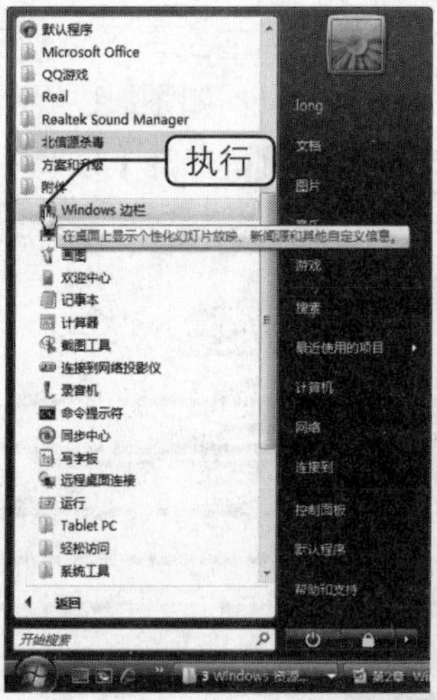

1）启动边栏

如果你的计算机在启动后没有出现边栏，按下面的步骤操作就可以启动边栏了：

步骤01 单击任务栏中的Windows图标按钮，打开【开始】菜单。

步骤02 执行【所有程序】→【附件】→【Windows 边栏】命令，如图2.5所示，边栏就启动了。启动后的边栏停靠在桌面的右边缘（参见图2.4）。

图2.5 执行【Windows 边栏】命令

2）边栏中的小工具

启动边栏后，我们可以看到边栏上有许多图案，每一个图案都代表了一个小工具。下面我们就来了解这些小工具。

在边栏顶部有一组控制按钮，单击加号图标按钮，可以打开小工具库，如图2.6所示。从中选择一个小工具，然后单击【显示详细信息】下拉按钮，在对话框的底部将显示该小工具的信息，如图2.7所示。

下面简单介绍一下各个小工具的功能。

- **CPU仪表盘**：用来监视计算机CPU和内存的使用情况。
- **便笺**：用于记录一些简短的信息，在启动后可以通过键盘在其中输入文字。
- **股票**：查看股票行情，这需要计算机连接到Internet上。
- **幻灯片放映**：播放计算机中的图片，其图片来源于Windows Vista图片库。
- **货币**：用于网上购物，需要计算机连接到Internet上才可以使用。

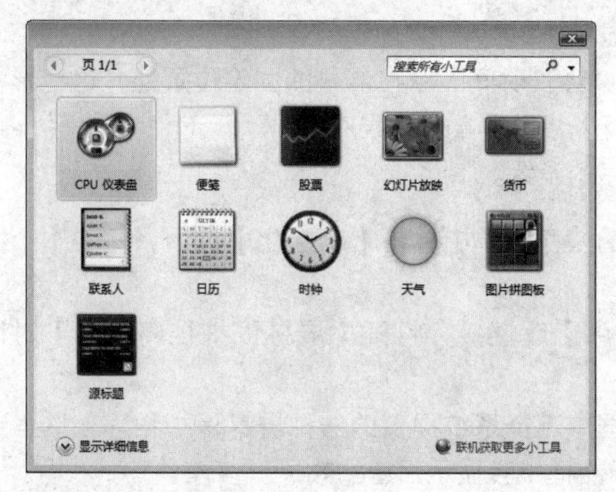

图2.6　小工具库

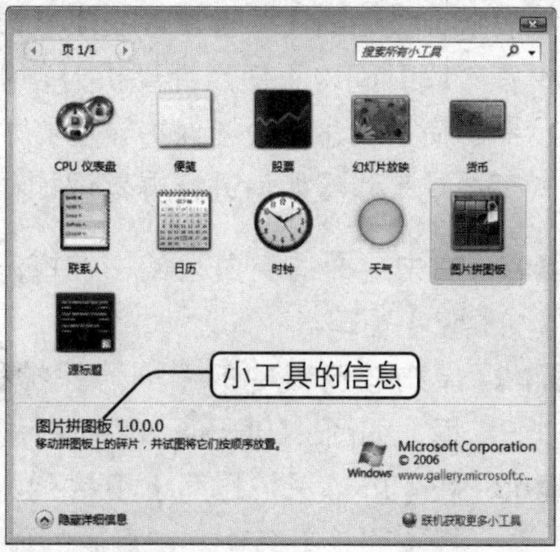

图2.7　显示详细信息

- **联系人：** 显示通讯簿中的联系人信息。
- **日历、时钟、天气：** 这三项当然就是显示当前的日期、时间和天气情况了。不过，天气功能需要计算机连接到Internet上才可以使用。
- **图片拼图板：** 这是一个拼图小游戏。
- **源标题：** 用来显示网上的新闻等信息，需要计算机连接到Internet上才可以使用。

3）添加小工具

打开小工具库，通过下面任意一种方法就可将小图片添加到边栏中：

- 双击选中的小工具。
- 拖动小工具到边栏中。
- 右击小工具，然后单击快捷菜单中的【添加】命令。

4）删除小工具

删除小工具有以下几种方法：

- 右键单击小工具，然后单击【关闭小工具】选项。
- 将鼠标移动到小工具上，这时就会在小工具的右上角出现一个【关闭】按钮，如图2.8所示，单击这个按钮，打开如图2.9所示的提示框，在提示框中单击【关闭小工具】按钮即可。

图2.8　单击【关闭】按钮

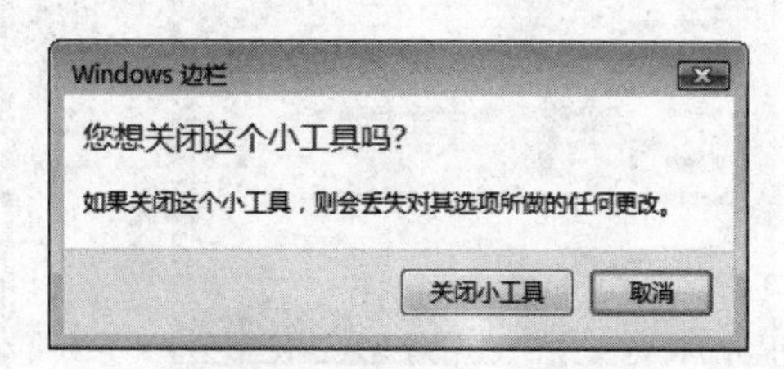

图2.9　提示框

3. 设置屏幕保护程序

在一段指定的时间内没有使用鼠标或键盘时，计算机就会自动运行屏幕保护程序，此时会在屏幕上出现移动的图片或图案。用户需要重新使用计算机的时候，只要移动鼠标或者按键盘上的任意键便可恢复桌面显示。

在一段时间内不使用计算机时，图像会长时间显示在屏幕的固定位置处，这会影响显示器的使用寿命。为了保护显示器，可以启动屏幕保护程序。

下面就来看看如何进行屏幕保护程序的设置。

步骤01 右击桌面的空白区域，在打开的快捷菜单中单击【个性化】选项，打开【个性化】窗口。

步骤02 单击该窗口中的【屏幕保护程序】超链接，打开【屏幕保护程序设置】对话框，如图2.10所示。

步骤03 在【屏幕保护程序】下拉列表框中选择系统提供的一种屏幕保护程序，这里选择【照片】选项，在上面的显示器框中会显示相应的效果。

单击【预览】按钮，随后就可以看到启动屏幕保护程序的效果，此时只要移动一下鼠标就可以返回Windows Vista了。

步骤04 启动屏幕保护程序的系统默认时间是10分钟，即10分钟内用户不进行任何操作的话，屏幕保护程序将自动运行。用户可以在【等待】数值框中设置等待时间。

步骤05 如果要为屏幕保护程序加上密码，则选中【在恢复时显示登录屏幕】复选框即可。通过创建屏幕保护程序密码，可以使计算机更安全，这样可以在屏幕保护程序中止时锁定计算机。屏幕保护程序密码跟登录到Windows时使用的密码相同。

如果没有设置 Windows 密码，就不能完成以上步骤。

步骤06 单击【设置】按钮，可在打开的对话框中对选择的屏幕保护程序进行详细设置，如图2.11所示。设置完成后单击【保存】按钮，返回【屏幕保护程序设置】对话框。

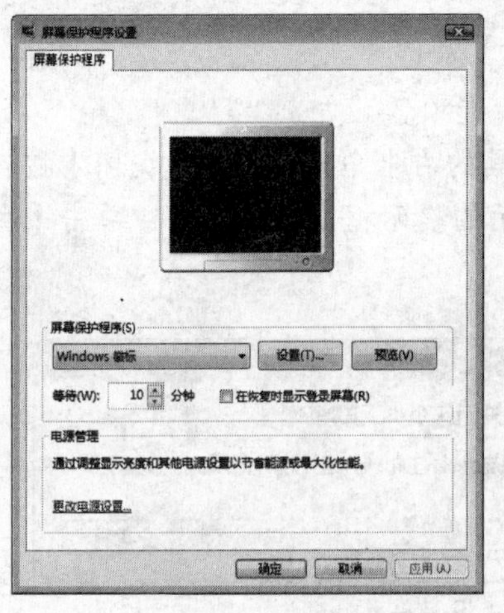

图2.10 【屏幕保护程序设置】对话框

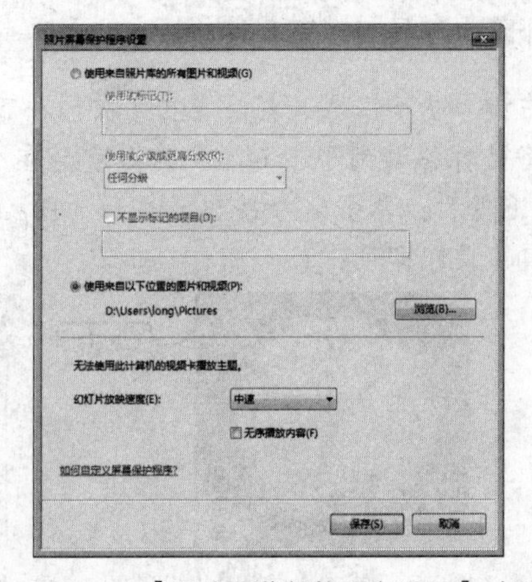

图2.11 【照片屏幕保护程序设置】对话框

所选择的屏幕保护程序不同，打开的设置对话框也不同。有的屏幕保护程序不能进行设置，或者计算机的硬件设备不支持某些屏幕保护程序，系统会给出提示。

步骤07 单击【确定】按钮，关闭【屏幕保护程序设置】对话框，完成屏幕保护程序的设置。

4. 设置任务栏

合理地对任务栏进行设置，可以提高工作效率。在任务栏空白处单击鼠标右键，在弹出的快捷菜单中选择【属性】命令，打开【任务栏和「开始」菜单属性】对话框的【任务栏】选项卡，在其中的【任务栏外观】选区中有几个复选框，如图2.12所示。通过选中或取消选中各复选框，可以对任务栏的外观进行调整。

下面分别对这些复选框进行介绍。

- **【锁定任务栏】：** 选中该复选框将锁定任务栏，这样可以将任务栏保持在一个位置，以防止不小心移动任务栏或改变任务栏的大小。如果希望移动任务栏或调整其大小，那么需要取消选择该复选框，解除任务栏锁定，这样就可以将它移到桌面的底部、侧边或顶部。
- **【自动隐藏任务栏】：** 选中该复选框将会实现自动隐藏任务栏的功能。也就是说，不使用任务栏的时候任务栏会从视图中自动消失，此时将指针移动到屏幕的底部，任务栏又会重新自动出现。自动隐藏任务栏的好处是可以获得更大的屏幕空间。
- **【将任务栏保持在其他窗口的前端】：** 选中该复选框会使任务栏总是处于可见状态，不会被任何其他程序窗口挡住。如果想让任务栏总是可见，应选中该复选框，并且不要选中【自动隐藏任务栏】复选框。
- **【分组相似任务栏按钮】：** 选中该复选框可以让同一程序打开的所有文件被分组到一个任务栏按钮中。这样做可以使任务栏看上去不那么拥挤。
- **【显示快速启动】：** 选中该复选框可以在任务栏中显示快速启动栏，未选中该复选框则会隐藏快速启动栏。

5. 自定义【开始】菜单

Windows Vista默认的【开始】菜单使用户可以快速访问常用程序与文件夹。用户可以根据自己的习惯自定义【开始】菜单，具体操作步骤如下：

步骤01 右击任务栏中的空白区域，在弹出的快捷菜单中选择【属性】命令，打开【任务栏和「开始」菜单属性】对话框。

步骤02 单击【「开始」菜单】选项卡，显示【开始】菜单的相关设置选项，如图2.13所示。

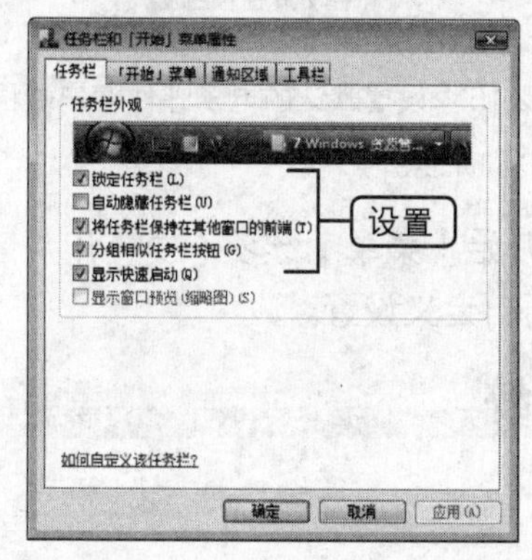

图2.12 【任务栏和「开始」菜单属性】对话框

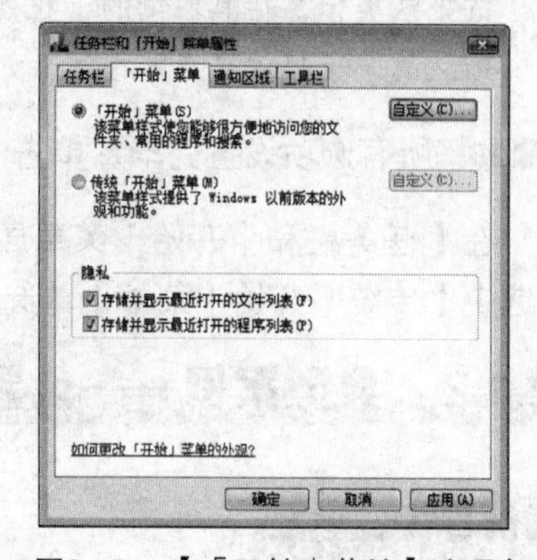

图2.13 【「开始」菜单】选项卡

步骤03 选中【「开始」菜单】单选按钮。

步骤04 单击【自定义】按钮，打开【自定义「开始」菜单】对话框，如图2.14所示。

步骤05 在上方的选项区域具体设置链接、图标以及菜单的外观和行为。

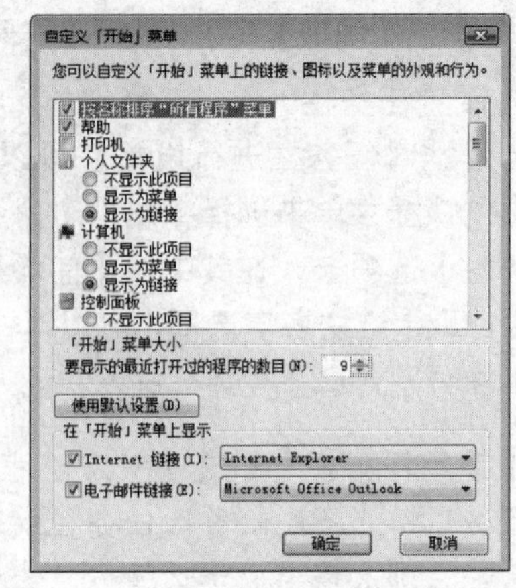

图2.14 【自定义「开始」菜单】对话框

其中大多数选项都有以下3种设置。

- **不显示此项目：** 选定该单选按钮，则此项目不会出现在【开始】菜单右边的窗格中。
- **显示为菜单：** 选定该单选按钮，则此项目会以菜单选项的形式出现在【开始】菜单右边的窗格中。当在【开始】菜单中单击此选项时，显示子菜单而不是打开文件夹。
- **显示为链接：** 选定该单选按钮，则此项目以链接的形式出现在【开始】菜单的右边窗格中。当在【开始】菜单中单击该链接时，会打开对应的文件夹。

步骤06 在【「开始」菜单大小】下方设置要显示的最近打开过的程序的数目，最多为30个。

> **说明** 该数目指的是【开始】菜单常用程序列表中列出的用户使用最频繁的程序数目。

步骤07 设置是否在【开始】菜单上显示固定程序列表中的默认Internet浏览器与电子邮件程序。

- **【Internet链接】：** 选中该复选框可以在固定程序列表中显示Internet浏览器。默认的Internet浏览器是Internet Explorer。如果系统安装了其他浏览器，在右侧的下拉列表框中就会列出，用户可以将其设置为默认的Internet浏览器。
- **【电子邮件链接】：** 与选择默认Internet浏览器的方法类似，在其右侧的下拉列表框中可以设置默认的电子邮件客户端程序，如图2.15所示。

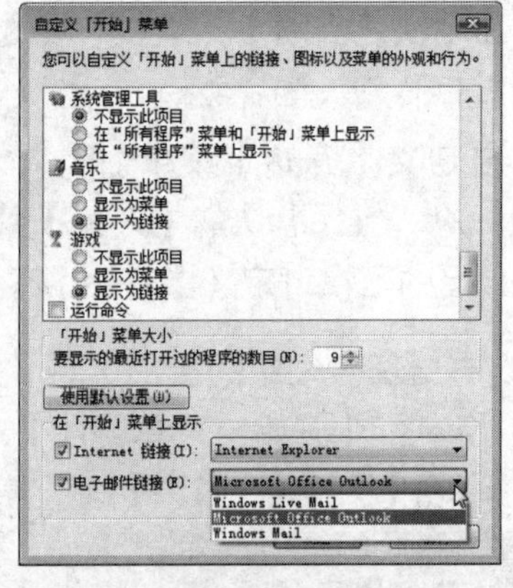

图2.15 设置默认的电子邮件客户端程序

步骤08 所有选项设置完毕，单击【确定】按钮，关闭对话框。

在【任务栏和「开始」菜单属性】对话框的【「开始」菜单】选项卡中，用户还可以选中【传统「开始」菜单】单选按钮，然后对其进行自定义设置。

2.1.2 典型案例——设置个性化操作系统

案例目标

本案例练习将自己喜欢的一张图片设置为桌面，并设置计算机等待5分钟后进入屏幕保护程序，最后再设置边栏中显示的小工具。

操作思路：

步骤01 找到一张自己喜欢的图片，将其设置为桌面。

步骤02 设置计算机5分钟内无操作后自动进入屏幕保护程序。

步骤03 设置边栏中显示的小工具。

操作步骤

步骤01 打开存放图片的文件夹，执行【查看】→【大图标】命令，将所有图片以缩略图的形式显示，如图2.16所示。

步骤02 在要设置为桌面的图片缩略图上单击鼠标右键，在弹出的快捷菜单中选择【设为桌面背景】命令，如图2.17所示。

图2.16 打开存放图片的文件夹

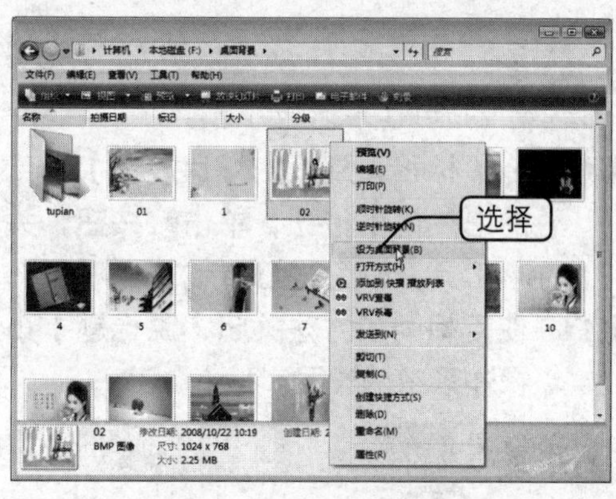

图2.17 选择【设为桌面背景】命令

步骤03 此时返回桌面，可看到桌面已设置为自己喜欢的图片，如图2.18所示。

步骤04 在桌面上单击鼠标右键，在弹出的快捷菜单中选择【个性化】命令，打开【个性化】窗口。

步骤05 在该窗口中单击【屏幕保护程序】超链接，打开【屏幕保护程序设置】对话框。

步骤06 在该对话框中设置屏幕保护程序，如图2.19所示，并设置等待时间为5分钟。单击【确定】按钮，完成设置。

图2.18 设置的桌面背景

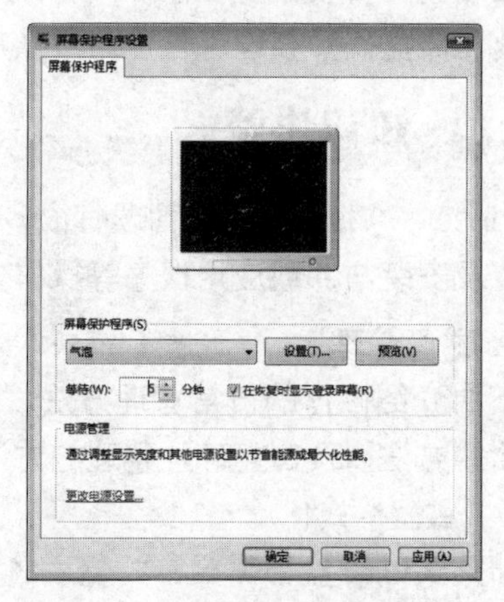

图2.19 设置屏幕保护程序

步骤07 在桌面上单击边栏顶部的小加号图标按钮，打开小工具库。

步骤08 在小工具库中选中【日历】小工具，单击鼠标右键，在弹出的快捷菜单中选择【添加】命令，如图2.20所示。

步骤09 使用相同的方法添加【图片拼图板】小工具，此时的边栏效果如图2.21所示。

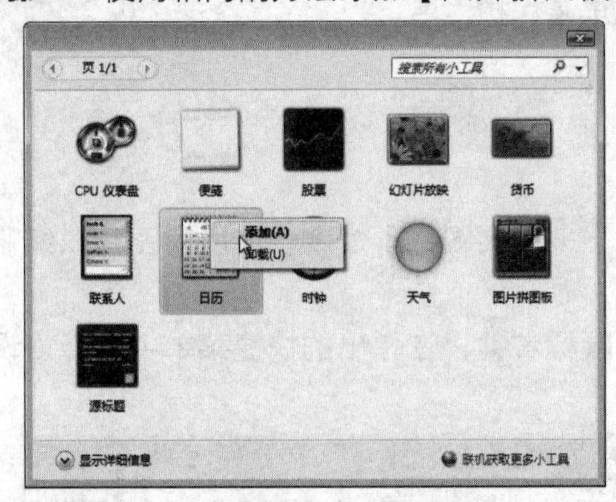

图2.20　添加小工具

图2.21　边栏效果

步骤10 将鼠标移动到【幻灯片放映】小工具上，出现一个小的【关闭】按钮，单击该按钮，关闭【幻灯片放映】小工具，如图2.22所示。

步骤11 使用相同的方法关闭【源标题】小工具，完成个性化操作系统的设置。

图2.22　关闭小工具

本案例练习了设置桌面背景、屏幕保护程序和边栏的操作，同时练习了对话框的设置方法。读者也可根据自己的使用习惯与爱好，将计算机设置得更具个性。

2.2 Windows Vista的日常管理

在使用计算机的过程中，用户通常还要对Windows Vista进行一些管理操作，如磁盘格式化、磁盘碎片整理、管理用户账户以及安装与卸载应用程序等。

2.2.1 知识讲解

Windows Vista的日常管理有很多，下面将详细介绍最常用的磁盘管理、用户账户的管理以及安装与卸载应用程序等操作。

1. 磁盘管理

下面介绍磁盘的日常管理方法，包括磁盘格式化的操作方法、将文件复制到可移动存储器的方法以及磁盘碎片整理的方法。

1）磁盘格式化

新购买的磁盘都需要格式化后才能使用。另外，旧磁盘如果出现问题或要删除其中的全部内容时也可对其进行格式化。

下面以格式化F盘为例进行讲解，具体操作如下：

步骤01 在要格式化的磁盘驱动器F盘图标上单击鼠标右键，在弹出的快捷菜单中单击【格式化】命令，打开如图2.23所示的对话框。

若要格式化软盘或U盘，须先将软盘插入驱动器或将U盘插入到USB接口中。

在该对话框中的主要选项含义如下。

- **【文件系统】下拉列表框：**在该下拉列表框中选中要将磁盘格式化为哪种格式，如【FAT32】、【NTFS】（只有Windows Vista/2000/NT/XP等操作系统支持该格式），这里保持默认的【NTFS】格式。
- **【分配单元大小】下拉列表框：**一般采用默认值。

对于已经格式化过的磁盘，则可以选中【快速格式化】复选框以加快格式化的速度。

步骤02 设置完成后，单击【开始】按钮，系统弹出警告提示框，询问是否删除该磁盘上的所有数据，如图2.24所示。

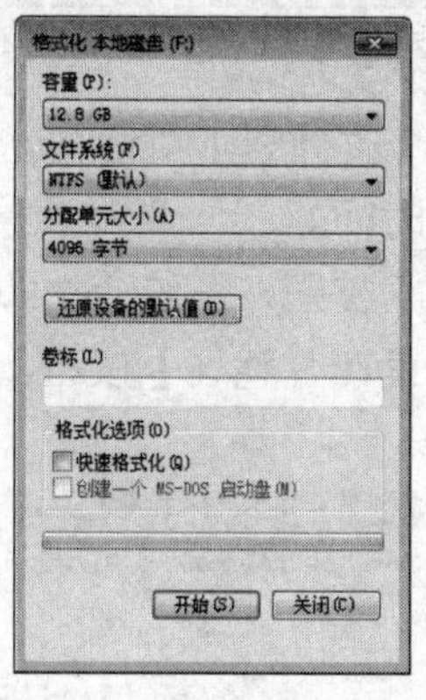

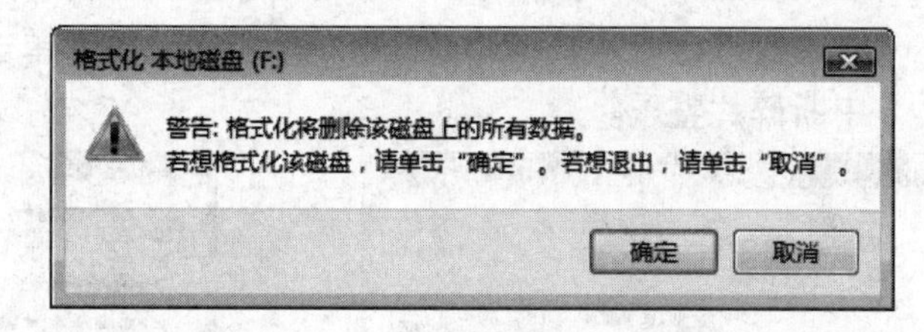

图2.23　【格式化】对话框　　图2.24　提示框

步骤03 单击【确定】按钮开始格式化，完成后关闭对话框。

2）将文件或者文件夹复制到可移动存储器中

在使用计算机时，为了方便携带或转移文件的位置，经常需要将硬盘中的文件复制到软盘或U盘中。下面以从硬盘向U盘复制文件为例进行讲解，具体操作如下：

步骤01 先将U盘插入到计算机的USB接口中。

步骤02 在硬盘中选择要复制到U盘中的文件，按【Ctrl+C】组合键进行复制。

步骤03 单击桌面上的【计算机】图标按钮，打开【计算机】窗口。

步骤04 在【计算机】窗口中双击U盘驱动器的图标，打开其窗口。

步骤05 选择要保存的位置，按【Ctrl+V】组合键进行粘贴即可。

3）磁盘碎片整理

对文件进行复制、移动和删除等操作后，硬盘上会产生许多碎片，它们可能会被分段存放在不同的存储单元中。为此，可使用磁盘碎片整理程序对这些碎片进行调整，使其存放在连续的存储单元中，从而延长硬盘的使用寿命。

磁盘碎片整理的具体操作如下：

步骤01 打开【开始】菜单，执行【所有程序】→【附件】→【系统工具】→【磁盘碎片整理程序】命令，如图2.25所示。

步骤02 打开【磁盘碎片整理程序】对话框，如图2.26所示。

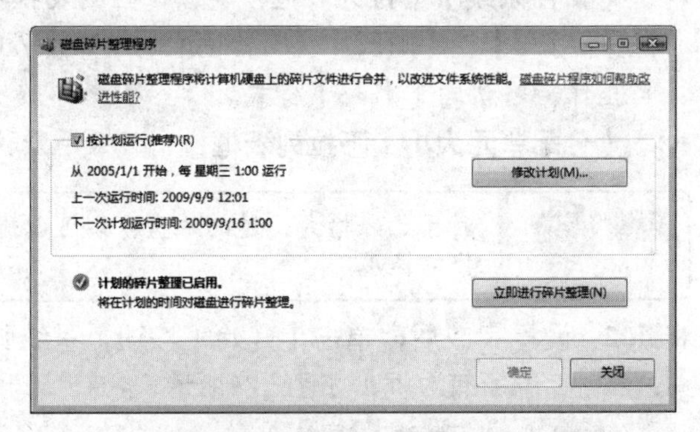

图2.25　执行【磁盘碎片整理程序】命令　　图2.26　【磁盘碎片整理程序】对话框

步骤03 单击【修改计划】按钮，打开【磁盘碎片整理程序：修改计划】对话框，如图2.27所示，在该对话框中可以设置进行磁盘碎片整理的时间。

步骤04 如果在图2.26所示的对话框中单击【立即进行碎片整理】按钮，系统会立即开始对磁盘进行碎片整理，如图2.28所示。此时若单击【取消碎片整理】按钮，可以中断碎片整理。

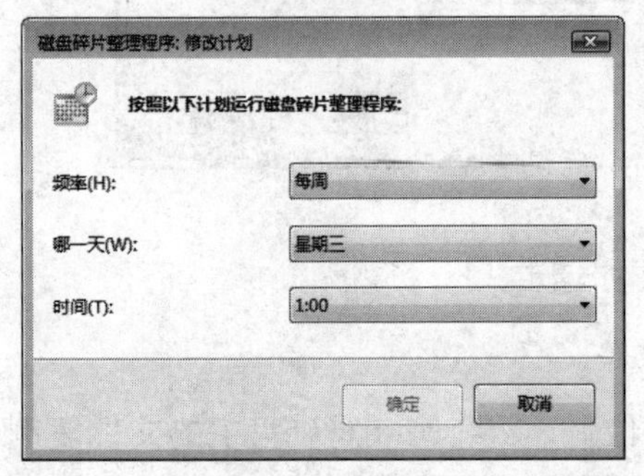

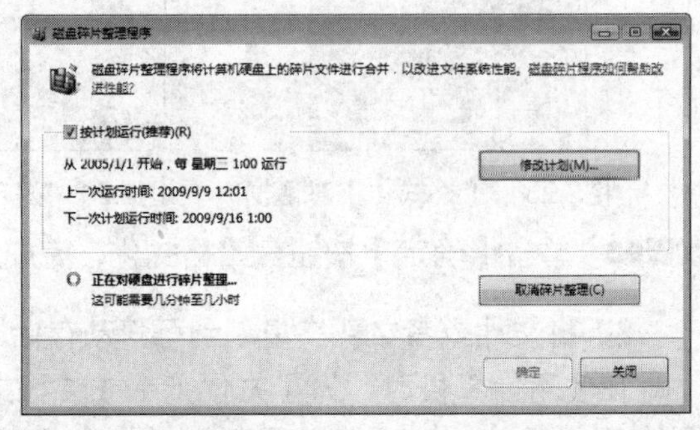

图2.27　【磁盘碎片整理程序：修改计划】对话框　图2.28　进行磁盘碎片整理

步骤05 整理完成后，系统将打开一个对话框提示整理完毕，单击【关闭】按钮，完成磁盘碎片整理。

在整理碎片的过程中，不要对磁盘进行任何读写操作，否则会延长整理时间，严重时还会导致死机。

2. 用户账户管理

Windows Vista是支持多个用户账户的系统，多个用户可以使用同一台计算机而保持相对独立，互不影响，但需要对每个用户账户进行单独的管理。

1）添加新用户账户

添加新用户账户的具体操作如下：

步骤01 打开【开始】菜单，选择【控制面板】选项。

步骤02 打开【控制面板】对话框，单击【用户账户和家庭安全】超链接，打开【用户账户和家庭安全】窗口，如图2.29所示。

步骤03 在该窗口中单击【用户账户】超链接，打开【用户账户】窗口，如图2.30所示。

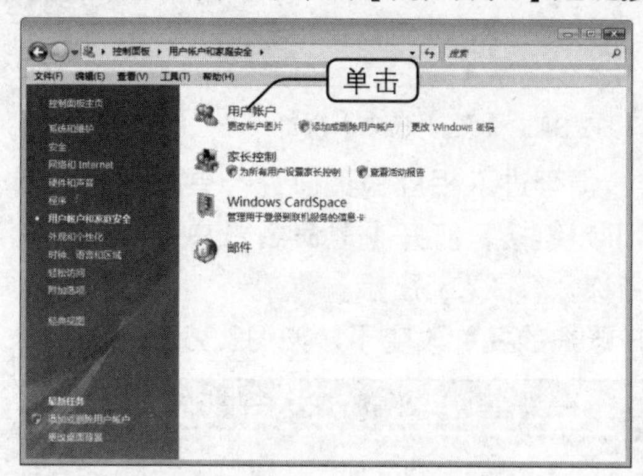

图2.29 【用户账户和家庭安全】窗口

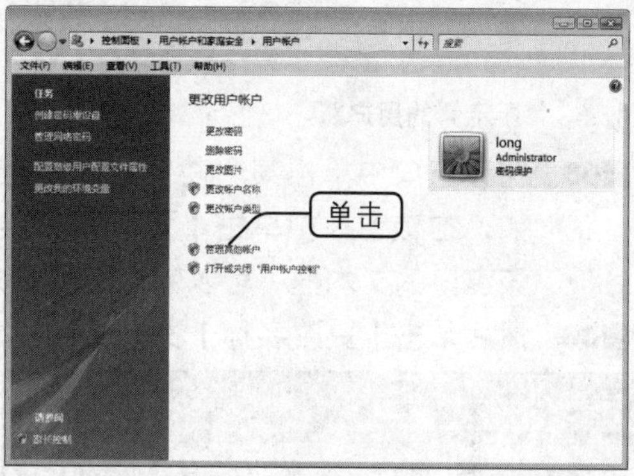

图2.30 【用户账户】窗口

步骤04 单击【管理其他账户】超链接，打开【管理账户】窗口，如图2.31所示。

步骤05 在该窗口中单击【创建一个新账户】超链接，在弹出窗口的文本框中输入账户名称，如“朋友”，并选择账户类型，如图2.32所示。

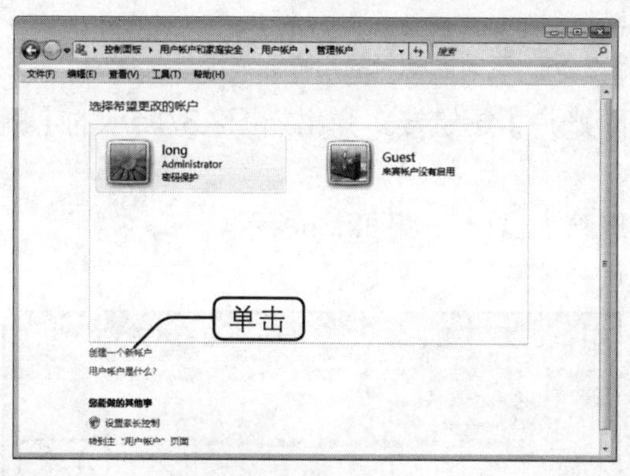

图2.31 【管理账户】窗口

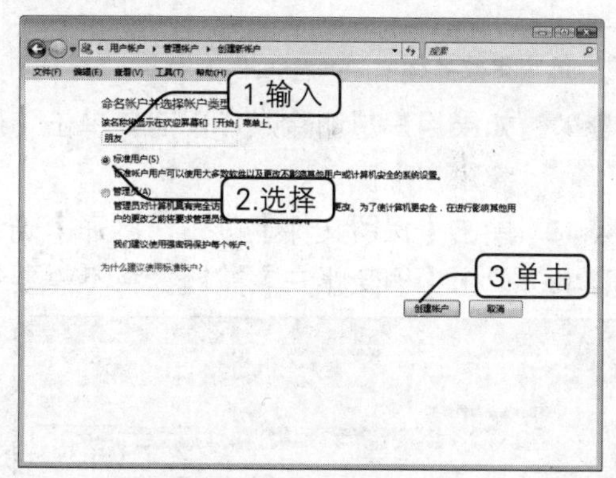

图2.32 输入账户名称并选择类型

步骤06 单击【创建账户】按钮，即会出现新建的账户名称及其类型，如图2.33所示。

2）更改用户账户

对于创建的用户账户，还可以更改其相关信息，如名称、密码等，具体操作如下：

步骤01 在【控制面板】窗口中单击【用户账户和家庭安全】超链接，打开【用户账户和家庭安全】窗口。

步骤02 在该窗口中单击【用户账户】超链接，打开【用户账户】窗口。

步骤03 单击【管理其他账户】超链接，打开【管理账户】窗口。

步骤04 单击【朋友】账户图标，打开如图2.34所示的【更改账户】窗口。

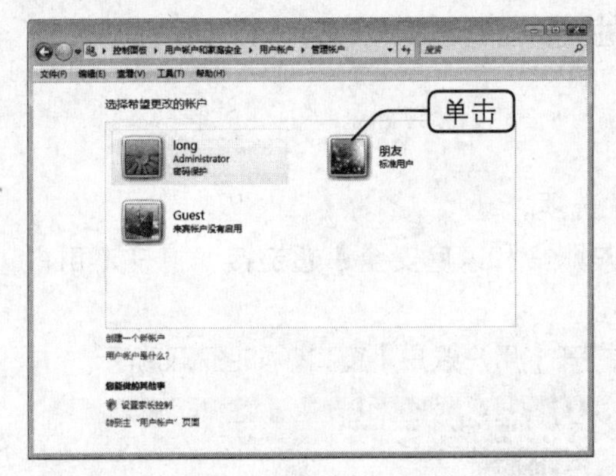

图2.33　显示新的用户账户

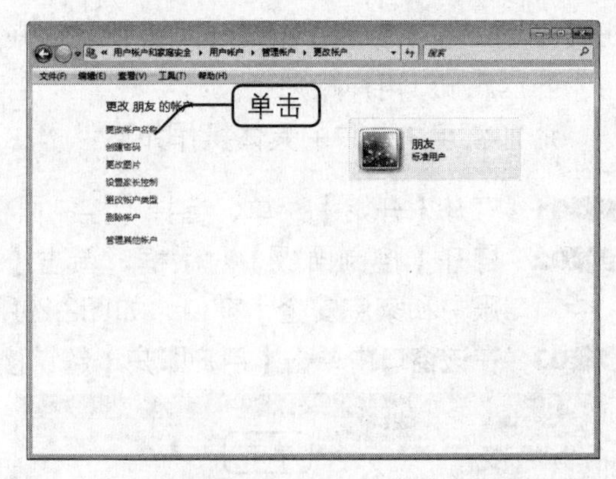

图2.34　【更改账户】窗口

步骤05　在该窗口中单击某个需要修改的链接，便可进入相应的页面进行更改设置。例如，在该窗口中单击【更改账户名称】超链接，打开【重命名账户】窗口，在该窗口的文本框中可以输入新的账户名称，如图2.35所示。

步骤06　然后单击【更改名称】按钮，此时用户账户的名称改变了，如图2.36所示。

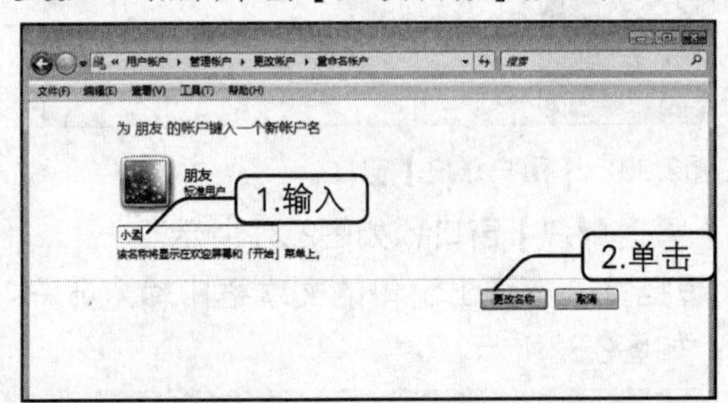

图2.35　更改名称

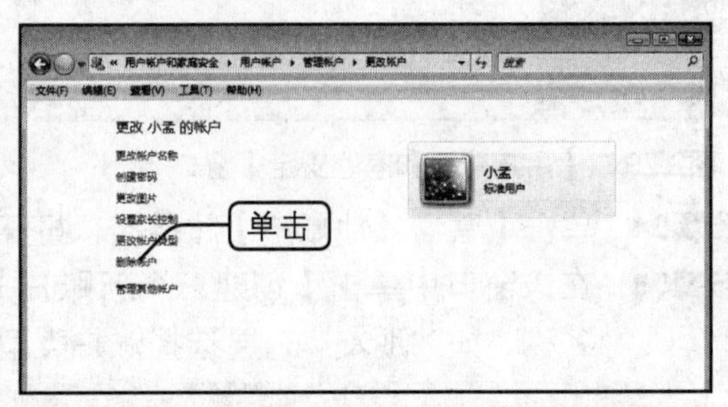

图2.36　更改名称后的用户账户

步骤07　如果用户想删除账户，需要单击【删除账户】超链接，弹出如图2.37所示的【删除账户】窗口。

步骤08　单击【保留文件】按钮，打开【确认删除】窗口，如图2.38所示。

步骤09　单击【删除账户】按钮，将不需要的账户删除。

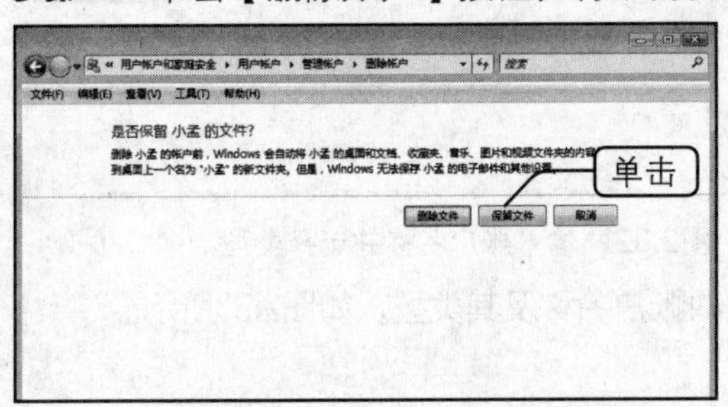

图2.37　【删除账户】窗口

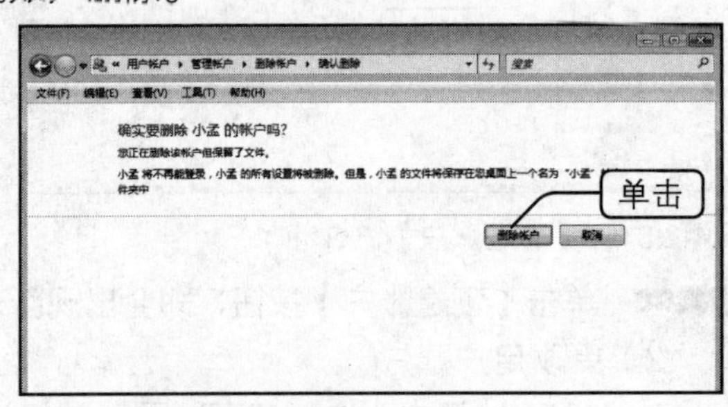

图2.38　【确认删除】窗口

3. 安装和删除程序

一般情况下，安装应用程序是通过双击安装光盘中的安装程序（文件名称一般为Setup.exe）自动启动安装向导进行安装的。

如果要删除已安装的应用程序，操作方法如下：在【控制面板】窗口的【程序】选区中单击【卸载程序】超链接，打开【程序和功能】窗口，选择要删除的程序，如

图2.39所示。然后单击【卸载/更改】按钮，在打开的窗口中显示卸载进度，如图2.40所示，稍等一会儿，即可卸载成功。

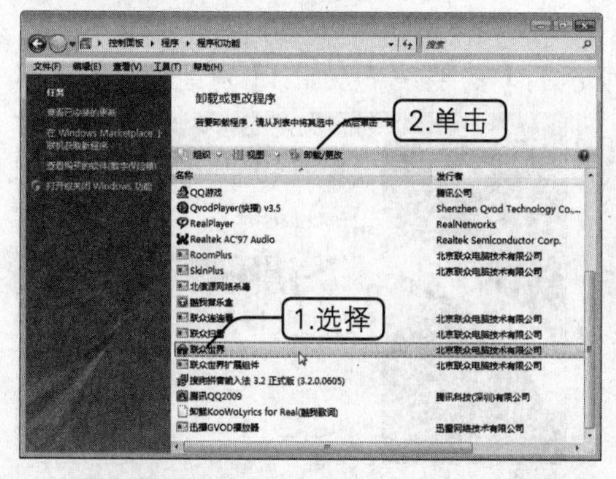

图2.39 选择程序

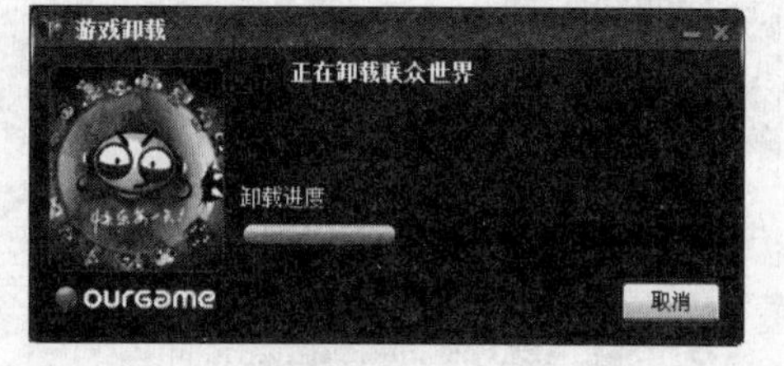

图2.40 显示卸载进度

要删除应用程序，还可以在【开始】菜单中单击该程序自带的卸载程序（位于该应用程序安装目录下，文件名为Uninstall.exe）进行删除。

2.2.2 典型案例——安装Foxmail软件

案例目标

Foxmail是一款电子邮件客户端软件，具有简洁友好的界面和实用体贴的功能。本案例将以安装该软件为例介绍软件安装的方法。

操作思路：

步骤01 在Foxmail的官方网站（http://fox.foxmail.com.cn/）上下载该软件。

步骤02 双击安装文件的图标，启动安装程序，按提示步骤完成安装。

操作步骤

步骤01 启动IE浏览器，在地址栏中输入"http://fox.foxmail.com.cn/"，打开如图2.41所示的网页。

步骤02 单击【最新版本下载】按钮，打开如图2.42所示的提示框。

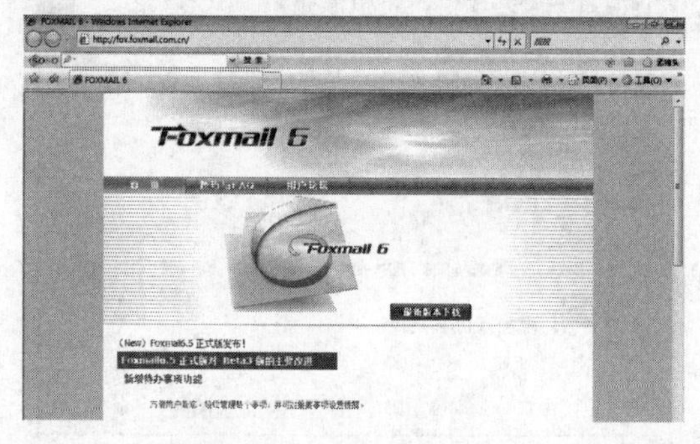

图2.41 打开网站

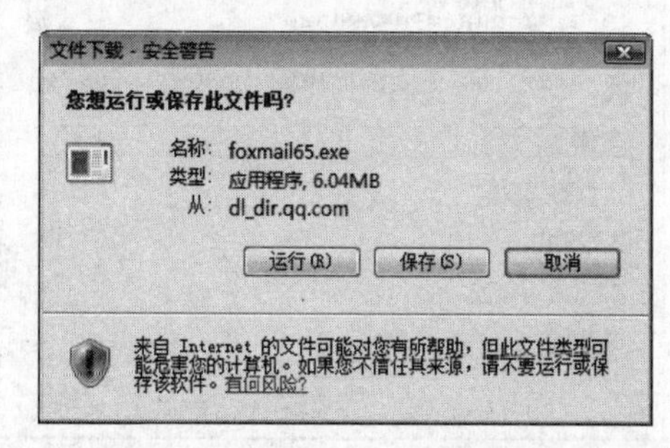

图2.42 提示框

步骤03 单击【保存】按钮，开始下载该软件的安装程序。

步骤04 下载完成后，打开安装程序所在的文件夹，双击安装程序，打开如图2.43所示的提示框。

步骤05 单击【运行】按钮，打开如图2.44所示的【安装 - Foxmail】对话框。

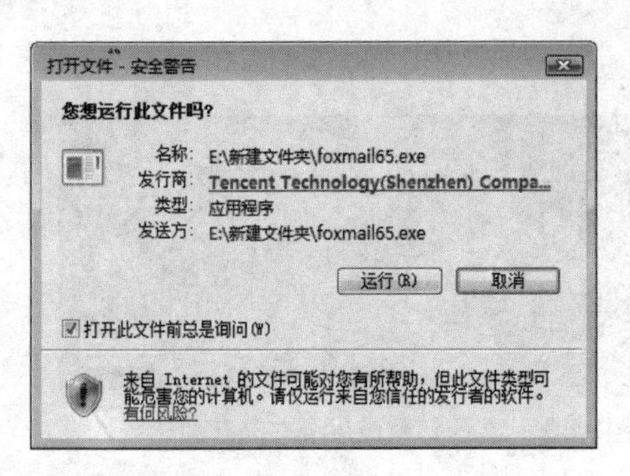

图2.43 提示框

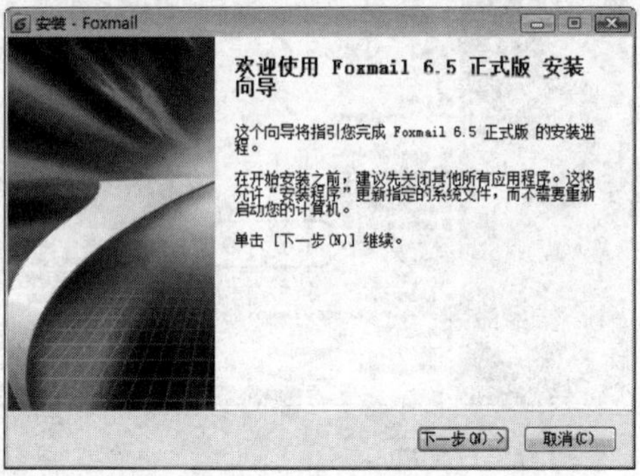

图2.44 【安装-Foxmail】对话框

步骤06 单击【下一步】按钮，打开如图2.45所示的【软件许可协议】页面。

步骤07 单击【我同意】按钮，打开如图2.46所示的【选择安装位置】页面。

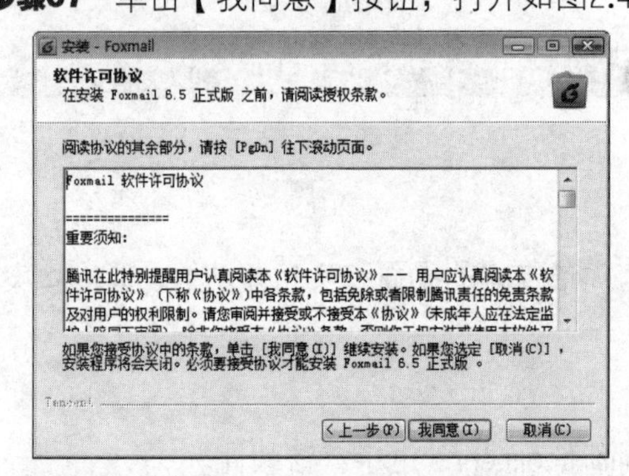

图2.45 【软件许可协议】页面

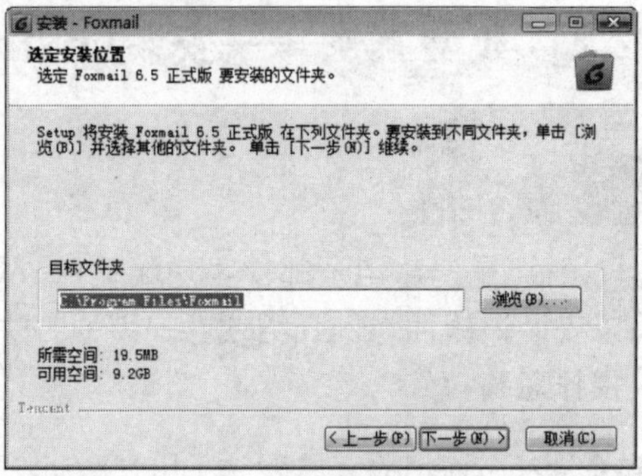

图2.46 【选择安装位置】页面

步骤08 在打开的页面中保持默认设置。用户也可以单击【浏览】按钮，设置新的保存位置。然后单击【下一步】按钮，打开如图2.47所示的【选择"开始菜单"文件夹】页面。

步骤09 单击【安装】按钮，开始进行安装。

步骤10 完成安装，打开如图2.48所示的【完成安装】页面，单击【完成】按钮即可。

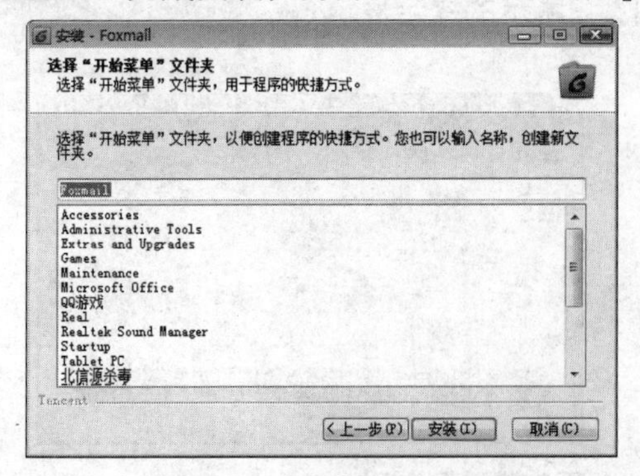

图2.47 【选择"开始菜单"文件夹】页面

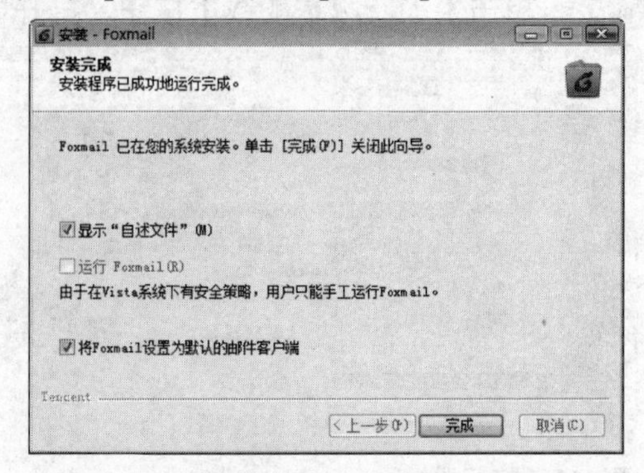

图2.48 【完成安装】页面

案例小结

本案例介绍了安装Foxmail软件的过程，还练习了在网络中下载文件的操作方法。

2.3 上机练习

2.3.1 将明星图片设置为桌面背景

桌面背景最能体现用户个性化的一面，可以将Windows Vista自带的图片设置成桌面，也可以将自己喜欢的明星图片设置成桌面。本次上机练习将明星图片设置成桌面背景，最终效果如图2.49所示。

图2.49 将明星图片设置成桌面背景

素材位置：【第2课\素材\shq2.jpg】

操作思路：

步骤01 打开【个性化】窗口，然后打开【选择桌面背景】对话框。

步骤02 单击【浏览】按钮，按素材位置选择“shq2.jpg”，单击【打开】按钮，返回【选择桌面背景】对话框。

步骤03 单击【确定】按钮，即可将该照片设置为桌面背景。

2.3.2 添加一个新用户账户并更改其图片

本次上机练习将在计算机中添加一个新的用户账户“牛奶”，并更改新账户的图片。

操作思路：

步骤01 打开【管理账户】窗口，单击【创建一个新账户】超链接，根据弹出窗口中的提示设置新账户的名称和类型。

步骤02 添加完成后，在【管理账户】窗口中单击新添加的账户，打开【更改账户】窗口。

步骤03 单击【更改图片】超链接，打开【选择图片】窗口，选择喜欢的图片，单击【更改图片】按钮，完成设置。

2.4 疑难解答

问：将边栏中的小工具删除后，是否也会将其从计算机中删除呢?

答：从边栏中删除小工具并不是把小工具从计算机中卸载，而是让其从边栏中消失。删除后如果要再次使用，可以重新将其添加到边栏中。

问：建立了账户密码后，在启动Windows Vista时我已确认输入的密码是正确的，但为什么系统仍提示密码错误呢？

答：如果已确认密码无误，这时仍不能进入系统可能有两方面的原因：一是要注意密码是否区分了大小写，如果不小心按下了【Caps Lock】键，输入的密码当然就不正确了；二是如果使用小键盘输入密码，有可能小键盘的数字输入状态并未打开，这时是不能输入数字的，可按下小键盘左上角的【Num Lock】键再进行输入。

问：在【用户账户】窗口中，为什么无法删除其他用户账户？

答：在Windows Vista中，只有使用具有管理员权限的账户登录系统，才能删除其他账户，而且当前正在使用的账户不能删除。在创建用户账户时，可以选择该用户的权限是系统管理员还是标准用户。

2.5 课后练习

选择题

1 当在一个有多个用户的计算机中设置了屏幕保护程序并设置了密码后，退出屏幕保护程序时，会出现（　　）。

A、Windows用户选择界面　　B、输入屏幕保护程序密码界面

C、系统登录界面　　D、直接返回桌面

2 下列属于Windows Vista操作系统边栏小工具的是（　　）。

A、日历　　B、闹钟

C、便签　　D、货币

3 对于创建的用户，不能对其进行下面哪些操作（　　）？

A、更改图片　　B、更改名称

C、更改权限　　D、设置密码

问答题

1 如何将自己的照片设置为桌面背景？

2 如何添加新用户账户？

3 简述如何进行磁盘碎片整理。

上机题

1 为自己的计算机更换一张漂亮的桌面背景。

2 在计算机上设置屏幕保护程序，要求在8分钟之内没有对计算机进行任何操作便自动进入屏幕保护，并且在退出屏幕保护程序时，返回到用户选择界面。

3 在计算机中安装网际快车软件。

第3课

汉字输入法

本课要点

认识输入法
五笔字型输入法
其他输入法

具体要求

输入法简介
输入法切换
输入法状态栏
添加和删除输入法
汉字的层次
汉字的笔画
汉字的字型
字根的发布
汉字的拆分
汉字的输入
微软拼音输入法
紫光拼音输入法

本课导读

在计算机中输入文字一般都是通过输入法来实现的。在操作计算机的过程中，任何用户都要使用到输入法，而对于经常从事文本编辑工作的用户，熟练掌握一种汉字输入法，是非常有必要的。

3.1 认识输入法

要在计算机中输入汉字，需要借助中文输入法。对于普通用户来讲，掌握一种中文输入法是进行计算机操作的前提。

3.1.1 知识讲解

对于不同种类的输入法，其最大的区别在于编码的不同，而其他一些常规操作是相似的。因此，在学习如何输入汉字之前，应先来了解输入法的相关知识。

1. 输入法简介

输入法分为英文输入法与中文输入法两种。英文输入法就是指输入英文的方法，在英文输入法下按键盘上的相应键位即可输入对应的英文、数字或符号。

中文输入法是指输入中文（也就是汉字）的方法。从狭义的范围来讲，我们常说的输入法就是指的中文输入法。

常用的中文输入法有五笔字型输入法、智能ABC输入法、全拼输入法、双拼输入法、紫光拼音输入法和搜狗拼音输入法等。这些输入法按照其编码规则的不同，可分为以下几种。

- **形码**：根据汉字字形的特点，经分割、分类并定义键盘的表示法后形成的编码。该类输入法的特点是重码率低，并能达到较高的输入速度，缺点是须记忆大量的编码规则、拆字方法和原则，因此学习难度相对较大。
- **音码**：以汉字的读音为基准而进行的编码。该类输入法的特点是简单、易学，要记忆的编码信息量少，缺点是重码率高，输入速度相对较低。
- **音形结合码**：结合汉字的语音特征和字形特征而进行的编码，打字速度较快，须记忆部分输入规则和方法，但也存在部分重码。

2. 输入法切换

输入法在语言栏中显示为▢，可以通过语言栏对输入法进行各种设置。切换输入法的方法如下：在语言栏上单击▢图标，弹出一个输入法列表，如图3.1所示，在其中选择所需的输入法即可。

选择不同的输入法后，语言栏左侧会显示不同的图标，如选择微软拼音输入法后，语言栏左侧将显示为▢图标。

默认情况下，按【Ctrl+Shift】组合键可在各种中文输入法之间依次切换；按【Ctrl+空格键】组合键可在中文输入法与英文输入法之间切换。

3. 输入法状态栏

选择输入法后，将在任务栏上打开一个对应的输入法状态栏（英文输入法除外），此时即可开始输入汉字。不同输入法状态栏的功能大致相同，如中英文切换、全半角切换的操作都很相似。下面以目前常用的紫光拼音输入法为例进行介绍。

1）输入文字

在输入法列表中选择紫光拼音输入法后，输入法状态栏如图3.2所示，这时即可在文字处理软件（如系统自带的记事本、写字板以及Word文档）中输入文字。

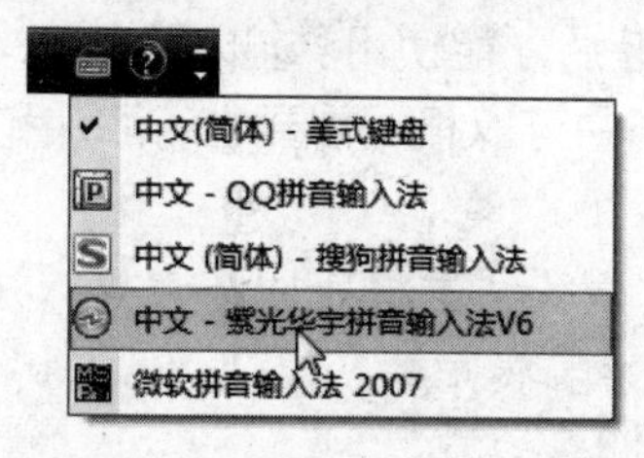

图3.1　选择输入法

图3.2　紫光拼音输入法状态栏

2）中/英文切换

在使用汉字输入法输入中文时，按【Ctrl+空格】组合键可以快速切换到英文输入法状态。另外，用户可以单击输入法状态栏中的图标，使其变成图标，即切换至英文输入法状态。同样，单击图标，就可以切换到中文输入法状态，此时输入的英文为小写。要想输入大写英文，需要在输入时按住【Shift】键。

很多拼音输入法都支持按【Shift】键切换中/英文状态，紫光拼音输入法和微软拼音输入法也不例外。

3）全/半角切换

当输入法处于半角状态时，全/半角切换图标显示为状态，此时输入的英文、字符和数字均占半个汉字的位置。当输入法处于全角状态时，全/半角切换图标显示为状态，此时输入的英文、字符和数字将占一个汉字的位置。

4）中/英文标点切换

当中/英文标点切换图标显示为状态时，表示处于中文标点输入状态。当中/英文标点切换图标显示为状态时，表示处于英文标点输入状态。

5）软键盘的使用

汉字输入法中的软键盘是一个非常有用的工具，通过它可以输入各种特殊符号和特殊字符。在图标上单击鼠标右键，弹出软键盘快捷菜单，如图3.3所示。如需要输入“〖”符号时，可在该菜单中单击【标点符号】选项，将弹出如图3.4所示的软键盘图，在其中单击即可输入此符号。

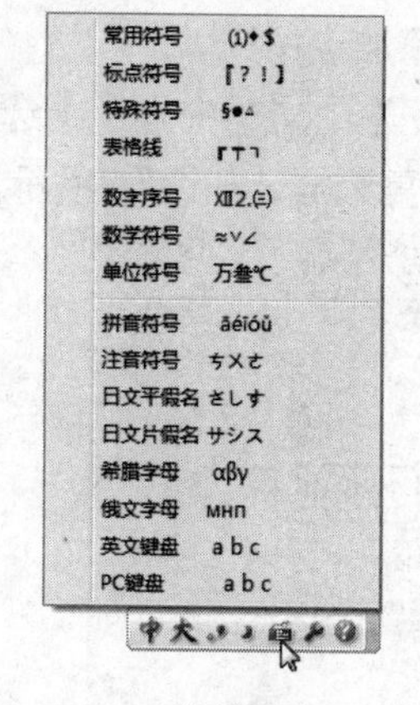

图3.3　快捷菜单

图3.4　软键盘

4. 添加和删除输入法

如果要使用非Windows自带的输入法，就必须安装后才能使用。输入法的安装方法和其他软件的安装方法相同。对于已经安装的输入法，用户可以根据需要进行添加和删除。

1）删除不常用的输入法

对于一些自己不常用的输入法，用户可以将其删除，这样可以提高输入法的切换速度。下面以删除QQ拼音输入法为例，讲解删除输入法的操作。

步骤01 在输入法状态栏上单击鼠标右键，在弹出的快捷菜单中选择【设置】命令，如图3.5所示。

步骤02 打开【文本服务和输入语言】对话框，在【已安装的服务】列表框中选择QQ拼音输入法，如图3.6所示。

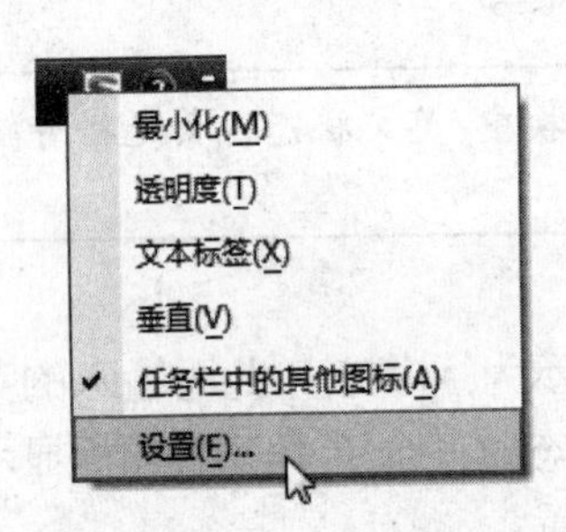

图3.5 选择【设置】命令

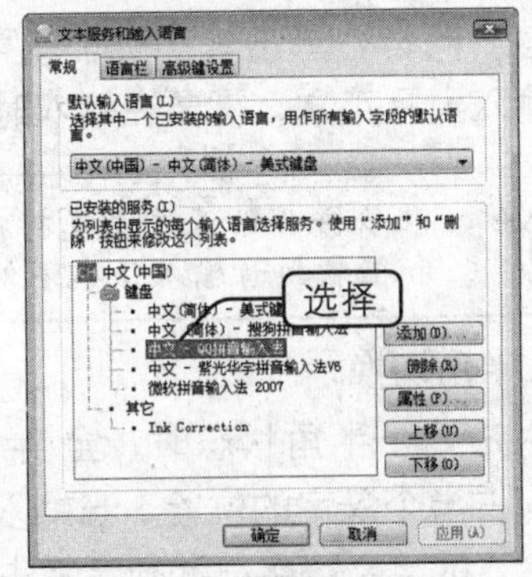

图3.6 选择输入法

步骤03 单击【删除】按钮即可将其删除，此时在【文本服务和输入语言】对话框的【已安装的服务】列表框中已经看不到QQ拼音输入法了，如图3.7所示。

步骤04 单击【确定】按钮即完成该输入法的删除。

2）添加常用的输入法

前面在输入法列表中删除了QQ拼音输入法，如果要使用该输入法，就需要重新进行添加，具体操作如下：

步骤01 在输入法状态栏上单击鼠标右键，在弹出的快捷菜单中选择【设置】命令，打开【文本服务和输入语言】对话框，单击其右侧的【添加】按钮。

步骤02 在打开的【添加输入语言】对话框的下拉列表框中展开【中文（中国）】选项，在【键盘】下拉列表框中选中【中文-QQ拼音输入法】复选框，如图3.8所示。

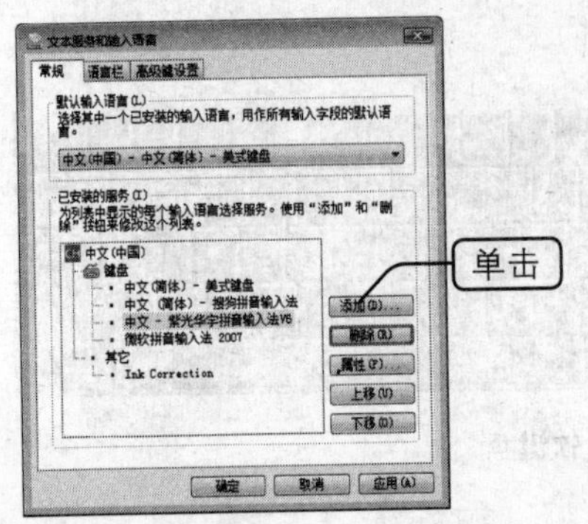

图3.7 已经删除QQ拼音输入法

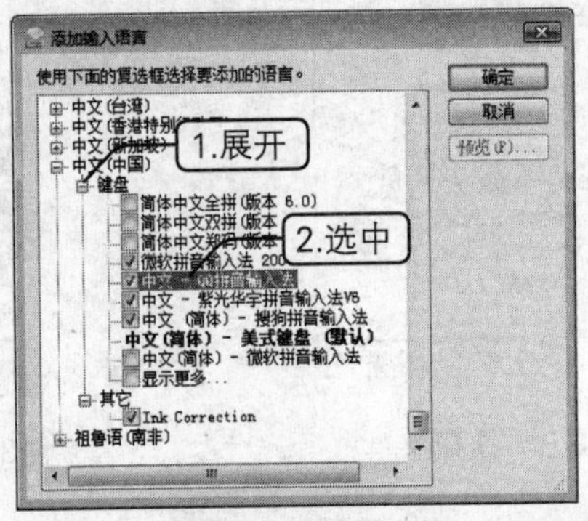

图3.8 选择要添加的输入法

步骤03 单击【确定】按钮返回【文本服务和输入语言】对话框，在【已安装的服务】列表框中即可看到添加的输入法，如图3.9所示。

步骤04 单击【确定】按钮即可完成该输入法的添加。

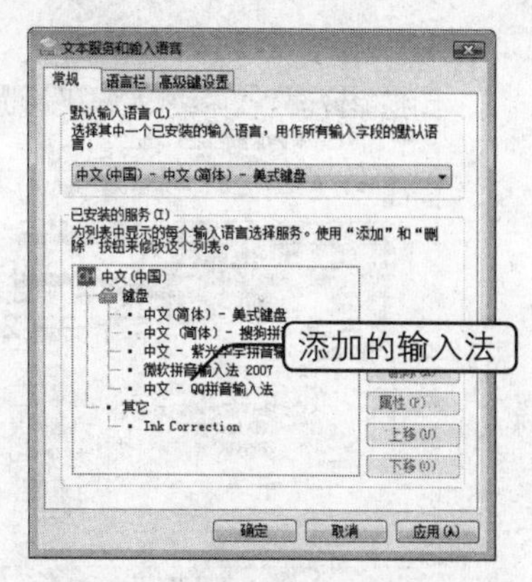

图3.9　显示添加的输入法

3.1.2　典型案例——设置默认输入法并输入“◎※◎”字符

案例目标

本案例将设置默认输入法，并在“写字板”程序中输入“◎※◎”符号，这是通过输入法中的软键盘来实现的。

效果图位置：【第3课\源文件\特殊字符.rtf】

操作思路：

步骤01 打开【文本服务和输入语言】对话框，在其中将紫光拼音输入法设置为系统启动后默认使用的输入法。

步骤02 启动“写字板”程序，将输入法切换到紫光拼音输入法。

步骤03 打开软键盘快捷菜单和特殊符号软键盘。

步骤04 输入符号。

操作步骤

步骤01 在语言栏上单击鼠标右键，在弹出的快捷菜单中选择【设置】命令，打开【文本服务和输入语言】对话框。

步骤02 在【默认输入语言】选区中单击下拉按钮，在打开的下拉列表中选择要设置为默认的输入法，这里选择【中文（中国）-中文-紫光华宇拼音输入法V6】选项，如图3.10所示。

步骤03 单击【确定】按钮完成设置。

步骤04 打开【开始】菜单，执行【所有程序】→【附件】→【写字板】命令，打开“写字板”程序。

步骤05 按【Ctrl+Shift】组合键，将输入法切换为紫光拼音输入法。

步骤06 在输入法状态栏的软键盘图标上单击鼠标右键，在弹出的软键盘快捷菜单中选择【特殊符号】命令。

步骤07 在弹出的软键盘中单击“◎”符号所在的键位，然后单击“※”符号所在的键位，最后再次单击“◎”符号所在的键位即可，如图3.11所示。

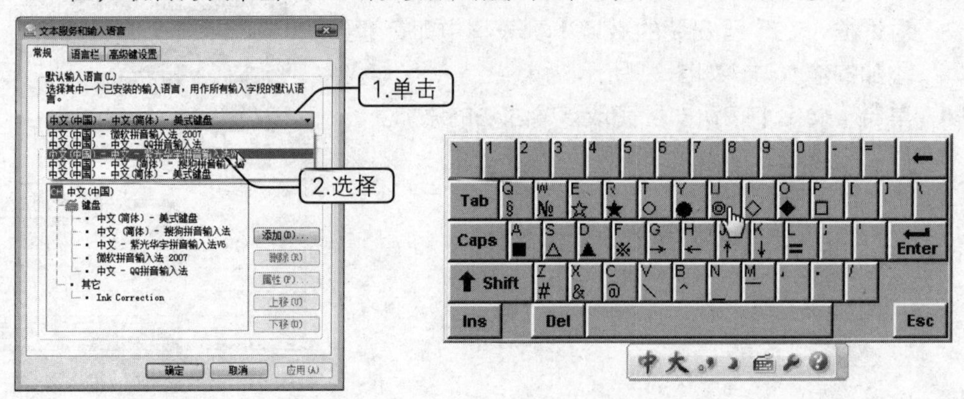

图3.10　选择默认的输入法　　　　　　图3.11　单击特殊字符所在的键位

步骤08　完成输入后，再次单击软键盘图标，将关闭软键盘。

案例小结

在启动计算机进入操作系统后，默认情况下会使用英文输入法，经过上面的设置后，默认打开的是紫光拼音输入法。另外，本例还练习了输入法软键盘的启动方法和使用方法，读者可打开软键盘，仔细查看每个分类中都有哪些符号，方便下次使用。

3.2 五笔字型输入法

五笔字型输入法以重码率低、不受方言影响等优点征服了许多用户，成为办公人员的首选输入法。五笔字型输入法类型众多，如王码五笔型输入法86版、98版和万能五笔输入法等，它们除了编码和功能上稍有差别外，其输入汉字的基本方法都相同。本课以使用最广泛的王码五笔型输入法86版为例，介绍五笔字型输入法的使用方法。

3.2.1 知识讲解

五笔字型输入法是一种形码输入法，它利用汉字的字形特征进行编码。要学习五笔字型输入法，应熟练掌握汉字的组成和拆分方法。

1. 汉字的层次

从组成结构来看，可将汉字分为笔画、字根和单字3个层次，如图3.12所示。

其中，笔画是指人们常说的横、竖、撇、捺、折。每个汉字都是由这5种笔画组合而成的；字根是指由若干笔画复合交叉而形成的相对不变的结构，它是构成汉字的最基本单位，也是五笔字型输入法编码的依据；单字是由字根按一定的位置组合起来而形成的。

图3.12　汉字的3个层次

2. 汉字的笔画

笔画，简单地说就是书写汉字时，一次写成的一个连续不间断的线段。根据各种笔画书写时的运笔方向不同，可将笔画归纳为横、竖、撇、捺、折，五笔字型输入法把这5个基本的笔画依次用数字1，2，3，4，5作为代号，如表3.1所示。

表3.1　5种笔画

代号	基本笔画名称	笔画走向	笔画变形
1	横（一）	左——右	㇀（提）
2	竖（丨）	上——下	“亅”（竖左钩）
3	撇（丿）	右上——左下	如“丿”
4	捺（㇏）	左上——右下	、（点）
5	折	带转折	除竖钩“亅”以外的所有带转折的笔画，如“㇉”、“㇋”、“㇆”、“𠃋”、“㇙”等

3. 汉字的字型

在五笔字型输入法中，根据构成汉字的各字根之间的位置关系，可将成千上万的汉字分为3种字型：左右型、上下型和杂合型，分别用代码1，2，3来表示，如表3.2所示。

表3.2　3种字型

代号	字　型	相关汉字
1	左右（左中右）	时、树、彩、燥
2	上下（上中下）	华、花、曼、字
3	杂合	困、凶、这、迎

如果一个基本字根之前或之后带有一个孤立的点，则无论字中的点与基本字根是否相连，该汉字均被视为杂合型，如鸟、术和义等字。另外含有“辶”的汉字，如连和边等字，以及由一个基本字根构成的汉字也属于杂合型。

在五笔字型输入法中，这3种字型的基本含义如下。

左右型汉字

左右型汉字是指能拆分成有一定距离的左右两部分或左、中、右三部分的汉字。每一部分可以是一个基本字根，也可以由几个基本字根组合而成。

上下型汉字

上下型汉字是指能拆分成有一定距离的上下两部分或上、中、下三部分的汉字。

杂合型汉字

杂合型汉字是指各组成部分之间没有简单明确的左右或上下关系的汉字。半包围结构汉字、全包围结构汉字和独体字都属于杂合型。

4. 字根的分布

五笔字型输入法的编码，实际上就是将组成汉字的各个字根用键盘上的各个键位代替。在输入汉字时，先将汉字以书写顺序拆分为字根，然后按下各字根对应的键位，即可输入该汉字。下面先来介绍各字根在键盘上的分布位置。

按照字根的组字能力和出现频率，同时考虑到键盘上除【Z】键以外的字母键的排列方式，将五笔字根合理地分配在了【A】~【Y】共计25个英文字母键上，这就构成了五笔字型输入法的字根键盘。

字根键盘总共分为5个区，一般情况下，首笔笔画相同的字根为同一区，如横起笔的字根都在第1区。各个区以横、竖、撇、捺、折的顺序进行编号，区号分别为1，2，3，4，5。每一区中有5个键，每个键称为一个位，用1，2，3，4，5表示位号。以区号+位号（区位号）的方式确定各个键位，如【D】键为横区第3个键，即区号为1，位号为3，所在键位的区位号就为13。键位分区情况如图3.13所示。

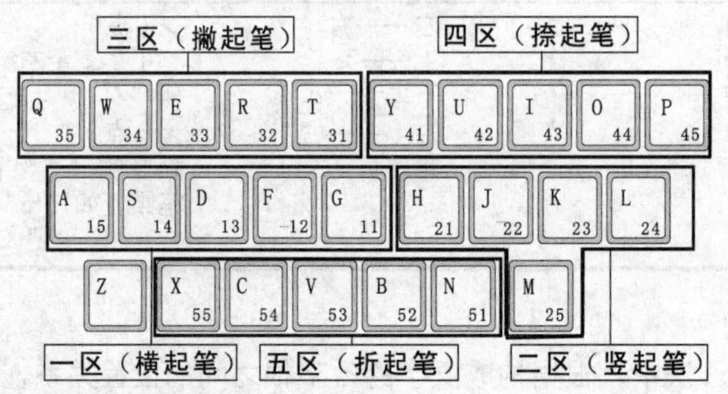

图3.13 键位分区图

有的字根并非严格地按首笔笔画被分布到各键位上，如【L】键上的字根“车”，它的首笔笔画为“横”，但却属于“竖”区，应注意记忆。

为了方便记忆，五笔字型输入法的发明者王永民先生编写了五笔字型字根助记词，如图3.14所示。

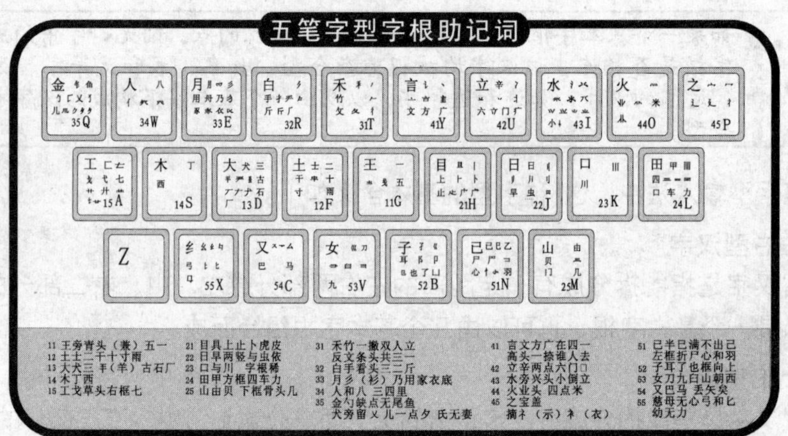

图3.14 五笔字型字根助记词

记住五笔字根及其键盘分布，是进行五笔打字的必备条件，初学者应熟记字根助记词。在实际操作中若遇到难于记忆或不常见的字根，应马上对照助记词，并将其记住。

5. 汉字的拆分

记住了各字根在键盘上的位置分布后，就可以根据各个汉字的特点将其拆分为字根准备输入汉字了。汉字的拆分应该按一定的规则进行，规则包括“书写顺序、取大优先、能散不连、能连不交、兼顾直观”等，下面分别对其进行讲解。

- **“书写顺序”原则：** 在拆分汉字时，首先应按照汉字的书写顺序进行拆分，即按照从左到右、从上到下、由外到内的顺序拆分。例如，“对”字应从左到右拆分为“又、寸”。
- **“取大优先”原则：** 在拆分汉字时，应尽量使拆分出的字根笔画最多。例如“则”字应拆分为“贝、刂”，而不应拆分为“冂、人、刂”。
- **“能散不连”原则：** 是指能将汉字拆分成“散”结构（字根散开）的字根就不拆分成“连”结构（字根相连）的字根。例如“午”字应拆分为“𠂉、十”，而不应拆分为“丿、干”。
- **“能连不交”原则：** 是指能将汉字拆分成相互连接的字根就不拆分成相互交叉的字根。例如“天”字应拆分为“一、大”（字根相连），而不应拆分为“二、人”（字根相交）。
- **“兼顾直观”原则：** 是指拆分出来的字根要符合一般人的视觉习惯。例如“自”字应拆分为“丿、目”，而不应拆分为“白、一”。

6. 汉字的输入

正确地将汉字拆分为字根后，就可以通过五笔字型输入法将该汉字输入到计算机中了。

1）单个汉字的输入

输入单个汉字的方法是输入汉字的前3个字根加最后一个字根。例如，要输入“落”字，先按拆分规则将其拆分为“艹、氵、夂、口”4个字根，再依次按这4个字根所在的【A】、【I】、【T】和【K】键即可。

如果汉字拆分出来的字根不足4个，则很可能会出现重码的情况，即当输完该字的字根时，会出现很多汉字供用户选择，这样比较费时，因此五笔字型输入法提出了“末笔字型识别码”的方法来确定输入的汉字。末笔字型识别码的构成如表3.3所示。

表3.3　末笔字型识别码

	末笔识别码 字型识别码	横（1）	竖（2）	撇（3）	捺（4）	折（5）
末笔字型识别码	左右型（1）	11【G】	21【H】	31【T】	41【Y】	51【N】
	上下型（2）	12【F】	22【J】	32【R】	42【U】	52【B】
	杂合型（3）	13【D】	23【K】	33【E】	43【I】	53【V】

“末笔字型识别码”分为“末笔识别码”和“字型识别码”。“末笔识别码”指汉

字最后一笔笔画的代码，如最后一笔为横，则代码为1；“字型识别码”指汉字字型的代码，其中左右型为1，上下型为2，杂合型为3。由此可见末笔字型识别码由以上两个代码组合而成。

例如，“勾”字可拆分为字根“勹”和“厶”，分别对应于【Q】和【C】键。而其最后一笔为“丶”，末笔识别码为4，字型为杂合型，字形识别码为3，因此其末笔字型识别码为43，对应的键位为【I】键，所以依次按【Q】、【C】、【I】键再按下空格键即可输入“勾”字。

当加了识别码之后仍不足4码时，可以加按空格键。

2）键名汉字的输入

该类汉字排在键位字根的首位，是这个键位上的所有字根中最具代表性的字根，除【X】键上的“纟”外，其他字根本身都是一个完整的汉字，如【Q】键上的字根“金”。

输入键名汉字的方法是连续按其所在的键位4次。键盘上键名汉字的分布如图3.15所示。

图3.15　键盘上的键名汉字

3）成字字根

成字字根又称字根字，它是除键名汉字外既可以作为字根，也可以作为一个独立汉字的字，其取码规则如下：该字根所在键位+首笔画+次笔画+末笔画。即先按该字根所在的键，然后按该字第一个笔画、第二个笔画以及最后一个笔画所对应的键即可。如要输入字根“贝”，应先按该字根所在的【M】键，再依次按书写顺序按【H】、【N】和【Y】键。

4）简码

除了单个汉字的常规输入方法外，为了提高汉字的输入速度，五笔字型输入法按汉字使用频度的高低，对一些常用汉字制定了一级简码、二级简码和三级简码规则，即只须输入该汉字的前1个、2个或3个字根所在的键，再按一下空格键即可输入该字。如要输入一级简码的“国”字，只须按一次【L】键，再按一下空格键；若要输入二级简码中的“珠”字，只须按【G】和【R】键，再按一下空格键即可。

除【Z】键外的25个键位都分别对应一个一级简码汉字，如图3.16所示。

图3.16　各键位对应的一级简码

5）输入词组

通过五笔字型输入法的词组输入功能，可以提高输入速度。词组的输入包括两字词组、三字词组、四字词组和多字词组的输入，但无论词组中包含多少个汉字，最多只能取4码。

两字词组

两字词组的输入方法是输入两个汉字的前两码。如要输入词组“困难”，则分别取这两个字的前两个字根“囗、木”和“又、亻”，其编码为LSCW。

三字词组

三字词组的输入方法是输入前两个汉字的第一码和第三个汉字的前两码。如要输入词组“故事片”，则取前两个汉字的第一个字根“古”和“一”，再取第三个汉字的前两个字根“丿、丨”，其编码为DGTH。

四字词组

四字词组的输入方法是输入每个字的第一码。如要输入词组“能工巧匠”，则各取每个字的第一码“厶、工、工、匚”，其编码为CAAA。

多字词组

多字词组指多于四个字的词组，输入方法是输入前三个字的第一码和最后一个字的第一码。如要输入词组“理论联系实际”，则分别取每个字的第一码“王、讠、耳、阝”，其编码为GYBB。

3.2.2 典型案例——使用五笔字型输入法输入一则“房屋出租”消息

案例目标

本案例将练习使用王码五笔型输入法86版，在“写字板”中输入一则“房屋出租”消息，完成后的最终效果如图3.17所示。

效果图位置：【第3课\源文件\房屋出租.rtf】

操作思路：

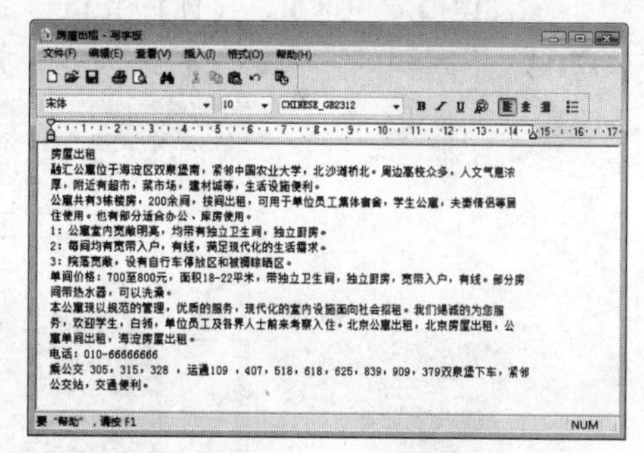

图3.17 输入“房屋出租”消息

步骤01 启动“写字板”程序。

步骤02 设置输入文本的字体。

步骤03 使用王码五笔型输入法86版输入“房屋出租”消息。

步骤04 保存文件，完成制作。

操作步骤

步骤01 打开【开始】菜单，执行【所有程序】→【附件】→【写字板】命令，打开【写字板】窗口。

步骤02 此时在操作界面左侧将出现一个黑色闪烁的竖线（文本插入点），该竖线用于标示文字输入的位置。

步骤03 单击工具栏中的【字体大小】下拉按钮，在打开的下拉列表框中选择【10】选项，设置后面输入的文字大小。

步骤04 单击语言栏中的语言切换图标，在弹出的输入法列表中选择【王码五笔型输入法86版】选项，切换到该输入法状态，开始输入汉字。

步骤05 因为“房屋”为两字词组，因此只取每个字的前两码，即取“房”字的前两个字根“、”和“尸”的编码“Y”和“N”，取“屋”字的前两个字根“尸”和“一”的编码“N”和“G”，依次键入“YNNG”即可输入“房屋”二字，如图3.18所示。

步骤06 接着输入“出租”两字词组，取“出”字的前两个字根“凵”和“山”的编码“B”和“M”，取“租”字的前两个字根“禾”和“月”的编码“T”和“E”，依次输入“BMTE”即可输入“出租”二字，如图3.19所示。

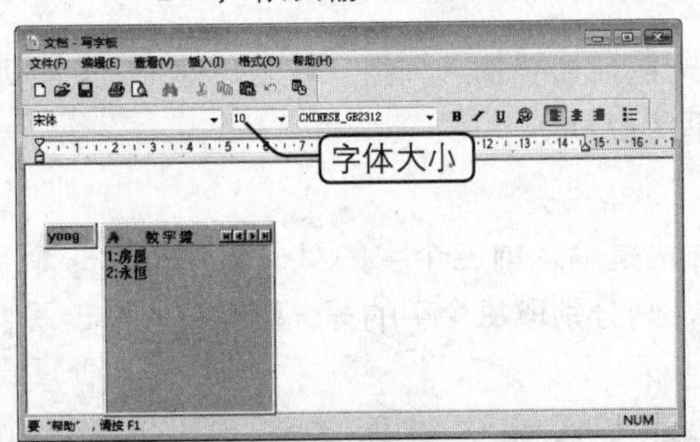

图3.18 输入“房屋”

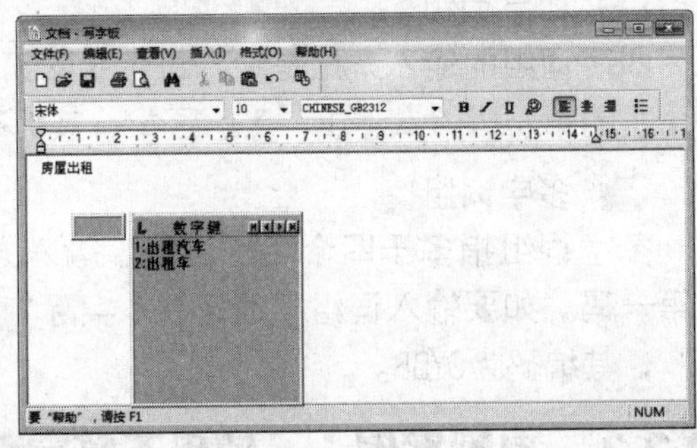

图3.19 输入“出租”

步骤07 按【Enter】键进行换行。“融”字拆分为“一、口、冂、虫”，因此依次按下【G】、【K】、【M】和【J】键，即可输入“融”字，如图3.20所示。

步骤08 用同样的方法输入后续内容，并在各段文本之间按【Enter】键分段表示。

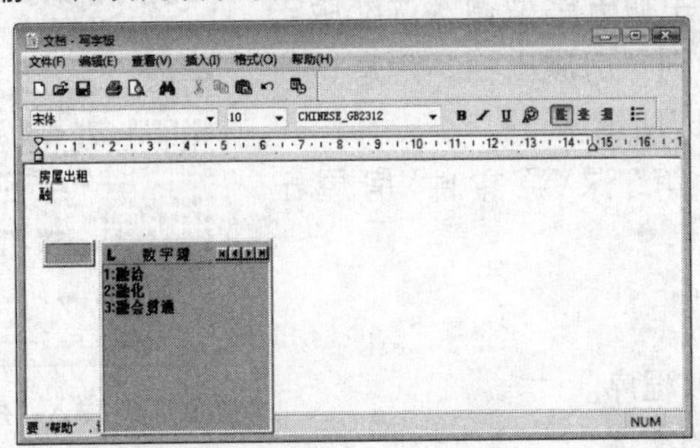

图3.20 输入“融”字

步骤09 执行【文件】→【保存】命令，在打开的对话框中设置文件名称为“房屋出租”，并选择保存位置。

步骤10 单击【保存】按钮，将写字板文件保存在计算机中。

案例小结

此案例练习了使用五笔字型输入法输入一则消息，其中各汉字的具体拆分方法是练习中的难点，请读者仔细参照本节中介绍的汉字拆分方法与字根助记口诀进行练习。只要勤加练习，便能在以后的打字过程中，逐步提高输入速度。

3.3 其他输入法

除了前面介绍的五笔字型输入法外，还有很多用户习惯使用的音码类输入法，如微软拼音输入法、紫光拼音输入法等，本节将介绍这两种输入法。

3.3.1 知识讲解

只要知道汉字的发音，就能使用音码类输入法输入汉字。此类输入法学习起来较为简单，但重码率较高，输入速度较慢，适用于进行少量文字输入的用户。

1. 微软拼音输入法

微软拼音输入法是一种以语句输入为特征的输入法。在输入中文时，可以连续输入一句话，输入法在输入过程中会自动判断并显示正确的文字。如输入“当一天和尚撞一天钟”，只要输入拼音“dangyitianheshangzhuangyitianzhong”，输入完毕后，按空格键确认即可，如图3.21所示。

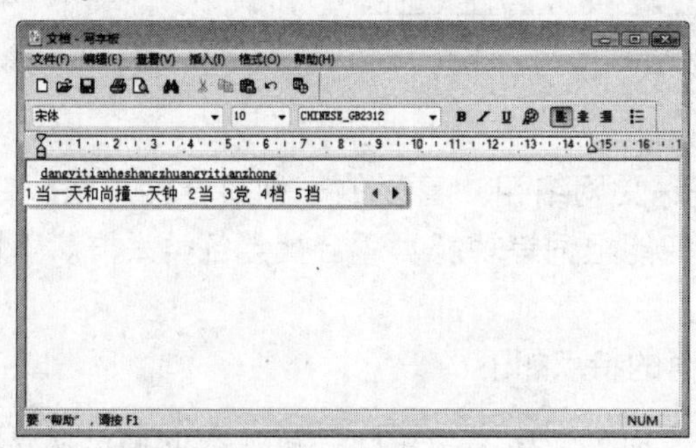

图3.21　输入拼音

微软拼音输入法是在Windows Vista操作系统中附带的中文输入法程序，进入Windows Vista后，微软拼音输入法会自动显示在输入法列表中，切换到该输入法，即可进行中文输入。

微软拼音输入法的状态栏如图3.22所示，其中各图标的含义如下。

- ：微软拼音输入法图标，表示当前使用的输入法为微软拼音输入法。
- ：单击该图标，在弹出的菜单中可以选择微软拼音输入法的输入风格，如图3.23所示。

图3.22　微软拼音输入法的状态栏

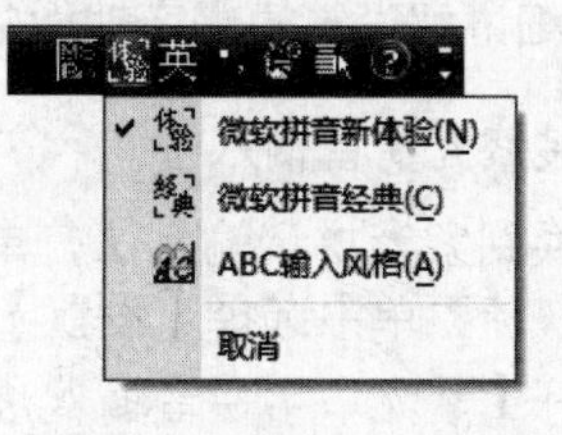

图3.23　选择输入法风格

在Windows Vista中没有提供用户熟悉的智能ABC输入法，习惯使用该输入法的用户可将微软拼音输入法的输入风格设置为“ABC输入风格”。

- 中：单击该图标，可以切换中英文输入状态，如单击后图标变为英，此时可以直接输入英文字符。
- ：单击该图标，可在全角与半角标点符号输入状态之间进行切换。
- ：单击该图标，可以打开输入板对话框，如图3.24所示，一些笔画、特殊字符以及标点符号都可以通过输入板来输入。
- ：单击该图标，可以打开微软拼音输入法功能菜单，通过菜单选项可以对输入法进行一系列设置，如图3.25所示。

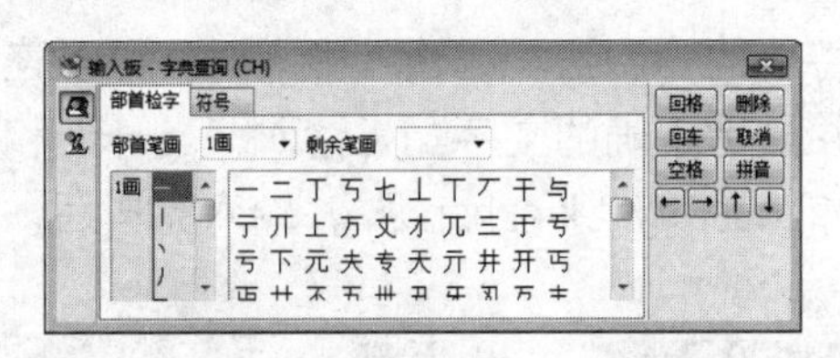

图3.24　输入板对话框

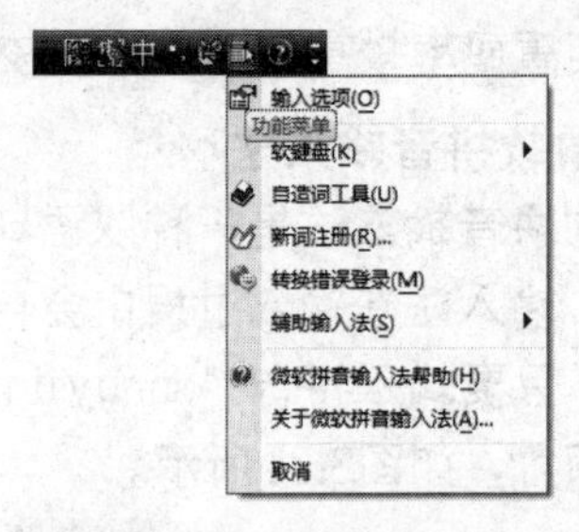

图3.25　输入法功能菜单

2. 紫光拼音输入法

紫光拼音输入法是深受网络用户喜爱的一种拼音输入法，它简单易学、输入速度快，而且具有零记忆、智能组词等功能，适合社会各类人群。下面以紫光华宇拼音输入法V6版本为例进行讲解。

紫光拼音输入法具有的特点如下：

- 具有词频调整功能，即以前输入过的字、词，会出现在汉字选择框中的靠前位置，以便于用户选择。
- 通过设置可不分翘/平舌音、前/后鼻音以及南方口音，进行模糊输入。
- 中英文混合输入时无须切换输入法状态，输完字母后如想输入中文只须按空格键即可，如想输入英文只须按【Shift】键。
- 拥有手工造词的功能。
- 对于词库中没有的词或短语，紫光拼音输入法还可以搜索相关的字或词，智能组成所需的词或短语，用户再次输入时可直接得到该词组。

下面详细讲解设置模糊音功能的方法，其具体操作如下：

步骤01　安装紫光拼音输入法。

步骤02　切换到紫光拼音输入法，单击状态栏中的按钮，或者单击鼠标右键，在弹出的快捷菜单中选择【设置】命令，如图3.26所示。

步骤03　打开【紫光华宇拼音输入法 － 设置】对话框，如图3.27所示。

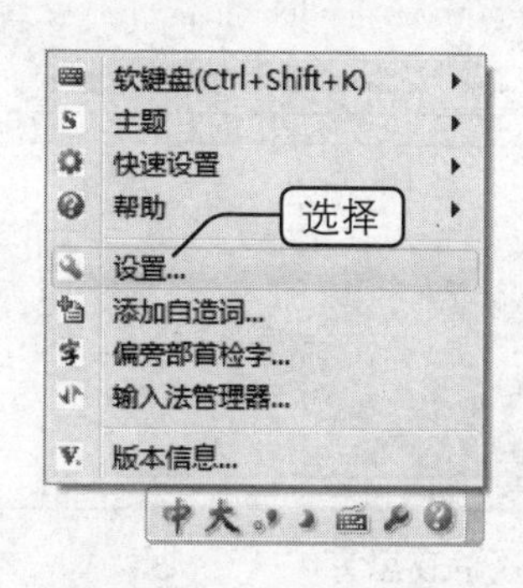

图3.26　选择【设置】命令

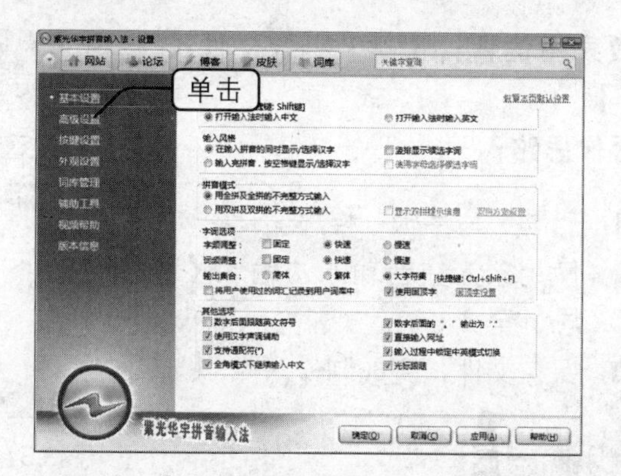

图3.27　【紫光华宇拼音输入法 - 设置】对话框

步骤04　在该对话框的左侧单击【高级设置】命令，打开【高级设置】选项卡，选中【自动拼音模糊】复选框，激活右侧的【模糊音设置】超链接，如图3.28所示。

步骤05　单击【模糊音设置】超链接，打开【模糊音】对话框，如图3.29所示。

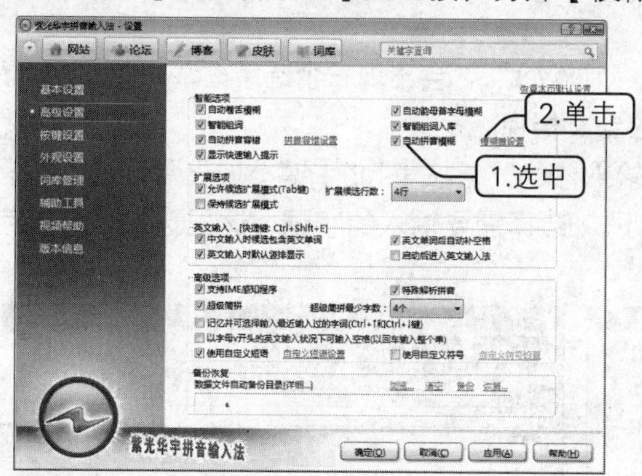

图3.28　【高级设置】选项卡

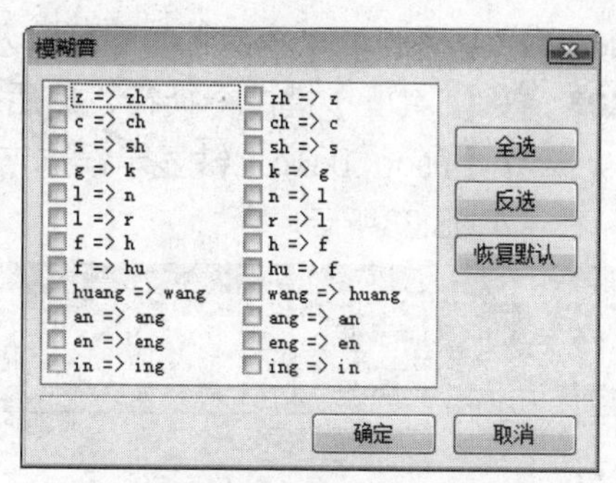

图3.29　【模糊音】对话框

步骤06　在该对话框中将声母中不容易区分的平舌与翘舌设置为相同，如z=>zh，s=>sh，c=>ch；也可以设置可能发音不准的音为相同，如k=>g，f=>h，l=>n等。如选中【s=>sh】复选框后，在输入词组“设计”时，使用拼音“sheji”与“sji”都可以。

步骤07　在该对话框中还可以将不易区分的韵母设置为相同，如图3.30所示。

步骤08　设置完成后，单击【确定】按钮即可。

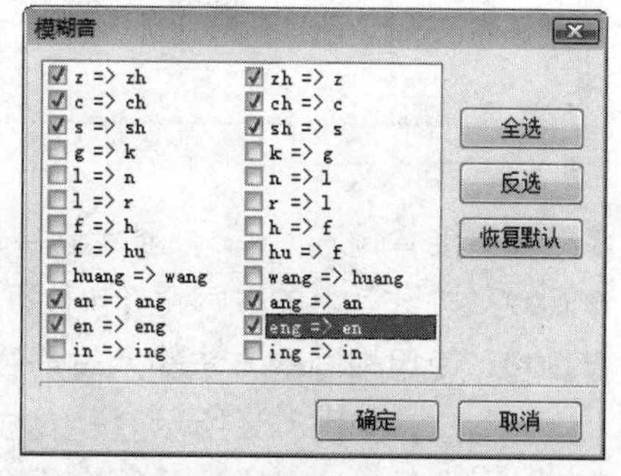

图3.30　设置模糊音

3.3.2　典型案例——使用紫光拼音输入法输入《静夜思》

案例目标

本案例将练习使用紫光拼音输入法，在“写字板”程序中输入唐诗《静夜思》全文，完成后的最终效果如图3.31所示。

效果图位置：【第3课\源文件\静夜思.rtf】

操作思路：

步骤01 启动“写字板”程序。

步骤02 使用紫光拼音输入法输入《静夜思》全文。

步骤03 保存文件，完成制作。

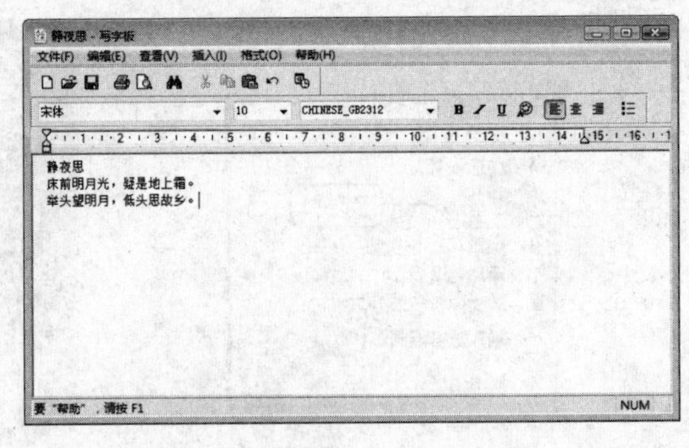

图3.31 输入《静夜思》

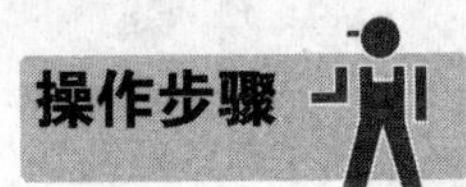

步骤01 打开【开始】菜单，执行【所有程序】→【附件】→【写字板】命令，打开【写字板】窗口。

步骤02 单击语言栏中的语言图标，在弹出的输入法列表中选择【中文-紫光华宇拼音输入法V6】选项。

步骤03 在不断闪烁的光标输入点处输入“jingyes”，会出现一个选字框，如图3.32所示。

步骤04 按空格键，“静夜思”即可输入到文档中。

步骤05 按【Enter】键进行换行，然后输入“ch”，按【Tab】键扩展显示候选字词，再按【Page Down】键显示候选字词，选择需要输入的字词，这里选择“床”字，如图3.33所示。

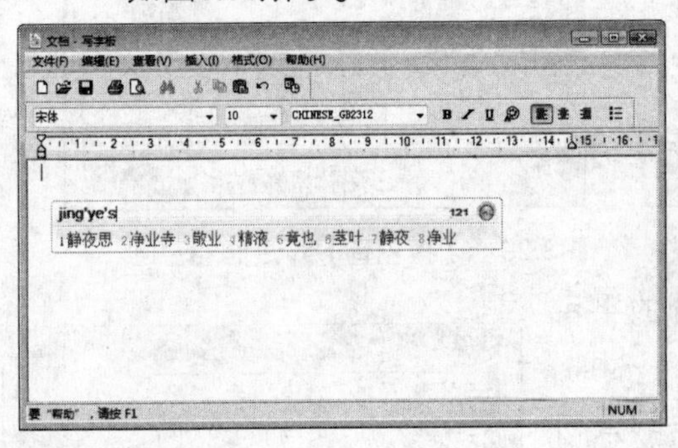

图3.32 输入文本

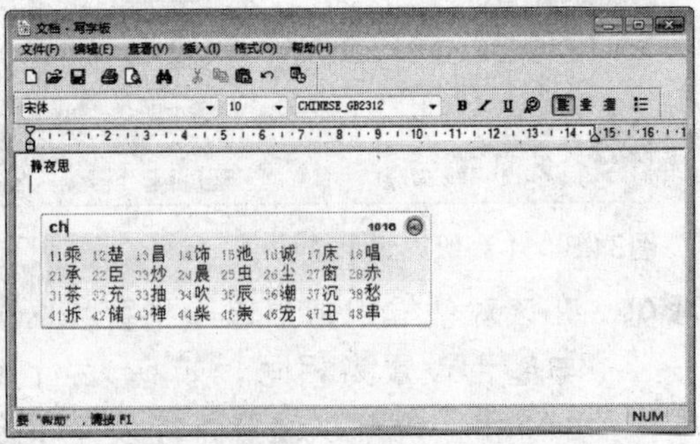

图3.33 显示候选字词

步骤06 接着输入“q”，显示选字框，如图3.34所示。

步骤07 按键盘上的数字键【4】即可将“前”字输入到文档中。

步骤08 使用相同的方法输入《静夜思》全文，如图3.31所示。

步骤09 执行【文件】→【保存】命令，保存文档为“静夜思.rtf”。

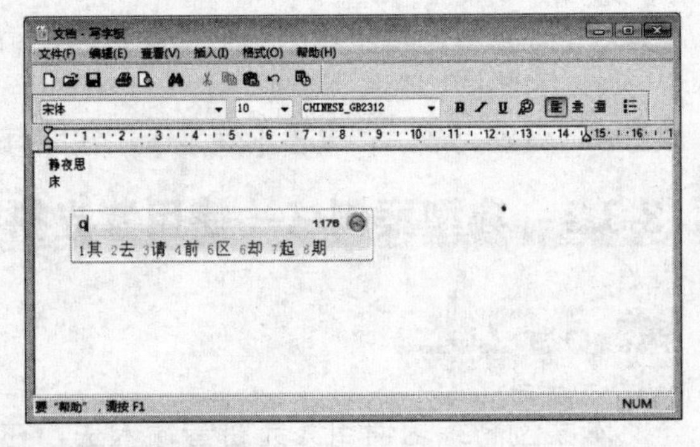

图3.34 选字框

案例小结

本案例练习了音码类输入法的使用方法，在使用紫光拼音输入法输入汉字的过程中，读者可根据该汉字是否常见来使用简拼或混拼的方式输入，在已经输入过某词组后，再次输入同样的内容时，可使用简拼的方式输入，该词会自动位于选字框的靠前位置，这就是紫光拼音输入法的词频调整功能。

3.4 上机练习

3.4.1 使用五笔字型输入法输入一则笑话

本次上机练习将使用五笔字型输入法，在“写字板”程序中输入一则笑话，如图3.35所示，主要练习汉字的拆分和文本的输入。

效果图位置：【第3课\练习\笑话.rtf】

操作思路：

步骤01 打开【写字板】窗口。

步骤02 切换输入法为五笔字型输入法。

步骤03 在【写字板】窗口中设置字体和字号，然后输入字词。

步骤04 保存文档。

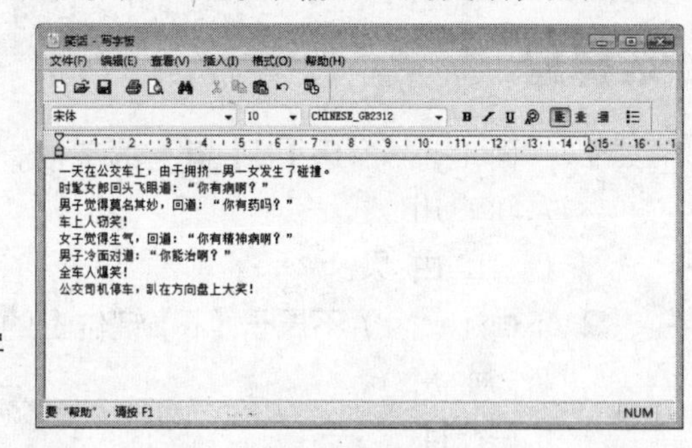

图3.35 输入文本后的效果

3.4.2 使用紫光拼音输入法输入数学函数

本次上机练习将使用紫光拼音输入法，在“写字板”程序中输入数学函数，主要练习输入法和软键盘的使用，效果如图3.36所示。

效果图位置：【第3课\练习\函数.rtf】

操作思路：

步骤01 打开【写字板】窗口。

步骤02 切换输入法为紫光拼音输入法。

步骤03 输入文本，使用软键盘输入数字符号。

步骤04 保存文档。

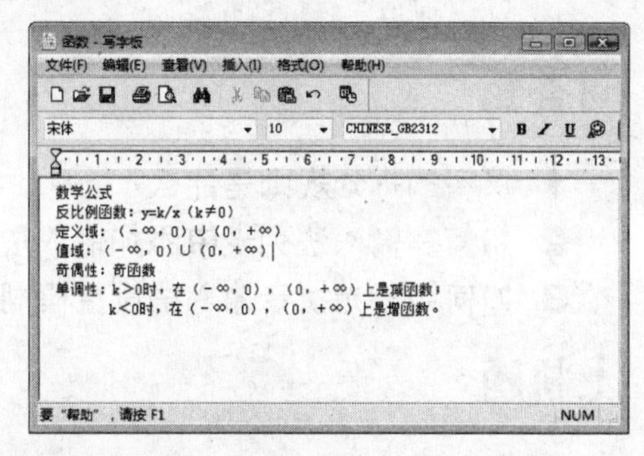

图3.36 输入函数

3.5 疑难解答

问：紫光拼音输入法具有词频调整功能，那智能ABC输入法有这样的功能吗？

答：有。但要使用该功能必须先进行设置，设置方法如下：在该输入法状态栏上单击鼠标右键，在弹出的快捷菜单中选择【属性设置】命令，打开其属性设置对话框，在【功能】栏中选中【词频调整】复选框，再单击【确定】按钮。

问：在使用王码五笔型输入法86版输入“云”字时，为什么在输入了前两码“F”和

"C"，再加上末笔识别码"U"后，还没有输入该字呢?

答：这是因为编码为"FCU"的汉字有3个，它们分别为"去"、"支"和"云"，输入全部编码后，还需要进行选择。

问：在使用音码类输入法时，为什么不能按"lü"来输入汉字"旅"呢?

答：在音码类输入法中，系统规定使用"v"来代替"ü"，因此要输入"旅"字，则要输入"lv"。

3.6 课后练习

选择题

1 下面（　　）是【M】键上的字根。

A、口 川　　　　B、木 西 丁

C、山 由 贝　　　　D、田 甲 口

2 下面（　　）不属于【E】键位上的字根。

A、月 用　　　　B、乃 彡

C、豕 ⺝　　　　D、日 早

3 汉字"黄"的五笔编码是（　　）。

A、AMW　　　　B、GHHG

C、AGMW　　　　D、AGM

问答题

1 汉字的拆分规则是什么?

2 如何在输入法列表中添加输入法?

3 如何给紫光拼音输入法设置模糊音?

上机题

1 在"写字板"程序中使用自己熟悉的输入法输入下列一段文字。

李广非常有胆略。有一次他出门打猎，晚上回来时看见路边草间有一头老虎，李广毫不畏惧，张弓搭箭，一箭射去，射中那老虎的脑袋。天亮后，他让手下的士兵去把老虎抬回来，结果士兵们发现那竟然不是老虎，而是块坚硬的大石头，箭已经深深地扎在石头里面了。

2 熟记五笔字根助记词，在网上下载五笔字型输入法练习软件（如金山打字通），安装到自己的计算机中，勤加练习。

第4课

文件和文件夹的操作与管理

本课要点

文件和文件夹的操作
文件和文件夹的管理

具体要求

文件和文件夹简介
显示文件或文件夹
新建文件或文件夹
选择文件或文件夹
重命名文件或文件夹
隐藏文件或文件夹
移动文件或文件夹
复制文件或文件夹
删除文件或文件夹
查找文件
设置文件和文件夹的属性
设置文件和文件夹共享
利用可移动存储设备管理文件

本课导读

认识文件与文件夹，并掌握它们的操作方法，有助于管理好计算机中的文件与文件夹，可以将计算机中的数据分类管理、存放，使之更规范、更直观，且更便于操作。

4.1 文件和文件夹的操作

文件和文件夹的操作是Windows Vista操作系统的基础知识，在使用计算机的过程中常常需要对文件和文件夹进行操作，读者应熟练掌握。

4.1.1 知识讲解

文件和文件夹的操作包括显示、新建、选择、重命名、移动、复制、隐藏和删除文件等，下面分别进行讲解。

1. 文件和文件夹简介

计算机中的数据大多以文件的形式存放在硬盘里，而所有的文件是通过文件夹分门别类管理的，文件和文件夹都是通过路径在计算机中定位的。

1）文件

文件的种类很多，包括图片、文字和声音等。在Windows Vista中的所有文件都是由文件图标、文件名、文件大小和文件类型等部分组成的，如图4.1所示。其中，文件图标是由生成该文件的程序决定的，是文件属性的直观体现，一般情况下同一种类型的文件具有相同的图标，它们是区分文件类型的标志；而文件名是由用户在建立文件时设置的，目的是方便用户识别，文件名可随时更改。

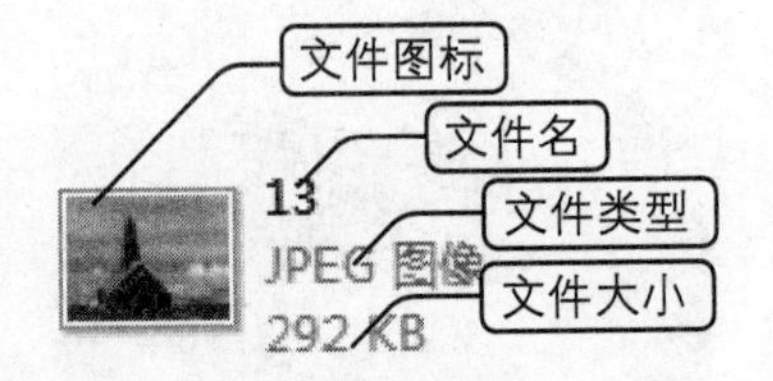

图4.1 图片文件

2）文件夹

文件夹用于管理文件，可以将不同的文件归类存放于不同的文件夹中，而文件夹又可以存放下一级子文件夹或文件，子文件夹同样又可以存放文件或子文件夹。

文件夹由一个图标和文件夹名组成。用鼠标双击文件夹即可打开它，Windows Vista操作系统以窗口的形式显示其中包含的所有内容，如图4.2所示。

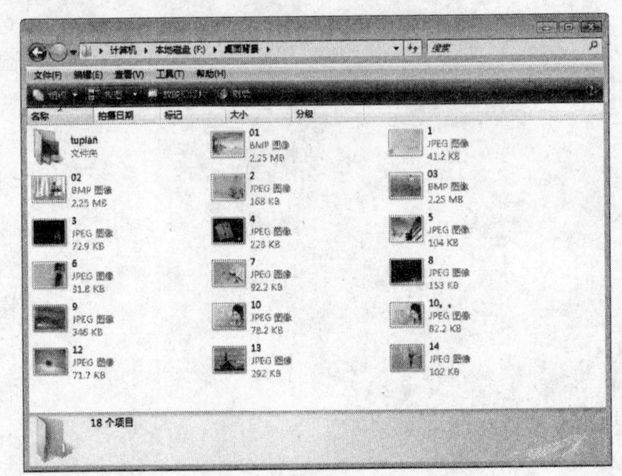
图4.2 以窗口形式显示文件夹中的文件

3）路径

在计算机中文件所在的位置通常用路径进行描述。如图4.3表示F盘中【桌面背景】文件夹的【tupian】子文件夹中的文件。

2. 显示文件或文件夹

在【计算机】窗口中可以用不同的方式显示文件和文件夹，以便用户在不同情况下快速找到所需的内容。

打开要查看的文件夹窗口，单击菜单栏中的【查看】命令，在弹出的下拉菜单中选择相应的命令，如图4.4所示，或者单击工具栏中的【视图】下拉按钮，在弹出的下拉菜单中选择相应的命令，如图4.5所示。【视图】下拉菜单中各种显示方式的特点如下。

- **特大图标**：该显示方式以特大图标来显示文件和文件夹，这时通过图标即可查看文件夹中部分文件的缩略图；如果是图片文件，还可以清晰地显示出图片的大型缩略图，如图4.6所示，这对于显示图片文件比较有用。

图4.3　文件夹路径

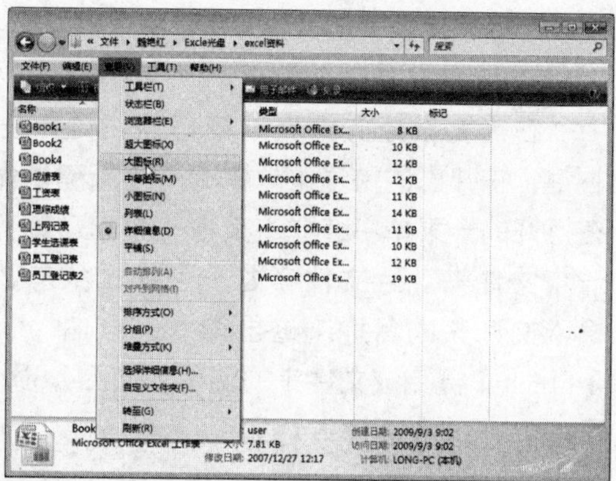

图4.4　【查看】下拉菜单

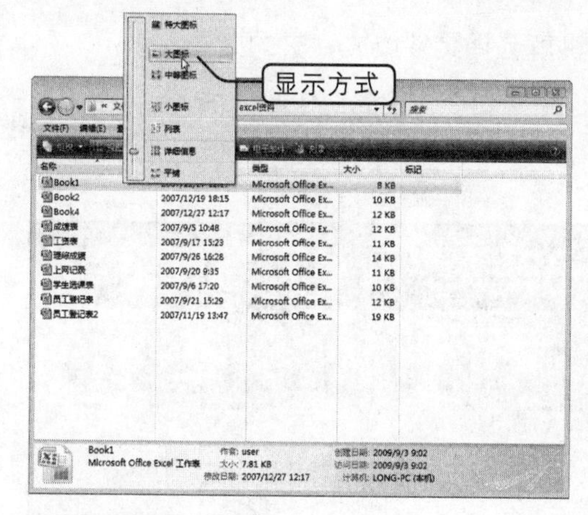

图4.5　选择文件显示方式

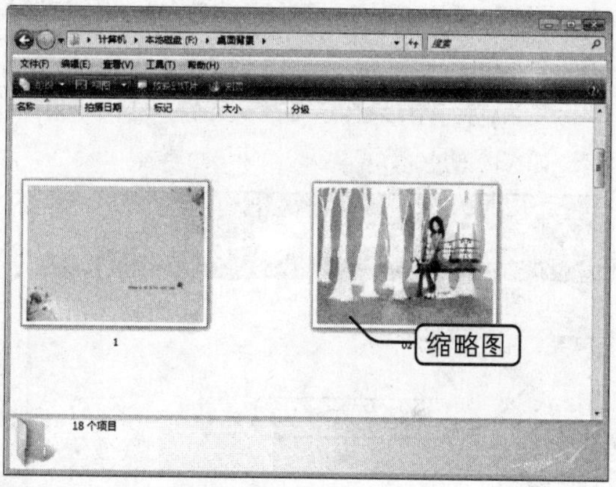

图4.6　以特大图标显示

- **大图标**：该显示方式也是显示文件或文件夹的缩略图，图标大小次于特大图标。
- **中等图标**：该显示方式除了显示文件或文件夹的缩略图外，还显示了文件或文件夹的名称，图标大小次于大图标。该显示方式和Windows XP中的缩略图显示方式相同。
- **小图标**：以很小的图标显示文件或文件夹，无法查看文件或文件夹的缩略图。
- **列表**：该显示方式可将文件或文件夹以列表方式显示。
- **详细信息**：可将文件或文件夹的名称、大小、类型和创建日期等详细信息显示出来。
- **平铺**：该显示方式以中等图标显示文件或文件夹的缩略图，并且还显示了文件的名称、大小和类型。

3. 新建文件或文件夹

对文件和文件夹进行各种操作之前，先要新建文件和文件夹。

1）新建文件

通过应用程序可以直接创建新文件，即在应用程序中新建一个文件，再将其保存在硬盘中。另一种新建文件的方法，是在如图4.7所示的磁盘或文件夹窗口中的空白处单击鼠标右键，在弹出的快捷菜单中打开【新建】子菜单，从中选择相应类型的文件命令。

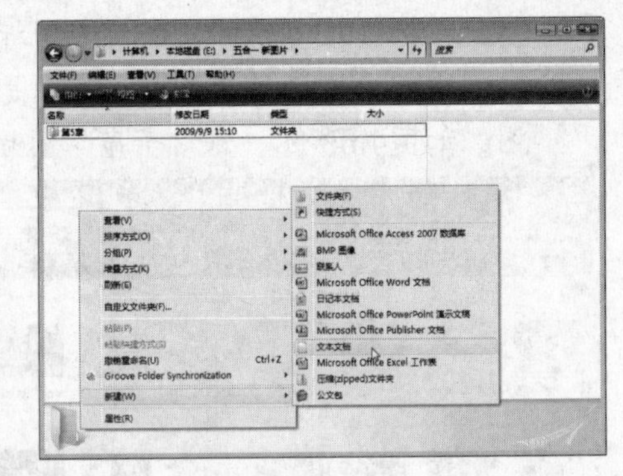

图4.7　右键快捷菜单

2）新建文件夹

在需要新建文件夹的窗口空白处单击鼠标右键，在弹出的快捷菜单中选择【新建】命令，在打开的子菜单中选择【文件夹】选项即可新建一个文件夹，且文件名处于可编辑状态，直接输入文件夹的名称（这里输入“歌曲”），按【Enter】键完成文件夹的创建，如图4.8所示。

4. 选择文件或文件夹

创建好文件或文件夹后便可对其进行复制、移动等操作，在操作之前要先选定文件或文件夹。

文件和文件夹的选择方法相同，下面详细讲解选择文件或文件夹的方法。

1）选择单个文件或文件夹

用鼠标单击某个文件或文件夹即可选中它，选中的文件或文件夹将被一个矩形框框住，如图4.9所示。

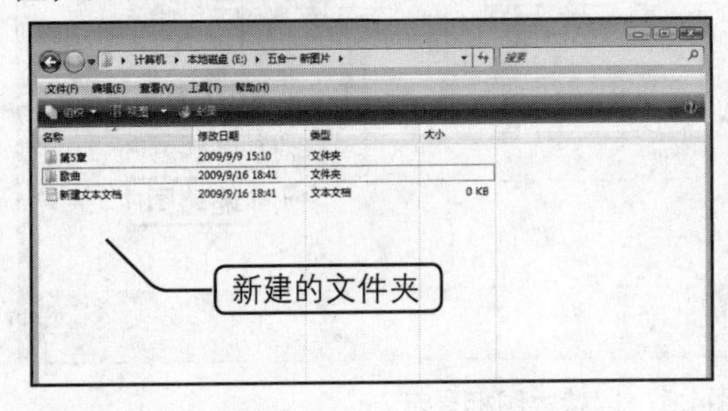

图4.8　新建文件夹

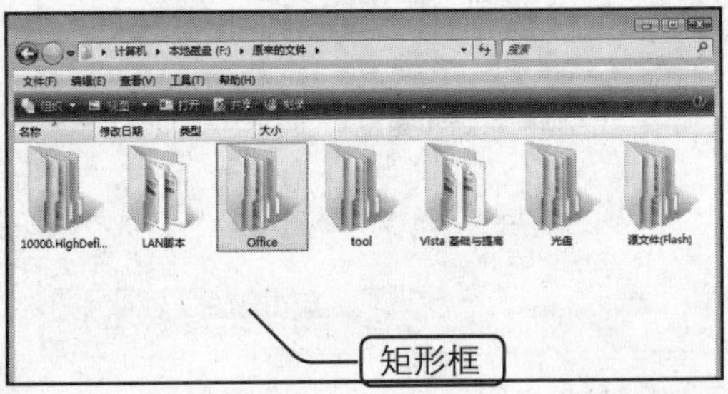

矩形框

图4.9　选择文件夹

2）选择多个相邻文件或文件夹

选择多个相邻文件或文件夹有如下两种方法：

- 按住鼠标左键不放，向需要选择的文件或文件夹方向拖动，此时屏幕上鼠标拖动的区域会出现一个蓝色的矩形框，释放鼠标后，蓝色矩形框内所有的文件或文件夹都被选中，如图4.10所示。
- 选择第一个需要的文件或文件夹，按住【Shift】键不放，单击最后一个文件或文件夹，这两个文件或文件夹之间的所有文件或文件夹都会被选中。

按【Ctrl+A】组合键可以将当前窗口中的文件或文件夹全部选中。

3）选择多个不相邻的文件或文件夹

按住【Ctrl】键不放，同时单击要选择的文件或文件夹，即可选择多个不相邻的文件或文件夹，如图4.11所示。再次单击将取消对该文件或文件夹的选定。

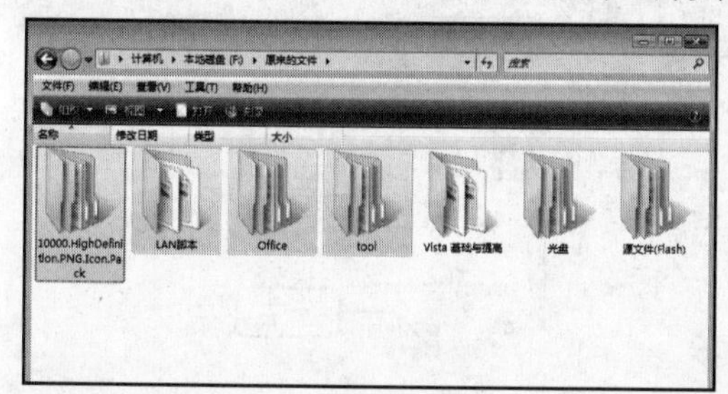

图4.10　选择连续的多个文件夹

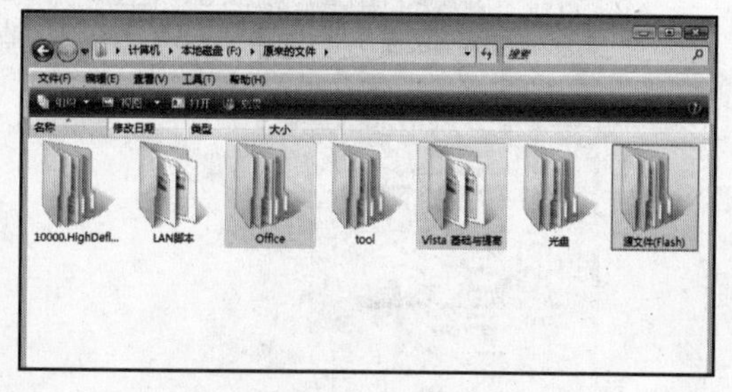

图4.11　选择不连续的多个文件夹

5. 重命名文件或文件夹

为了更好地区分与管理文件和文件夹，需要对其进行重命名。新建的文件或文件夹的名称都处于可编辑状态，此时可直接输入名称。以后还可以更改名称，重命名文件或文件夹的方法相似。下面以重命名文件为例进行讲解，其具体操作如下：

步骤01　选择文件后，在文件图标上单击鼠标右键，在弹出的快捷菜单中选择【重命名】命令，如图4.12所示。

步骤02　此时文件名显示为可编辑状态，直接输入新的文件名称，如图4.13所示。

图4.12　选择【重命名】命令

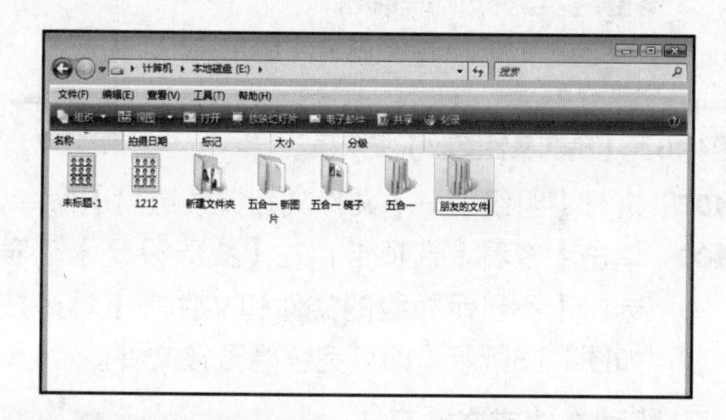

图4.13　输入新的名称

步骤03　按【Enter】键或单击窗口中的空白处即可。

在对文件进行重命名时，应只更改文件的名称，而不要更改文件的扩展名，否则很可能造成文件无法打开。

6. 隐藏文件或文件夹

对于重要的文件或文件夹，为了确保其安全，可以将其隐藏起来。隐藏文件和文件夹的操作方法相似，这里以隐藏文件夹为例，具体操作如下：

步骤01　打开【计算机】窗口，找到需要隐藏的文件夹。

步骤02　在该文件夹上单击鼠标右键，在弹出的快捷菜单中选择【属性】命令，如图4.14所示。

步骤03　在打开的属性对话框中选中【隐藏】复选框，如图4.15所示。

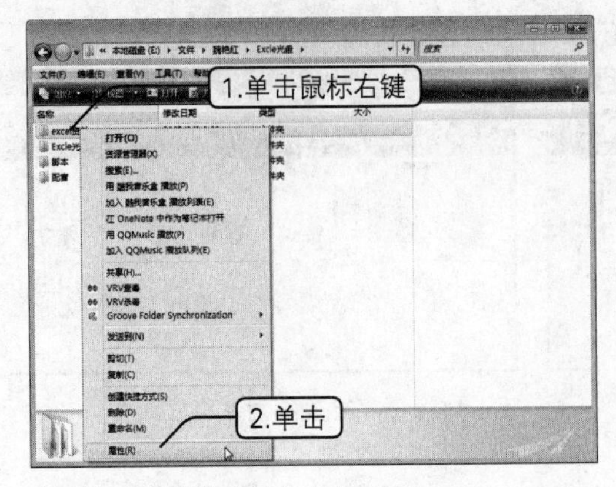

图4.14　选择【属性】命令

图4.15　属性对话框

步骤04 单击【确定】按钮，弹出【确认属性更改】提示框，如图4.16所示。

步骤05 保存默认设置，单击【确定】按钮，完成文件夹的隐藏设置。

步骤06 此时窗口中该文件夹图标变成浅灰色，如图4.17所示。

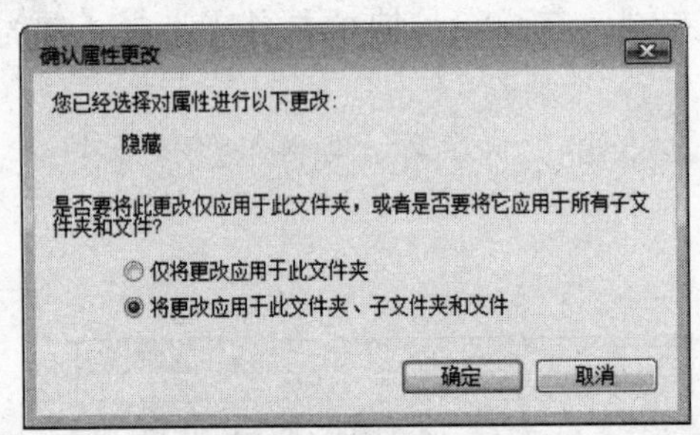

图4.16　【确认属性更改】提示框

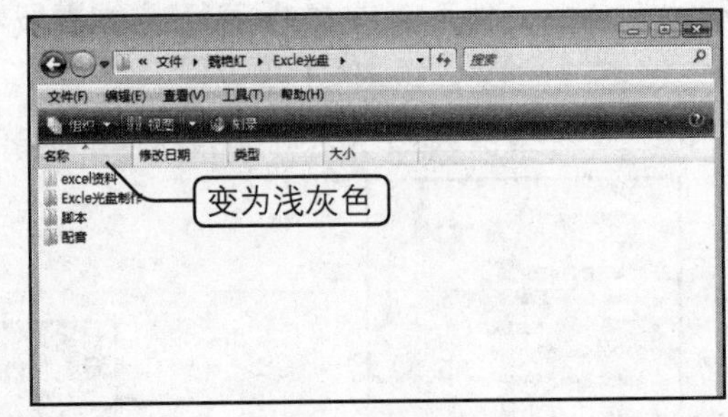

图4.17　文件夹图标变成浅灰色

步骤07 执行【组织】→【文件夹和搜索选项】命令，打开【文件夹选项】对话框。

步骤08 单击【查看】选项卡，在【高级设置】列表框中选中【不显示隐藏的文件和文件夹】单选按钮，如图4.18所示，即可完全隐藏该文件。

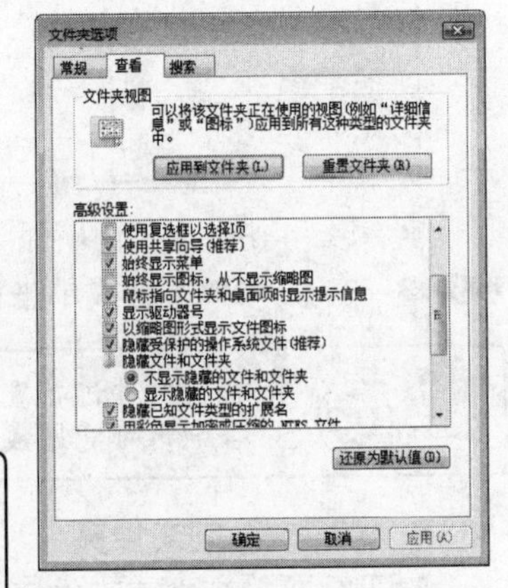

图4.18　【文件夹选项】对话框

7. 移动文件或文件夹

在管理文件的过程中，常常需要将文件或文件夹从一个位置移动到另一位置。移动文件和文件夹可以通过菜单命令来实现，也可通过拖动鼠标的方法或执行快捷键命令来实现。

> 由于文件夹与文件的关系是包含与被包含的关系，所以在对文件夹进行移动操作时，其下所包含的所有文件和子文件夹也将同时被移动。

移动文件或文件夹的具体操作如下：

步骤01 选择需要移动的文件或文件夹。

步骤02 在其图标上单击鼠标右键，在弹出的快捷菜单中选择【剪切】命令，如图4.19所示。这样可以将选择的对象剪切至剪贴板中。此时文件或文件夹图标将以灰白显示，表示已执行了【剪切】操作，如图4.20所示。

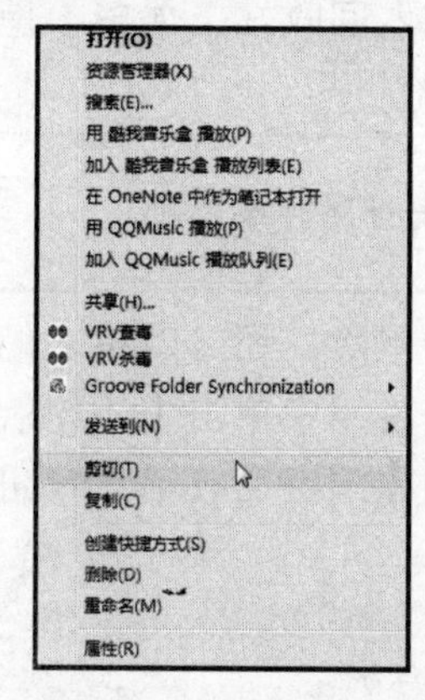

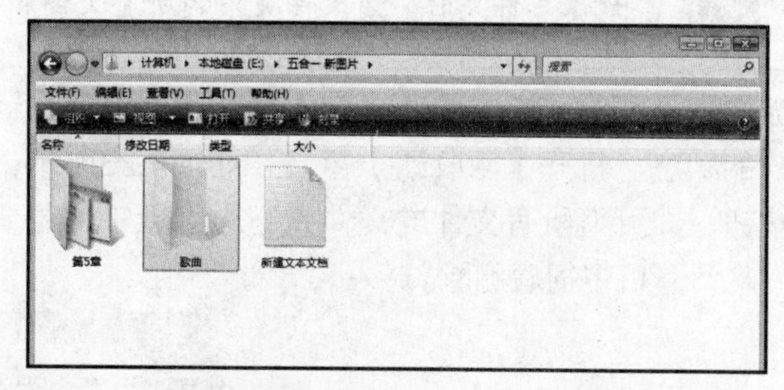

图4.19　选择【剪切】命令　　图4.20　执行【剪切】操作

步骤03 打开要将文件或文件夹移至的目标窗口，在其中的空白处单击鼠标右键，并在弹出的快捷菜单中选择【粘贴】命令，如图4.21所示。剪贴板中的对象就粘贴至当前位置了。

按【Ctrl+X】组合键可对文件或文件夹进行剪切。按【Ctrl+V】组合键可对文件或文件夹进行粘贴。

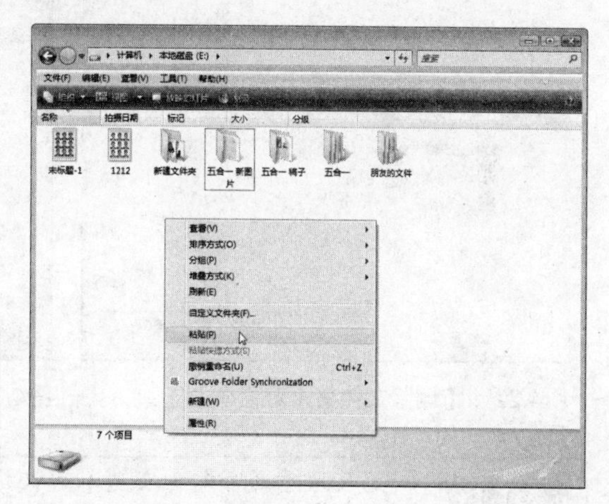

图4.21　执行【粘贴】命令

8. 复制文件或文件夹

复制文件或文件夹是指将已有的文件或文件夹复制一份到另一个位置，而原文件或文件夹保持不变。复制文件或文件夹的方法如下：选择要复制的文件或文件夹，按【Ctrl+C】组合键（或单击鼠标右键，在弹出的快捷菜单中选择【复制】命令），然后在目标窗口中按【Ctrl+V】组合键（或者单击鼠标右键，在弹出的快捷菜单中选择【粘贴】命令）。

9. 删除文件或文件夹

当不再使用某个文件或文件夹时可以将其删除，以释放更多硬盘空间用于存储其他信息。删除文件或文件夹的操作实际上是将文件或文件夹移动到【回收站】中，其操作方法有如下几种：

- 选择要删除的文件或文件夹，执行【文件】→【删除】命令。
- 选中要删除的文件或文件夹后，单击鼠标右键，在弹出的快捷菜单中单击【删除】命令。
- 选中要删除的文件或文件夹后，按【Delete】键。
- 选中要删除的文件或文件夹后，用鼠标将其拖动到桌面上的【回收站】图标中。

如果要删除的是文件夹，执行以上任意一种删除操作后，都会打开一个【删除文件夹】提示对话框，如图4.22所示，提示用户是否将该文件夹放入回收站，单击【是】按钮确认此操作，单击【否】按钮则放弃删除操作。

删除文件夹时，该文件夹中的所有文件和子文件夹将同时被删除。

被删除到回收站中的文件或文件夹其实并没有从计算机中删除，还可以将它们恢复到之前的状态。打开【回收站】窗口，如图4.23所示，在任务窗格中单击【还原所有项目】按钮，即可将所有文件或文件夹还原到原来的位置。单击【清空回收站】按钮，可将文件从计算机中彻底删除。

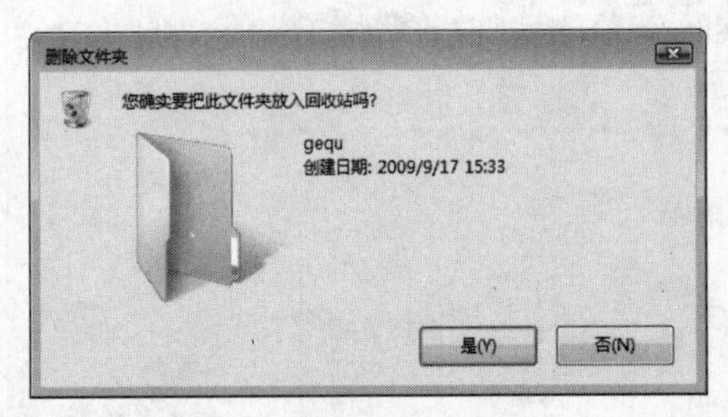

图4.22 【删除文件夹】对话框

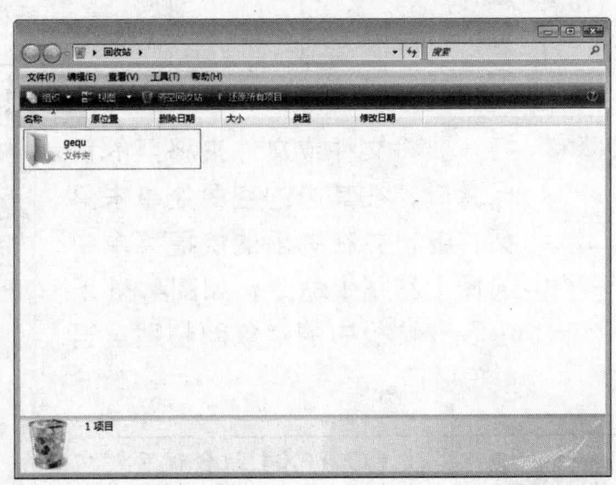

图4.23 【回收站】窗口

如果只想删除或者恢复【回收站】中的部分文件或文件夹，则可在【回收站】窗口中选定要删除或者恢复的文件或文件夹，然后单击鼠标右键，在弹出的快捷菜单中选择【删除】或者【还原】命令即可。如果选定文件或文件夹后按【Shift+Delete】组合键，可将文件或文件夹直接彻底删除而不再是放入【回收站】中。

4.1.2 典型案例——创建“歌曲”文件夹并将某文件移动到该文件夹中

本案例将在E盘上新建一个“歌曲”文件夹，并将计算机F盘中的歌曲文件移动到该文件夹中。

操作思路：

步骤01 新建一个名为“歌曲”的文件夹。

步骤02 在F盘中的“艺术家”文件夹中找到并选中歌曲文件，执行【剪切】命令。

步骤03 切换到“歌曲”文件夹下，执行【粘贴】命令。

操作步骤

步骤01 打开【计算机】窗口，双击E盘图标，打开E盘。

步骤02 在E盘窗口的空白处单击鼠标右键，在弹出的快捷菜单中执行【新建】→【文件夹】命令，如图4.24所示。

步骤03 此时出现一个新建的文件夹，其名称呈可编辑状态，如图4.25所示。

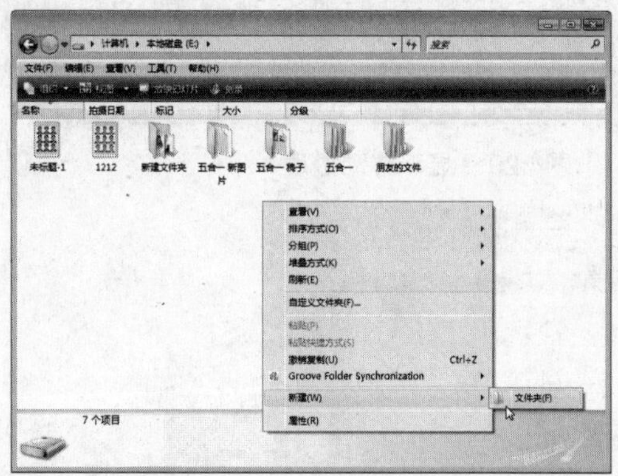

图4.24 新建文件夹

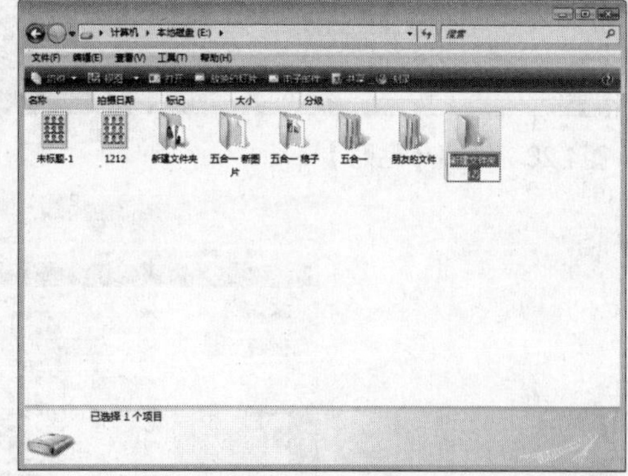

图4.25 文件夹名称呈可编辑状态

步骤04 直接在名称框中输入“歌曲”，按【Enter】键确认。

步骤05 打开F盘中的“艺术家”文件夹，然后按【Ctrl+A】组合键选中全部文件，如图4.26所示。

步骤06 在所选文件上单击鼠标右键，在弹出的快捷菜单中单击【剪切】命令，如图4.27所示。

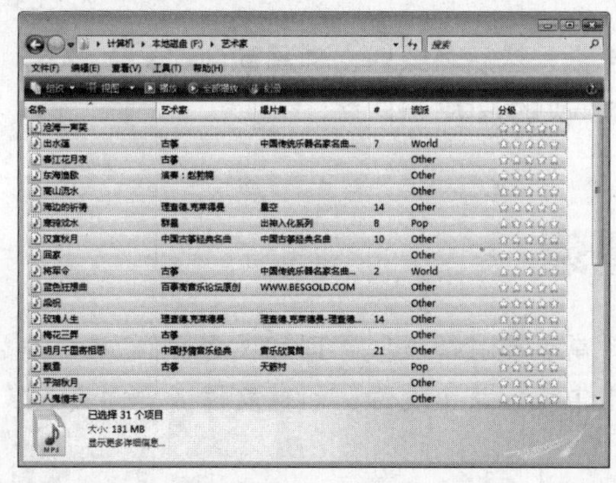

图4.26 选中全部文件

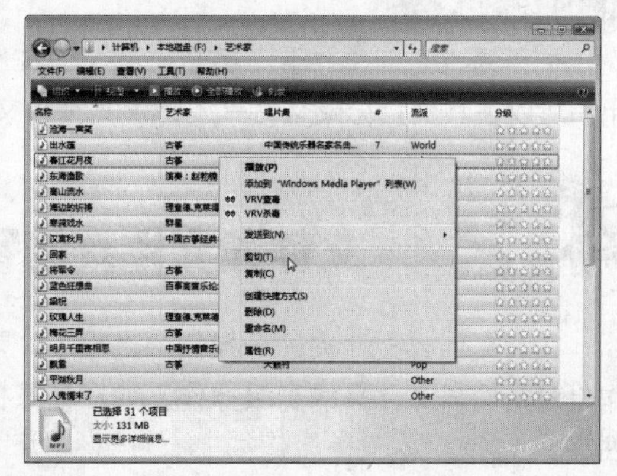

图4.27 选择【剪切】命令

步骤07 打开“歌曲”文件夹，在窗口中单击鼠标右键，在弹出的快捷菜单中单击【粘贴】命令，如图4.28所示。

步骤08 弹出如图4.29所示的提示框，显示文件移动的进度。

步骤09 完成文件的移动后，效果如图4.30所示。

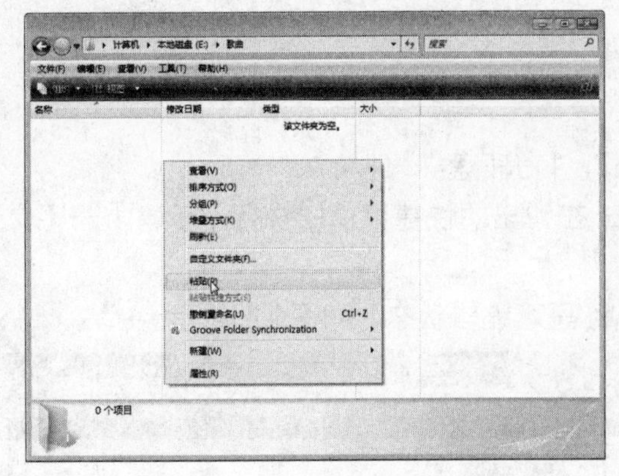

图4.28　选择【粘贴】命令

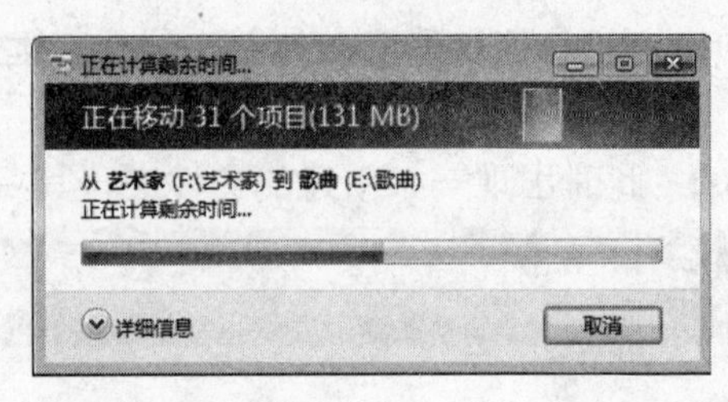

图4.29　显示移动进度

名称	修改日期	类型	大小
沧海一声笑	2008/11/6 10:26	MP3 格式声音	2,343 KB
出水莲	2008/11/6 10:24	MP3 格式声音	5,148 KB
春江花月夜	2009/9/1 15:30	MP3 格式声音	4,633 KB
东海渔歌	2009/9/1 15:40	MP3 格式声音	4,420 KB
高山流水	2009/9/1 15:30	MP3 格式声音	5,566 KB
海边的祈祷	2009/9/1 10:45	MP3 格式声音	3,078 KB
[illegible]	2008/12/22 14:59	MP3 格式声音	5,255 KB
汉宫秋月	2008/11/6 10:22	MP3 格式声音	9,382 KB
回家	2008/12/22 15:10	MP3 格式声音	5,222 KB
将军令	2008/11/5 11:33	MP3 格式声音	3,694 KB
蓝色狂想曲	2008/12/22 11:27	MP3 格式声音	6,702 KB
[illegible]	2008/12/22 15:20	MP3 格式声音	3,233 KB
玫瑰人生	2008/12/22 15:23	MP3 格式声音	2,423 KB
梅花三弄	2008/12/22 15:28	MP3 格式声音	4,644 KB
明月千里寄相思	2008/11/5 10:53	MP3 格式声音	3,927 KB
飘雪	2008/12/22 14:25	MP3 格式声音	3,734 KB
平湖秋月	2008/11/5 10:55	MP3 格式声音	3,877 KB
人鬼情未了	2008/12/22 15:51	MP3 格式声音	3,840 KB

已选择 31 个项目
大小: 131 MB
显示更多详细信息...

图4.30　移动的文件

案例小结

本案例首先创建并重命名了“歌曲”文件夹，然后将歌曲文件移动到该文件夹下。用户可以在其他盘符或文件夹下练习文件与文件夹的基本操作。

4.2 文件和文件夹的管理

在对文件或文件夹进行操作的过程中，常常需要进行一些管理和设置操作。这些操作是对文件与文件夹的高级操作，如在计算机中查找某个文件、设置文件或文件夹的属性等。

4.2.1 知识讲解

当文件和文件夹的容量和数目增多时，就需要对文件和文件夹进行合理有效的管理。

1. 查找文件

当忘记了某些文件或文件夹的存放位置，或希望在众多文件中找到自己需要的文件时，就可以使用Windows Vista的搜索功能，快速查找需要的文件或文件夹。

在【计算机】窗口上部的【搜索】文本框中输入搜索关键字，如“艺术家”，按

【Enter】键，Windows Vista即可自动开始查找并显示结果，如图4.31所示。如果未找到自己需要的文件，可以单击【高级搜索】超链接，在打开的窗口中根据文件位置、日期、名称、标记和作者等进行查找，如图4.32所示。

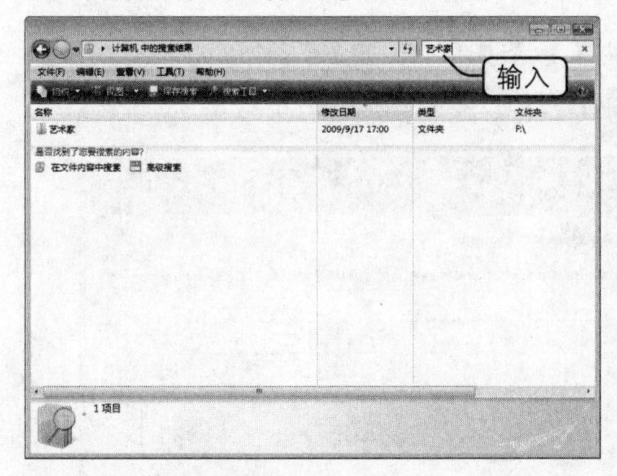

图4.31　显示搜索结果

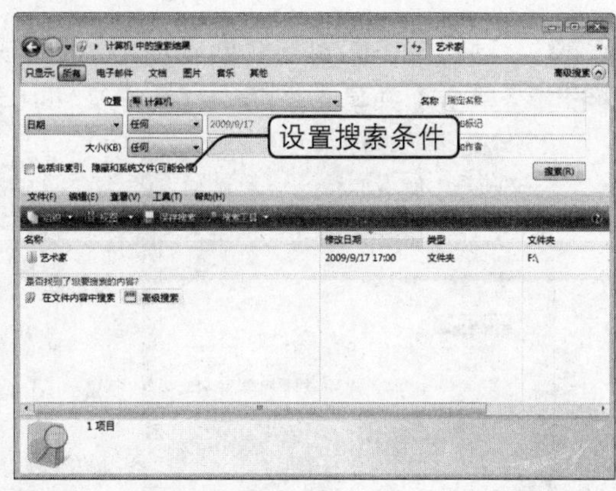

图4.32　高级搜索设置

2. 设置文件和文件夹的属性

文件或文件夹的基本属性包括只读、隐藏两种。在文件或文件夹的图标上单击鼠标右键，在弹出的快捷菜单中选择【属性】命令，可以打开该文件或文件夹的属性对话框，在其中可设置它们的属性。如图4.33所示为一个文件夹的属性对话框的【常规】选项卡。

1）只读属性

在实际工作中，计算机中的有些文件或文件夹是不能随便被修改的，因此应当通过一些保护措施将其保护起来。在属性对话框中选中【只读】复选框，文件或文件夹具有只读属性，此时用户将无法删除或修改该文件或文件夹。

2）隐藏属性

前面我们提到了隐藏属性，如果在图4.33中选中【隐藏】复选框，并且在【文件夹选项】对话框中选中了【不显示隐藏的文件和文件夹】复选框，该文件就会被隐藏起来。

在属性对话框中单击【高级】按钮，可以打开【高级属性】对话框，在其中可以设置更多属性，如存档、加密等，如图4.34所示。

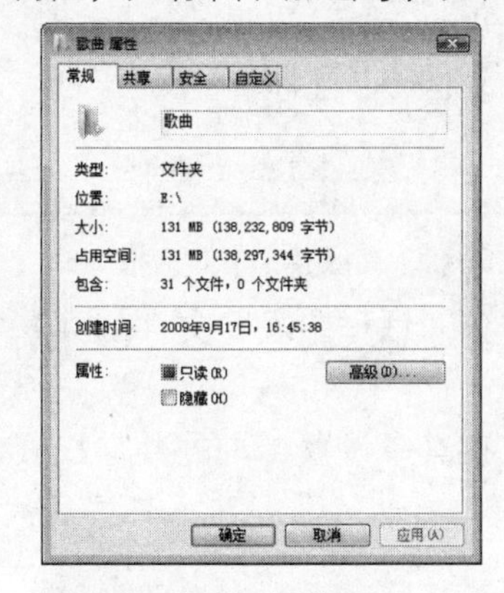

图4.33　属性对话框

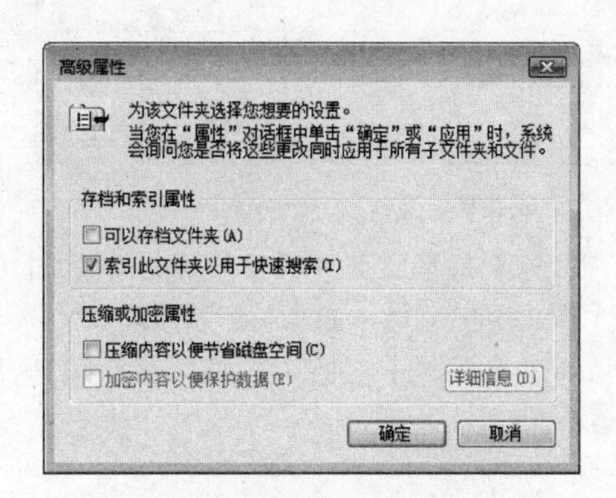

图4.34　【高级属性】对话框

3. 设置文件和文件夹共享

将文件夹设置为共享后，存放在该文件夹中的文件就能在局域网中与他人共享使用，其具体操作如下：

步骤01 打开文件的属性对话框，切换到【共享】选项卡中，如图4.35所示。

步骤02 单击【共享】按钮，打开【文件共享】对话框，如图4.36所示。

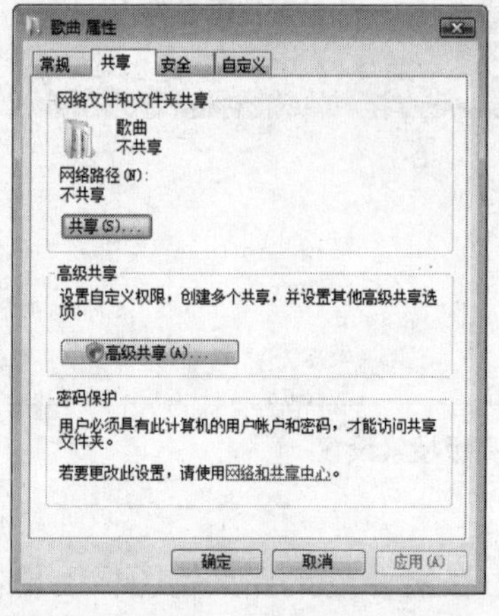

图4.35 【共享】选项卡

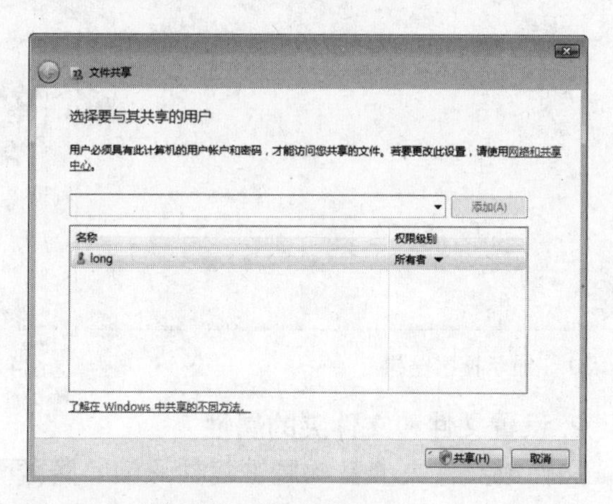

图4.36 【文件共享】对话框

步骤03 选择要与其共享的用户和权限级别，然后单击【共享】按钮，打开如图4.37所示的对话框，单击【完成】按钮。

步骤04 在返回的【共享】选项卡中单击【高级共享】按钮，将打开【高级共享】对话框，如图4.38所示。

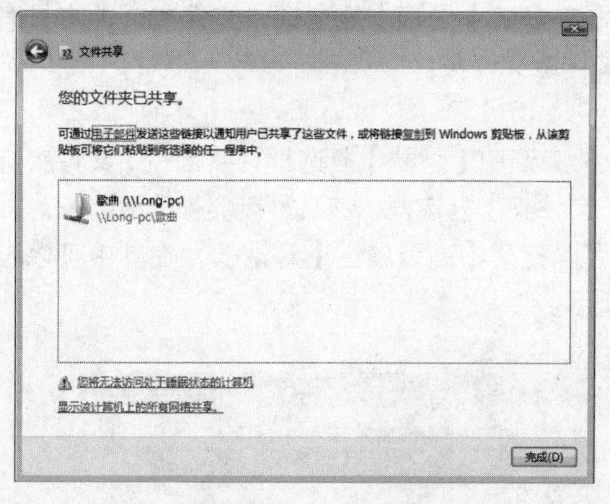

图4.37 完成共享设置

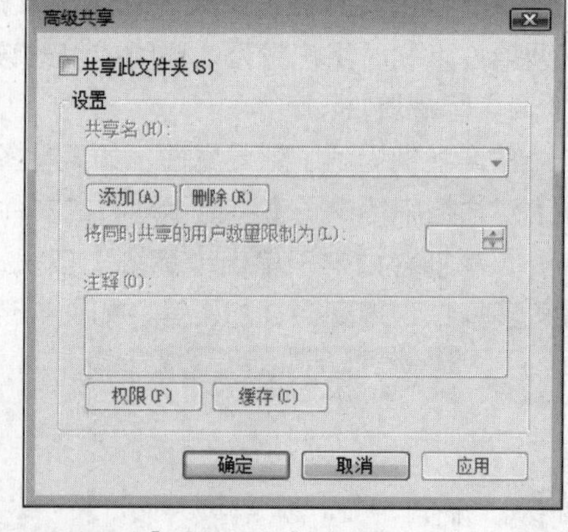

图4.38 【高级共享】对话框

步骤05 选中【共享此文件夹】复选框，此时可以在该对话框中设置文件的共享名和共享的用户数量，如图4.39所示。

步骤06 单击【权限】按钮，打开共享权限对话框，在其中设置用户的共享权限，如图4.40所示。

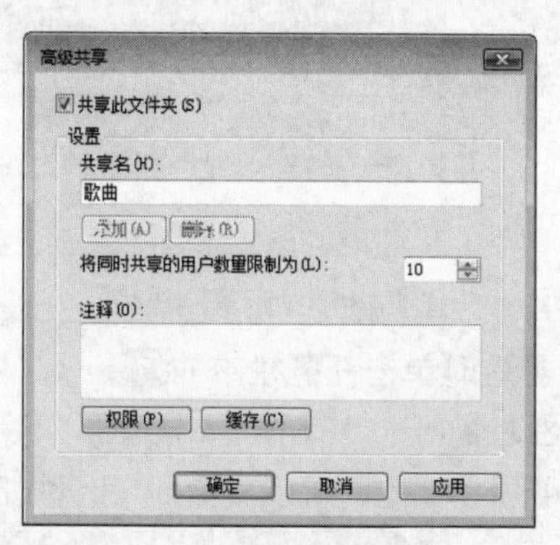

图4.39　设置共享的用户数量

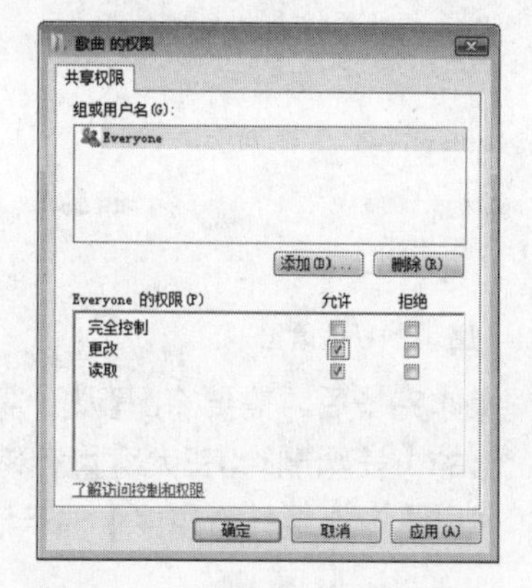

图4.40　设置用户的共享权限

步骤07　单击【确定】按钮，返回【高级共享】对话框。

步骤08　依次单击【关闭】按钮返回到窗口中，可以看到被共享的文件夹，如图4.41所示。

4. 利用可移动存储设备管理文件

用户不但可以在一台计算机中复制、移动文件，还可以利用可移动存储设备在不同的计算机之间复制、移动文件。常用的可移动存储设备有软盘、U盘、移动硬盘和光盘等。

软盘存储量很小，现已面临淘汰；移动硬盘存储量大，但价格稍贵；光盘大都只能一次性写入数据，用于数据量大的传播式文件；U盘存储量日益提高，且价格便宜，可擦写次数以数十万计，为广大用户所接受。

利用U盘等可移动存储设备复制或移动文件的具体操作如下：

步骤01　将U盘插入计算机主机的USB接口，如图4.42所示，当任务栏的提示区域中出现■图标时，表示U盘已与计算机连接。

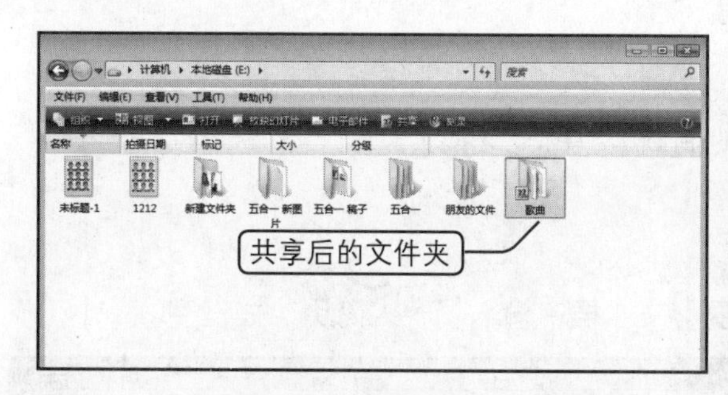

图4.41　共享【歌曲】文件夹

图4.42　将U盘插入计算机的USB接口

步骤02　打开【计算机】窗口，在【有可移动存储的设备】栏中可看到U盘的盘符，如图4.43所示。

步骤03　对自己计算机中的文件或文件夹执行复制或剪切操作。

步骤04　在【计算机】窗口中双击U盘驱动器的盘符打开U盘，按【Ctrl+V】组合键执行粘贴操作，系统开始将选中的内容复制（或移动）到U盘中，并显示复制进度，如图4.44所示。

图4.43　出现的U盘盘符

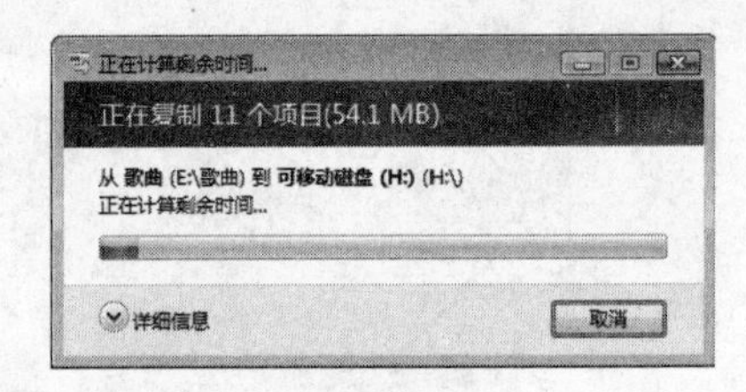

图4.44　显示复制进度

步骤05 操作完毕后，需要将U盘从计算机中移除。这时单击任务栏中的图标，再单击弹出的【安全删除USB大容量存储设备 – 驱动器（H:　）】命令，如图4.45所示。

步骤06 弹出【安全地移除硬件】提示框，如图4.46所示，此时可以安全地将U盘拔出来了。

安全删除 USB 大容量存储设备 - 驱动器(H:)

图4.45　安全删除U盘

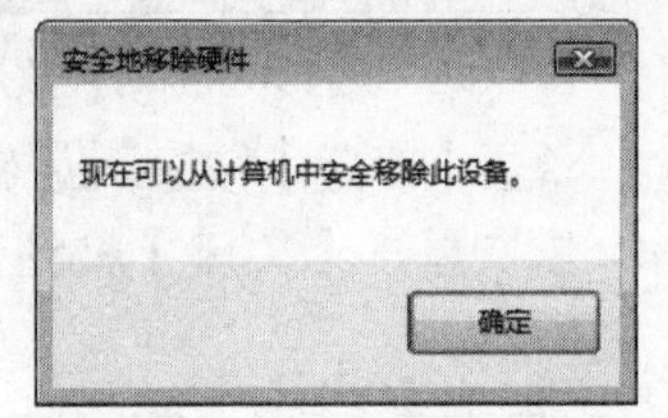

图4.46　【安全地移除硬件】提示框

将U盘连入计算机后，在文件或文件夹图标上单击鼠标右键，在弹出的快捷菜单中执行【发送到】→【可移动磁盘】命令，也可将该文件或文件夹复制到U盘中。

4.2.2　典型案例——查找“个人简历”文件并将其复制到U盘中

案例目标

本案例将使用查找文件的方法查找“个人简历”文件，再将其复制到U盘中。

操作思路：

步骤01 在【计算机】窗口中搜索需要的文件。

步骤02 将搜索到的“个人简历”文件复制到U盘中。

操作步骤

步骤01 打开【计算机】窗口，在【搜索】文本框中输入“个人简历”关键字。

步骤02 按【Enter】键，稍等片刻，出现搜索到的文件，如图4.47所示。

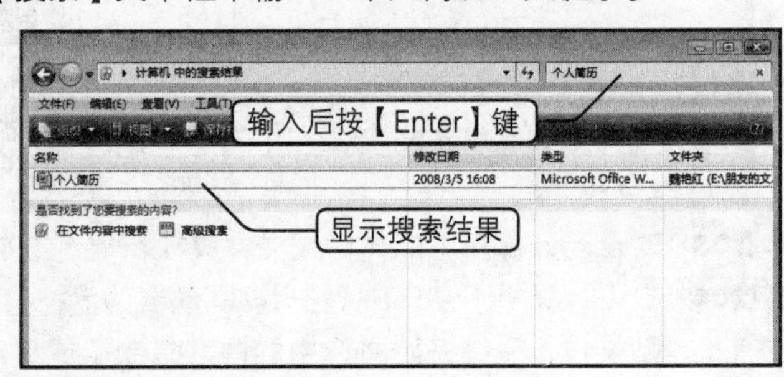

图4.47　搜索到的结果

步骤03 将U盘插入计算机主机的USB接口。

步骤04 选择搜索到的“个人简历”文件，单击鼠标右键，在弹出的快捷菜单中执行【发送到】→【可移动磁盘（H: ）】命令，将其复制到U盘中。

案例小结

本案例讲解了查找计算机中的“个人简历”文件，并将其复制到可移动磁盘中的操作。用户可以使用高级搜索功能，设置的搜索条件可以是全部或部分文件名、文件中的一个字或词、修改时间或大小等，设置条件越多，搜索越准确。

4.3 上机练习

4.3.1 创建“学校”文件夹

本次练习将创建“学校”文件夹，并将相关文件夹复制到该文件夹下。主要练习文件夹的新建、重命名和复制等操作。

操作思路：

步骤01 先新建文件夹，并重命名为“学校”。

步骤02 在“学校”文件夹中新建文件夹，将其复制后分别重命名。

“学校”文件夹下的子文件夹有“高一年级”、“高二年级”和“高三年级”。

4.3.2 查找计算机中的临时文件并将其删除

本次练习将使用查找文件类型的方法，查找在Windows Vista操作系统中进行各种操作时产生的临时文件。此类文件没有用处并且会在计算机的使用过程中不断增加，占用计算机资源，影响计算机系统的正常运行，因此应将其删除。

操作思路：

步骤01 打开【计算机】窗口，在该窗口的搜索文本框中输入“*.tmp”，然后按【Enter】键。

步骤02 在【计算机】窗口中显示搜索到的临时文件。

步骤03 搜索完成后，按【Ctrl+A】组合键选中所有文件，按【Shift+Delete】组合键将其彻底删除。

4.4 疑难解答

问：为什么我创建的新文件夹在E盘中没有显示出来呢?

答：当E盘中的文件和文件夹很多时，可以通过拖动窗口右侧或者下端的滚动条来查看没有显示出来的文件或者文件夹。

问：为什么我的计算机中的文件没有显示扩展名?

答：这是由于系统设置所致。如果要显示文件的扩展名，可以在【计算机】窗口中执行【工具】→【文件夹选项】命令，打开【文件夹选项】对话框，单击【查看】选项卡，在【高级设置】列表框中取消选中【隐藏已知文件类型的扩展名】复选框，再单击【确定】按钮。

问：在【计算机】窗口中如何知道目前访问位置的具体路径?

答：在Windows Vista的【计算机】窗口中，如果想查看当前访问位置的具体路径，只要在地址栏的空白区域单击一次即可。

4.5 课后练习

选择题

1 选择不相邻的多个文件时，应配合按键盘上的（　　）键；选择相邻的多个文件时，应配合按键盘上的（　　）键。

A、【Shift】　　B、【Ctrl】

C、【Alt】　　D、【Enter】

2 选择须删除的文件，按【Delete】键后将文件删除到（　　）中。

A、我的计算机　　B、我的文档

C、回收站　　D、网上邻居

3 显示文件或文件夹有哪些方式（　　）?

A、平铺显示　　B、小图标显示

C、大图标显示　　D、详细信息显示

问答题

1 文件或文件夹显示的方式有哪些？分别有什么含义?

2 简述重命名文件夹的方法。

3 简述查找文件的方法。

上机题

1 创建一个“歌曲”文件夹，并在【计算机】窗口中查找符合“*.mp3”条件的文件，将查找到的文件移动到“歌曲”文件夹中。

2 查看回收站中的内容，将需要的文件或文件夹恢复到原始位置，将不需要的文件彻底删除。

第5课

Word 2007入门

本课要点

认识Office 2007和它的主要组件

文档和文本的编辑操作

具体要求

Office 2007各组件的应用
Office 2007各组件的启动与退出
Office 2007的帮助
Word 2007的工作界面
新建文档
保存文档
打开文档
关闭文档
输入文本
选择文本
修改与删除文本
移动与复制文本
查找与替换文本
撤销与恢复操作

本课导读

Office 2007是Microsoft公司推出的一套办公软件，具有优秀的用户界面、稳定安全的文件格式和高效的沟通协作功能，是众多办公自动化软件中的佼佼者，受到广大办公人员的青睐。

5.1 认识Office 2007和它的组件

Office软件是目前应用最为广泛的办公类专业软件之一。该软件包括了多个组件，每个组件都能胜任某一方面的具体工作，能制作出专业的各类文档。本书以Office 2007为例进行讲解。

5.1.1 知识讲解

本节将介绍Office 2007中各组件的应用领域及各组件的基本操作，如启动、退出以及查询帮助等。

1. Office 2007各组件的应用

Office 2007中包括的组件有Word 2007、Excel 2007、PowerPoint 2007、Access 2007、Outlook 2007、Publisher 2007和OneNote 2007等，每个组件都是一个单独的软件，可以有针对性地完成某一方面的具体工作。

使用这些软件可以制作与编辑文档、表格和演示文稿，也可以进行数据库管理、网页设计和邮件的收发等，它们几乎包含了办公领域的各个方面。

本书将着重介绍其中的Word 2007、Excel 2007、PowerPoint 2007，它们的功能和应用领域如下所示。

Microsoft Office Word 2007

主要用于文字处理。它具有直观、易学、易用等特点，可轻松地用它制作出各种文档，如求职简历和海报等。

Microsoft Office Excel 2007

主要用于制作办公中所需的电子表格，而且能够编辑、处理、统计和管理其中的数据，并能打印各种统计报告。

Microsoft Office PowerPoint 2007

主要用于创建包含文本、图表、图形、剪贴画、影片和声音等对象的幻灯片。目前它已经成为制作企业演示文稿和教学演示文稿的流行软件。

2. Office 2007各组件的启动与退出

安装好Office 2007后，就可以启动其中的任意组件了。使用完毕，还需要退出该组件。各个组件的启动和退出操作基本上是相同的。

1）启动Office 2007中的各个组件

Office 2007各组件的启动方法大致相同，下面以启动文字处理软件Word 2007为例进行讲解，其启动方法有以下几种：

- 选择【开始】→【所有程序】→【Microsoft Office】→【Microsoft Office Word 2007】命令。
- 若已为Word 2007创建了桌面快捷方式，可直接双击其图标。
- 双击计算机中已有的Word文档。

2）退出

退出Office 2007各组件的方法也有多种，下面以退出Word 2007为例进行讲解，其常用退出方法如下：

- 在Word 2007窗口中执行【文件】→【退出】命令。
- 单击Word 2007窗口标题栏右侧的【关闭】按钮。
- 按【Alt+F4】组合键。

3. Office 2007的帮助

Office 2007自带帮助功能，用户在使用其中各组件的过程中若遇到不太明白的问题，可向软件寻求帮助。

下面以Word 2007为例介绍Office 2007的帮助功能。

在Word 2007窗口中单击【Microsoft Office Word帮助】按钮，可以打开【Word帮助】窗口，如图5.1所示。

图5.1 【Word帮助】窗口

在【Word帮助】窗口工具栏下方的文本框中输入想要搜索的内容，然后单击【搜索】按钮即可搜索到相关的帮助内容。用户还可以在【浏览Word帮助】列表中选择需要的帮助选项。

5.1.2 典型案例——在Word 2007中使用帮助功能查找“绘制表格”

使用Office中的帮助功能，用户可获取需要的信息。本案例将使用Word 2007的帮助功能查找“绘制表格”的帮助内容，然后退出Word 2007。

操作思路：

步骤01 启动并进入Word 2007的操作界面。
步骤02 打开【Word帮助】窗口。
步骤03 获取关于“绘制表格”的帮助信息。
步骤04 退出Word 2007。

操作步骤

步骤01 执行【开始】→【所有程序】→【Microsoft Office】→【Microsoft Office Word 2007】命令，启动Word 2007程序。
步骤02 在Word 2007窗口的菜单栏上单击【Microsoft Office Word帮助】按钮。
步骤03 打开【Word帮助】窗口，在文本框中输入文字“绘制表格”，然后单击【搜索】按钮，如图5.2所示。
步骤04 稍后即显示搜索的结果，如图5.3所示。
步骤05 在【绘制表格】超链接上单击鼠标左键，打开搜索内容，如图5.4所示。

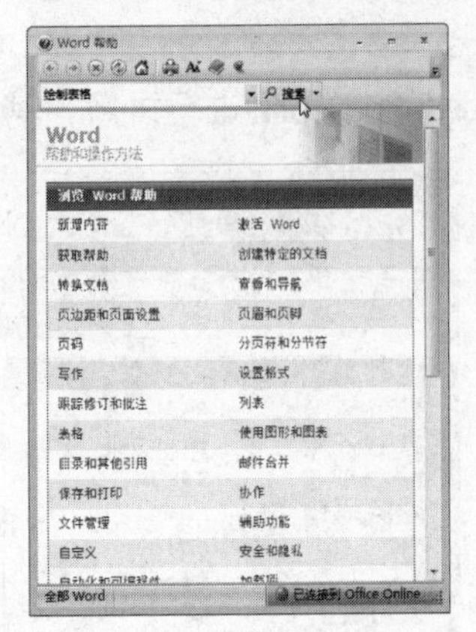

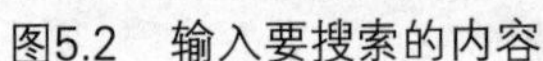

图5.2　输入要搜索的内容

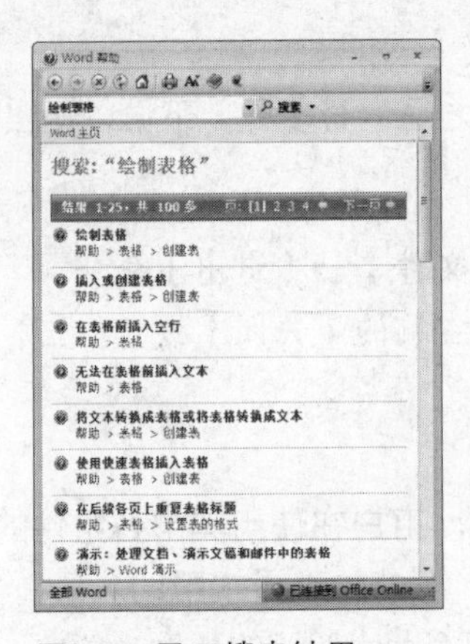

图5.3　显示搜索结果

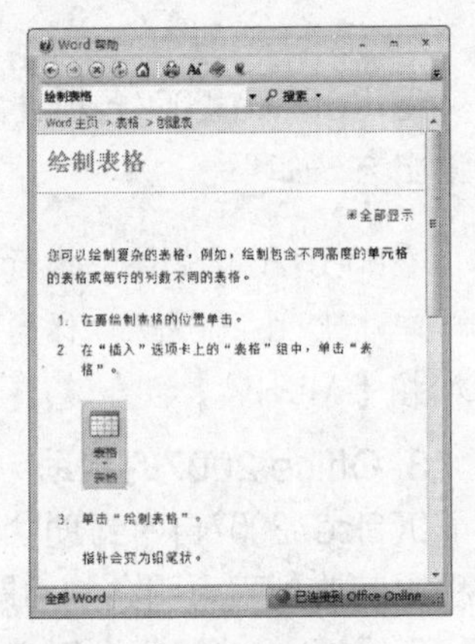

图5.4　打开搜索内容

步骤06 用户还可以在【Word帮助】窗口的【浏览Word帮助】列表中单击【表格】选项，进入【表格】搜索窗口，如图5.5所示。

步骤07 在【“表格”的子类别】列表中单击【创建表】超链接，进入如图5.6所示的界面，在该窗口中单击【绘制表格】超链接就可以找到需要的搜索内容了。

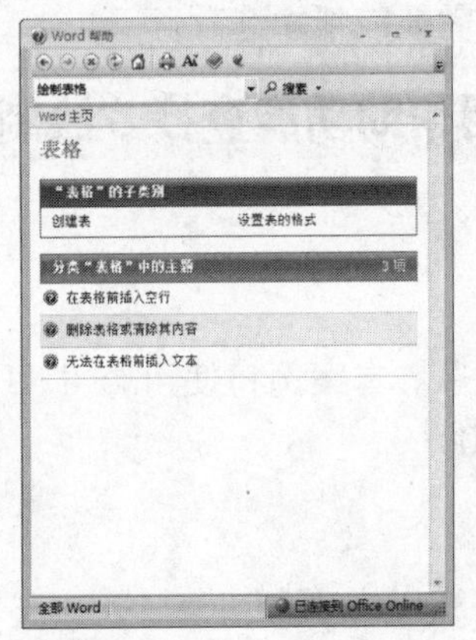

图5.5　【表格】搜索窗口

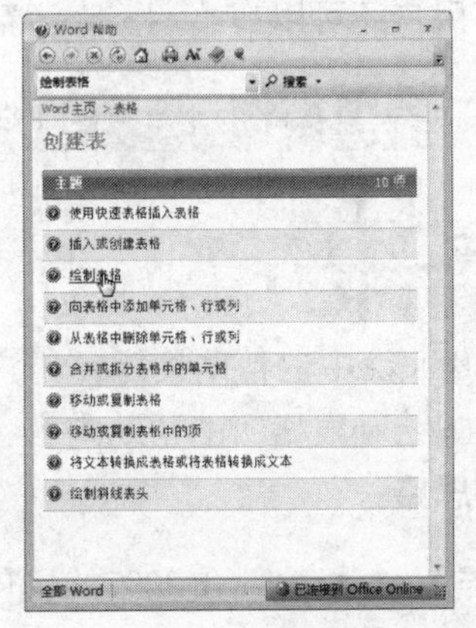

图5.6　单击【绘制表格】超链接

案例小结

本例练习了使用Word 2007的帮助功能搜索关于“绘制表格”的帮助信息。在Office 2007的其他组件中，查找帮助信息的方法与在Word 2007中是一样的。

5.2 文档和文本的编辑操作

Word 2007是一款文字处理软件，使用时先创建一个新文档，然后打开该文档，之后在文档窗口中输入并编辑文本，这些都属于Word 2007文档和文本的基本编辑操作。

5.2.1 知识讲解

文档的基本操作包括文档的新建、保存、打开和关闭，而在文档中进行文本编辑时，就需要进行文本的输入、选择、修改、移动与复制、查找与替换等操作。

1. Word 2007的工作界面

启动Word 2007之后，即可打开其工作界面。Word 2007采用了最新的界面，它可以智能显示相关命令。

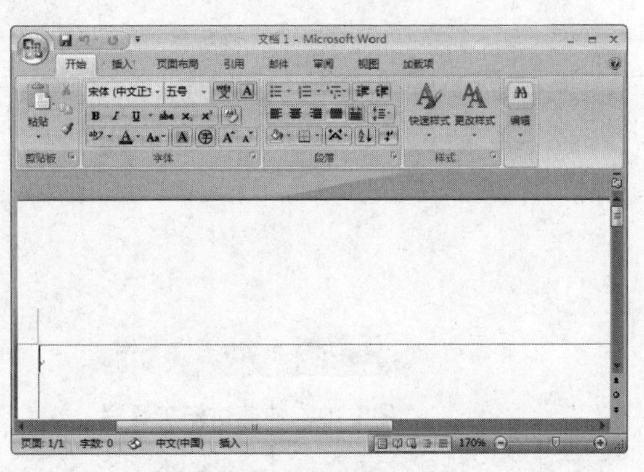

图5.7　Word 2007的工作界面

图5.7所示为Word 2007的工作界面，它主要包括【Office按钮】、快速访问工具栏、标题栏、功能选项卡、功能区、编辑区、状态栏和视图栏等几部分。

1）【Office按钮】

在工作界面的左上角有一个Microsoft Office标志的圆形按钮，称为【Office 按钮】，单击该按钮，弹出如图5.8所示的下拉菜单，其中包括了很多常用的命令。在该菜单的右侧列出了最近使用过的文档，选择某文档可以快速打开该文档。

单击【Office按钮】下拉菜单中的【Word选项】按钮，可以打开如图5.9所示的【Word选项】对话框，在其中可以对Word 2007进行高级设置。

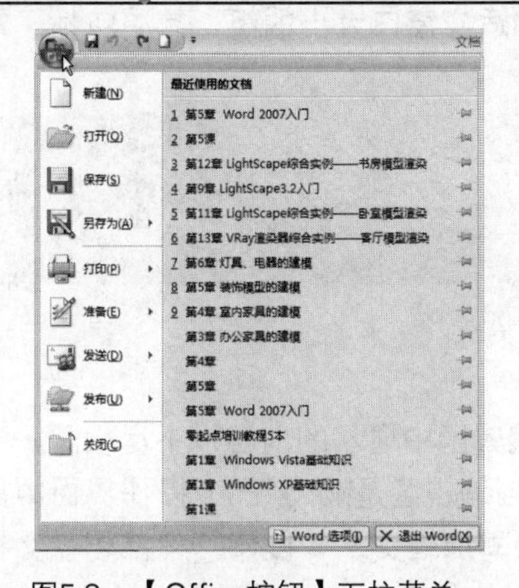

图5.8　【Office按钮】下拉菜单

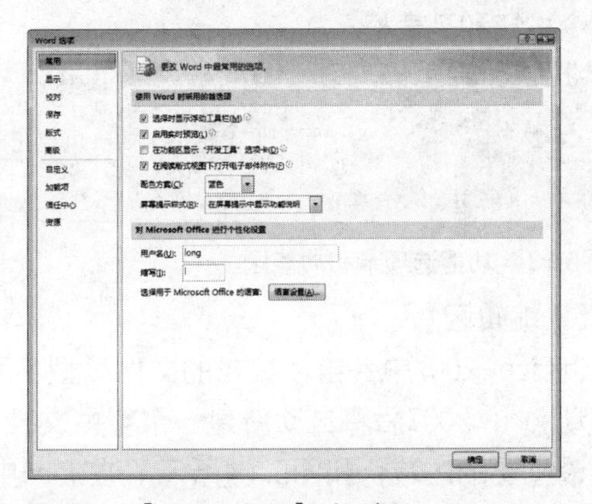

图5.9　【Word选项】对话框

2）快速访问工具栏

【Office按钮】右侧是快速访问工具栏，如图5.10所示，它提供了经常使用的工具按钮，包括【保存】按钮、【撤销】按钮和【恢复】按钮等，单击这些按钮可以执行相应的操作。

用户还可以单击快速访问工具栏右侧的向下按钮，在弹出的下拉列表中选择某一选项即可在快速访问工具栏中增加相应的命令按钮，如图5.11所示。若选择【在功能区下方显示】命令，则可以改变快速访问工具栏的位置。

3）标题栏

标题栏位于工作界面的上方，它显示了文档名称、程序名称和【最小化】按钮、【最大化】按钮/【向下还原】按钮和【关闭】按钮，如图5.12所示。

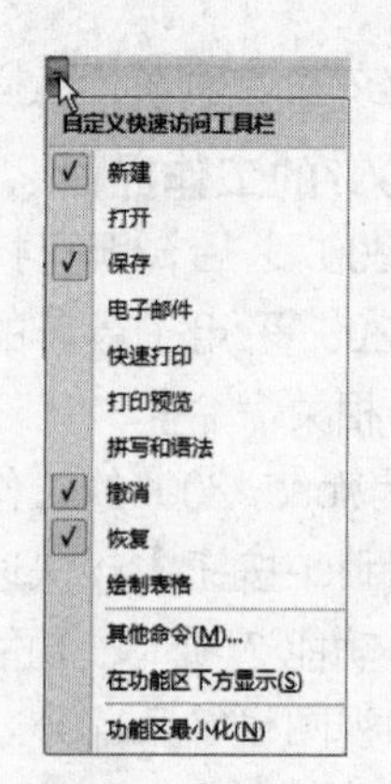

图5.10　快速访问工具栏

图5.11　下拉列表

文档 1 - Microsoft Word

图5.12　标题栏

4）功能选项卡和功能区

Office 2007与较早期版本的Office软件相比，其最大变化就是使用功能区替代了菜单和工具栏。功能区位于操作界面的上方，用于帮助用户快速找到完成某一任务所需的命令。

功能选项卡与功能区是对应的关系。在功能选项卡中单击某个选项卡即可打开相应的功能区，如图5.13所示。在功能区中有许多自动适应窗口大小的组，其中包括了常用的命令按钮和列表框。

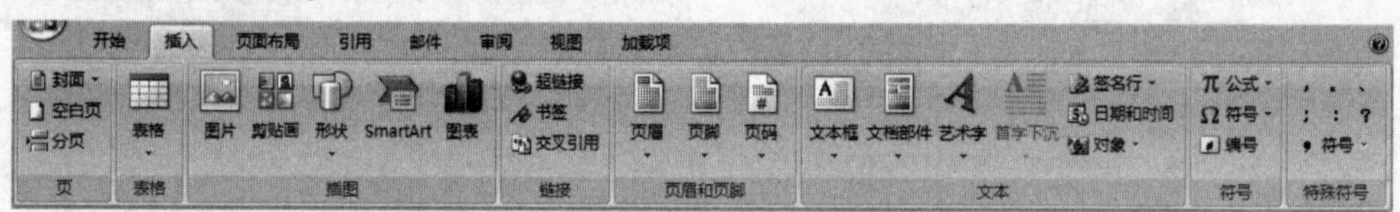

图5.13　功能选项卡和功能区

5）编辑区

Office 2007中各组件编辑的文件类型不同，编辑区中显示的内容也不尽相同。当用户启动Word 2007后将自动新建一个空白文档。文档编辑区是Word 2007操作界面中最大也是最重要的区域，如图5.14所示。在Word中输入与编辑文本等操作过程都要在文档编辑区中进行。

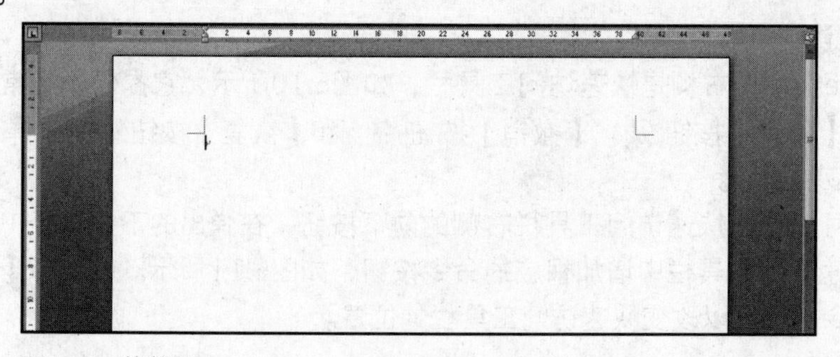

图5.14　编辑区

文档编辑区四周围绕着水平标尺、垂直标尺、垂直滚动条以及水平滚动条等，文档编辑区的左上角还有一个跳动的光标，称为文本插入点，它与【记事本】、【写字板】

窗口中的文本插入点作用相同。

6）状态栏和视图栏

如图5.15所示即状态栏和视图栏。

图5.15 状态栏和视图栏

状态栏位于窗口最底端，其中显示了当前文档页数、总页数、字数、当前文档检错结果和输入法状态等内容。

视图栏位于状态栏右侧，包括视图按钮组、当前显示比例及调节页面显示比例的控制滑块。单击不同的视图按钮可以使用不同的视图窗口查看文档内容。

2. 新建文档

要使用Word 2007进行文本编辑工作，首先需要新建文档。

新建的文档可以是一个没有任何内容的空白文档，也可以是根据Word中的模板新建的带有格式和内容的文档，还可以是根据已有的文档新建的一个与之类似的文档，下面分别介绍这3种文档的新建方法。

1）新建空白文档

启动Word 2007后，系统会自动新建一个名为"文档1"的空白文档，如果还要新建另一个空白文档，只需要执行【Office按钮】→【新建】命令，打开【新建文档】对话框，如图5.16所示。在该对话框的【模板】列表框中选择【空白文档和最近使用的文档】选项，在中间的列表框中选择【空白文档】选项，最后单击【创建】按钮即可创建一个新的空白文档。

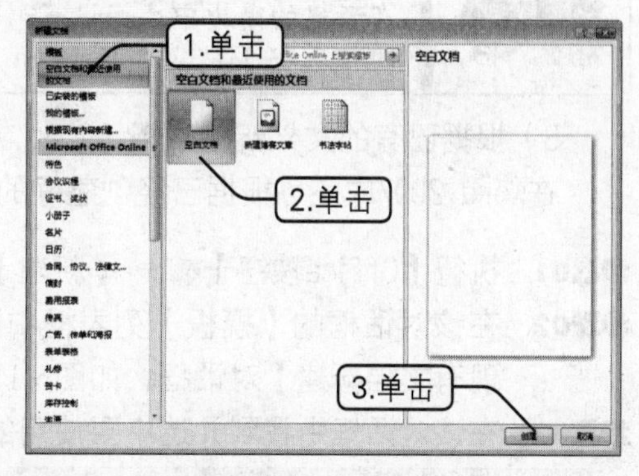

图5.16 【新建文档】对话框

另外，也可直接单击快速访问工具栏中的【新建】按钮（若快速访问工具栏中无此按钮，可自行添加），或按【Ctrl+N】组合键创建文档，新建的空白文档将自动以"文档2"、"文档3"……命名。

2）新建基于模板的文档

Word 2007为用户提供了许多设置好的文档模板，如信函、报告和公文等。使用模板可以快速新建出带有样式和内容的文档，为用户节省工作时间，提高工作效率。

下面我们就以新建一个基于"平衡简历"模板的文档为例，介绍在Word 2007中使用模板新建文档的方法。

步骤01 启动Word 2007，执行【Office按钮】→【新建】命令，打开【新建文档】对话框。

步骤02 在该对话框的【模板】列表框中选择【已安装的模板】选项，在中间的列表框中选择【平衡简历】选项，在对话框右侧的区域中可以预览模板，如图5.17所示。

步骤03 在该对话框右侧模板预览窗口下方的【新建】选区中选中【文档】单选按钮。

步骤04 单击【创建】按钮，在文档编辑区中可以看到基于所选模板新建的简历，如图5.18所示。

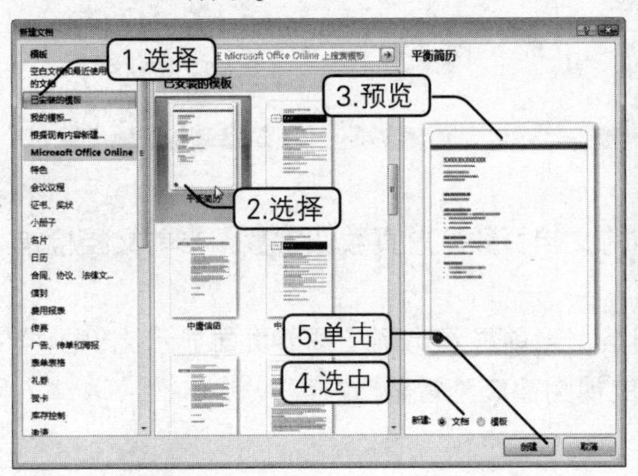

图5.17 选择模板

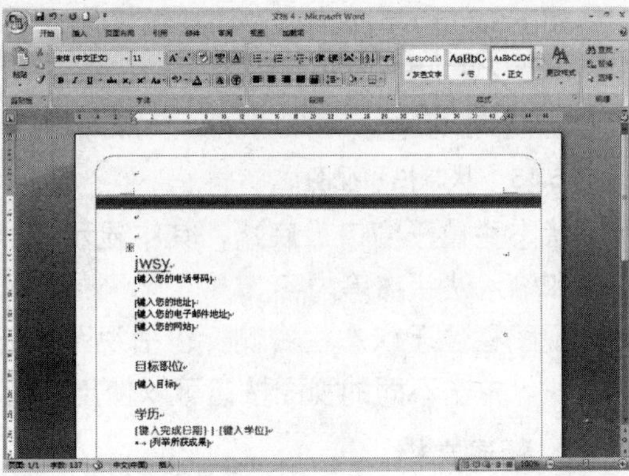

图5.18 基于模板的新建文档

在新建的简历中已经设置好了部分格式，用户在其中的相应位置输入具体的信息即可。

3）根据已有的文档新建文档

在Word 2007中还可根据已经创建好的文档来创建新的文档，具体操作如下：

步骤01 执行【Office按钮】→【新建】命令，打开【新建文档】对话框。

步骤02 在该对话框的【模板】列表框中选择【根据现有内容新建】选项，打开【根据现有文档新建】对话框，如图5.19所示。

步骤03 在该对话框中找到并选中要使用的Word文档，如图5.20所示。

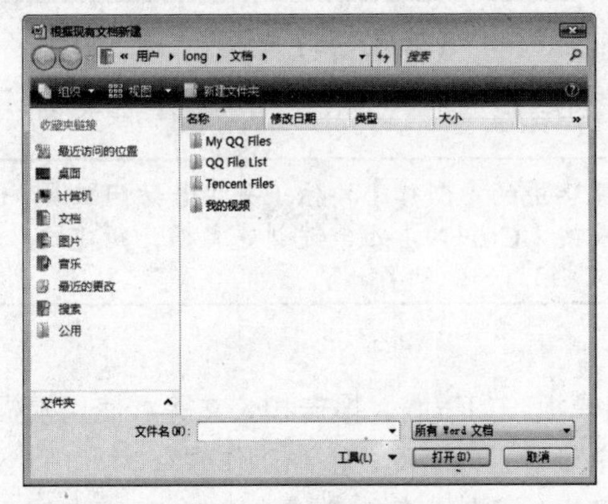

图5.19 【根据现有文档新建】对话框

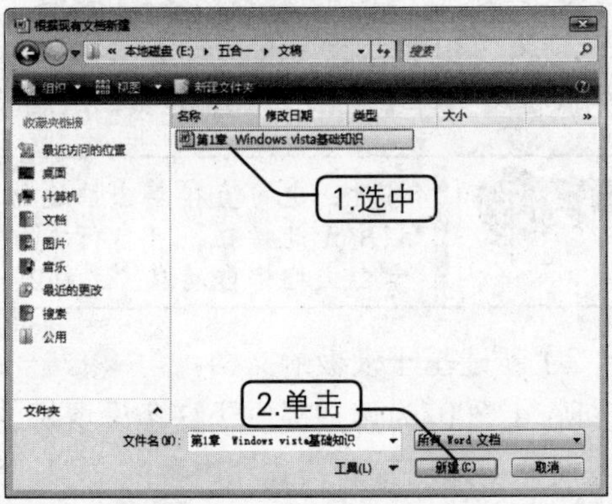

图5.20 选择文档

步骤04 最后单击【新建】按钮便可新建基于该文档的Word文档。

根据现有文档新建文档实际上是将选中的现有文档当成文档模板，新建的文档中将包含模板文档中的所有内容和格式。

3. 保存文档

在Word中新建的文档被临时存储在计算机内存中，该文档在用户退出Word或者关闭计算机之后就丢失了。为了永久性地保存文档以便日后使用，必须将它保存在磁盘里。

对于已经保存过的文档，经过再次编辑后，也需要进行保存。还可采用“另存为”的方式，将编辑后的文档保存为另一个文档。

另外，为了防止突然断电或死机等意外情况导致文档内容丢失，还可设置文档在一段时间内自动进行保存。

1）保存新建文档

新建文档后，可以马上对其进行保存，也可在编辑过程中或编辑完成后对其进行保存，具体操作如下：

步骤01 在新建的文档窗口中执行【Office按钮】→【保存】命令，或者单击快速访问工具栏中的【保存】按钮。

步骤02 此时弹出【另存为】对话框，如图5.21所示。

步骤03 在【保存位置】列表框中选择要保存的具体位置。

步骤04 在【保存类型】下拉列表框中选择文档的保存类型，这里保持其默认选项【Word文档】。

步骤05 在【文件名】下拉列表框中输入文档的名称。

步骤06 单击【保存】按钮，即可保存文档。

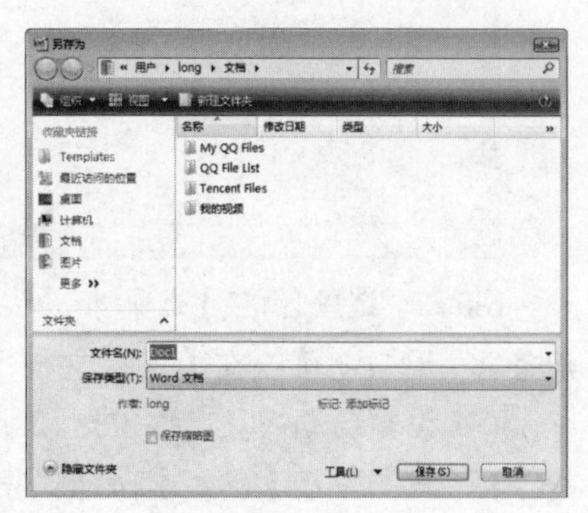

图5.21 【另存为】对话框

文档进行过一次保存后，下次再执行【Office按钮】→【保存】命令，或单击快速访问工具栏中的【保存】按钮时，将不再打开【另存为】对话框，而直接在原位置保存，文件名和文档类型都不变。

2）另存已有文档

对保存过的文档进行修改后，如果要将文档修改前后的内容均保存下来，可以使用另存文档的方法进行保存。

另存文档的方法与保存新建文档的方法基本相同，只须执行【Office按钮】→【另存为】命令或按【F12】键，然后在打开的【另存为】对话框中选择新的文档保存路径并命名，然后单击【保存】按钮即可。

3）自动保存文档

在编辑文档时难免遇到停电、电脑死机等意外情况，如果设置了Word的自动保存功能，在重新启动电脑并打开Word文档后，即可将自动保存的内容恢复回来，最大限度地减少数据的丢失。

设置自动保存文档的具体操作如下：

步骤01 在Word文档中执行【Office按钮】→【Word选项】命令，打开【Word选项】对话框。

步骤02 在该对话框左侧的列表框中单击【保存】选项，如图5.22所示。

步骤03 在对话框右侧窗口的【保存文档】选区中勾选【保存自动恢复信息时间间隔】复选框，并在复选框右侧的数值框中输入自动保存的时间间隔，这里输入“5”，如图5.23所示。

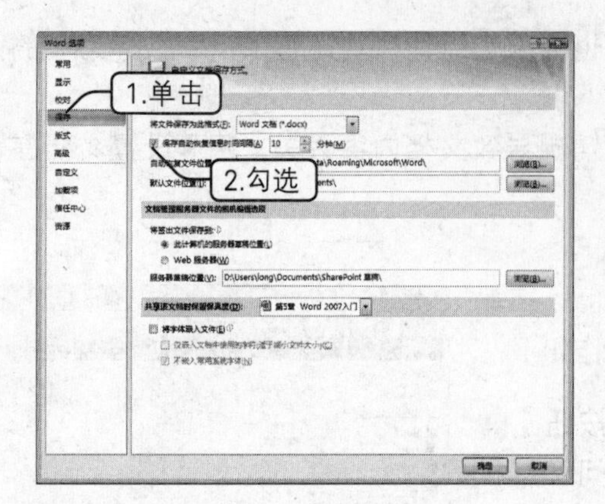

图5.22　选择【保存】选项

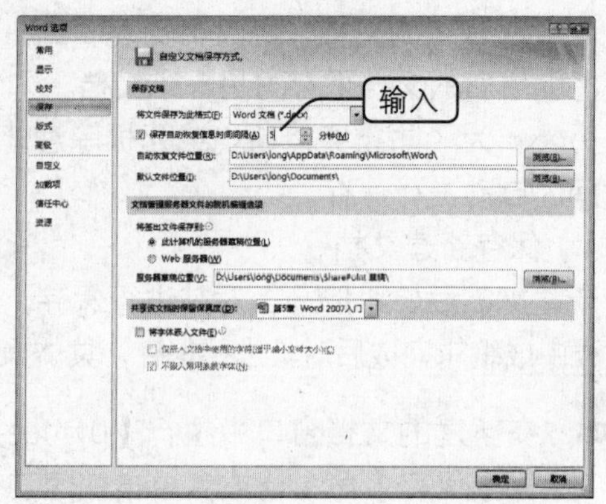

图5.23　设置时间间隔

步骤04　用户还可以在【保存文档】选区中单击【浏览】按钮，在打开的对话框中分别设置自动恢复文件位置和默认文件位置。

步骤05　最后单击【确定】按钮，完成设置。

自动保存文档的时间间隔也不宜设得过短，因为频繁地保存文档，会占用大量的系统资源，从而降低Word 2007的工作效率，一般设置为5~10分钟。

4. 打开文档

如果要对电脑中保存的文档进行编辑，首先需要将文档打开，其操作方法如下：

步骤01　启动Word 2007，执行【Office按钮】→【打开】命令，或者按【Ctrl+O】组合键，打开【打开】对话框。

步骤02　在【保存位置】列表框中选择要打开文件的存放路径。在【文件类型】下拉列表框中选择要打开文档的类型，这样对话框中将只显示此类文件，便于用户快速查找文档，这里选择【所有Word文档】选项。

步骤03　列表框中显示出了当前目录下所选类型的文件和所有文件夹，从中选择要打开的文档，如图5.24所示。

步骤04　单击【打开】按钮即可打开该文档。

若单击【打开】按钮右侧的小按钮，将弹出下拉菜单，在其中可选择打开文档的方式，如希望以只读方式打开文档，则选择【以只读方式打开】命令，如图5.25所示。

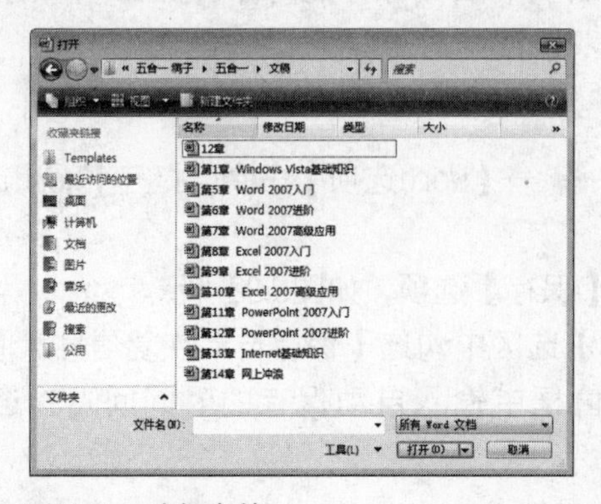

图5.24　选择文档

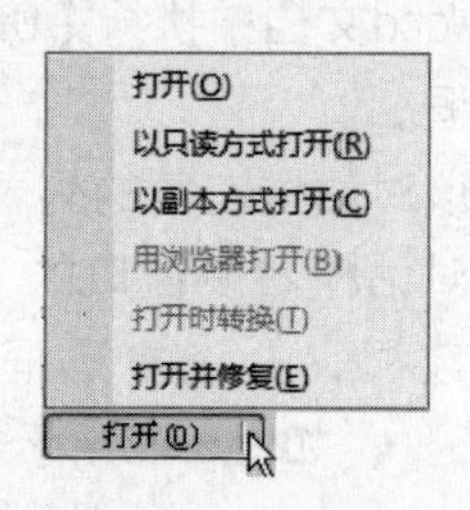

图5.25　选择打开方式

如果要打开最近打开过的文档，可直接单击【Office按钮】，在弹出的下拉菜单右侧的【最近使用的文档】列表中列出了最近打开过的文件名称，直接单击某个文件名即可打开该文件。

5. 关闭文档

除了可用退出Word 2007的方法来关闭文档外，还可以通过执行【Office按钮】→【关闭】命令或按【Alt+F4】组合键来关闭当前文档。

如果用户没有对修改后的文档进行保存，关闭该文档时程序会打开提示对话框，如图5.26所示，询问用户是否进行保存，用户根据需要单击【是】或者【否】按钮即可。

图5.26　提示对话框

6. 输入文本

Word的主要功能就是可以进行文本的输入和编辑。在Word中输入文本的方法很简单，只需要在文档编辑区中单击，出现闪烁的光标后，在该位置输入文本即可。

在Word 2007中不仅可以输入普通的字母和汉字，还可以输入生僻汉字、特殊字符和日期时间等文本。

1）输入普通文字

在进行文字的输入与编辑操作之前，必须先将文本插入点定位到需要编辑的位置。这分为两种情况：

- 新建一个文档或打开一个文档时，文本插入点位于整篇文档的最前面，可以直接在该位置输入文字。
- 若文档中已存在文字，而需要在某一具体位置输入文字时，则将鼠标指针移至文档编辑区中，当其变为I形状后，在目标位置单击，即可将文本插入点定位在该位置处。

定位文本插入点之后，切换到需要的输入法即可开始输入文本了。

Word 2007在默认情况下处于“插入”状态，而按【Insert】键会改变为“改写”状态。要判断此时系统处于什么输入状态，可查看Word 2007的状态栏，当状态栏上显示【插入】按钮时，表示处于插入状态；当状态栏上显示【改写】按钮时，表示处于改写状态。双击该按钮也可在“改写”和“插入”状态间进行切换。

2）输入生僻汉字

有时要在Word文档中输入一些输入法字库中没有的生僻汉字，这时可采用Word 2007的插入功能。

例如，在文档中输入“掬”字的具体操作如下：

步骤01　定位好文本插入点，切换到【插入】选项卡，在【符号】组中单击【符号】按钮。

步骤02　在打开的下拉列表中单击【其他符号】命令，打开【符号】对话框。

步骤03 在该对话框的【符号】选项卡的【子集】下拉列表框中选择【CJK统一汉字】选项，然后在下面的列表框中找到需要的“揤”字，如图5.27所示。

步骤04 单击【插入】按钮，即可将该汉字输入到文档中，并且在【符号】对话框中的【近期使用过的符号】列表框中显示插入的“揤”字。

如果需要经常输入该汉字，可在【符号】对话框中单击【快捷键】按钮，打开【自定义键盘】对话框，如图5.28所示。将鼠标光标定位到【请按新快捷键】文本框中，然后按需要设置的快捷键，如按【Alt+C】组合键，再单击【指定】按钮。这样以后每次按【Alt+C】组合键，即可输入“揤”字。

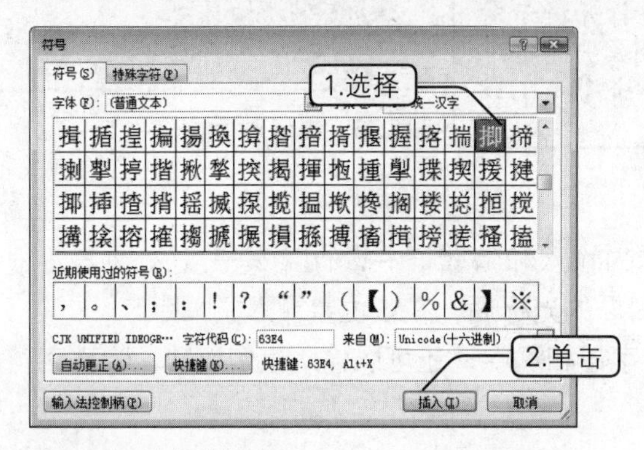

图5.27 选择生僻字

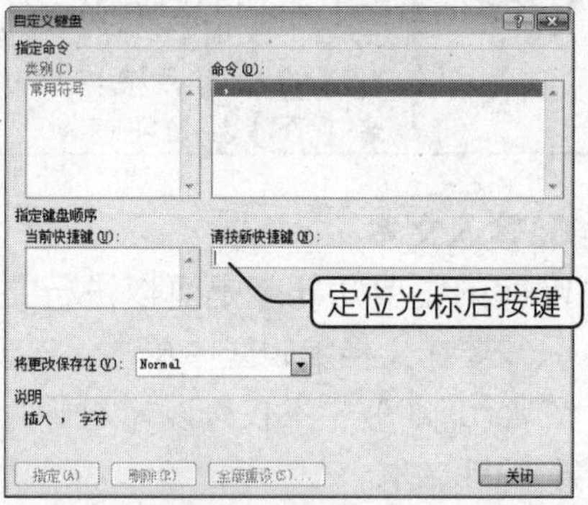

图5.28 【自定义键盘】对话框

3）输入特殊字符

除了使用输入法的软键盘输入特殊字符外，还可通过Word的插入功能输入特殊字符，其方法如下：打开【符号】对话框，在【符号】选项卡的【子集】下拉列表框中选择一种符号类型，如选择【类似字母的符号】选项，如图5.29所示。在下面的列表框中会看到相应的各种字符，选择需要的特殊字符，如图5.30所示，单击【插入】按钮将其插入到文档中。

图5.29 选择字符类型

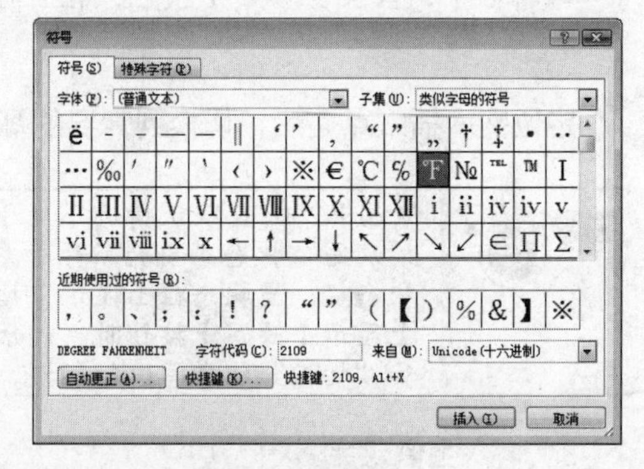

图5.30 选择需要的特殊字符

在Word文档中，切换到【插入】选项卡，在【特殊符号】组中单击要选择的特殊字符按钮，可直接将字符插入到文档中。如果【特殊符号】组中显示的字符还不够多，可以单击【特殊符号】组中的【符号】按钮，在打开的如图5.31所示的下拉列表中选择需要的字符。如果选择【更多】命令，会出现【插入特殊符号】对话框，如图5.32所示，在该对话框中按照类别组织特殊符号，更加方便用户查找。

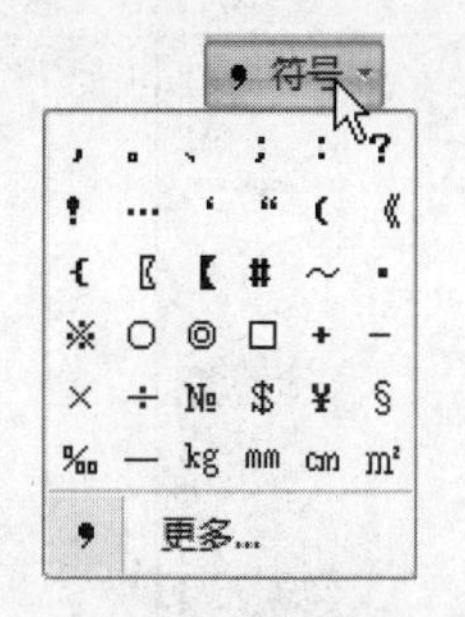

图5.31　选择特殊字符

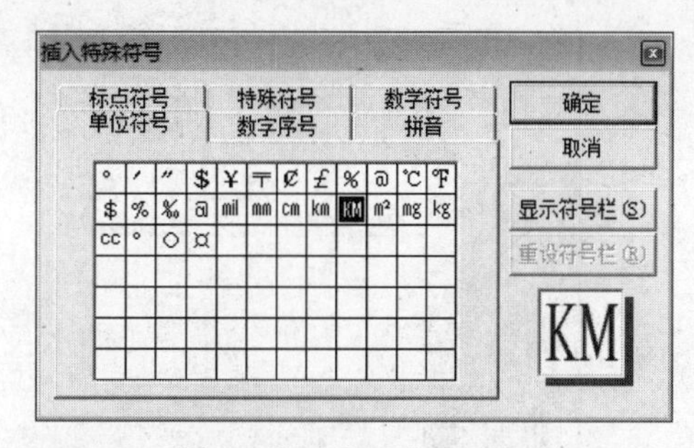

图5.32　【插入特殊符号】对话框

4）输入日期和时间

在Word 2007中，可以非常方便地插入系统的当前日期与时间，其具体操作如下：

步骤01　将文本插入点定位到需要插入的位置。

步骤02　打开【插入】选项卡，在【文本】组中单击【日期和时间】按钮，如图5.33所示。

图5.33　单击【日期和时间】按钮

步骤03　打开【日期和时间】对话框，如图5.34所示。

步骤04　在【可用格式】列表框中选择日期和时间的格式。

步骤05　在【语言（国家/地区）】下拉列表框中选择日期和时间的语言类型。

步骤06　最后单击【确定】按钮即可。

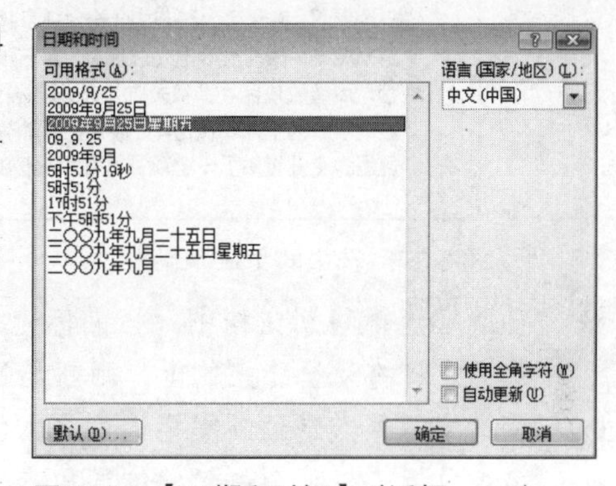

图5.34　【日期和时间】对话框

5）输入公式

在Word 2007中输入公式的操作十分轻松。在文档中输入公式的方法如下：

步骤01　将光标定位到需要插入公式的位置。

步骤02　打开【插入】选项卡，在【符号】组中单击【公式】按钮，此时出现【公式工具】的【设计】选项卡，如图5.35所示。

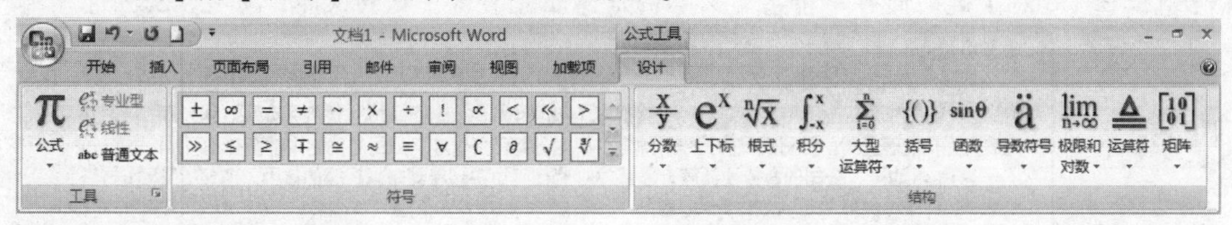

图5.35　【设计】选项卡

步骤03　在【设计】选项卡的【结构】组中选择需要的公式结构，这里单击【分数】按钮，此时弹出相应的下拉列表，从中选择一种分数形式后单击，如图5.36所示。

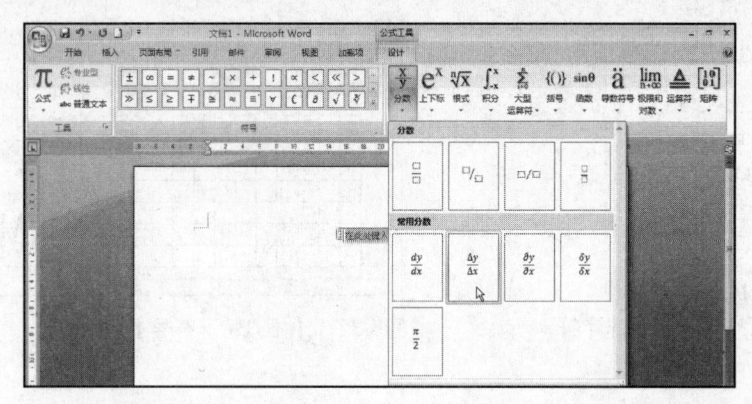

图5.36　选择公式

步骤04　所选的公式即被插入到文档中。

步骤05　在文档中单击任意空白位置，【设计】选项卡即被隐藏，完成公式的输入。

7. 选择文本

在对文本进行删除、复制或移动等基本操作时，首先需要选中文本，选中的文本呈蓝底黑字显示，如图5.37所示。

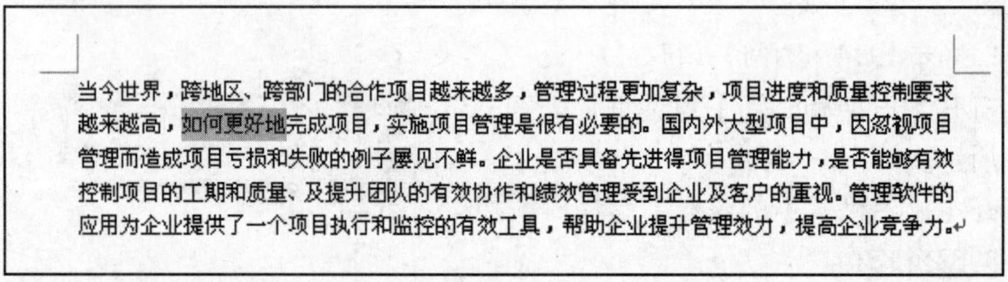

当今世界，跨地区、跨部门的合作项目越来越多，管理过程更加复杂，项目进度和质量控制要求越来越高，如何更好地完成项目，实施项目管理是很有必要的。国内外大型项目中，因忽视项目管理而造成项目亏损和失败的例子屡见不鲜。企业是否具备先进得项目管理能力，是否能够有效控制项目的工期和质量、及提升团队的有效协作和绩效管理受到企业及客户的重视。管理软件的应用为企业提供了一个项目执行和监控的有效工具，帮助企业提升管理效力，提高企业竞争力。

图5.37　选中的文本

- 将鼠标光标移到文档中，当鼠标光标变成I形状时，在要选中文本的起始位置按住鼠标左键拖动至终止位置，则起始位置和终止位置之间的文本被选中。
- 将文本插入点定位到需要选中文本的起始位置，然后在按住【Shift】键的同时单击终止位置，也可选中起始位置和终止位置之间的文本。
- 将文本插入点定位到需要选中文本的起始位置，然后在按住【Shift】键的同时按光标控制键区的方向键，也可选中相应的文本。
- 在文本中的某处双击鼠标，可选中光标所在位置的单字或词组。
- 在文本的任意位置快速地单击三次鼠标可选中光标所在位置的整个段落。
- 按住【Ctrl】键的同时单击某句文本的任意位置可选中该句文本，如图5.38所示。

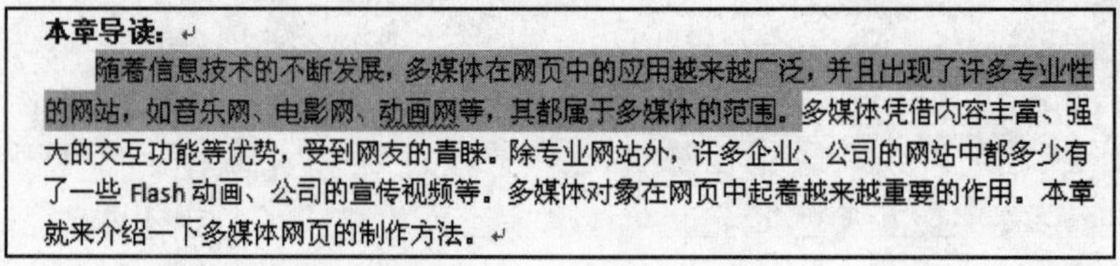

本章导读：

随着信息技术的不断发展，多媒体在网页中的应用越来越广泛，并且出现了许多专业性的网站，如音乐网、电影网、动画网等，其都属于多媒体的范围。多媒体凭借内容丰富、强大的交互功能等优势，受到网友的青睐。除专业网站外，许多企业、公司的网站中都多少有了一些 Flash 动画、公司的宣传视频等。多媒体对象在网页中起着越来越重要的作用。本章就来介绍一下多媒体网页的制作方法。

图5.38　选择整个句子

- 按住【Alt】键拖动鼠标可选中一块矩形文本，如图5.39所示。

本章导读：
随着信息技术的不断发展，多媒体在网页中的应用越来越广泛，并且出现了许多专业性的网站，如音乐网、电影网、动画网等，其都属于多媒体的范围。多媒体凭借内容丰富、强大的交互功能等优势，受到网友的青睐。除专业网站外，许多企业、公司的网站中都多少有了一些 Flash 动画、公司的宣传视频等。多媒体对象在网页中起着越来越重要的作用。本章就来介绍一下多媒体网页的制作方法。

图5.39　选中一块矩形文本

- 将鼠标光标移至某行的左侧，当光标变成箭头形状时，单击鼠标可以选中该行，如图5.40所示。

本章导读：
随着信息技术的不断发展，多媒体在网页中的应用越来越广泛，并且出现了许多专业性的网站，如音乐网、电影网、动画网等，其都属于多媒体的范围。多媒体凭借内容丰富、强大的交互功能等优势，受到网友的青睐。除专业网站外，许多企业、公司的网站中都多少有了一些 Flash 动画、公司的宣传视频等。多媒体对象在网页中起着越来越重要的作用。本章就来介绍一下多媒体网页的制作方法。

图5.40　选中一行文本

- 将鼠标光标移至段落的左侧，当光标变成箭头形状时，双击鼠标可以选中该段。
- 将鼠标光标移至文档正文的左侧，当光标变成箭头形状时，单击鼠标左键三次可以选中整篇文档。
- 将鼠标光标移至某行的左侧，当光标变成箭头形状时，向上或向下拖动鼠标可选中多行。
- 将鼠标光标定位于文档中的任意位置，按【Ctrl+A】组合键可选中整篇文档。
- 先选中一个文本区域，再按住【Ctrl】键不放，用鼠标拖动的方法可同时选中其他文本，这些文本区域可以是连续的，也可以是不连续的，如图5.41所示。

本章导读：
随着信息技术的不断发展，多媒体在网页中的应用越来越广泛，并且出现了许多专业性的网站，如音乐网、电影网、动画网等，其都属于多媒体的范围。多媒体凭借内容丰富、强大的交互功能等优势，受到网友的青睐。除专业网站外，许多企业、公司的网站中都多少有了一些 Flash 动画、公司的宣传视频等。多媒体对象在网页中起着越来越重要的作用。本章就来介绍一下多媒体网页的制作方法。

图5.41　选中不连续的文本

在实际操作时，可配合使用以上各种选中文本的方法，以加快选中文本的速度。

8. 修改与删除文本

选择文本后，即可对这部分文本进行修改或删除。要修改该文本，则在选中文本的基础上直接输入新的文本即可。要想删除文本，可以使用以下几种方法：

- 按【Delete】键可删除文本插入点右侧的字符。
- 按【BackSpace】键可删除文本插入点左侧的字符。
- 按【BackSpace】键或【Delete】键可删除选中的文本。
- 按【Ctrl+BackSpace】组合键或【Ctrl+Delete】组合键，可删除文本插入点附近的一个单词。

9. 移动与复制文本

在进行文本编辑时，如果需要将某些内容从一个位置移到另一个位置，或从一个文档移动到另一个文档时，可以使用移动操作。如果要重复输入文档中已有的内容，还可以使用复制的方法来提高工作效率。

1）移动与复制文本

在Word中移动或复制文本的方法与在系统中移动或复制文件和文件夹的方法相似，即可以通过右键快捷菜单、快捷键和鼠标拖动的方法来实现，只不过在Word中移动或复制的对象是文本内容，移动或复制的目标位置是同一文档或不同文档中的其他位置而已。

另外，用户还可以在【开始】选项卡的【剪贴板】组中单击【剪切】按钮或【复制】按钮来执行剪切或复制命令，然后单击【粘贴】按钮执行粘贴命令，如图5.42所示。

2）选择性粘贴

在对文本进行移动与复制的操作时，往往会将文本的格式一同进行移动与复制，但用户也可以只复制文本，不复制格式。如图5.43所示为将文档中的“电影网”文本复制到段落末尾的效果。

本章导读：

随着信息技术的不断发展，多媒体在网页中的应用越来越广泛，并且出现了许多专业性的网站，如音乐网、**电影网**、动画网等，其都属于多媒体的范围。多媒体凭借内容丰富、强大的交互功能等优势，受到网友的青睐。除专业网站外，许多企业、公司的网站中都多少有了一些 Flash 动画、公司的宣传视频等。多媒体对象在网页中起着越来越重要的作用。本章就来介绍一下多媒体网页的制作方法。电影网

图5.42　【剪贴板】组　图5.43　复制效果

要想让移动或复制后的文本不再具有原来的格式，可采用选择性粘贴的方法，具体操作如下：

步骤01　将要移动或复制的文本内容移动或复制到剪贴板中后，将文本插入点定位于目标位置。

步骤02　在【开始】选项卡的【剪贴板】组中单击【粘贴】按钮，在打开的下拉列表中选择【选择性粘贴】选项，如图5.44所示。

步骤03　打开【选择性粘贴】对话框，在【形式】列表框中选择【无格式文本】选项，如图5.45所示。

步骤04　然后单击【确定】按钮即可。

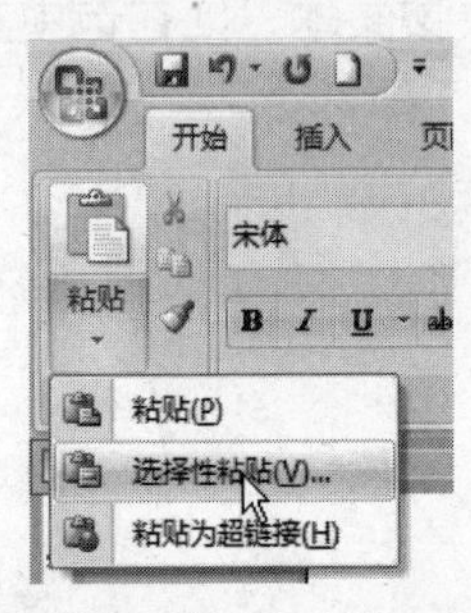

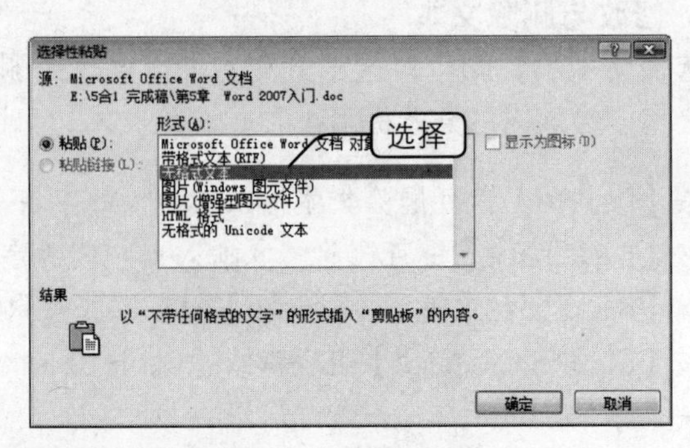

图5.44　选择【选择性粘贴】选项　图5.45　选择【无格式文本】选项

10. 查找和替换文本

在对一篇较长的文档进行编辑的时候，经常需要对某些地方进行修改，如把“其它”改为“其他”。这时如果单靠眼睛和鼠标逐字逐行地查找“其它”一词，再改为“其他”，不仅费时费力，而且很容易有遗漏的地方。为此，Word提供了强大的查找和替换功能，可帮助用户轻松地完成上述工作。

Word为用户提供了一个查找/替换功能，通过它可查找文档中存在的一个字甚至是一句话、一段内容或者是一些符号，并可以根据需要来替换某些内容。

在【开始】选项卡的【编辑】组中有【查找】和【替换】按钮，如图5.46所示。

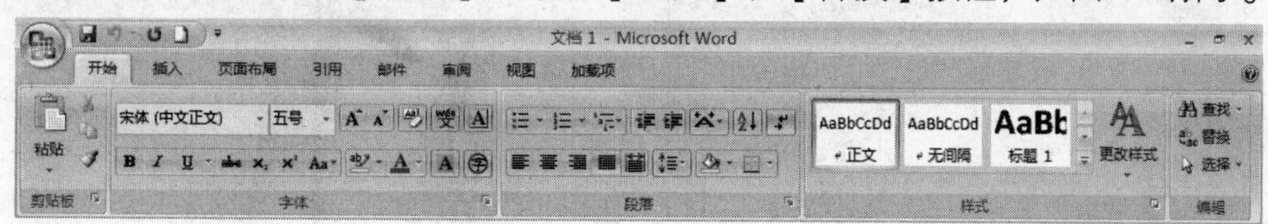

图5.46 【编辑】组

单击【查找】按钮，打开【查找和替换】对话框，如图5.47所示。

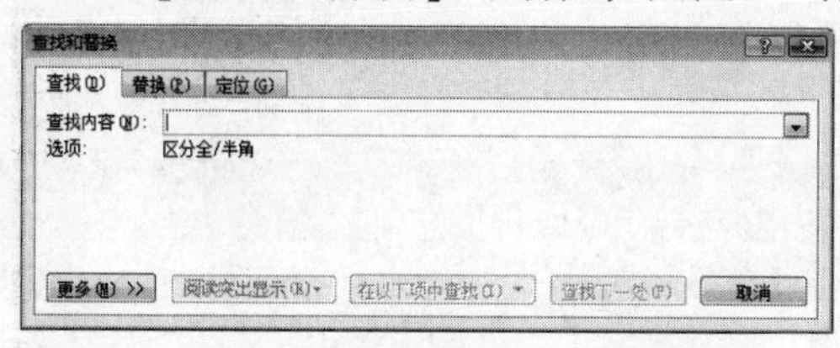

图5.47 【查找和替换】对话框

【查找和替换】对话框包含了3个选项卡，它们分别是【查找】、【替换】和【定位】。在【查找】选项卡的【查找内容】文本框中输入要查找的内容。如果对查找内容的格式有更多的要求，如是否区分大小写、搜索范围等，可单击【更多】按钮，打开如图5.48所示的扩展对话框。

如图5.49所示的【查找和替换】对话框的【替换】选项卡，与【查找】选项卡基本相同，只是多了一个【替换为】文本框。为了实现替换功能，只需在【查找内容】文本框中输入要替换的内容，然后在【替换为】文本框中输入替换后的内容即可。

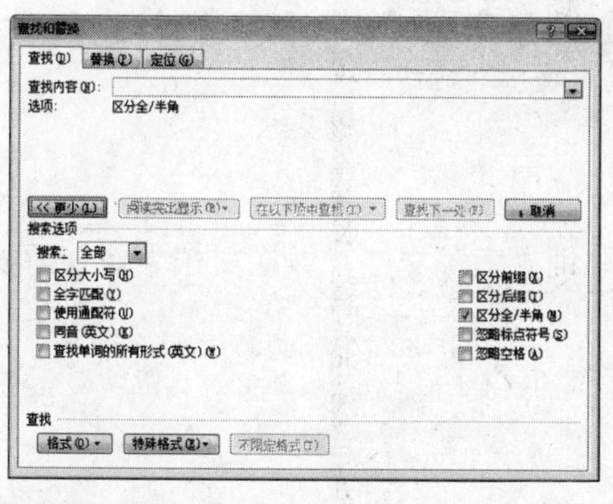

图5.48 打开扩展对话框

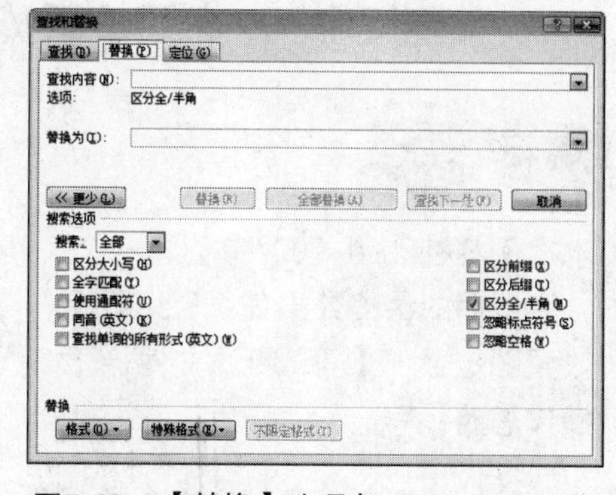

图5.49 【替换】选项卡

在【查找和替换】的扩展对话框中，可以选择查找的范围和一些查找设置选项。在【查找】选区中还可以设置查找的格式和一些特殊格式，也可以设置为不限定格式。

Word的查找和替换功能不仅可以查找指定的文本，还可以查找指定的格式。在【查找和替换】对话框中单击【格式】按钮，弹出下拉菜单，如图5.50所示，在弹出的菜单中选择需要查找的格式即可。例如选择【字体】选项，打开【查找字体】对话框，如图5.51所示，在该对话框中设置要查找的字体格式，最后单击【确定】按钮即可。

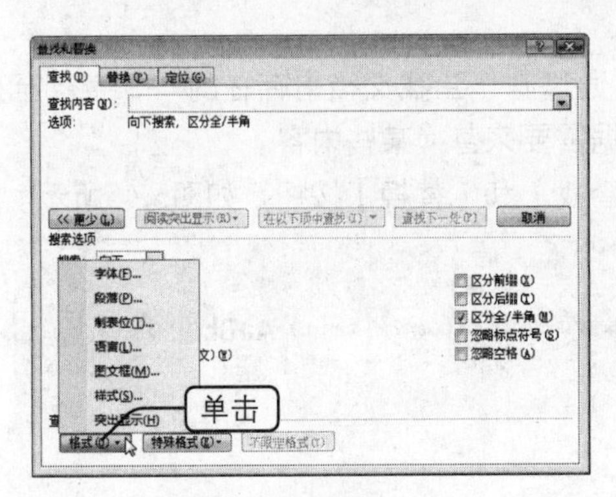

图5.50　单击【格式】按钮

图5.51　【查找字体】对话框

如图5.52所示的【定位】选项卡，用于将光标定位到特定页、行号、脚注、批注或其他对象。

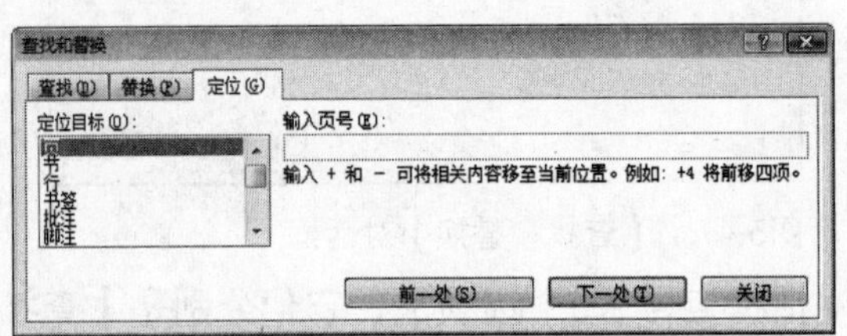

图5.52　【定位】选项卡

11. 撤销与恢复操作

如果在整理Word文档时发生了误操作，可以对此进行撤销以使其回到前一步或前几步时的状态，其方法如下：按【Ctrl+Z】组合键或单击快速访问工具栏中的【撤销】按钮。单击【恢复】按钮可以恢复到单击【撤销】按钮前的状态。

5.2.2　典型案例——创建“新员工培训方案”文档并在其中输入文本

本案例将在Word 2007中创建一个“新员工培训方案”文档，并在文档中输入需要的文本，完成后的最终效果如图5.53所示。

效果图位置：【第5课\源文件\新员工培训方案.docx】

操作思路：

步骤01　在Word 2007中新建一个名为“新员工培训方案”的文档。

步骤02　在文档中输入文本。

步骤03　对文档进行编辑。

操作步骤

步骤01 启动Word 2007，系统自动新建一个空白文档。

步骤02 执行【Office按钮】→【保存】命令，在打开的【另存为】对话框中设置文档的保存目录和文件名称，如图5.54所示。

步骤03 单击【保存】按钮，完成保存设置。

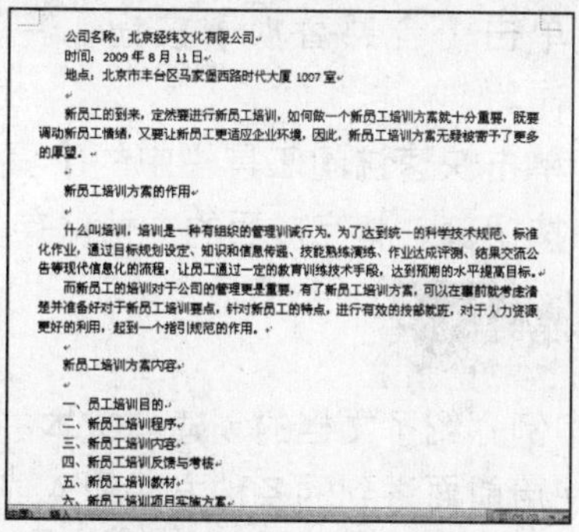

公司名称：北京经纬文化有限公司

时间：2009年8月11日

地点：北京市丰台区马家堡西路时代大厦1007室

新员工的到来，定然要进行新员工培训，如何做一个新员工培训方案就十分重要，既要调动新员工情绪，又要让新员工更适应企业环境，因此，新员工培训方案无疑被寄予了更多的厚望。

新员工培训方案的作用

什么叫培训，培训是一种有组织的管理训诫行为。为了达到统一的科学技术规范、标准化作业，通过目标规划设定、知识和信息传递、技能熟练演练、作业达成评测、结果交流公告等现代信息化的流程，让员工通过一定的教育训练技术手段，达到预期的水平提高目标。

而新员工的培训对于公司的管理更是重要，有了新员工培训方案，可以在事前就考虑清楚并准备好对于新员工培训要点，针对新员工的特点，进行有效的技能就班，对于人力资源更好的利用，起到一个指引规范的作用。

新员工培训方案内容

一、员工培训目的

二、新员工培训程序

三、新员工培训内容

四、新员工培训反馈与考核

五、新员工培训教材

六、新员工培训项目实施方案

图5.53 效果图

步骤04 切换到中文输入法，在文档的第一行输入"公司名称：北京经纬文化有限公司"。

步骤05 按【Enter】键换行继续输入，在输入"时间："后，打开【插入】选项卡，在【文本】组中单击【日期和时间】按钮，在弹出的【日期和时间】对话框中选择一种日期格式，如图5.55所示。

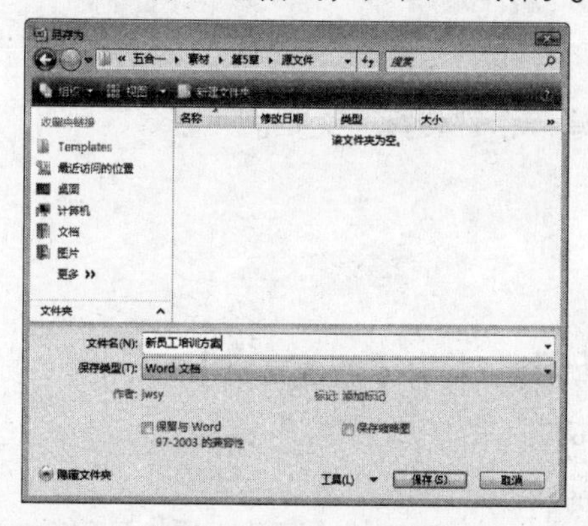

图5.54 【另存为】对话框

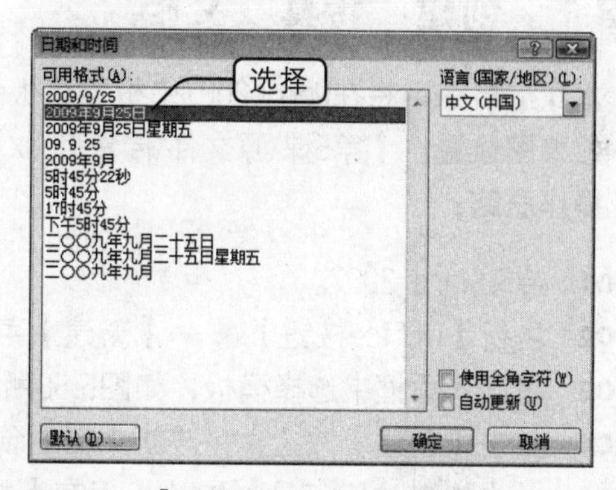

图5.55 【日期和时间】对话框

步骤06 单击【确定】按钮，插入日期和时间。

步骤07 按【Enter】键换行继续输入，在输入"地点：北京市丰台区马家堡西路时代大厦1007室"文本后，按两次【Enter】键。

步骤08 然后参照前面的方法，继续输入后面的所有内容。

步骤09 输入完成后，发现将文本"结果"输入成了"结构"，因此先选中"构"字，如图5.56所示，再直接输入"果"字进行修改。

什么叫培训，培训是一种有组织的管理训诫行为。为了达到统一的科学技术规范、标准化作业，通过目标规划设定、知识和信息传递、技能熟练演练、作业达成评测、结构交流公

图5.56 寻找文本

步骤10 随后又发现文档中的所有"内容"都输入成了"美容"，且有多处，这里使用查找替换的方法进行修改。

步骤11 在【开始】选项卡的【编辑】组中单击【查找】按钮，打开【查找与替换】对话框。

步骤12 选择【替换】选项卡，在【查找内容】列表框中输入"美容"文本，在【替换为】列表框中输入"内容"文本，如图5.57所示。

步骤13 单击【全部替换】按钮，完成操作。

步骤14 单击快速访问工具栏中的【保存】按钮，将完成后的文档保存。

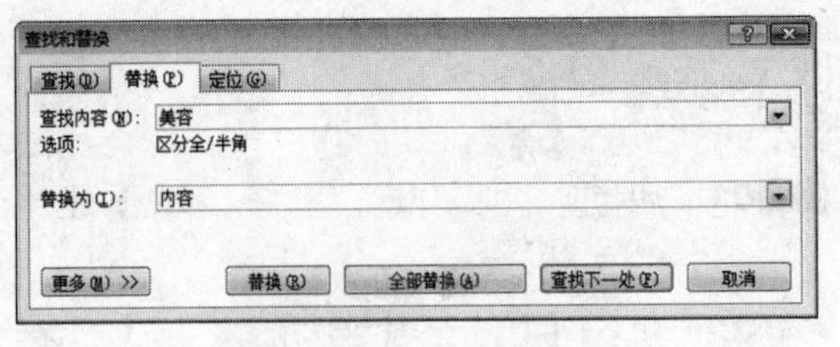

图5.57 【查找与替换】对话框

案例小结

本案例介绍了文档的创建与文本的输入、编辑等基本操作。在编辑文本的过程中，读者可使用前面讲到的各种方法输入或修改文本。另外，在编辑的过程中，要记得经常保存文档，以防止因意外而造成损失。

5.3 上机练习

5.3.1 创建“传真”文档

本次上机练习将在Word 2007中根据模板创建一个“传真”文档。

效果图位置：【第5课\源文件\传真.docx】

操作思路：

步骤01 启动Word 2007。

步骤02 执行【Office按钮】→【新建】菜单命令，打开【新建文档】对话框。

步骤03 在该对话框中选择模板，如图5.58所示。

步骤04 单击【创建】按钮，完成新文档的创建。

步骤05 单击快速访问工具栏中的【保存】按钮，在打开的【另存为】对话框中设置文档的保存位置和文档名称，如图5.59所示。

步骤06 最后单击【保存】按钮即可。

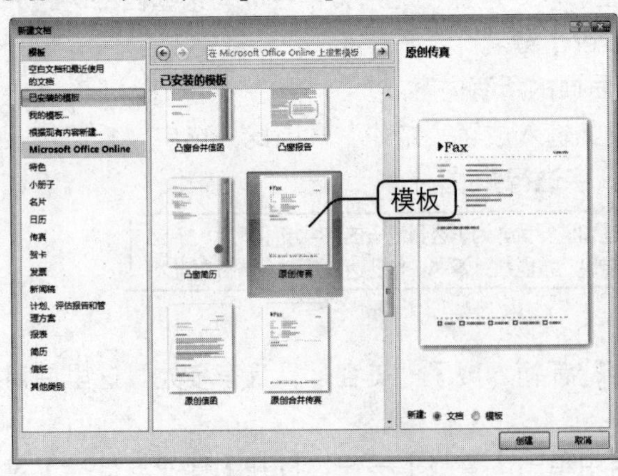

图5.58 选择模板

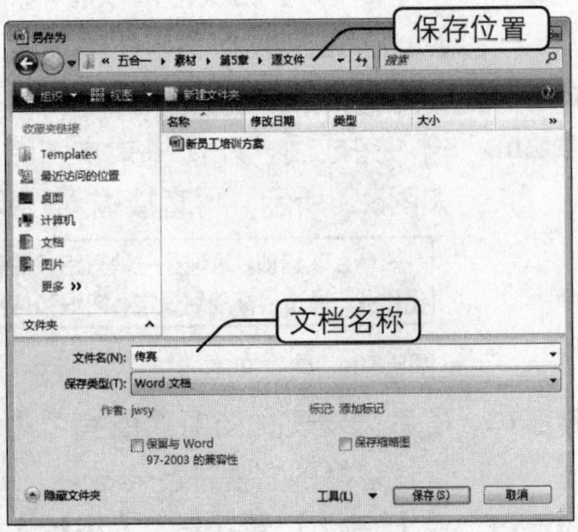

图5.59 保存文档

5.3.2 编辑“传真”文档

本次上机练习将在前面创建的“传真”文档中输入和编辑文本，完成后的文档效果如图5.60所示。

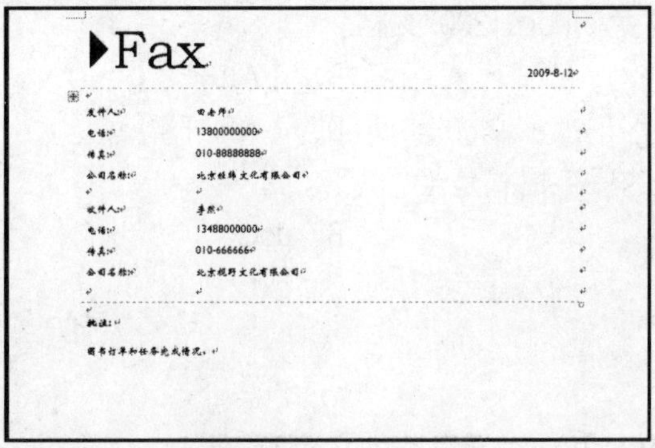

图5.60　文档编辑效果

效果图位置：【第5课\源文件\传真2.docx】

操作思路：

步骤01　打开前面根据模板创建的传真文档。

步骤02　在文档中的相应位置，根据提示输入文本。

5.4 疑难解答

问：为什么在Word中按【Enter】键后，光标会跳到下一行行首，但却没有出现段落标记呢?

答：这是因为你没有选择显示段落标记。在【开始】选项卡的【段落】组中单击【显示/隐藏编辑标记】按钮，就可以显示段落标记了。

问：使用Word 2007编辑的文件，用Word 2003打不开，怎么办?

答：这是因为Word 2007的默认保存格式是.docx，而Word 2003的默认保存格式是.doc，因此出现了不兼容的问题。解决的办法是在Word 2007中打开文件，然后执行【另存为】→【Word 97-2003文档】命令。

问：Word选项栏中包括的选项太多，大部分都不知道有什么作用，难道每一个都需要使用帮助功能去查找吗?

答：其实并不一定要使用帮助功能，可以将鼠标指针停留在某按钮或列表框上片刻，将会出现相应的提示信息，包括该按钮或列表框的名称和作用等。

5.5 课后练习

选择题

1　在某个段落中单击鼠标左键（　　）次可选择整个段落。

A、3　　　　B、2

C、4　　　　　　　　　　　D、1

2 按（　　）键可关闭Word 2007文档。

A、【Alt+F1】　　　　　　B、【Alt+F2】

C、【Alt+F3】　　　　　　D、【Alt+F4】

3 Word 2007默认的保存格式是（　　）。

A、doc　　　　　　　　　B、docx

C、txt　　　　　　　　　D、txtx

问答题

1 如何保存新建文档和保存已存在的文档?

2 如何设置自动保存文档?

3 如何在文档中选中需要的文本?

上机题

1 利用模板创建一个“平衡报告”文档。

2 打开“平衡报告”文档，在其中根据提示输入相应的文本并保存。

第6课

Word 2007进阶

本课要点

设置文档格式
表格的应用
插入图形对象

具体要求

设置字符格式	插入文本框
设置段落格式	编辑文本框
设置段落缩进	插入SmartArt图形
设置项目符号和编号	编辑SmartArt图形
使用格式刷复制格式	插入艺术字
创建表格	编辑艺术字
编辑表格	插入剪贴画
设置表格格式	编辑剪贴画
绘制基本图形	插入图片
编辑基本图形	编辑图片

本课导读

在掌握了文档的录入方法后，为了使自己编辑的文档更加美观，可以对文档进行各种格式设置。同时，如果在文档中添加各种形象化的图形和表格，可以使文本数据更加直观、更易于理解。

6.1 设置文档格式

在Word 2007文档中，用户可以对输入的文本进行格式设置。

6.1.1 知识讲解

文档的格式包括字符格式、段落格式等，下面分别进行介绍。

1. 设置字符格式

字符的格式包括字符的字体、字号、颜色、字形、字符间距等，选择合适的字符格式，不仅可以美化文档，还能让文档层次清晰、重点突出。

1）字体

字体是指文字的标准外观形状，如宋体、楷体和黑体等。图6.1为设置不同字体后的效果。

宋体 黑体 华文琥珀 方正姚体
华文彩云 隶书 华文行楷 幼圆
微软雅黑

图6.1　字体示例

可以使用以下4种方法来改变选中文本的字体：

- 在【开始】选项卡的【字体】组中单击【字体】下拉按钮，打开其下拉列表，如图6.2所示，从中选择某种字体即可。
- 在选中的文本上单击鼠标右键，在弹出的快捷菜单中有一个【字体】浮动菜单，如图6.3所示。可以在打开的【字体】下拉列表中选择需要的字体样式。

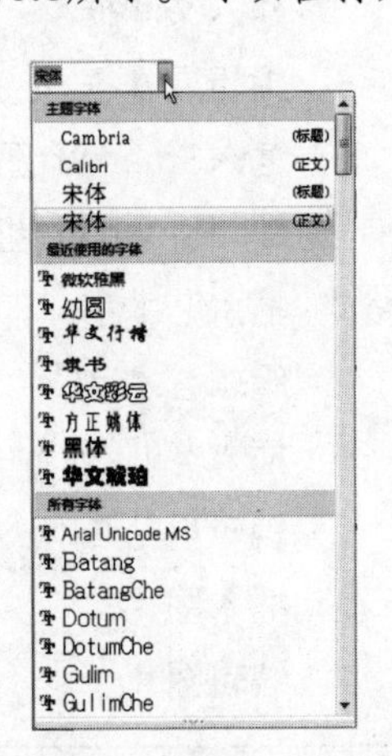

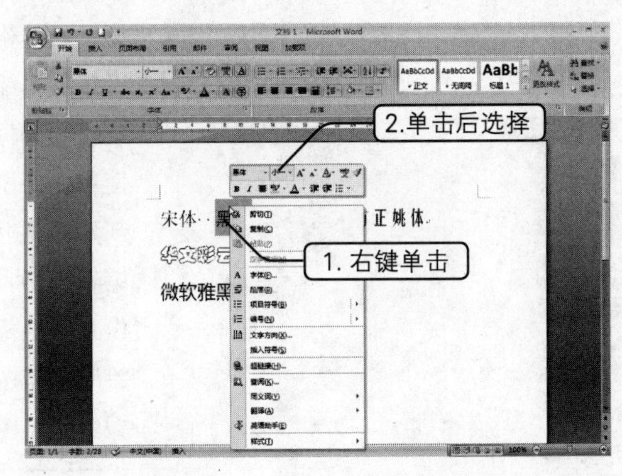

图6.2　【字体】下拉列表　　图6.3　浮动菜单

- 在选中的文本上，单击鼠标右键，在弹出的快捷菜单中单击【字体】命令，打开【字体】对话框的【字体】选项卡，在【中文字体】下拉列表框中可以选择字体的样式，如图6.4所示。
- 选中要改变字体的文本，在【开始】选项卡的【字体】组中单击【字体】对话框启动器，同样可以打开【字体】对话框，在其中进行设置即可。

2）字号

字号，是指文字的标准大小，它包括两种格式：一种是汉字，例如，初号、一号、小五等；还用一种表示方法是用阿拉伯数字来进行区分，如图6.5所示。

图6.4　【字体】对话框

图6.5　字号列表

其实它们的显示效果是基本相同的，只不过在使用的领域和使用者的习惯方式上存在不同。图6.6所示是相同字体不同字号的文本。

文本字号的设置方法和字体的设置方法相同：

- 在【开始】选项卡的【字体】组中，单击【字号】下拉列表，就可选择字号的大小。
- 在【字体】对话框中设置字号的大小。
- 单击鼠标右键，在弹出的快捷菜单上方出现的【字体】浮动菜单中设置字号的大小，如图6.7所示。

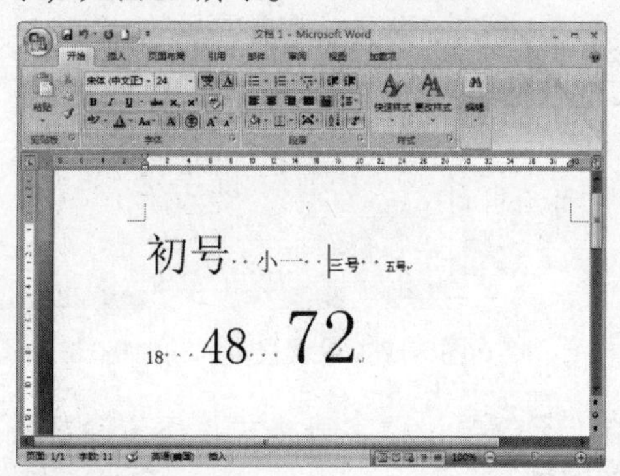

图6.6　不同的字号

宋体 (中文 24

图6.7　【字体】浮动菜单

3）字形

字形，是指文字的显示效果，有常规、倾斜、加粗和加粗倾斜4种状态，如图6.8所示。

设置字形的方法与字号的设置方法类似，这里不再赘述。

4）字体颜色

丰富的字体颜色可以使文档看起来更加生动活泼，重点突出，所以要制作丰富多彩的文档时，设置各种不同的文字颜色是必不可少的。

为文本设置字体的方法很简单，在【开始】选

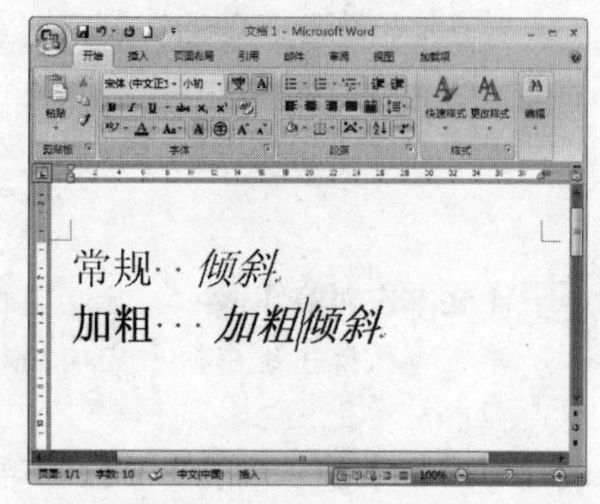

图6.8　字形效果

项卡的【字体】组中单击【字体颜色】下拉按钮，打开如图6.9所示的颜色下拉列表。

如果在该下拉列表中没有所需的颜色，可以单击【其他颜色】命令，打开【颜色】对话框，其中包含两个选项卡：【标准】和【自定义】，如图6.10和图6.11所示。用户可以根据需要对字体的颜色进行选择。

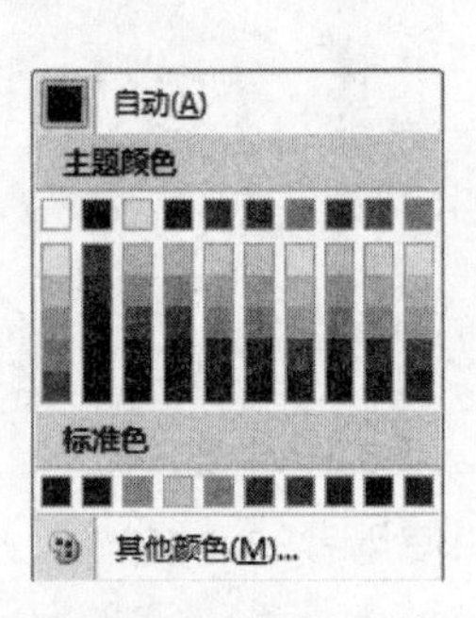

图6.9　颜色下拉列表

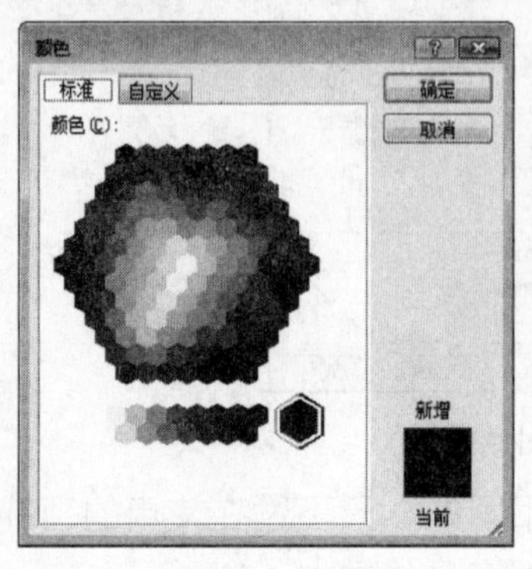

图6.10　【标准】选项卡

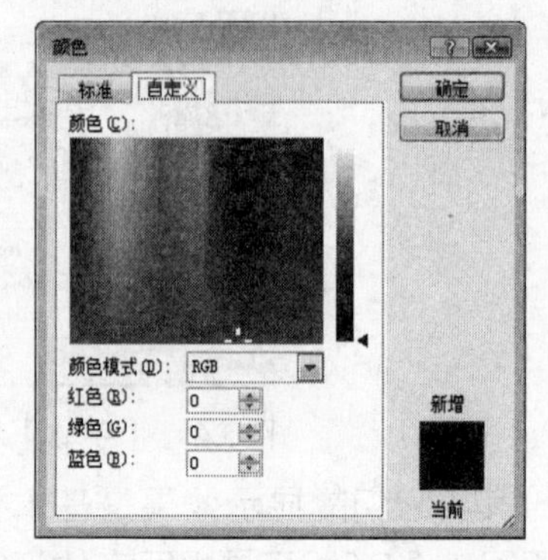

图6.11　【自定义】选项卡

用户可以选择文本，单击鼠标右键，在打开的【字体】浮动菜单中设置文本的颜色。除此之外，还可以在【字体】对话框中设置字体的颜色。

5）设置其他格式

除了上述文字格式设置类型外，还存在着其他一些设置。在Word中可以将选定的字符加粗、倾斜、加下画线、设置边框、设置底纹等，还可以对字符进行横向缩放。如图6.12所示为设置文本其他格式的效果。

这些格式的设置既可以在【开始】选项卡的【字体】组中进行设置，又可以在【字体】对话框中进行设置，这里将不再进行详细的介绍。

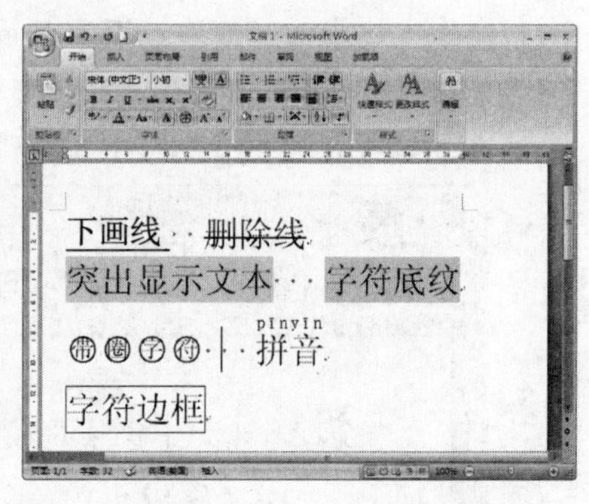

图6.12　设置文本的其他格式

2. 设置段落格式

要形成一篇层次分明、结构清晰的文档，不仅要设置字符格式，还应设置段落格式。段落格式的设置包括对齐、行距和段落间距等。

1）对齐

对齐是指段落在文档中的相对位置。对齐方式有两种类型：水平对齐和垂直对齐。

水平对齐

在【开始】选项卡的【段落】组中，可以设置段落的水平对齐方式，如图6.13所示。

图6.13　【段落】组

- **【文本左对齐】**：将光标定位到要对齐的文字，单击【段落】组中的【文本左对齐】按钮，文字即向左对齐。
- **【居中】**：将光标定位到要对齐的文字，单击【段落】组中的【居中】按钮将文字居中排列。

- 【**文本右对齐**】：将光标定位到要对齐的文字，单击【段落】组中的【文本右对齐】按钮，文字即向右对齐。
- 【**两端对齐**】：将光标定位到要对齐的文字，单击【段落】组中的【两端对齐】按钮，同时将文字对齐左边距和右边距，并根据需要增加字间距。Word默认为两端对齐。
- 【**分散对齐**】：将光标定位到要对齐的文字，单击【段落】组中的【分散对齐】按钮，同时将段落左边距和右边距对齐，并根据需要增加字符间距（有的字符间距将被拉大）。

【两端对齐】方式是Word默认的段落对齐方式，它总使自动换行的文本具有两侧整齐的边缘，并以左对齐方式使末行分布更合理、美观。

垂直对齐

在【开始】选项卡的【段落】组中，单击【段落】对话框启动器，在打开的【段落】对话框中单击【中文版式】选项卡，如图6.14所示，单击【文本对齐方式】下拉按钮，在打开的下拉列表中可以设置段落的垂直对齐方式。

2）调整行距和段落间距

行距就是行与行之间的距离。段落间距就是段落与段落之间的距离。将光标放置在需要设置格式的段落中的任何位置，然后在【段落】组的【行距】下拉列表中，选择适当的行距，如图6.15所示。如果没有合适的行距，用户可以单击【行距选项】命令，打开【段落】对话框，如图6.16所示，在【缩进和间距】选项卡的【间距】选区中设置【行距】的类型和值。

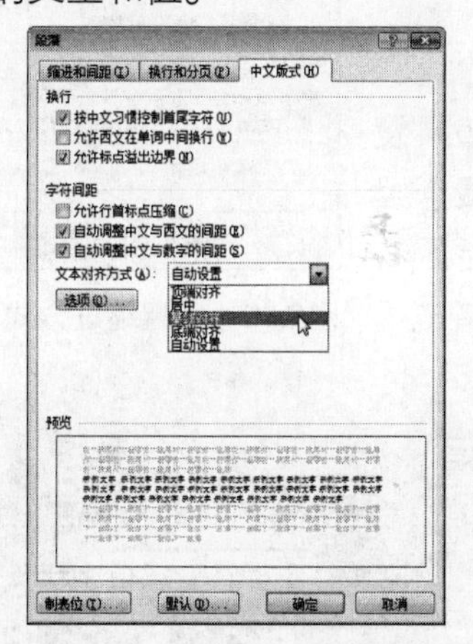

图6.14 【中文版式】选项卡

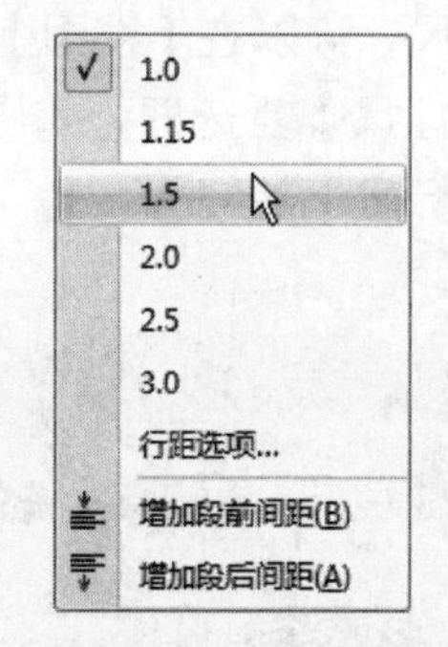

图6.15 选择行距

除此之外，用户还可以单击【开始】选项卡【段落】组中的【段落】对话框启动器，打开【段落】对话框进行设置；或者单击鼠标右键，在弹出的快捷菜单中单击【段落】命令，也可以打开【段落】对话框。

常用的行距选项有【单倍行距】、【1.5倍行距】和【2倍行距】，效果如图6.17所示。

在【段落】对话框【间距】选区的【段前】或者【段后】数值框中输入数值可以改

变段落的间距。

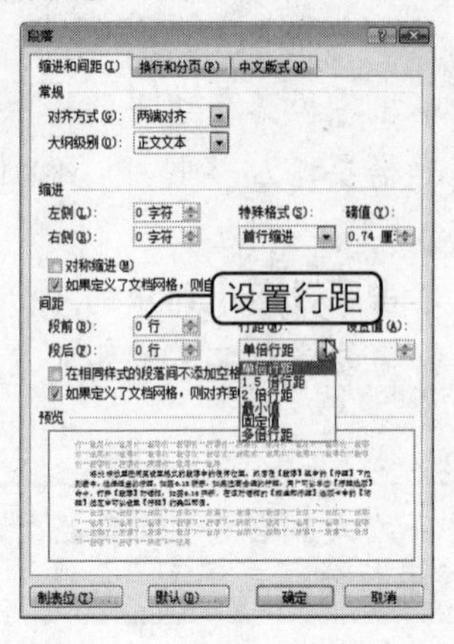

图6.16 【缩进和间距】选项卡

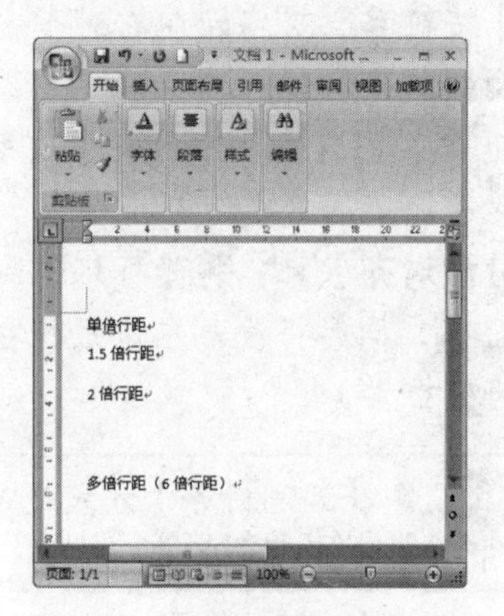

图6.17 不同行距的效果

3. 设置段落缩进

缩进是指相对于左和右的页边距设置文档中文字的位置。缩进的格式我们平时也经常遇到。如我们习惯在每段开始的一行缩进两个字符；在某个大问题下的小问题文本，一般要相对于大问题文本缩进一些，以突出显示文档中的段落层次等。下面介绍设置段落缩进的方法。

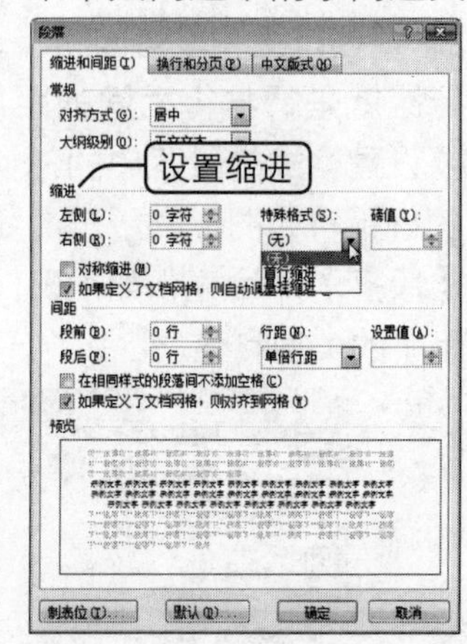

图6.18 设置缩进方式

使用【段落】对话框

在【段落】对话框【缩进和间距】选项卡的【缩进】选区中可以设置缩进方式和数值，如图6.18所示，并且可以更精确地确定缩进的单位。

使用标尺

在打开的Word窗口中一般情况下都有标尺。如果没有显示标尺，可以在【视图】选项卡的【显示/隐藏】组中勾选【标尺】复选框，如图6.19所示。单击功能区右下角的【标尺】按钮，也可以显示标尺，再次单击可以将其隐藏。

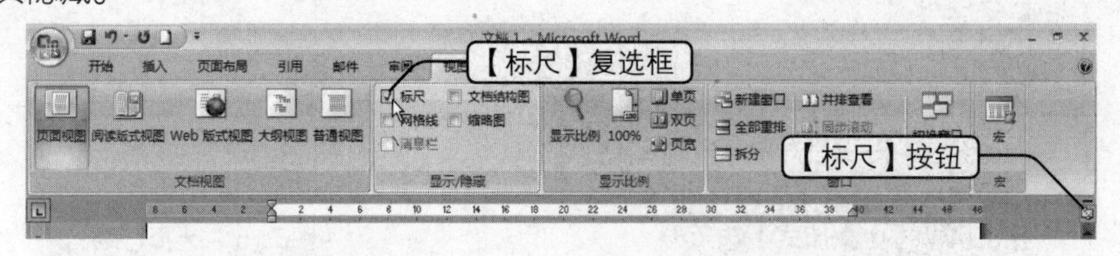

图6.19 选中【标尺】复选框

这时水平标尺和垂直标尺就会同时出现在Word窗口中。在水平标尺上有几个特殊的小滑块，可以用来调整段落的缩进量。各个滑块的作用如下。

- **【右缩进】**：控制段落相对于右页边距的缩进量。
- **【左缩进】**：控制段落相对于左页边距的缩进量。
- **【悬挂缩进】**：控制所选中段落除第一行以外的其他行相对于左页边距的缩进量。

- 【首行缩进】▽：控制所选中段落的第一行相对于左页边距的缩进量。
- 【制表符】⌊：制表位的设置标志。

除了上述两种方法外，还可以在【页面布局】选项卡的【段落】组中对缩进的方式和段落间距进行设置，如图6.20所示。

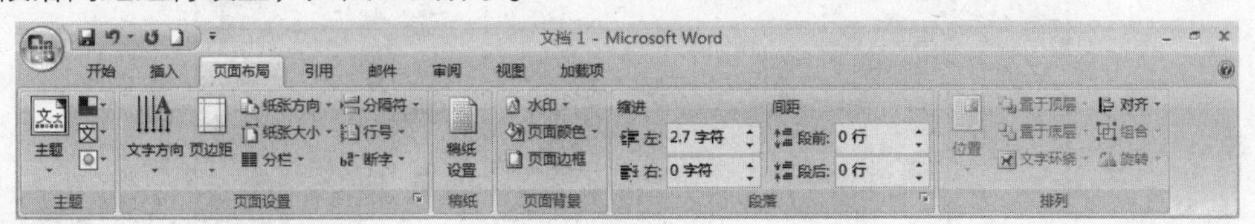

图6.20　【页面布局】选项卡

4. 设置项目符号和编号

在Word中，可以自动为文档增加段落编号，或者为每一个段落增加项目符号。

1）项目符号

项目符号是指为每个必要的段落添加的标记。编号是指为每个段落前添加有一定顺序的数字或字母，这样各段之间的层次效果更明显。在【开始】选项卡的【段落】组中单击【项目符号】下拉按钮 ☰▾，如图6.21所示，在打开的下拉列表中可以选择项目符号。

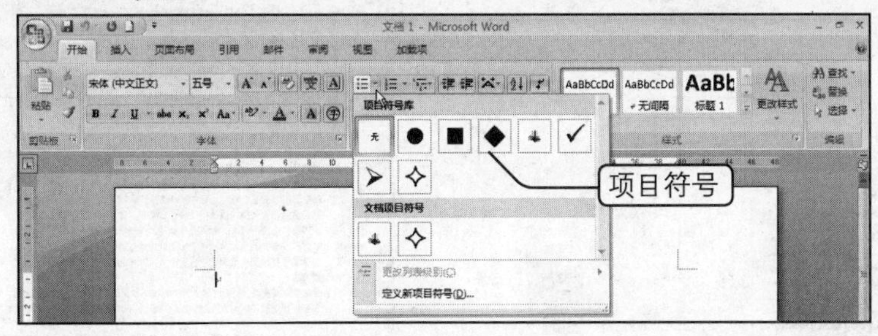

图6.21　【项目符号】下拉列表

在打开的下拉列表中单击【定义新项目符号】按钮，打开【定义新项目符号】对话框，如图6.22所示。添加项目符号的效果如图6.23所示。

可以单击【符号】按钮、【图片】按钮和【字体】按钮，打开相应的对话框来设置新定义的项目符号。

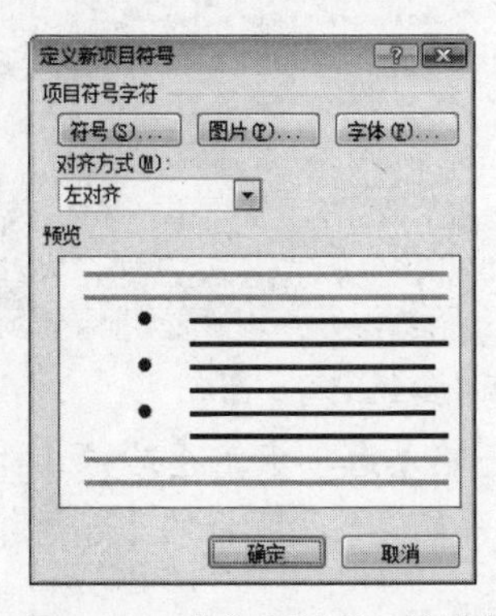

图6.22　【定义新项目符号】对话框

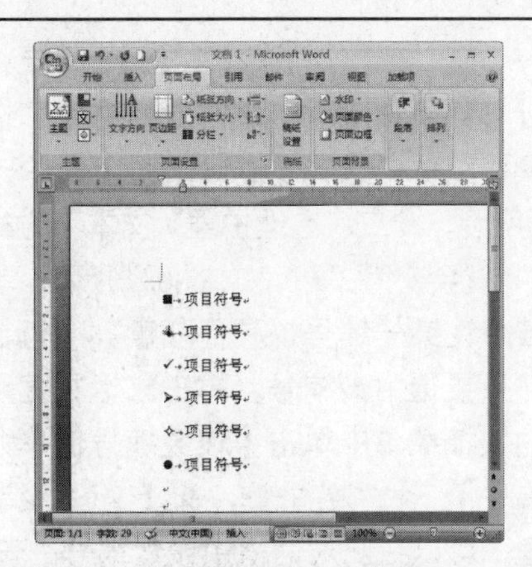

图6.23　设置项目符号的效果

2）编号

在【开始】选项卡的【段落】组中单击【编号】下拉按钮，如图6.24所示，在打开的下拉列表中可以选择编号。

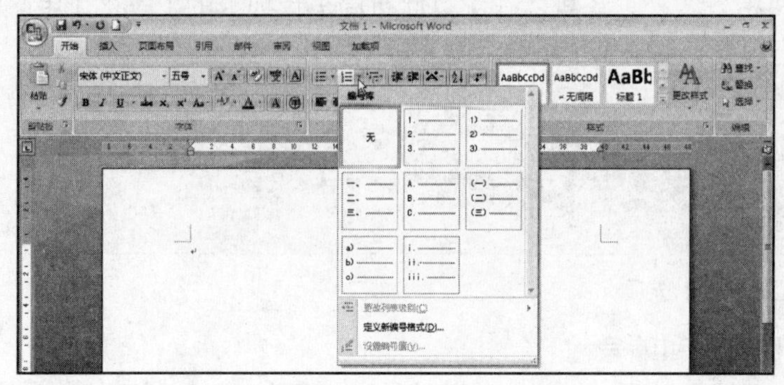

图6.24 【编号】下拉列表

在该下拉列表中单击【定义新编号格式】命令，打开【定义新编号格式】对话框，如图6.25所示。可以根据需要在【编号格式】文本框中输入想要的编号类型。添加编号的效果如图6.26所示。

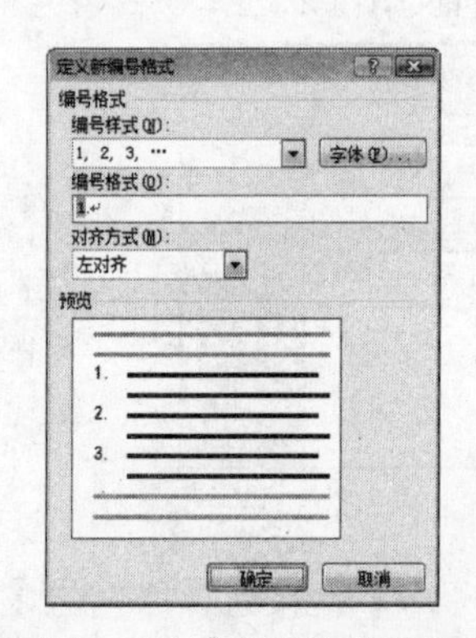

图6.25 【定义新编号格式】对话框

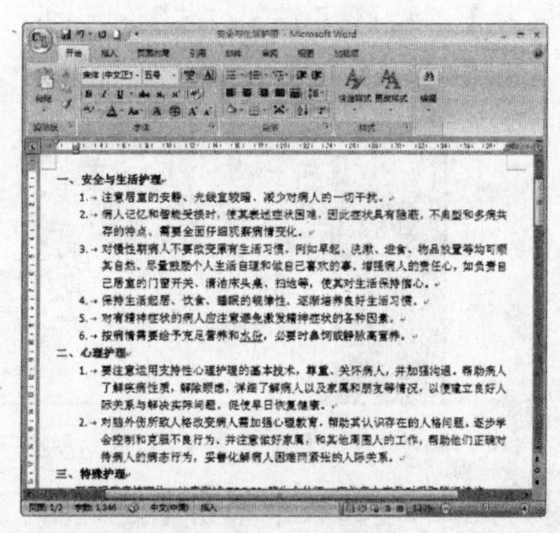

图6.26 设置编号的效果

由于编号是以一组连续数字为表现形式，因此就存在一个数字起始值的问题。如果想把图6.26中的“二、心理护理”文本下方的编号“1”接着上方的编号继续，只要将鼠标指针移动到该编号上单击鼠标右键，在打开的快捷菜单中选择【继续编号】命令，如图6.27所示，“二、心理护理”文本下方的编号“1”就会变为“7”，如图6.28所示。

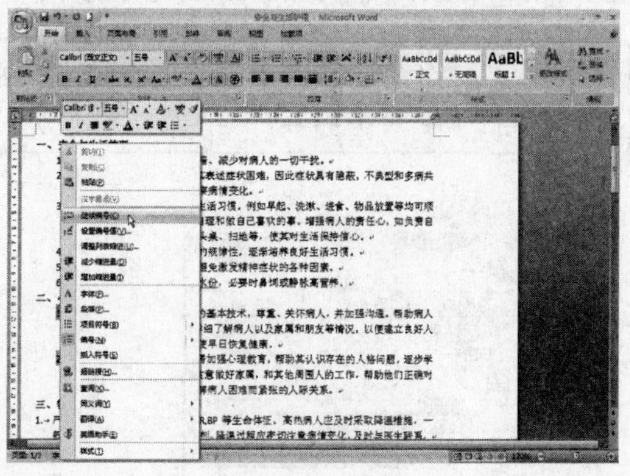

图6.27 选择【继续编号】命令

若想让某一编号以其他任意数字为起始编号，只要选中该编号，单击鼠标右键，在弹出的快捷菜单中单击【设置编号值】命令，或者在【开始】选项卡的【段落】组中单击【编号】下拉按钮，选择【设置编号值】选项，打开如图6.29所示的【起始编号】对话框，可以在此对话框中设置编号的值。

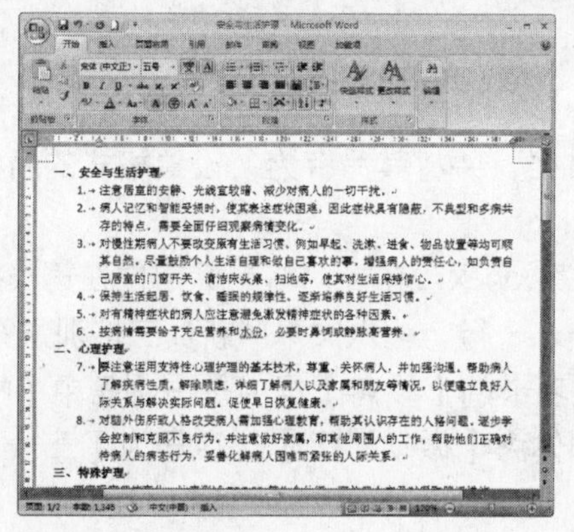

图6.28 设置编号

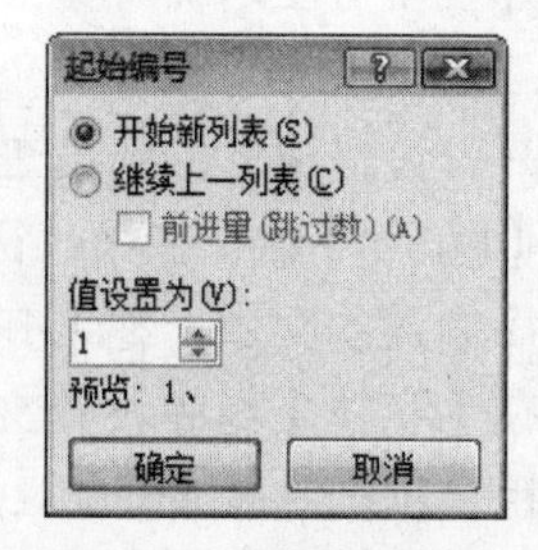

图6.29 【起始编号】对话框

5. 使用格式刷复制格式

文档中常常有多处需要设置为相同格式的文本，用户使用【格式刷】就可以快速复制格式，而不必一一进行设置，具体操作如下：

步骤01 选择已设置格式的文本。

步骤02 在【开始】选项卡的【剪贴板】组中双击【格式刷】按钮，此时鼠标指针变为形状。

步骤03 用该形状的鼠标指针选择要应用该格式的文本或段落。

步骤04 再次单击【格式刷】按钮或按【Esc】键可退出格式刷状态。

如果需要复制格式的文本只有一处，可选择已设置格式的文本后单击【格式刷】按钮，再去选择需要应用该格式的文本。单击之后，系统自动退出格式刷状态。

6.1.2 典型案例——设置“新员工培训方案”文档格式

本案例将对第5课输入的“新员工培训方案”文档进行格式设置，最终效果如图6.30所示。

素材位置：【第6课\素材\新员工培训方案.docx】

效果图位置：【第6课\源文件\设置格式的新员工培训方案.docx】

操作思路：

步骤01 设置文档的标题。

步骤02 为文本设置项目符号。

步骤03 设置文本的字体以及行距。

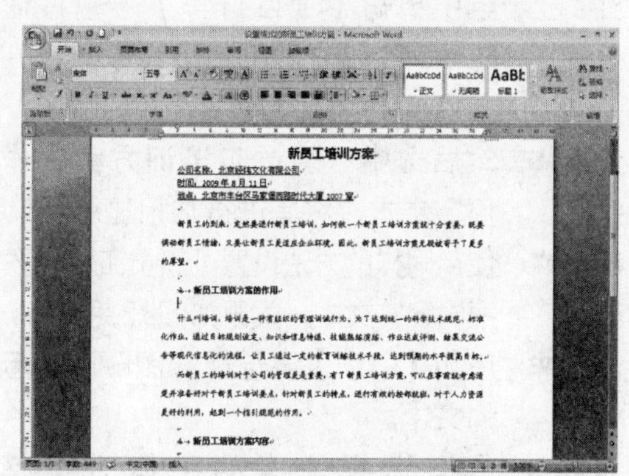

图6.30 设置文档格式的效果

操作步骤

步骤01 打开“新员工培训方案.docx”文档，并将其另存为“设置格式的新员工培训方案.docx”文档。

步骤02 打开“设置格式的新员工培训方案.docx”文档，将光标定位在第一行的行首，按【Enter】键，在第一行上方插入一行，输入文本“新员工培训方案”。

步骤03 选择输入的文本，在【开始】选项卡的【段落】组中单击【居中】按钮，然后在【字体】组中设置文本的字体为【微软雅黑】，字号为【三号】，并设置加粗显示，效果如图6.31所示。

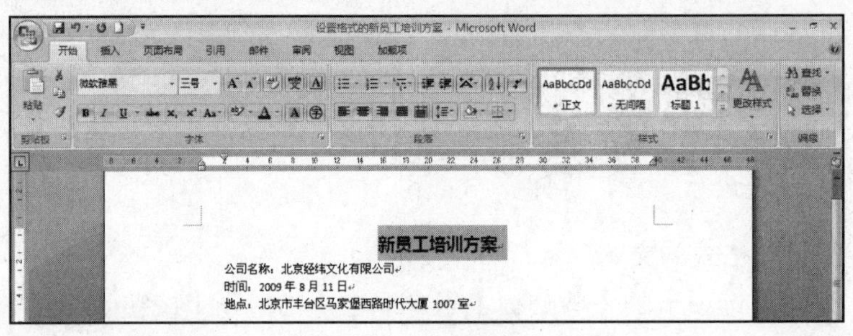

图6.31　设置标题

步骤04 然后选中文档中的公司、时间和地点信息，在【开始】选项卡的【字体】组单击【下画线】按钮，此时文本被标记下画线，如图6.32所示。

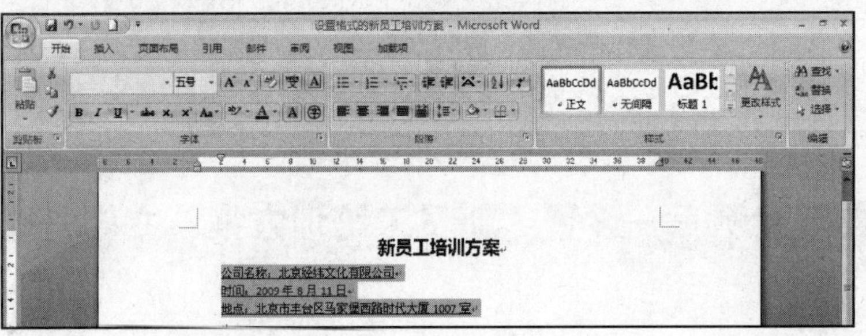

图6.32　设置下画线

步骤05 将光标定位在“新员工培训方案的作用”文本前，在【开始】选项卡的【段落】组中单击【项目符号】下拉按钮，在打开的下拉列表中选择一个项目符号。

步骤06 然后选中“新员工培训方案的作用”文本，将其进行加粗显示。

步骤07 使用同样的方法设置“新员工培训方案内容”文本，效果如图6.33所示。

步骤08 使用【Ctrl】键选择如图6.34所示的文本。

步骤09 设置选择文本的字体为【楷

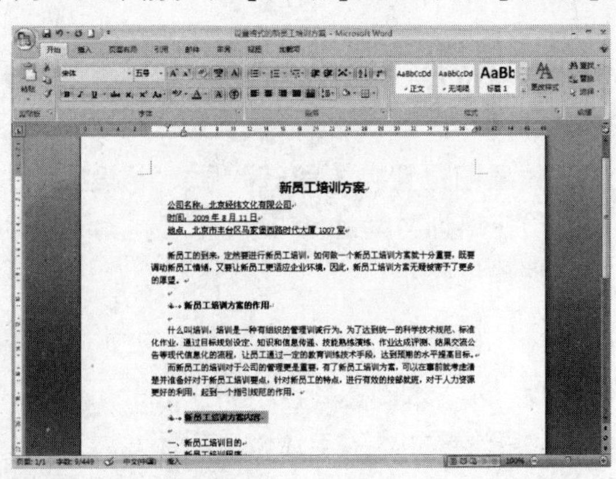

图6.33　设置项目符号

体-GB2312】。

步骤10 然后在【段落】组中单击【行距】下拉按钮，在弹出的下拉列表中选择【行距选项】命令。

步骤11 在打开的【段落】对话框的【缩进和间距】选项卡中设置【行距】为【1.5倍行距】，如图6.35所示。

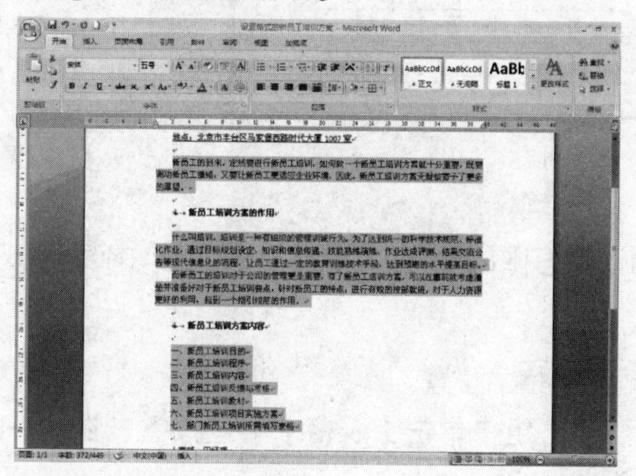

图6.34 选择文本

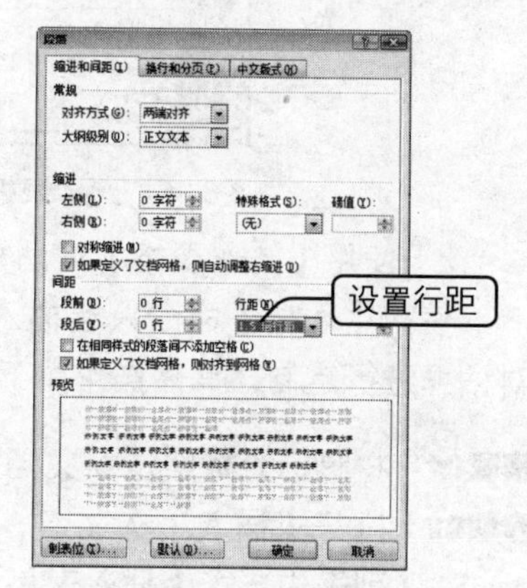

图6.35 【段落】对话框

步骤12 单击【确定】按钮，完成设置，按【Ctrl+S】组合键保存文档即可。

案例小结

本案例完成了对文本字体、字号和加粗显示等的设置，并使用【段落】对话框对文本的行距进行了设置。读者还可以根据自身需求设置更丰富的格式，使文档看起来更加美观。

6.2 表格的应用

在很多时候，表格比文字描述更加直接、清楚，所以在文档中适当加入表格会使文本更容易理解。

6.2.1 知识讲解

有时需要在文档中插入表格，比如工资单、课程表等有复杂分栏信息的文档。在Word文档中可以插入多种表格的样式，极大地扩展了Word文档的应用范围。

1. 创建表格

表格是以行和列的形式排列的一组信息。表格有两个以上的列和一个以上的行，每个行和列的交叉部分称为表格的一个单元格。在Word 2007中插入表格的方法很简单，具体如下所示。

1）使用【表格】命令

在【插入】选项卡的【表格】组中，单击【表格】下拉按钮，在打开的下拉列表中可以选择要插入几行几列的表格，如图6.36所示，选择插入3行3列的表格，单击鼠标即可插入所需行列数的表格。

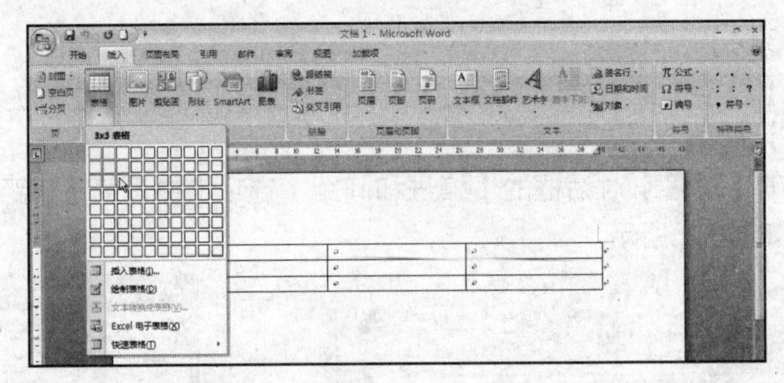

图6.36　选择表格

2）使用【插入表格】对话框

使用【表格】命令只能插入行列数量有限的表格，而要制作较复杂的表格，可通过对话框进行定制，具体操作如下：

步骤01 将鼠标光标定位到文档中要插入表格的位置。

步骤02 打开【插入】选项卡，在【表格】组中单击【表格】下拉按钮，在打开的下拉列表中选择【插入表格】命令。

步骤03 打开【插入表格】对话框，如图6.37所示。

步骤04 在【表格尺寸】栏的【列数】和【行数】数值框中分别输入表格的列数和行数。

步骤05 单击【确定】按钮，在文档中插入设置行数和列数的表格。

3）手动绘制表格

用户可以手动绘制出各种复杂的、不规则的表格，具体操作如下：

步骤01 打开【插入】选项卡，在【表格】组中单击【表格】下拉按钮，在下拉列表中选择【绘制表格】命令，此时光标将变为铅笔形状 。

步骤02 在文档中按住鼠标左键并拖动，可以看到一个长方形虚线框随鼠标指针移动而变化，如图6.38所示。

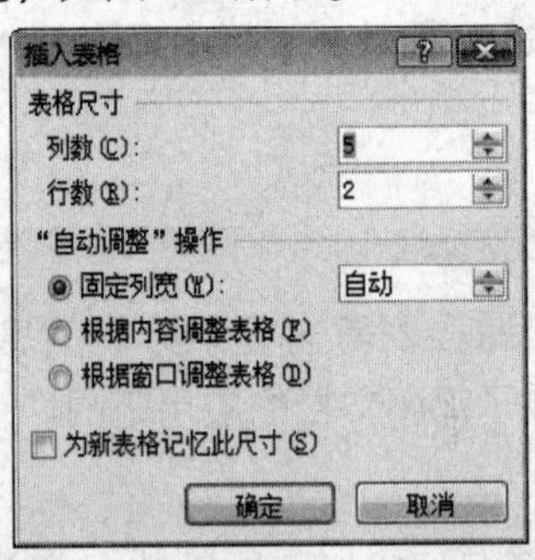

图6.37　【插入表格】对话框

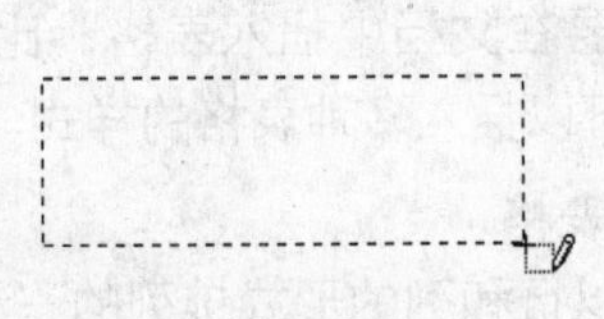

图6.38　绘制表格

步骤03 待到达合适大小后释放鼠标左键，即可生成一个表格的边框。

步骤04 在表格边框内再拖动鼠标光标，绘制内部边框，如图6.39所示。

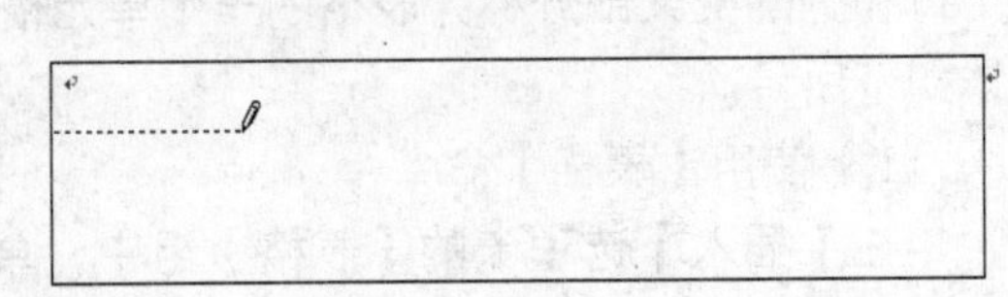

图6.39　绘制内部边框

步骤05 按照相同的方法，在表格内部绘制出横线、竖线和斜线，最终效果如图6.40所示。

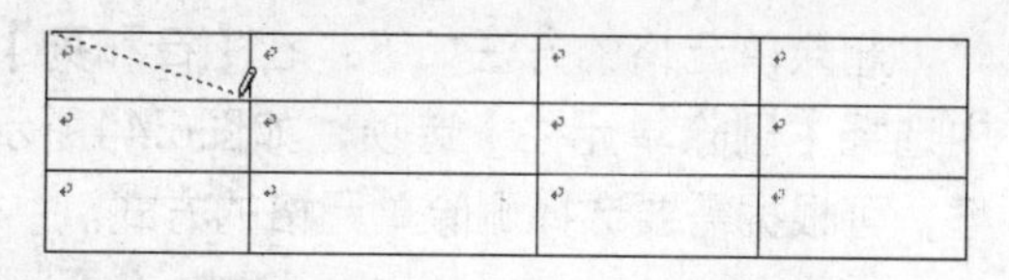

图6.40　绘制的表格

4）使用【快速表格】命令

在Word 2007中，系统提供了许多表格样式。用户可以直接使用其自动套用表格的功能，只套用表格格式，并对表格中的某些特点进行适当的修改，这样即可在文档中快速地创建一个非常漂亮的表格了。

若想使用自动套用格式，则在【插入】选项卡的【表格】组中单击【表格】下拉按钮，在打开的下拉列表中选择【快速表格】选项，在打开的子下拉列表中选择需要的样式即可，如图6.41所示。

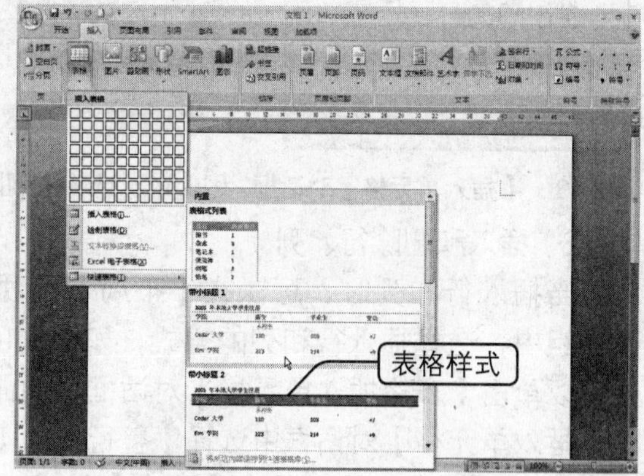

图6.41　选择表格样式

2. 编辑表格

如果用户对所创建的表格不满意，可以增加或者删除表格的列和行、合并和拆分单元格，以及将表格进行拆分等。

1）选择单元格

在编辑一个表格之前，必须学会如何选择表格中的单元格，选择方法如表6.1所示。

表6.1　在表格中选取单元格的方法

目的	具体操作方法
选取一个单元格	将鼠标光标指向该单元格的左侧，待其变为↗形状后单击
选取一整行	将鼠标光标指向该行的左侧，待其变为➡形状后单击
选取一整列	将鼠标光标指向该列的顶端，待其变为⬇形状后单击
选取连续的几行或几列	在要选择的单元格、行或列上拖动鼠标
选取整个表格	单击表格左上角的⊞按钮

2）插入和删除单元格

有时为了需要，可能要进行单元格的插入和删除操作。插入单元格只要在【布局】选项卡的【行和列】组中单击【表格插入单元格】对话框启动器即可，如图6.42所示。

插入表格后会激活【表格工具】中的【设计】和【布局】选项卡。

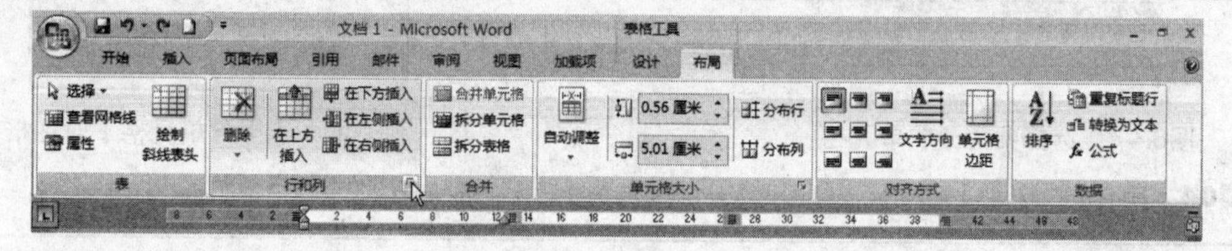

图6.42　单击【表格插入单元格】对话框启动器

这时将打开【插入单元格】对话框，如图6.43所示。根据需要选择插入单元格的位置，单击【确定】按钮即可。

删除单元格的方法如下：在【行和列】组中单击【删除】按钮，在打开的下拉列表中选择【删除单元格】选项，如图6.44所示，打开如图6.45所示的【删除单元格】对话框，可根据需要选择删除单元格的方式。

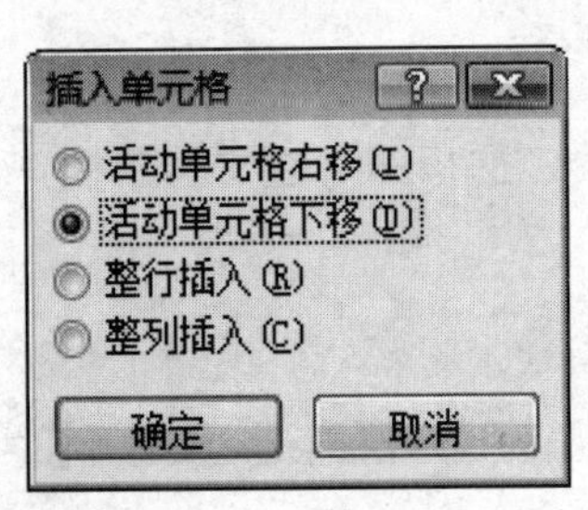

图6.43 【插入单元格】对话框

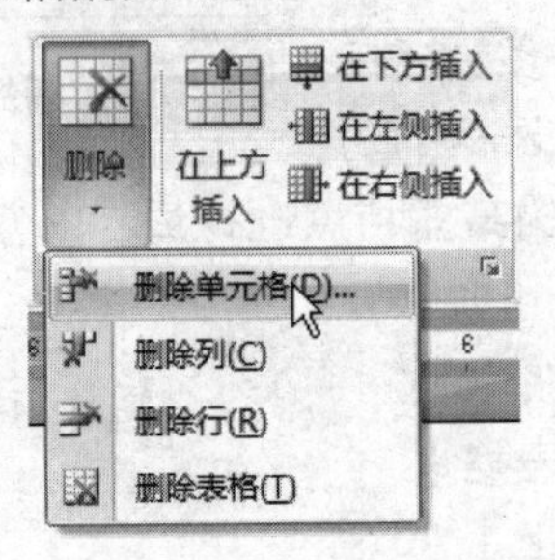

图6.44 选择【删除单元格】命令

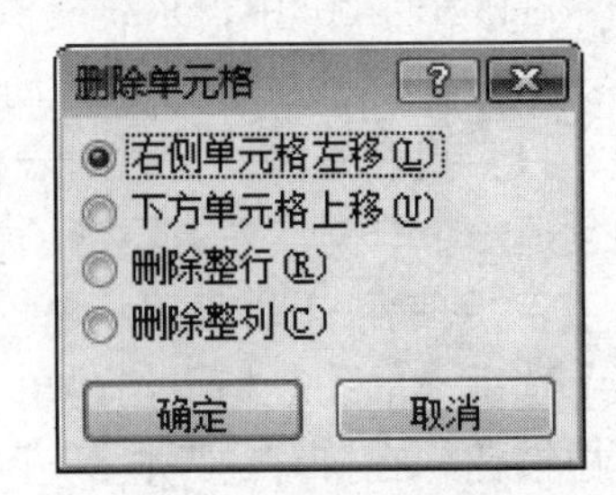

图6.45 【删除单元格】对话框

3）插入和删除行、列

当插入行和列时，可以在【布局】选项卡的【行和列】组中，选择插入行和列的方式，如图6.46所示。用户还可以单击【表格插入单元格】对话框启动器，在打开的【插入单元格】对话框中选择【整行插入】或者【整列插入】单选按钮，然后单击【确定】按钮，插入行或者列。

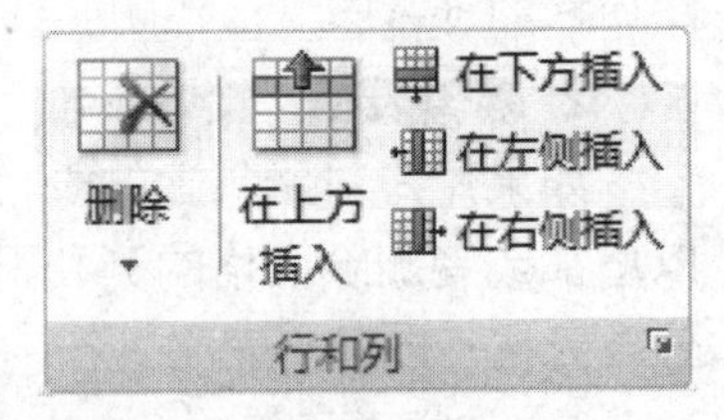

图6.46 【行和列】组

删除行和列的操作与删除单元格的步骤相同，在【行和列】组中单击【删除】按钮，在打开的下拉列表中选择【删除行】或【删除列】选项，将直接删除行或列。

4）单元格的拆分和合并

在单元格中添加内容时，需要根据其类别拆分或合并单元格。

拆分单元格

步骤01 选择要拆分的单元格，如图6.47所示，或者将鼠标光标定位到要拆分的单元格中。

步骤02 在【布局】选项卡的【合并】组中单击【拆分单元格】按钮，打开【拆分单元格】对话框。

步骤03 在该对话框中设置要拆分的行数和列数，如图6.48所示。

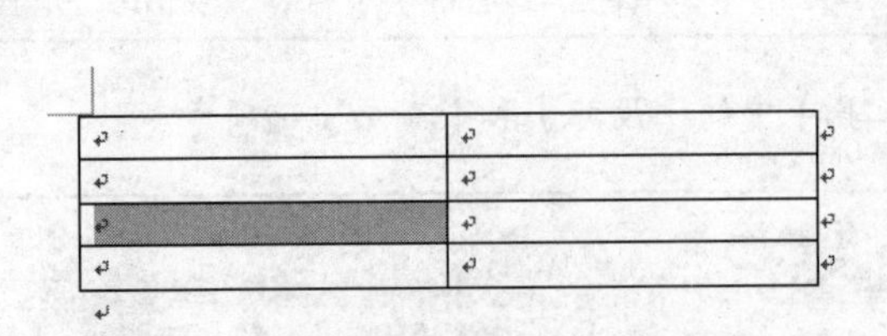

图6.47 选择要拆分的单元格

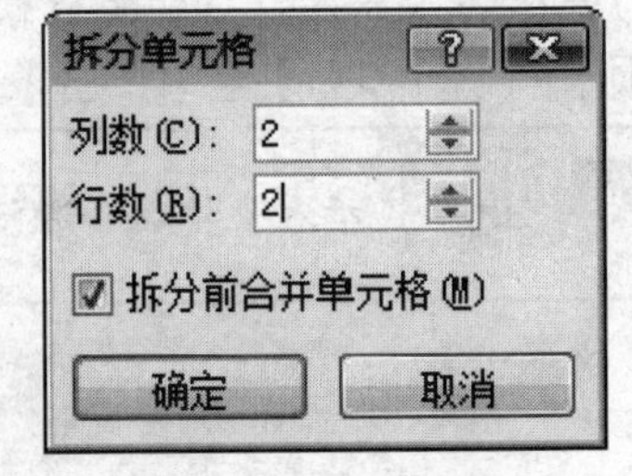

图6.48 【拆分单元格】对话框

步骤04 单击【确定】按钮，如图6.49所示为拆分单元格后的效果。

单击鼠标右键，在弹出的快捷菜单中选择【拆分单元格】命令也可以打开【拆分单元格】对话框。

合并单元格

步骤01 选择要合并的多个连续单元格。

步骤02 在【布局】选项卡的【合并】组中单击【合并单元格】按钮，就可以将单元格进行合并。也可以单击鼠标右键，在弹出的快捷菜单中选择【合并单元格】命令，对选定的单元格进行合并。

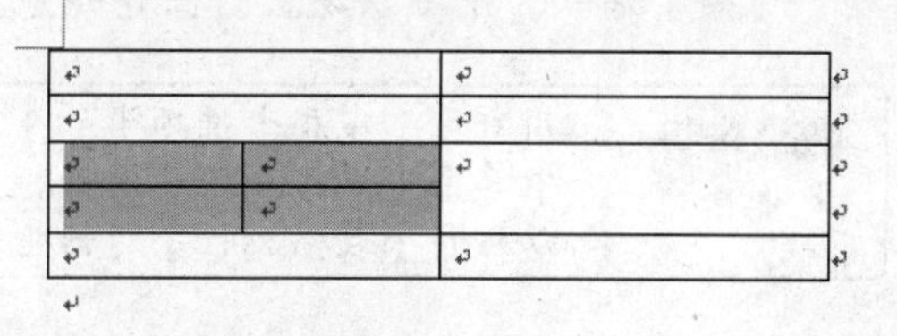

图6.49 拆分单元格后的效果

5）拆分表格

可以在任何行之间将表格水平拆分。当在【布局】选项卡的【合并】组中，单击【拆分表格】按钮时，表格就在插入点拆分为两个。图6.50所示是把一个表格拆分为两个表格后的效果。

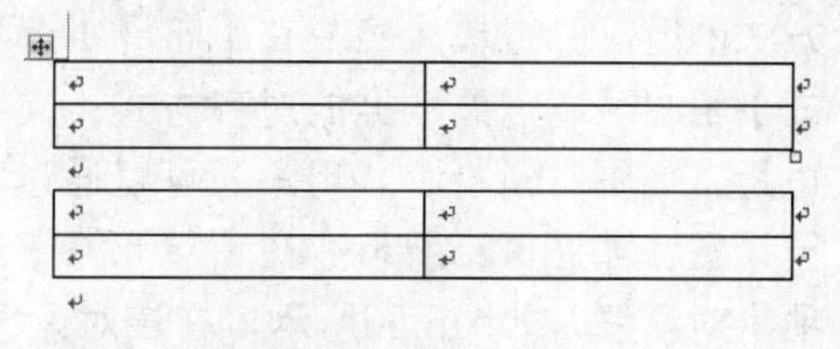

图6.50 拆分单元格表格

6）删除表格

如果需要删除整个表格，只要在【布局】选项卡的【行和列】组中单击【删除】按钮，在打开的下拉列表中选择【删除表格】命令即可将整个表格删除。

3. 设置表格格式

在表格中添加完数据后，通常还要对其进行一定的修饰操作，使其更加美观。如设置表格的行高和列宽，设置表格的边框和底纹样式，以及设置表格的对齐方式等。

1）表格的行高和列宽

表格中的列宽和行高是可以改变的，可通过以下几种方法进行更改：

- 将鼠标指针放在行或者列的边框线上，当指针变为一个双向箭头形状时，单击并拖曳鼠标到所需的位置即可。
- 在【布局】选项卡的【单元格大小】组中，在【表格行高度】数值框中输入数值可以改变行高，在【表格列宽度】数值框中输入数值可以改变列宽，如图6.51所示。

用户还可以单击【单元格大小】组中的【自动调整】下拉按钮，在弹出的下拉列表中根据需要选择合适的选项设置行高和列宽，如图6.52所示。

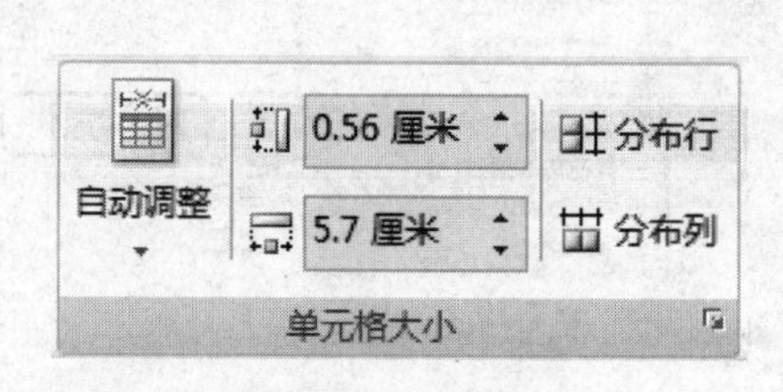

图6.51 【单元格大小】组

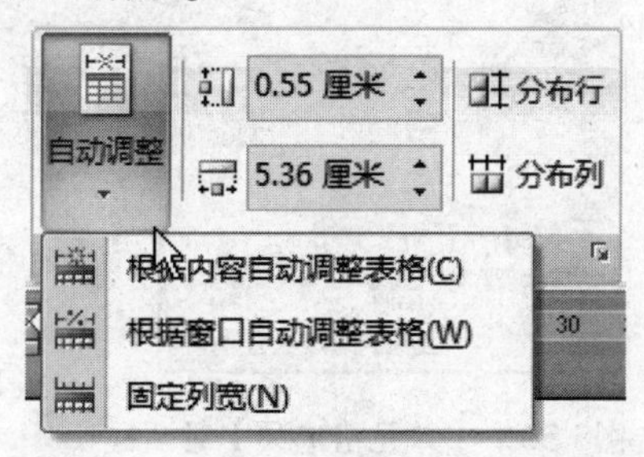

图6.52 【自动调整】下拉列表

- 选中要修改行高或列宽的行或列，单击鼠标右键，在打开的快捷菜单中选择【表格属性】选项，打开如图6.53所示的【表格属性】对话框。在该对话框的【行】和

【列】选项卡中可以设置行高和列宽。

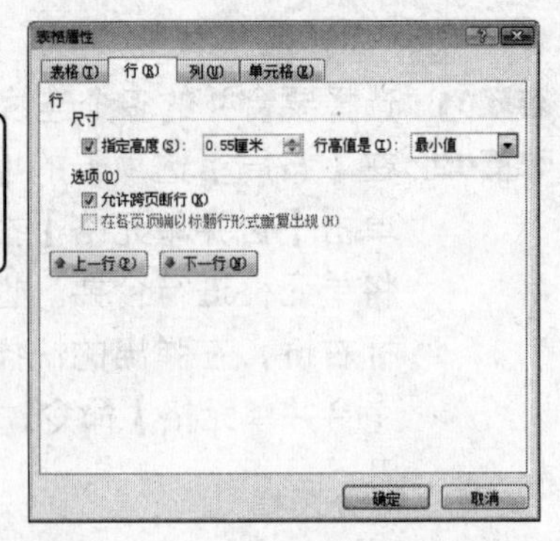

图6.53 【表格属性】对话框

用户在【布局】选项卡的【单元格大小】组中单击【表格属性】对话框启动器，也可以打开【表格属性】对话框。

2）自动对齐表格内容

默认情况下，Word 2007中表格的内容是靠上两端对齐的。用户也可选择其他的对齐方式。选取须设置对齐方式的行、列或单元格，在【布局】选项卡的【对齐方式】组中可以设置数据的对齐方式、文字方向和单元格边距，如图6.54所示。用户还可以通过【表格属性】对话框中的【单元格】选项卡进行设置，如图6.55所示。在【单元格】选项卡中单击【选项】按钮，打开【单元格选项】对话框，如图6.56所示，在该对话框中可以设置单元格的边距。

除此之外，用户也可以选取须设置对齐方式的行、列或单元格，然后单击鼠标右键，在弹出的快捷菜单中选择【单元格对齐方式】命令，在其子菜单中提供了9种对齐方式的命令，如图6.57所示。选择所需的命令便可改变表格中数据的对齐方式。

图6.54 【对齐方式】组

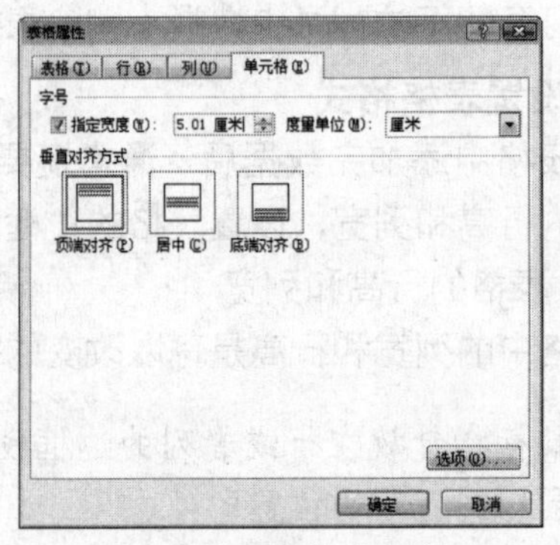

图6.55 【单元格】选项卡

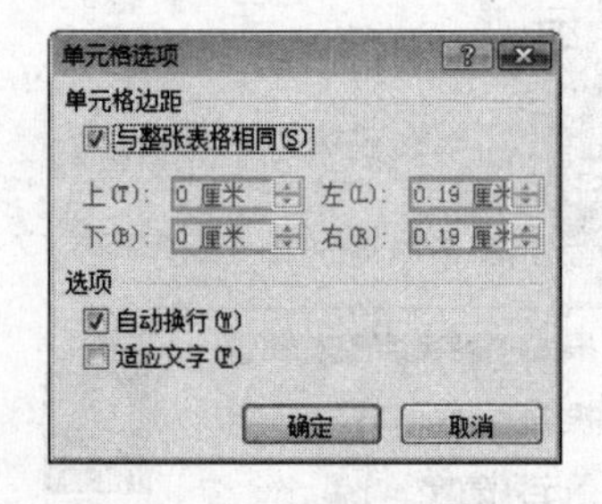

图6.56 【单元格选项】对话框

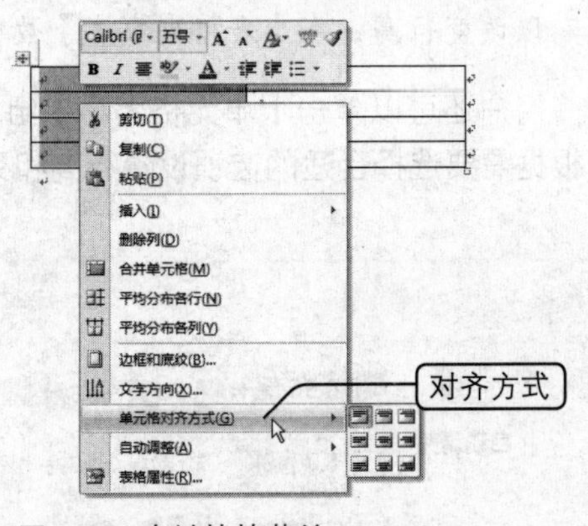

图6.57 右键快捷菜单

3）表格的边框和底纹

边框设置就是设置表格的各种边框。底纹设置就是设置所选文字或段落的背景色。在Word 2007中，用户可根据实际需要对整个表格边框或单元格边框的粗细进行修改，也可对各边框是否显示进行设置，还可对表格底纹的颜色及样式进行设置，具体操作如下：

步骤01 选定须设置边框和底纹的表格或单元格。

步骤02 在【表格工具】的【设计】选项卡中，单击【表样式】组中的【边框】下拉按钮，在打开的下拉列表中选择边框的样式，如图6.58所示。

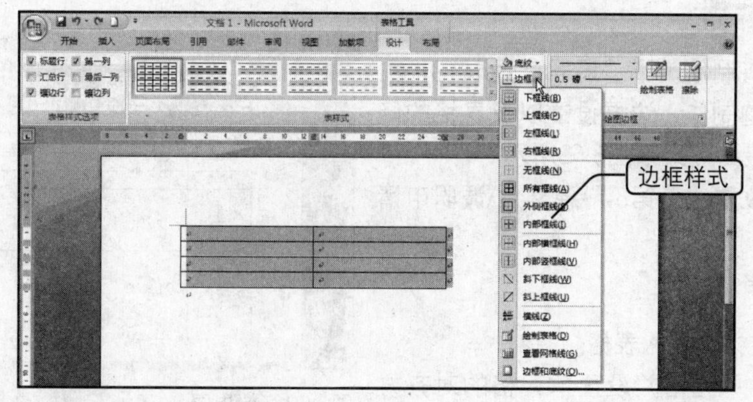

图6.58 【边框】下拉列表

步骤03 单击【设计】选项卡【表样式】组中的【底纹】下拉按钮，在打开的下拉列表中选择底纹颜色，如图6.59所示。

步骤04 设置完成后的表格如图6.60所示。

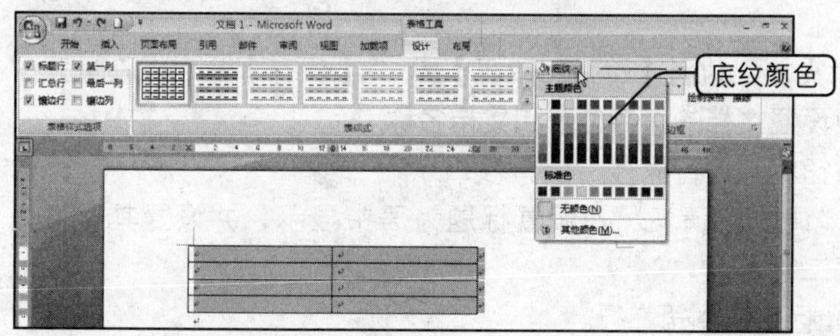

图6.59 选择底纹颜色

图6.60 表格效果

说明

选定须设置边框和底纹的表格或单元格，然后单击鼠标右键，在弹出的快捷菜单中选择【边框和底纹】选项，打开【边框和底纹】对话框。在该对话框的【边框】选项卡中可以设置表格或者单元格的边框样式、边框颜色以及边框的粗细等参数，如图6.61所示。在该对话框的【底纹】选项卡中可以设置表格底纹的颜色及样式，如图6.62所示。最后设置完成后，单击【确定】按钮即可。

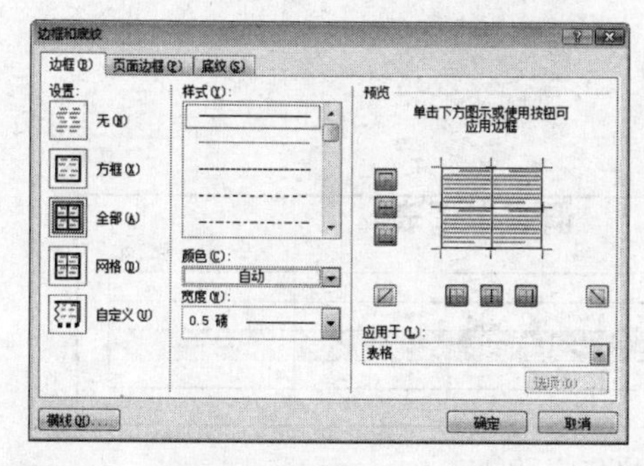

图6.61 【边框】选项卡

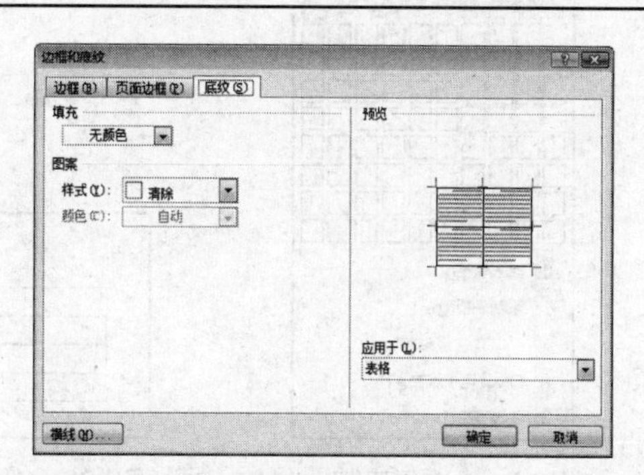

图6.62 【底纹】选项卡

6.2.2 典型案例——制作“调职申请表”

案例目标

本案例将制作一张“调职申请表”，主要练习表格的制作、边框设置以及表格的修改等操作，最终效果如图6.63所示。

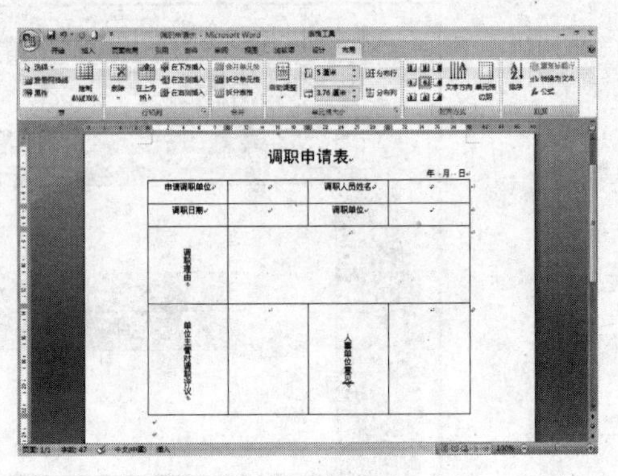

图6.63 效果图

效果图位置：【第6课\源文件\调职申请表.docx】

操作思路：

步骤01 在文档中插入表格。

步骤02 合并单元格并设置单元格的对齐方式和边框样式。

步骤03 输入文本并保存文档。

操作步骤

步骤01 新建一个空白的Word文档，执行【Office按钮】→【保存】命令，在打开的【另存为】对话框中设置文档的保存位置和文档名称。

步骤02 然后单击【确定】按钮将其进行保存。

步骤03 在第一行输入标题“调职申请表”，设置标题为居中显示，并设置其字体为【黑体】，字号为【二号】。

步骤04 按【Enter】键，将光标定位到第二行。

步骤05 在第二行输入“年月日”文本，并在“年”和“月”之间、“月”和“日”之间分别输入两个空格，保持默认设置，按【Enter】键，将鼠标光标定位到第三行。

步骤06 打开【插入】选项卡，单击【表格】组中的【表格】下拉按钮，在打开的下拉列表中选择4行4列的表格，如图6.64所示。

步骤07 在第三行的位置插入一个4行4列的表格，然后选中第3行右侧的三列单元格，如图6.65所示。

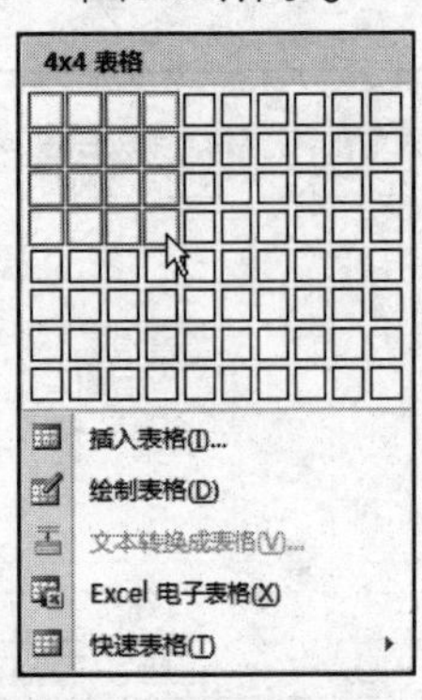

图6.64 选择表格

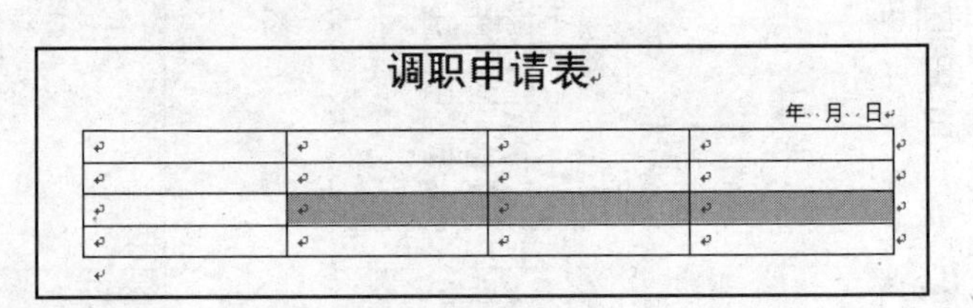

图6.65 选择单元格

步骤08 打开【布局】选项卡，在【合并】组中单击【合并单元格】按钮，将选中的单元格进行合并。

步骤09 选择整个表格，单击鼠标右键，在弹出的快捷菜单中选择【边框和底纹】命令，打开【边框和底纹】对话框。

步骤10 在该对话框中选择【边框】选项卡，设置边框的【宽度】为【1.0磅】，其他参数保持默认设置，如图6.66所示。

图6.66 设置边框的宽度

步骤11 单击【确定】按钮，完成设置。

步骤12 使用【Ctrl】键选中如图6.67所示的单元格，打开【开始】选项卡，在【段落】组中单击【居中】按钮。

步骤13 选择第3行第1列单元格，在【布局】选项卡的【对齐方式】组中单击【文字方向】按钮，然后单击【中部居中】按钮，表格效果如图6.68所示。

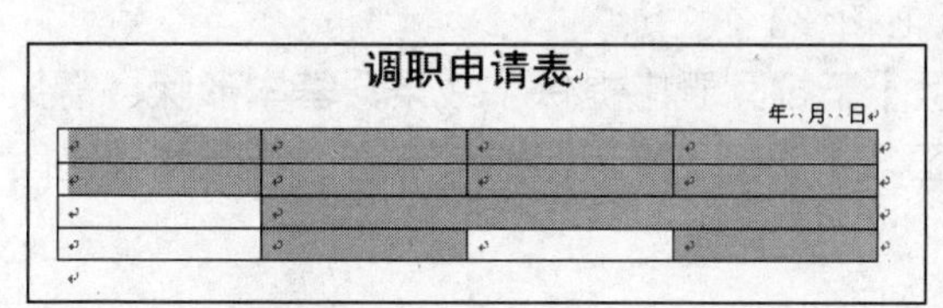

图6.67 选择单元格

图6.68 设置文字方向和对齐方式

步骤14 使用相同的方法设置第4行第1列单元格和第4行第3列单元格，表格的最终效果如图6.69所示。

步骤15 在单元格中输入文本，如图6.70所示。

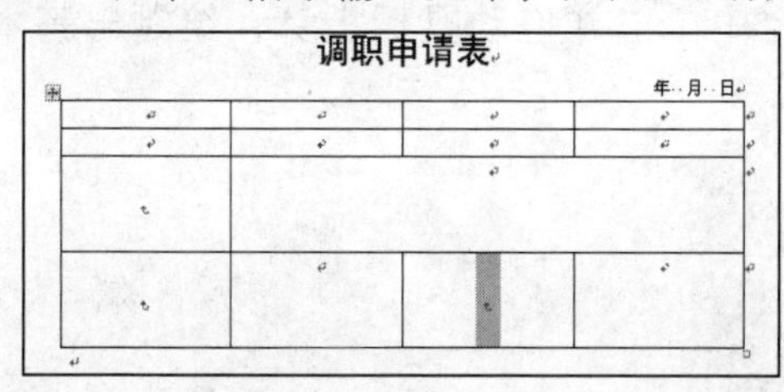

图6.69 设置单元格属性

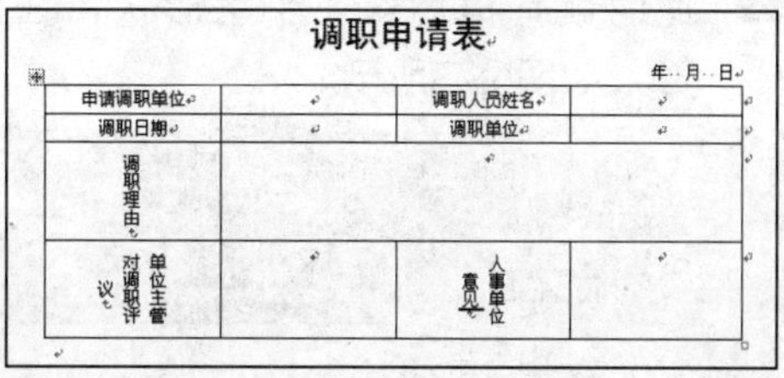

图6.70 输入文本

步骤16 选择表格的第1行和第2行，在【布局】选项卡【单元格大小】组中的【表格行高度】数值框中设置行高值为【1厘米】，效果如图6.71所示。

步骤17 然后使用相同的方法将第3行的行高调整为3.5厘米，第4行的行高调整为5厘米。

步骤18 完成设置后，保存文档即可。

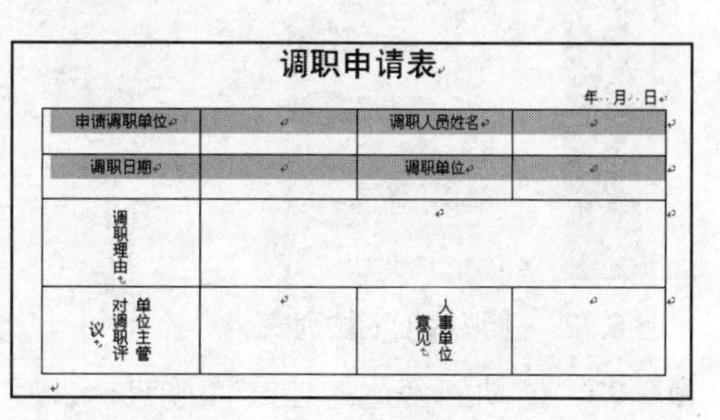

图6.71 设置行高

案例小结

本案例制作了一张“调职申请表”，在制作的过程中主要用到了表格的插入、边框的设置、单元格对齐方式等。

6.3 插入图形对象

为了使文档内容更生动、直观，可在文档中插入文本框、艺术字、图片以及自选图形等图形对象。

6.3.1 知识讲解

下面将具体讲解文本框、艺术字、图片以及自选图形等图形对象的插入与编辑方法。

1. 绘制基本图形

Word提供了处理图形的功能，通过Word的【插入】选项卡可绘制直线、曲线、椭圆、箭头、流程图、标注以及Word提供的其他图形。

在【插入】选项卡【插图】组的【形状】下拉列表中提供了线条、基本形状、箭头总汇、流程图、标注和星与旗帜等多个选区，如图6.72所示，拥有丰富的资源和自选图形对象。

在文档中绘制基本图形的具体操作步骤如下：

步骤01 打开【插入】选项卡，在【插图】组中单击【形状】下拉按钮，在打开的下拉列表中选择需要的基本图形，这里选择【流程图】选区中的【流程图：顺序访问存储器】选项。

步骤02 此时鼠标指针变为十字形状，在文档中单击并拖动鼠标指针，绘制出基本图形，如图6.73所示。

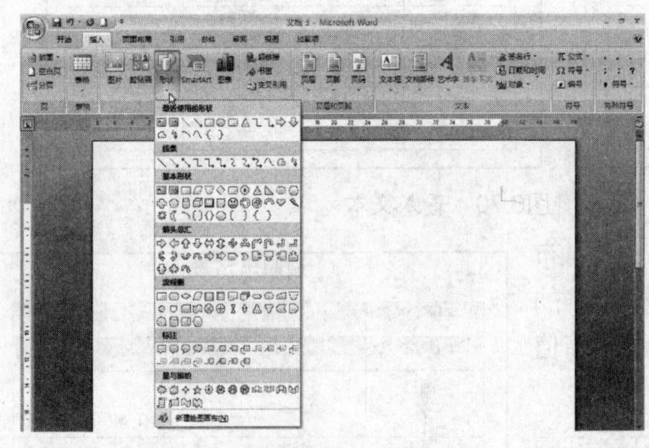

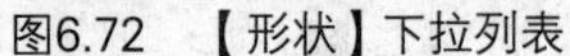

图6.72 【形状】下拉列表

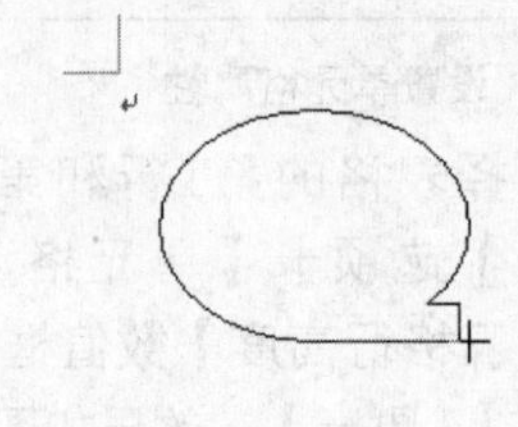

图6.73 绘制图形

步骤03 拖动到合适的位置释放鼠标，完成基本图形的绘制。

2. 编辑基本图形

绘制完图形后，用户可以对它的形状样式、阴影效果、三维效果、排列方式以及大小等参数进行设置。选择绘制的基本图形，此时将启动【绘图工具】的【格式】选项卡，如图6.74所示。

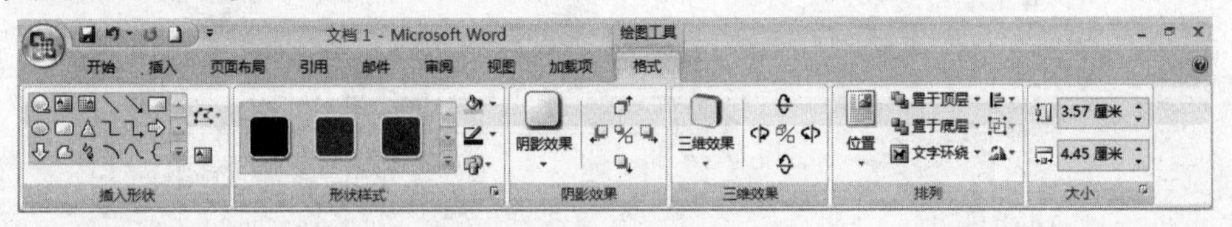

图6.74　【格式】选项卡

在【格式】选项卡的【形状样式】组中单击【其他】下拉按钮，此时将打开形状样式的下拉列表，如图6.75所示，在列表中选择一种样式，此时的基本图形如图6.76所示。

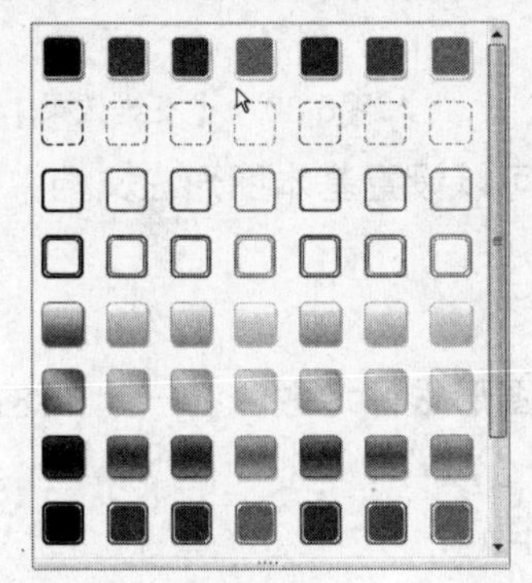

图6.75　形状样式

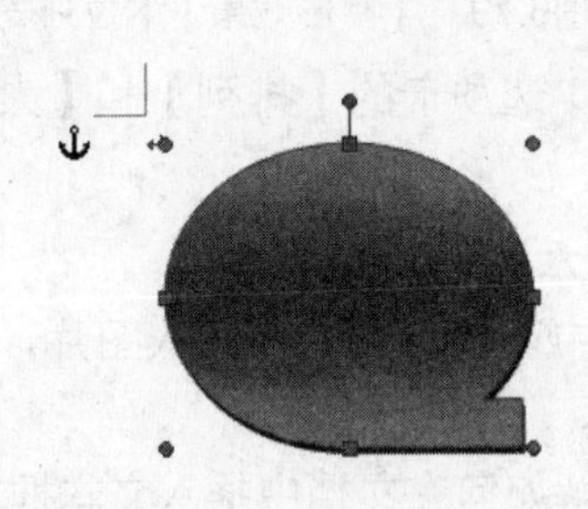

图6.76　应用样式后的效果

在【格式】选项卡的【形状样式】组中单击【形状轮廓】按钮，此时打开下拉列表，如图6.77所示。在该下拉列表中可以设置基本图形轮廓线的颜色、线条样式以及粗细等参数。之后在【格式】选项卡的【形状样式】组中单击【形状填充】按钮，此时打开下拉列表，在该下拉列表中可以设置形状的填充色、渐变样式以及纹理等，如图6.78所示。

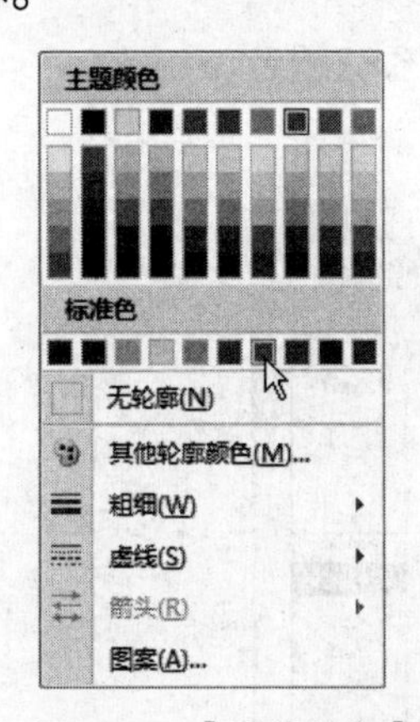

图6.77　【形状轮廓】下拉列表

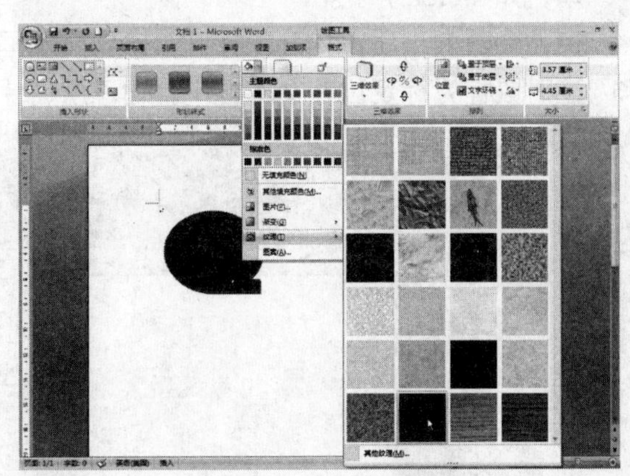

图6.78　设置形状填充

在【格式】选项卡的【阴影效果】组中单击【阴影效果】按钮，在打开的下拉列表中可以设置形状的阴影效果，如图6.79所示。之后在【格式】选项卡的【三维效果】组中单击【三维效果】按钮，在打开的下拉列表中可以设置形状的三维效果，如图6.80所示。

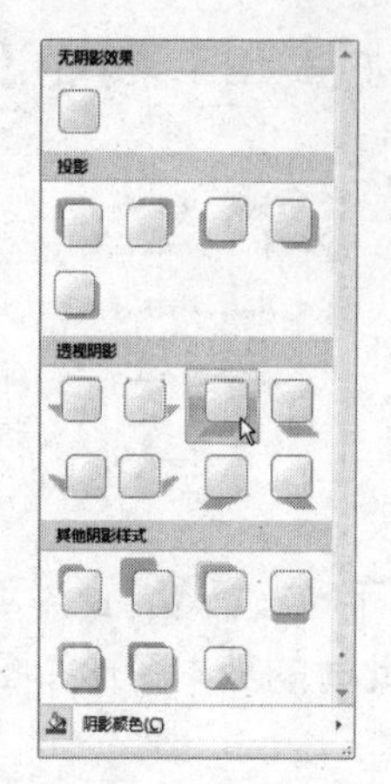

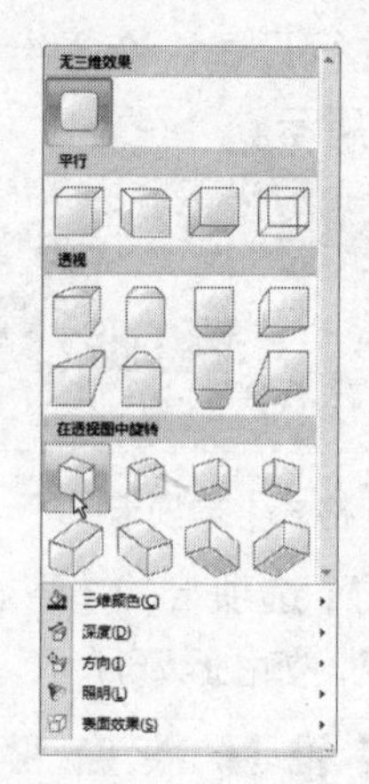

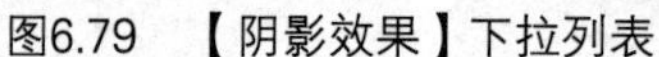
图6.79 【阴影效果】下拉列表

图6.80 【三维效果】下拉列表

在【格式】选项卡的【排列】和【大小】组中可以设置基本图形在文档中的位置及其大小。

3. 插入文本框

在文本框中可输入文本、插入图片，将文本与图形很好地融合在一起，这样可制作出特别的版式。

下面将讲解如何在文档中插入文本框，具体操作如下：

步骤01 打开要插入文本框的文档。

步骤02 打开【插入】选项卡，在【文本】组中单击【文本框】按钮，打开如图6.81所示的下拉列表。

步骤03 在该下拉列表中选择【绘制文本框】选项（默认为绘制横排文本框），这时鼠标光标变成十字形状，拖动鼠标到要放置文本框的地方，单击鼠标并按住它拖动，如图6.82所示。

步骤04 待到合适大小后，松开鼠标键，出现文本框形状，如图6.83所示。

步骤05 这时鼠标光标定位在文本框中，输入所需要的内容即可。

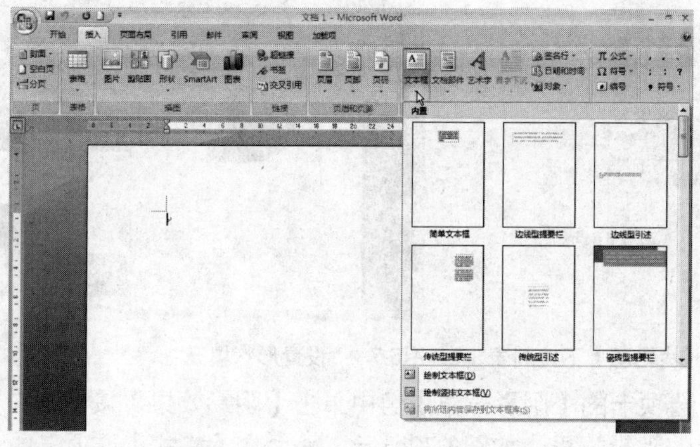

图6.81 【文本框】下拉列表

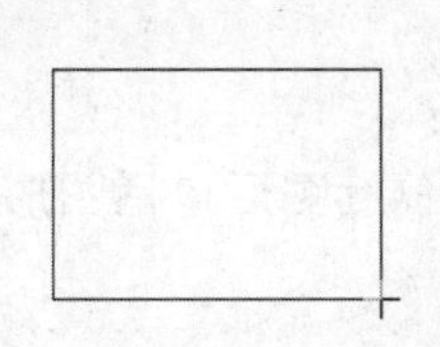

图6.82　绘制文本框

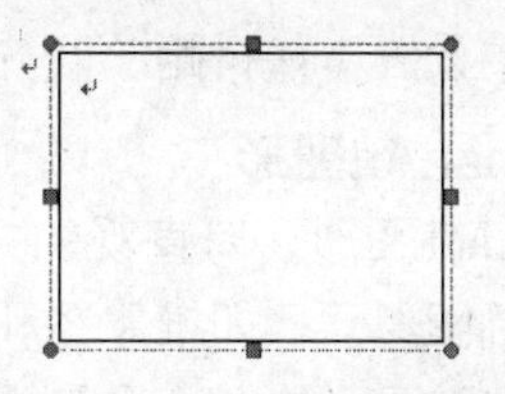

图6.83　所绘制的文本框

插入竖排文本框与插入横排文本框的方法一样，只要在打开的【文本框】下拉列表中选择【绘制竖排文本框】选项，单击鼠标并按住它拖动，待到合适大小后，松开鼠标键即可。

如图6.84所示为横排文本框和竖排文本框的效果图。

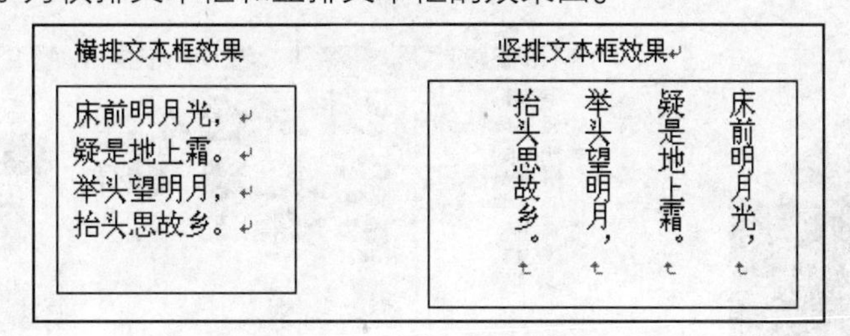

图6.84　文本框的效果图

在文本框中输入文本后，用户要改变其文本的方向，可将文本光标定位到文本框中，在【文本框工具】【格式】选项卡的【文本】组中单击【文字方向】按钮即可改变文本的方向，再次单击该按钮可恢复原文本的方向。

4. 编辑文本框

文本框具有文本和图形的双重性质，对于存储在其中的文本可以像对页面文本一样进行编辑。对于文本框，则可像对图形一样处理。

1）编辑文本框

当要编辑整个文本框时（如改变文本框的大小、形状以及阴影效果等），要先选中文本框，再进行编辑操作。

当鼠标指针变为双向箭头时，拖动可以改变文本框的大小，但其中的文本大小不变；当鼠标指针变为四向箭头时，拖动可以移动文本框的位置。

当选中整个文本框时，将启动【文本框工具的】的【格式】选项卡，如图6.85所示。

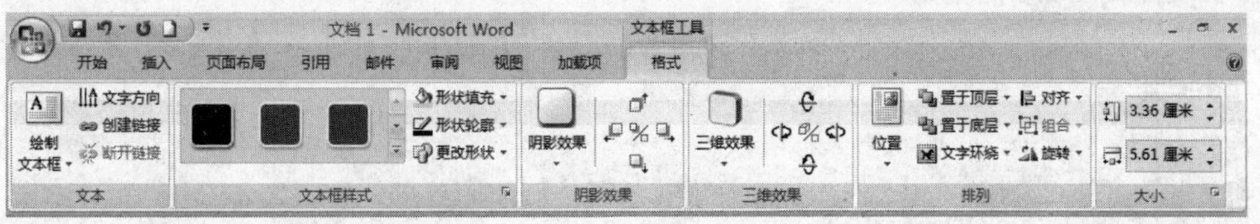

图6.85　【格式】选项卡

编辑文本框的方法和编辑基本图形的方法类似。在【格式】选项卡中，用户可以修改文本框的样式、阴影效果、三维效果、排列方式以及大小等参数，这里将不再具体介绍。如图6.86所示为所编辑的文本框效果。

2）编辑文本

编辑文本框中的文本与编辑页面中文本的方法相同，选中要编辑的文本就可以对其进行各种处理了，如进行文字的字体、字形、大小、颜色、字符间距、各种修饰效果，以及段落格式的设置（如行距、对齐方式等）。

5. 插入SmartArt图形

插入SmartArt图形，以直观的方式交流信息。SmartArt图形包括图形列表、流程图以及更加复杂的图形，例如维恩图和组织结构图。

插入SmartArt图形的方法很简单，具体步骤如下：

在【插入】选项卡的【插图】组中，单击【SmartArt】按钮，打开【选择SmartArt图形】对话框。在该对话框的左侧列表中选择图形类型，在中间列表中选择需要的图形，如图6.87所示，单击【确定】按钮，返回到文档的编辑区域，可以看到如图6.88所示的效果图。

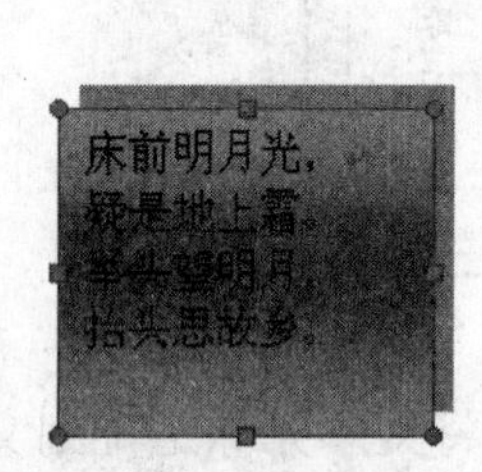

图6.86　编辑后的文本框

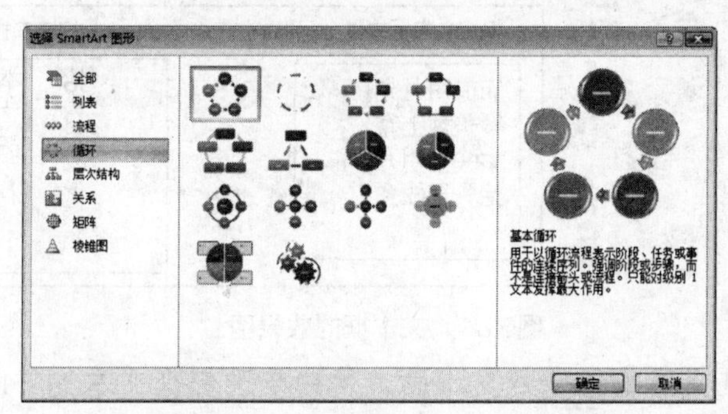

图6.87　【选择SmartArt图形】对话框

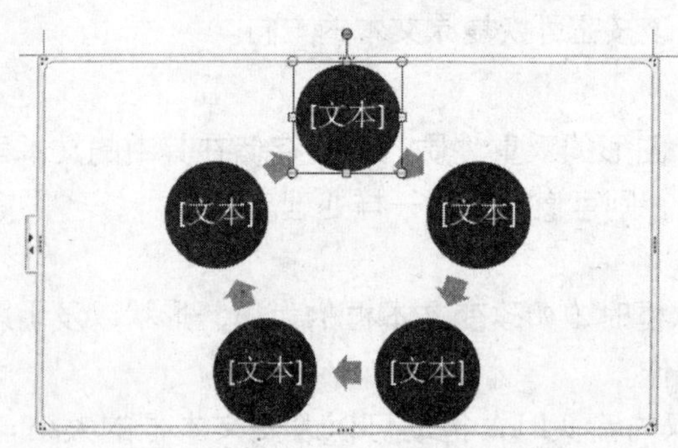

图6.88　插入的SmartArt图形

6. 编辑SmartArt图形

插入SmartArt图形后，将启动【SmartArt工具】的【设计】和【格式】选项卡，如图6.89所示。

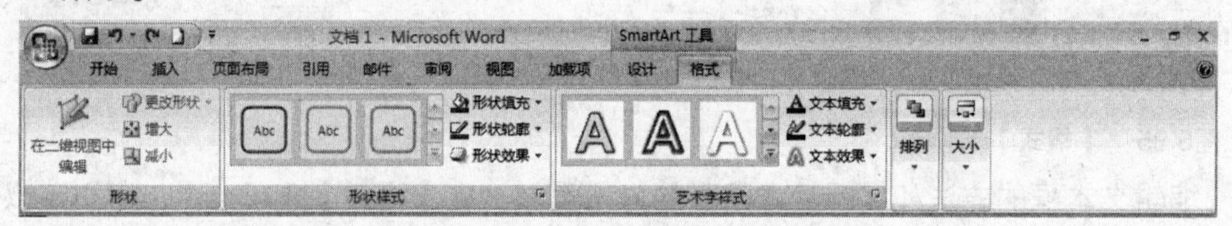

图6.89　【SmartArt工具】的【设计】和【格式】选项卡

在【格式】选项卡中可以设置SmartArt图形的形状样式、大小以及排列方式等，这里不再介绍。用户可以参考编辑基本图形的方法进行操作。

SmartArt图形的【设计】选项卡如图6.90所示。

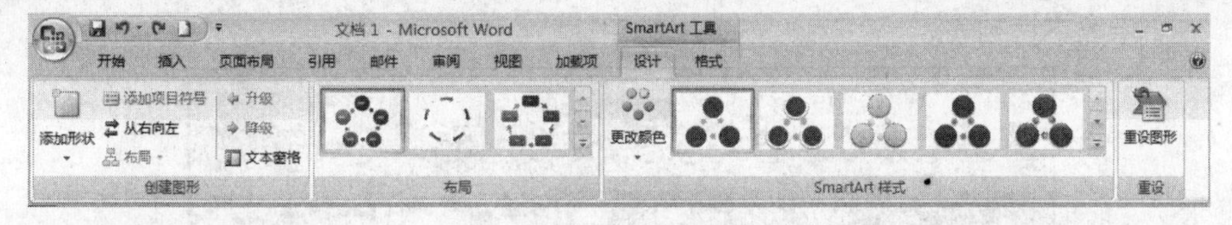

图6.90 【设计】选项卡

在【创建图形】组中可以设置图形的布局，还可以在图形中添加形状、项目符号等。单击【文本窗格】按钮，可以在文档中打开【在此处键入文字】窗格，如图6.91所示。

在【布局】组中可以更改应用于SmartArt图形的布局。在【SmartArt样式】组中可以设置SmartArt图形的总体外观样式。单击【更改颜色】按钮，在打开的下拉列表中可以设置SmartArt图形的颜色，如图6.92所示。

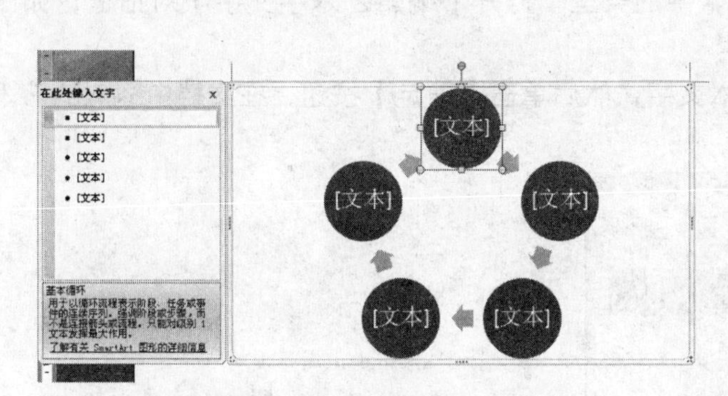

图6.91 打开【在此处键入文字】窗格

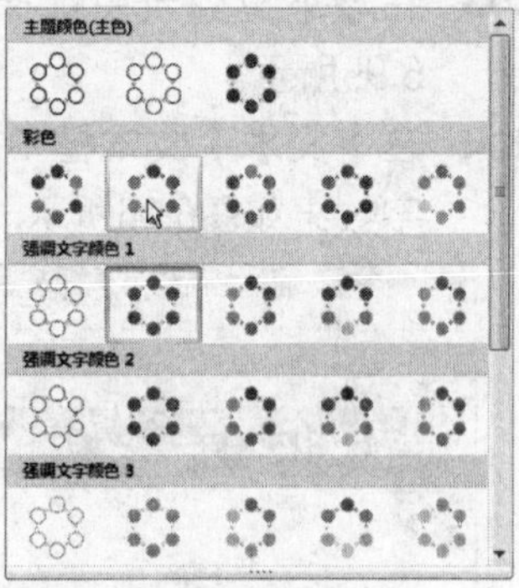

图6.92 【更改颜色】下拉列表

设置完成后，在【在此处键入文字】窗格中输入文本，效果如图6.93所示。

7. 插入艺术字

艺术字是特殊效果的文字，用户可以创建带阴影的、扭曲的、旋转的和拉伸的文字，也可以按预定义的形状创建文字。与前面所讲的设置文字格式不同，艺术字其实是一种图形对象。Word本身提供了很多艺术字，利用这些艺术字，可增加文档的艺术效果。

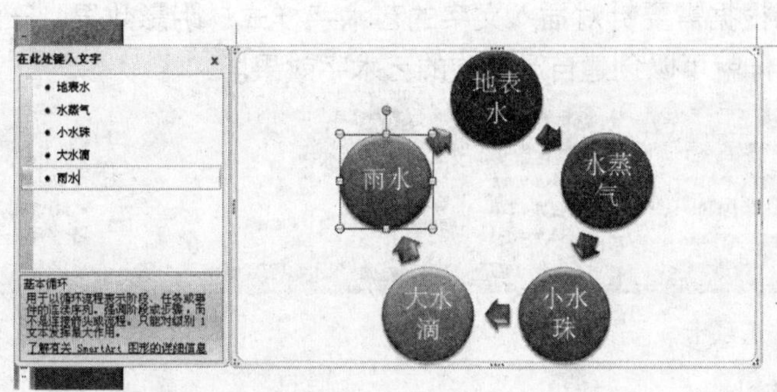

图6.93 输入文本

在文档中插入艺术字的具体操作步骤如下：

步骤01 将鼠标光标定位到文档中要插入艺术字的位置。

步骤02 在【插入】选项卡的【文本】组中，单击【艺术字】下拉按钮，打开如图6.94所示的下拉列表。

图6.94 【艺术字】下拉列表

步骤03 在该下拉列表中选择艺术字的类型，打开【编辑艺术字文字】对话框，如图6.95所示。

步骤04 在【文本】文本框中输入文字，然后单击【确定】按钮，在文档中插入的艺术字效果如图6.96所示。

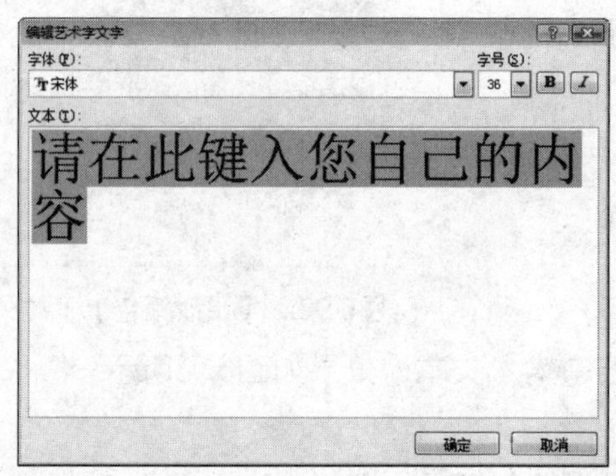

图6.95 【编辑艺术字文字】对话框

图6.96 插入的艺术字效果

8. 编辑艺术字

插入艺术字后，将打开【艺术字工具】的【格式】选项卡，如图6.97所示。在该选项卡中，用户可以根据需要针对插入文字的艺术字样式、阴影效果、三维效果、排列和大小进行设置，这样就可以创建自己喜欢的艺术字效果。

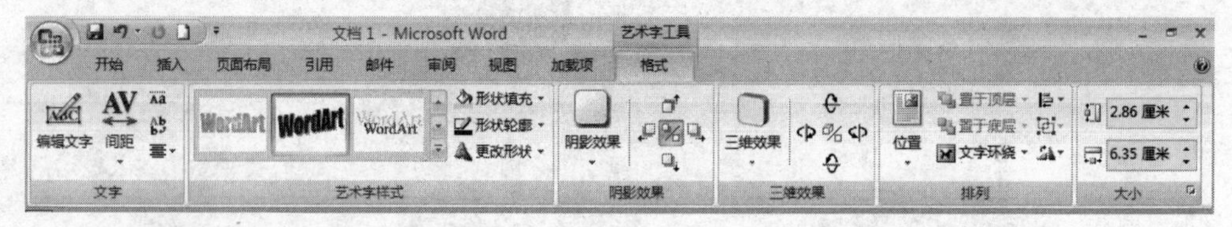

图6.97 【格式】选项卡

9. 插入剪贴画

Word自带了许多实用和精美的图片，这些图片被放在“剪辑库”中，所以被称为剪贴画。剪贴画中包括各行各业的图片，从人物、动物、花草到建筑、商业，应有尽有，内容非常丰富。

在文档中插入剪贴画的具体操作步骤如下：

步骤01 将光标定位到文档中要插入剪贴画的位置。

步骤02 在【插入】选项卡的【插图】组中，单击【剪贴画】按钮，这时在文档窗口的右侧出现【剪贴画】窗格，如图6.98所示。

步骤03 在【搜索文字】文本框中输入要搜索的种类，如“植物”。

步骤04 然后单击旁边的【搜索】按钮，出现如图6.99所示的搜索结果。

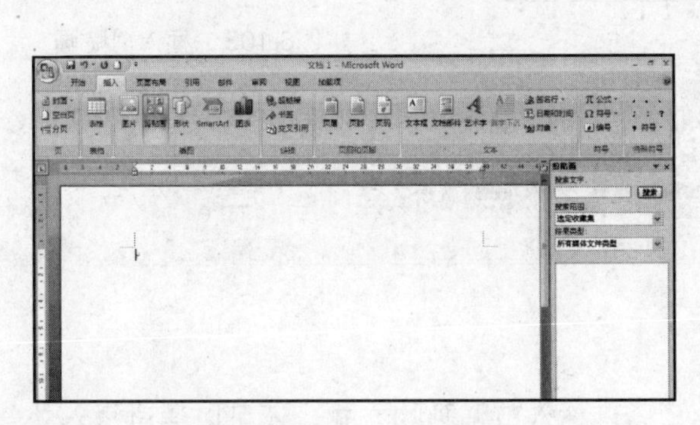

图6.98 【剪贴画】窗格

图6.99 搜索结果

步骤05 单击所需的一幅剪贴画，该剪贴画就出现在文档中了，如图6.100所示。

在【剪贴画】窗格中单击【管理剪辑】按钮，打开【符号-Microsoft剪辑管理器】对话框，在【收藏集列表】列表框中展开【Office收藏集】选项，选择剪贴画的类型，在右侧的列表框中选择要插入的剪贴画，如图6.101所示。

图6.100 插入剪贴画

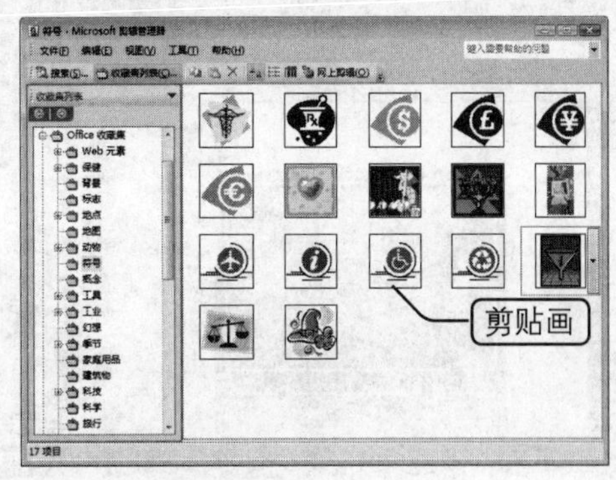

图6.101 选择剪贴画

在选择的剪贴画上单击鼠标右键，从弹出的快捷菜单中选择【复制】选项，如图6.102所示。关闭该对话框，在文档中单击鼠标右键，从弹出的快捷菜单中选择【粘贴】选项，将剪贴画粘贴到文档中，如图6.103所示。

10. 编辑剪贴画

当插入剪贴画后将出现【图片工具】的【格式】选项卡，如图6.104所示。在该选项卡中，可以设置剪贴画的亮度、对比度以及图片样式等，如图6.105所示。

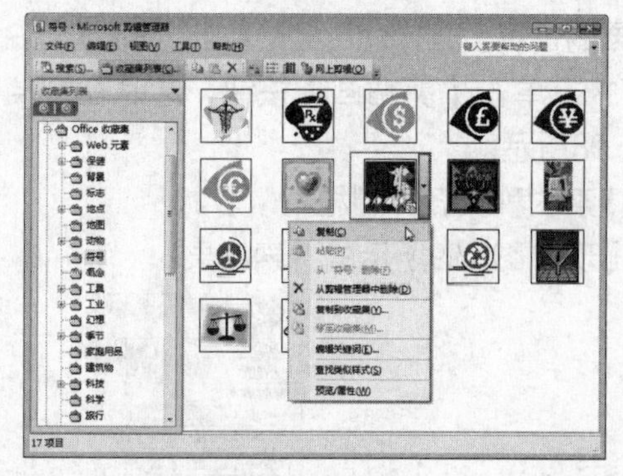

图6.102　快捷菜单

图6.103　插入剪贴画

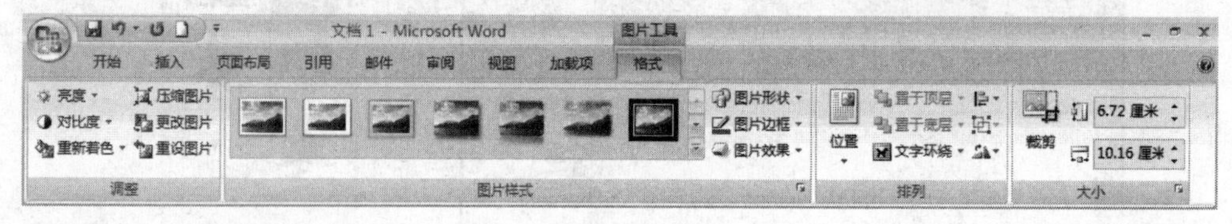

图6.104　【格式】选项卡

11. 插入图片

为了增强文章的可视性，除了通过插入剪贴画的方式，还可以通过插入外部图片的方法来添加图片。

插入图片与插入剪贴画的方法基本相同，在【插入】选项卡的【插图】组中，单击【图片】按钮，打开【插入图片】对话框。在该对话框中选择图片的存储位置，选中要插入的图片，如图6.106所示，单击【插入】按钮即可插入图片。

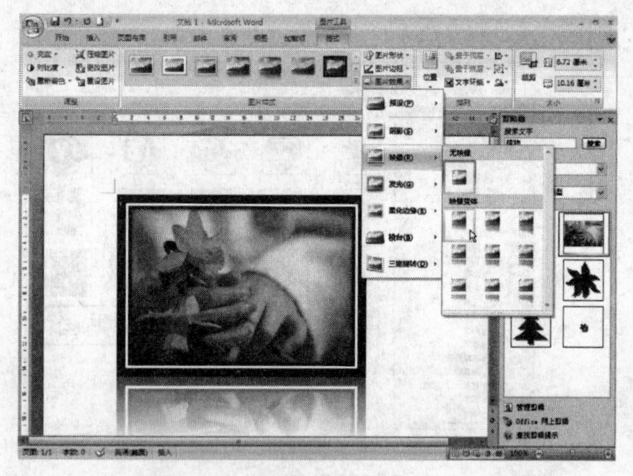

图6.105　设置剪贴画样式

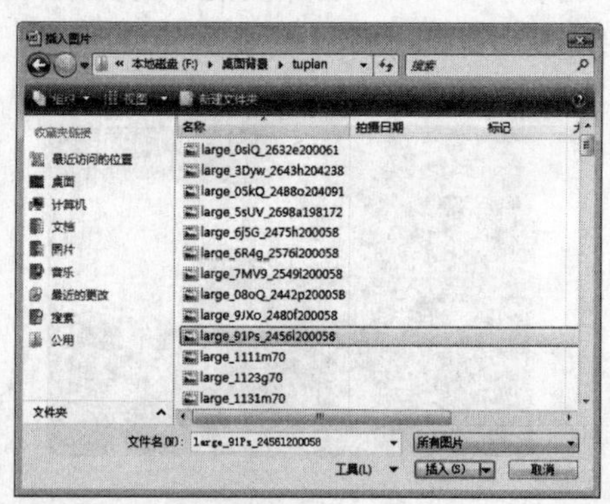

图6.106　选择图片

12. 编辑图片

将图片插入到Word文档之后，将启动【图片工具】的【格式】选项卡，如图6.107所示。在该对话框中，可以根据需要设置图片的亮度、对比度以及图片的样式参数，效果如图6.108所示。

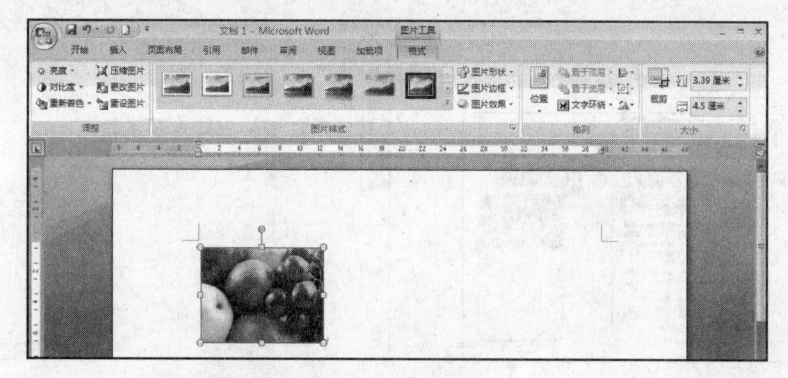

图6.107 【格式】选项卡

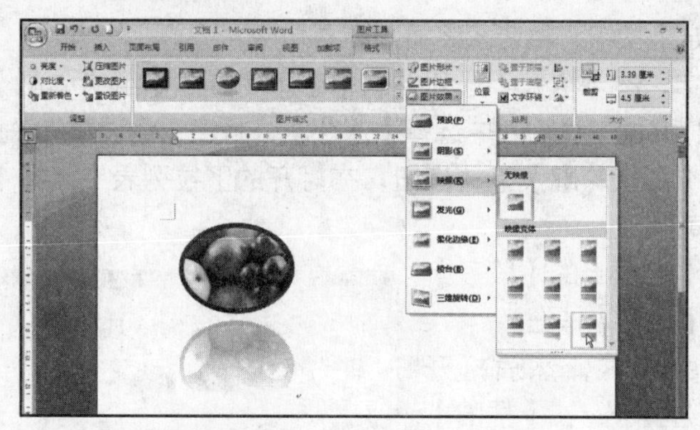

图6.108 设置图片样式

6.3.2 典型案例——制作菜谱

案例目标

本案例将绘制一个菜谱，主要练习在文档中插入图形的方法。最终效果如图6.109所示。

效果图位置：【第6课\源文件\菜谱.docx】

操作思路：

步骤01 使用插入艺术字的方法插入菜谱名称。

步骤02 使用SmartArt图形绘制菜谱流程图。

步骤03 编辑图形并输入文本以及插入图片。

操作步骤

步骤01 新建一个空白文档，保存为“菜谱.docx”文档。

步骤02 定位光标，打开【插入】选项卡，在【文本】组中单击【艺术字】下拉按钮，在打开的下拉列表中选择一种艺术字形式。

步骤03 打开【编辑艺术字文字】对话框，设置字体为【隶书】，字号为【40】，并在文本框中输入“制作玻璃虾球”，如图6.110所示。

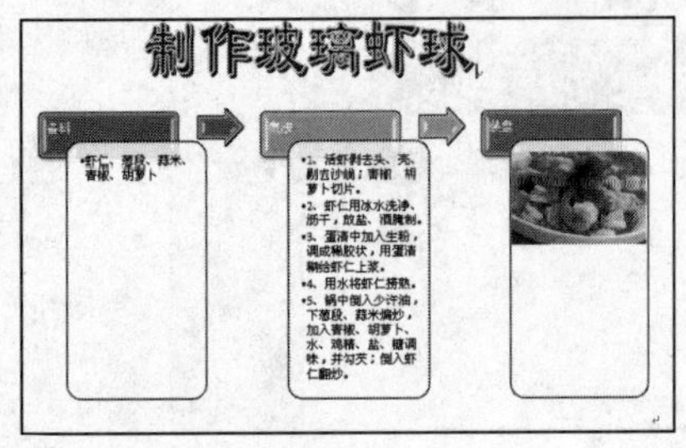

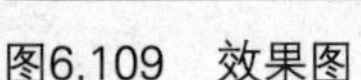
图6.109　效果图

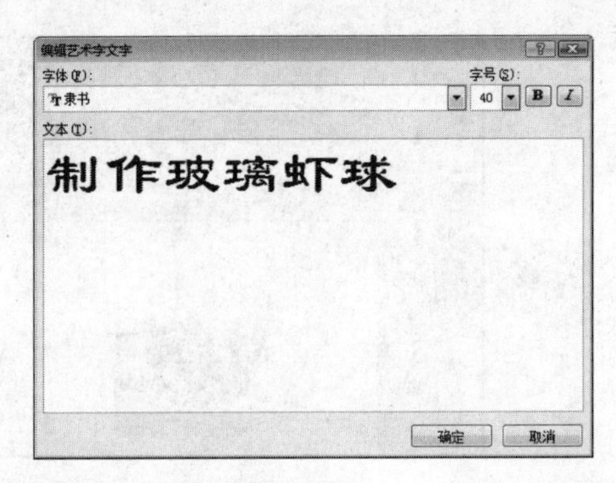

图6.110　输入文本

步骤04　单击【确定】按钮，将艺术字插入到文档中。

步骤05　选择艺术字，在【格式】选项卡的【艺术字样式】组中单击【形状填充】下拉按钮，在打开的下拉列表中选择【深蓝】，将填充色设置为深蓝。

步骤06　然后单击【形状轮廓】下拉按钮，在打开的下拉列表中选择【黄色】，将轮廓线设置为黄色。

步骤07　在【开始】选项卡的【段落】组中单击【居中】按钮。

步骤08　按【Enter】键，然后打开【插入】选项卡，在【插图】组中单击【SmartArt】按钮。

步骤09　在打开的【选择SmartArt图形】对话框的左侧列表框中选择【流程】选项，在中间列表框中选择一种流程图样式，如图6.111所示。

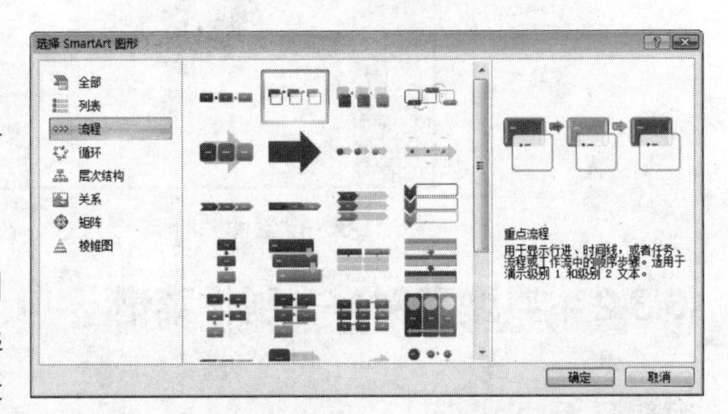

图6.111　选择SmartArt图形

步骤10　单击【确定】按钮，将图形插入到文档中。

步骤11　选中SmartArt图形，打开【设计】选项卡，在【SmartArt样式】组中单击【其他】下拉按钮，在打开的下拉列表中选择一种SmartArt样式，如图6.112所示。

步骤12　在【SmartArt样式】组中单击【更改颜色】下拉按钮，在打开的下拉列表中选择一种颜色显示，如图6.113所示。

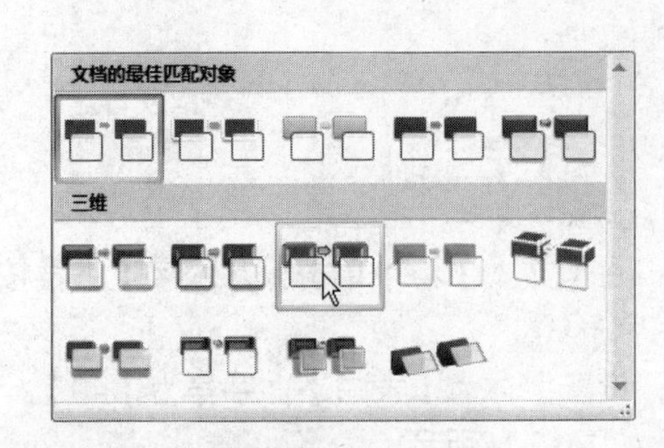

图6.112　选择样式

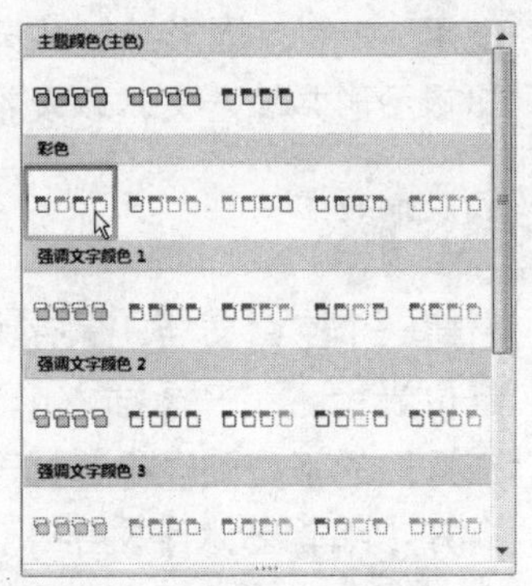

图6.113　选择一种颜色显示

步骤13 在【创建图形】组中单击【文本窗格】按钮，打开【在此处键入文字】窗格，在该窗格中键入文字，效果如图6.114所示。

步骤14 将光标定位到【在此处键入文字】窗格的最后一个文本框中，打开【插入】选项卡，在【插图】组中单击【图片】按钮。

步骤15 在打开的【插入图片】对话框中选择需要的图片，单击【插入】按钮，将图片插入到指定位置，效果如图6.115所示。

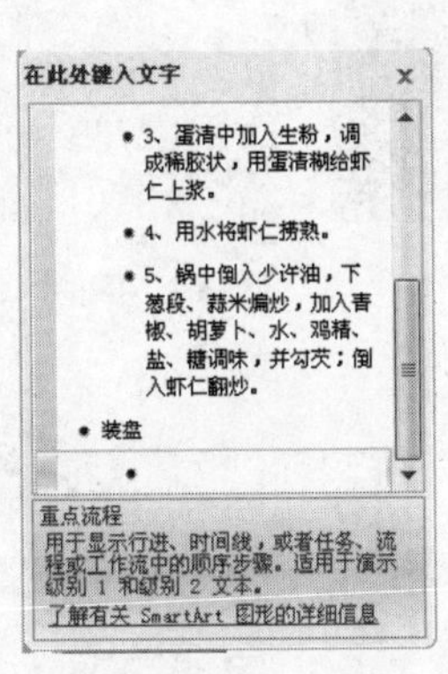

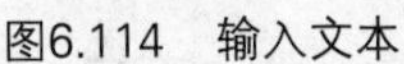
图6.114 输入文本

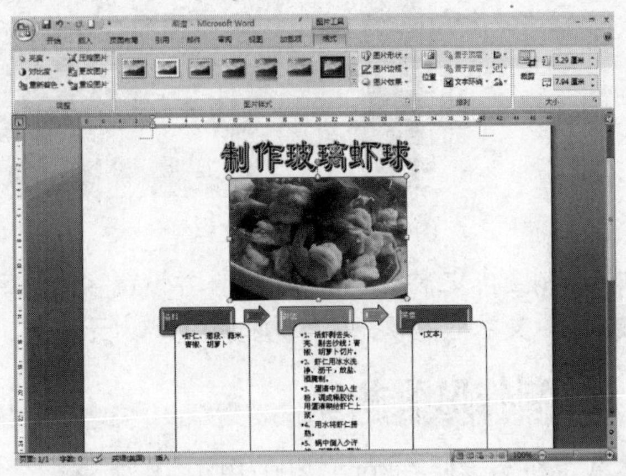

图6.115 插入图片

步骤16 选中图片，在【格式】选项卡的【排列】组中单击【文字环绕】按钮，在下拉列表中选择【浮于文字上方】选项。

步骤17 使用鼠标调整图片的大小，然后拖动图片到合适的位置。

步骤18 选择SmartArt图形，在【格式】选项卡的【大小】组中单击【大小】下拉按钮，在打开的下拉列表中设置【宽度】为【16厘米】。

步骤19 最后保存文档。

案例小结

本案例制作了一个菜谱，主要练习了插入艺术字、插入SmartArt图形、插入图片和编辑图形等操作。

6.4 上机练习

6.4.1 制作配诗山水画

本次上机练习将在Word 2007中创建一幅配有诗歌的山水画，如图6.116所示。

素材位置：【第6课\素材\练习】

效果图位置：【第6课\源文件\配诗山水画.docx】

操作思路：

步骤01 新建文档，将搜索的山水图片插入到文档中，并调整图片的大小。

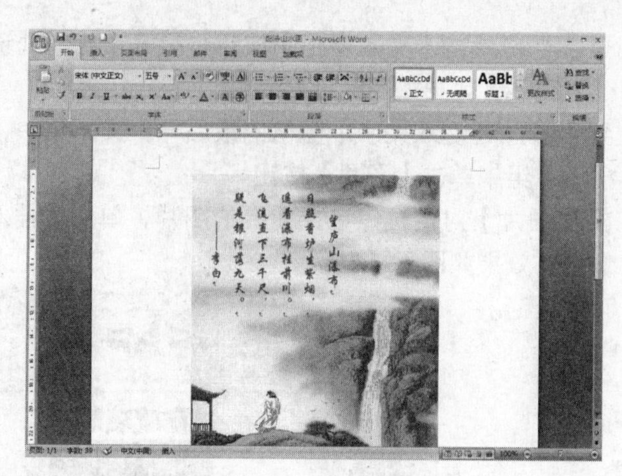

图6.116　创建的文档

步骤02　绘制竖排文本框，输入文字，并设置字体、字号大小以及文本颜色。

步骤03　设置文本框的填充色和边框颜色均为无。

6.4.2　制作说明书

本次上机练习将在Word 2007中创建说明书，如图6.117所示。

效果图位置：【第6课\源文件\说明书.docx】

操作思路：

步骤01　新建文档，创建一个文本框，在文本框中输入标题文本，并设置字体和字号大小。

步骤02　插入SmartArt图形，在图形中输入文字，并设置字号的大小。

步骤03　设置图形的样式。

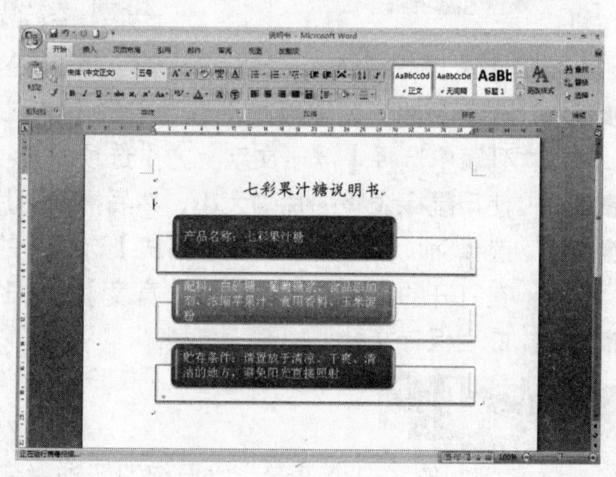

图6.117　效果图

6.5　疑难解答

问：插入图片后，如何删除部分图片？

答：选择图片，出现图片工具的【格式】选项卡，单击【裁剪】按钮，此时出现边框，将鼠标放置到边框上进行拖动，将不需要的部分裁切掉即可，效果如同6.118所示。

图6.118　裁剪图片

问：在设置文本框和自选图形的线条和填充色的时候，在颜色下拉列表框中的样式太少了，我想多用点漂亮的颜色怎么办呢？

答：可以在颜色下拉列表中选择【其他颜色】选项，打开【颜色】对话框，在【标准】选项卡中可直接单击需要的颜色，也可在【自定义】选项卡中选择需要的颜色。

6.6 课后练习

选择题

1 在Word 2007中，可插入的图形对象有（　　）。

A、文本框　　B、图片

C、剪贴画　　D、艺术字

2 单击【开始】选项卡中的（　　）按钮可以复制文本的格式。

A、格式刷　　B、剪切

C、插入超链接　　D、复制

3 下列哪些按钮用于字符格式设置（　　）。

A、B　　B、I

C、U　　D、≡

问答题

1 段落的水平对齐方式有哪几种?

2 在文档窗口中如何显示和隐藏标尺?

3 如何在插入的图形中添加文字?

上机题

制作一份“中秋”的月饼宣传单，效果如图6.119所示。

素材位置：【第6课\素材】

源文件位置：【第6课\练习\中秋.docx】

本例使用到了插入和编辑图片、插入文本框、艺术字等知识。

图6.119　效果图

第7课

Word 2007高级应用

本课要点

样式和模板
页面设置
打印文档

具体要求

了解样式	设置页面格式
应用样式	页眉和页脚
创建新样式	插入页码
修改样式	设置文档背景
了解模板	打印预览
应用模板	打印设置
创建新模板	取消打印
修改模板	

本课导读

为了帮助用户提高文档的编辑效率，Word 2007提供了“样式和模板”来创建具有特殊格式和样式的文本。

7.1 样式和模板

样式和模板是Word所提供的最好的节省时间的工具，它们保证了所有文档的外观都很漂亮，而且相关文档的外观都是一致的。

7.1.1 知识讲解

本节将学习有关样式和模板的基础知识。

1. 了解样式

样式是指一组字体、字号、段落等格式设置命令的组合，它包含了对文档中正文、各级标题、页眉页脚等所需设置的格式。当将某种样式应用于文档中的某几个段落后，这几个段落将保持完全相同的格式设置，而在对该样式进行修改后，此修改内容也将同时作用于运用了该样式的所有段落。

使用样式可以自动生成文档的大纲和结构图，这样可使文档更井井有条，进行编辑和修改也更简单、快捷。大纲和结构图是生成文档目录的基础。

用户可使用【开始】选项卡中的【样式】组为文档设置样式，【样式】组如图7.1所示。

在【样式】组中单击【其他】按钮，打开【样式】下拉列表，如图7.2所示，在该下拉列表中可以选择需要的样式类型。

图7.1　【样式】组

图7.2　【样式】下拉列表

单击【样式】组中的对话框启动器，可以打开【样式】窗格，如图7.3所示。可以将该窗格拖动到文档窗口的任意位置。

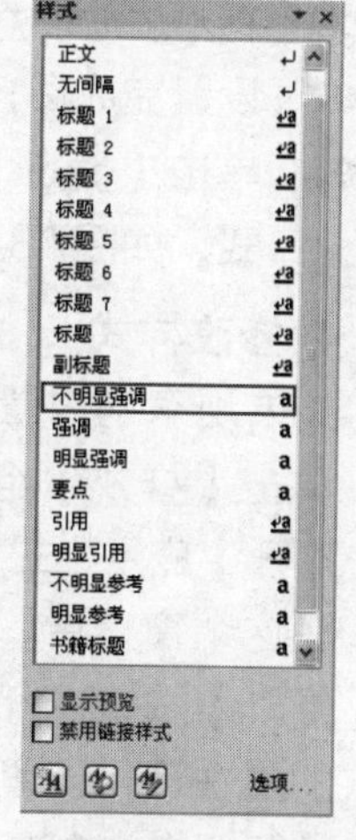

图7.3　【样式】窗格

2. 应用样式

在编辑文档的过程中，选中某些文本或段落，然后在【开始】选项卡的【样式】组中单击【其他】按钮，在打开的下拉列表中选择需要的样式，或者单击【样式】对话框启动器，打开【样式】窗格，选择需要的样式即可为文本或者段落设置样式，如图7.4所示为应用样式后的效果。

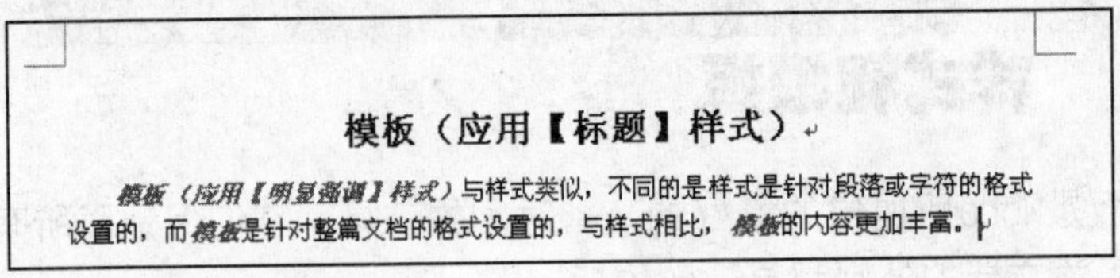

模板（应用【标题】样式）

*模板（应用【明显强调】样式）*与样式类似，不同的是样式是针对段落或字符的格式设置的，而**模板**是针对整篇文档的格式设置的，与样式相比，**模板**的内容更加丰富。

图7.4 应用样式后的效果

3. 创建新样式

除了可以应用系统自带的内置样式之外，用户还可以创建新的样式，具体操作步骤如下：

步骤01 在【开始】选项卡的【样式】组中单击【样式】对话框启动器。

步骤02 在打开的【样式】窗格中单击【新建样式】按钮，打开【根据格式设置创建新样式】对话框，如图7.5所示。

步骤03 在【名称】文本框中输入样式的名称。

步骤04 单击【样式类型】下拉按钮，在下拉列表中选择要设置的样式类型，如图7.6所示。

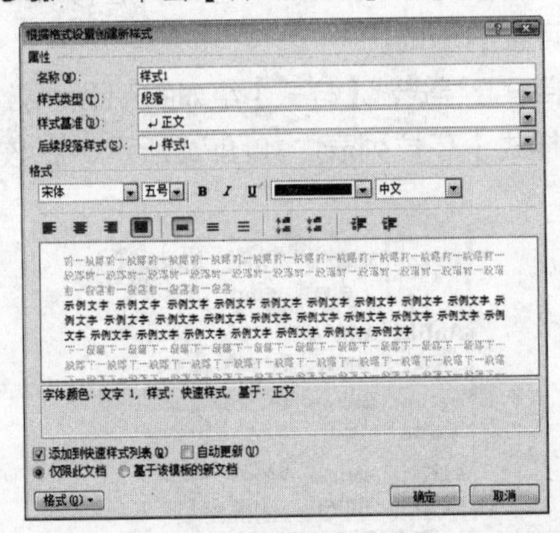

图7.5 【根据格式设置创建新样式】对话框

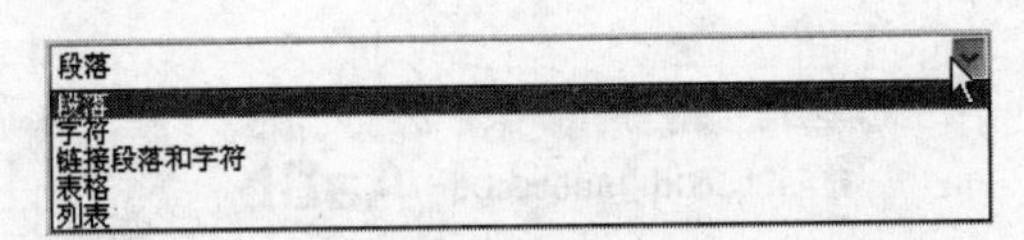

图7.6 样式类型

步骤05 通过在【样式基准】下拉列表框中选择不同的选项，可设置基于现有的某种样式而创建出来的一种新样式。

步骤06 在【后续段落样式】下拉列表框中可选择应用该样式的段落的后续段落样式。

步骤07 设置完成后，【根据格式设置创建新样式】对话框如图7.7所示。

步骤08 单击【确定】按钮，关闭该对话框。在【样式】窗格中可以看到所创建的新样式，如图7.8所示。

4. 修改样式

如果现有的内置样式无法满足用户的要求，则可以在某内置样式的基础上进行修改。单击【样式】组中的【其他】按钮，在打开的下拉列表中选择【应用样式】命令，打开【应用样式】窗口，如图7.9所示，可以对应用的样式进行修改。

在这个窗口中，我们可以应用【样式名】旁边的下拉按钮来选择样式的类型，单击【修改】按钮，打开【修改样式】对话框，如图7.10所示，在该对话框中可以直接对样式的属性进行设置。如果要对样式的格式进行设置，可以单击该对话框左下角的【格式】按钮，在其中选择要修改的选项。

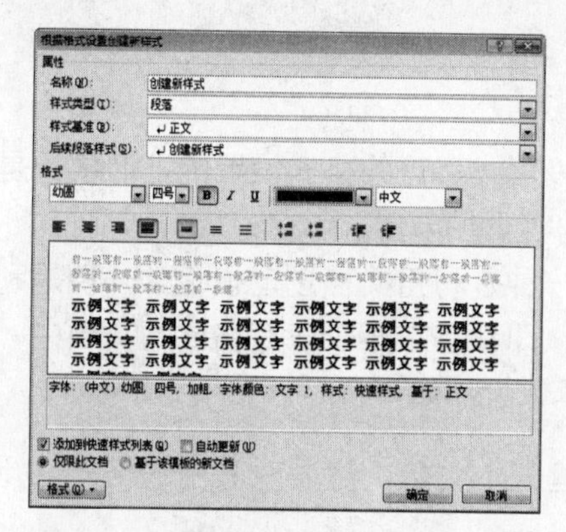

图7.7　设置新样式

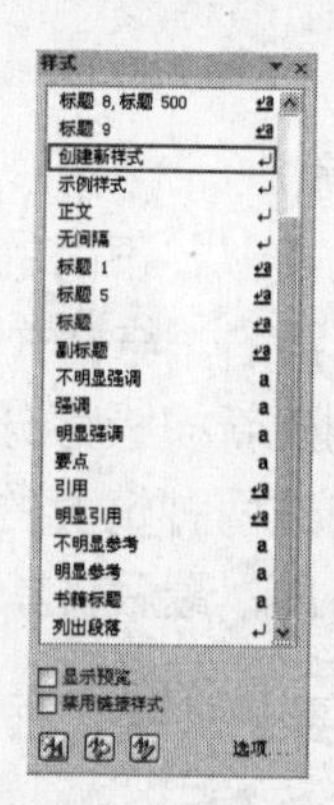

图7.8　显示新创建的样式

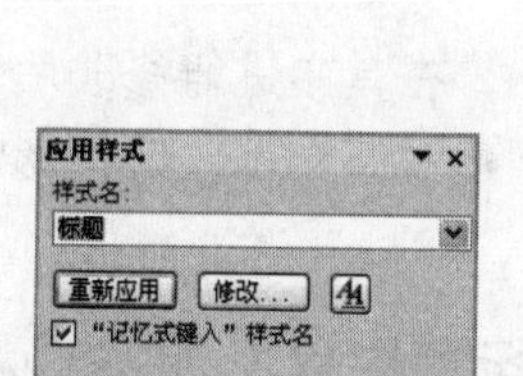

图7.9　【应用样式】窗口

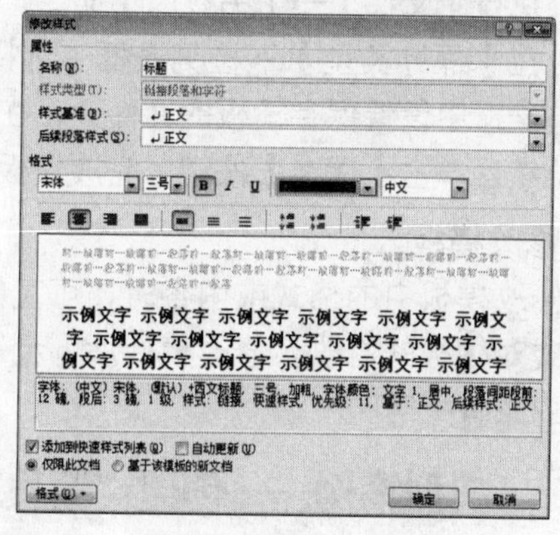

图7.10　【修改样式】对话框

5. 了解模板

模板是一种文档类型，在打开模板时会创建模板本身的副本。在Word 2007中，模板文件的扩展名为“.dotx”或者“.dotm”。

例如，在Word中常常要编写商务计划，可以使用具有预定义页面版式、字体、边距和样式的模板，而不必从零开始创建商务计划的结构。要创建商务计划文档，只要打开一个模板，然后填充特定于个体文档的文本和信息即可。在将文档保存为.docx或者.docm文件时，文档会与文档基于的模板分开保存。

6. 应用模板

Office Word 2007本身准备了很多精美实用的模板，只要执行【Office按钮】→【新建】命令，打开【新建文档】对话框，单击左侧选区中【模板】下的【已安装的模板】选项，在右侧将弹出【已安装的模板】列表框，如图7.11所示。

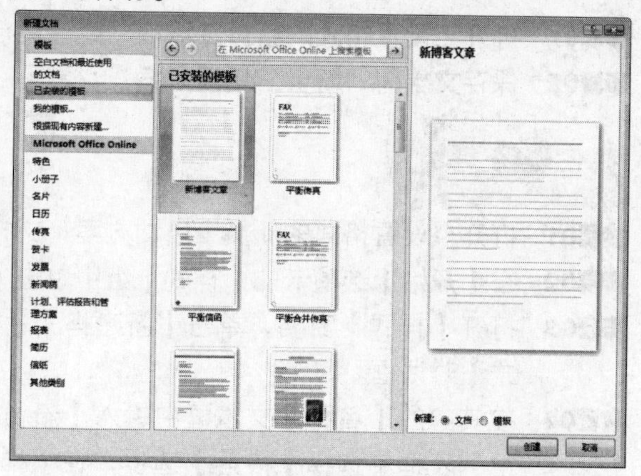

图7.11　【已安装的模板】选项

选中自己需要的模板，在右下角选择【模板】单选按钮，然后单击【创建】按钮即可打开已经套用该模板的新文件。

7. 创建新模板

模板与样式类似，不同的是样式是针对段落或字符的格式设置的，而模板是针对整篇文档的格式设置的，与样式相比，模板的内容更加丰富。

用户自行创建新模板可分为两种情况，一种是利用文档创建模板，一种是利用已有模板创建模板。这两种情况的实质其实相同，即都是在某个已有格式的文档中，根据需要修改相应的格式，最后将其保存为模板，具体操作如下：

步骤01 打开需要的文档或根据某个模板创建一个文档，然后对其中的格式进行调整或补充。

步骤02 执行【文件】→【另存为】命令，打开【另存为】对话框。

步骤03 在【保存类型】下拉列表框中选择【Word模板】选项，在【保存位置】下拉列表框中设置保存模板的文件夹，在【文件名】文本框中输入模板的名称。

步骤04 然后单击【保存】按钮，完成模板的创建。

8. 修改模板

要修改模板中的格式或内容时，可直接将模板文件打开，在其中进行修改后保存，即可完成对模板的修改。修改模板后，会影响根据该模板创建的新文档，但不影响基于此模板的原有文档。

7.1.2　典型案例——创建“新员工培训方案”标题样式并保存为模板

案例目标

本案例将练习把第6课设置格式后的“新员工培训方案”的标题创建为样式，然后将该文档保存为模板，以备以后再制作此类文档时使用。

素材位置：【第6课\源文件\设置格式的新员工培训方案.docx】

效果图位置：【第7课\源文件\新员工培训方案1.docx】

操作思路：

步骤01 打开“设置格式的新员工培训方案”文档，将标题格式创建为样式。

步骤02 保存文档为“新员工培训方案1”模板。

操作步骤

步骤01 打开“设置格式的新员工培训方案”文档，将文本插入点定位于标题中。

步骤02 在【开始】选项卡的【样式】组中单击【样式】对话框启动器。

步骤03 打开【样式】窗格，单击【新建样式】按钮，打开【根据格式设置创建新样式】对话框。

步骤04 在其中的【名称】文本框中输入【新员工培训方案标题】，在【样式类型】下拉列表框中选择【段落】选项，在【样式基准】下拉列表框中选择【正文】选项，在【后续段落样式】下拉列表框中选择【正文】选项，如图7.12所示。

步骤05 单击【确定】按钮，返回【样式】窗格，在其中即可看到新创建的样式，如图7.13所示。

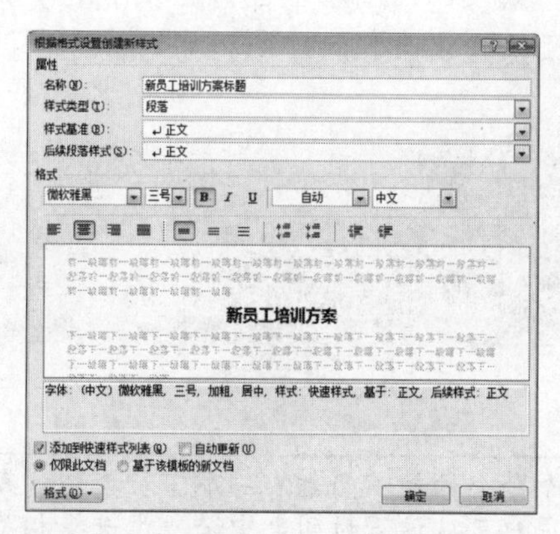

图7.12 创建新样式

图7.13 显示新创建的样式

步骤06 下面将文档保存为模板，执行【文件】→【另存为】命令，打开【另存为】对话框。

步骤07 在【文件名】下拉列表框中输入“新员工培训方案1”，在【保存类型】下拉列表框中选择【Word模板】选项，如图7.14所示。

步骤08 单击【保存】按钮完成操作。

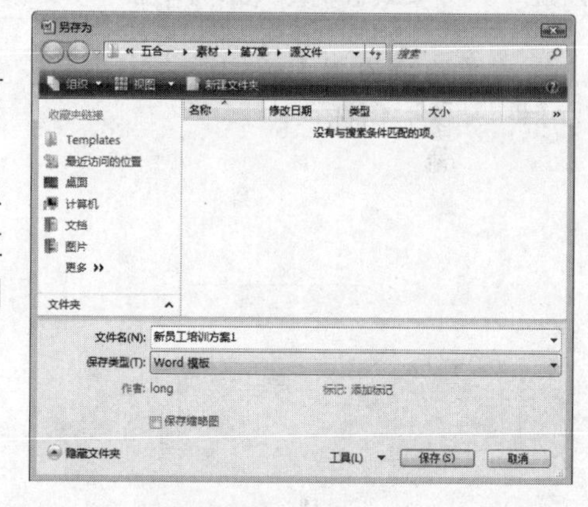

图7.14 保存模板

案例小结

本案例介绍了创建样式和模板的方法，如果以后不需要使用自己创建的某样式了，可单击【样式】对话框启动器，在打开的【样式】窗格中选择要删除的样式，然后使用右键快捷菜单删除该样式。而对于不需要的自创模板，可在其默认保存位置下删除该模板文件。

7.2 页面设置

当用户完成了一篇文档的编辑及对其进行了适当的格式化设置后，还需要对文档进行页面设置，以使文档更清晰、美观。页面设置是指对文档纸张的纸型、方向、页边距及页眉页脚等进行的设置。

7.2.1 知识讲解

本节将学习有关页面格式设置的基础知识。

1. 设置页面格式

页面格式控制文档内所有页面的外观。页面的外观包括页面大小、方向、页边距及页眉页脚等。

对页面进行格式化主要使用【页面布局】选项卡和【页面设置】对话框这两个工具。

在文档中打开【页面布局】选项卡，如图7.15所示，在该选项卡的【页面设置】组中可以设置页面格式，例如文本方向、页边距、纸张大小、行号等，在【页面背景】组中可以设置页面颜色和页面边框。

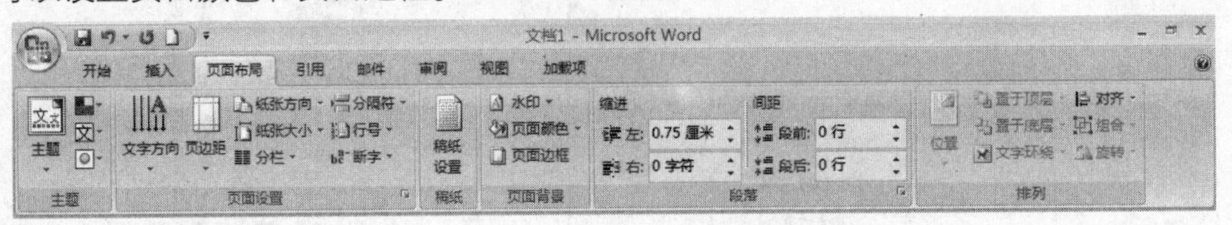

图7.15　【页面布局】选项卡

在【页面设置】组中每一个命令按钮下面都有一个下拉按钮，表示单击该按钮，会打开下拉列表，用户可从该下拉列表中进一步选择相关命令。如图7.16所示为单击【分栏】下拉按钮，显示出【分栏】下拉列表。

在【页面设置】组中单击【页面设置】对话框启动器，可以打开【页面设置】对话框，如图7.17所示。

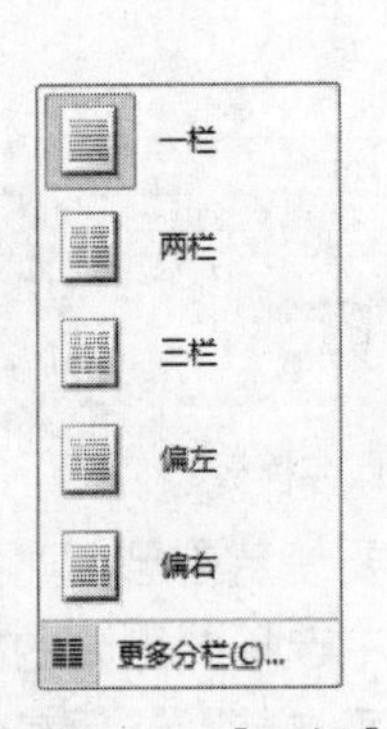

图7.16　【分栏】下拉列表

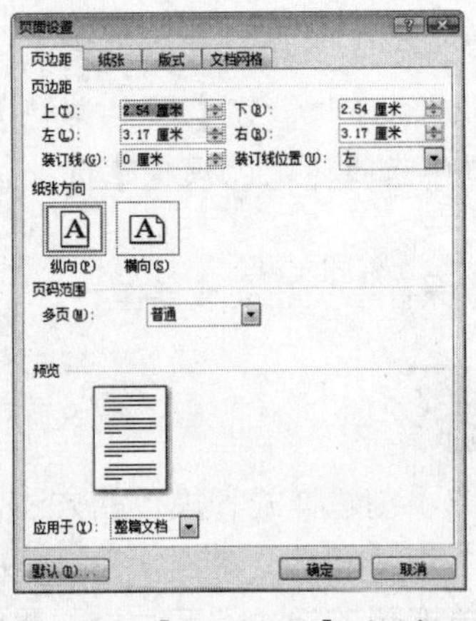

图7.17　【页面设置】对话框

【页面设置】对话框中包含了【页边距】、【纸张】、【版式】和【文档网格】4个选项卡。

在【页边距】选项卡中可分别设置文本边界距纸张边缘的距离，还可以设置页面方向是纵向还是横向。

在【纸张】选项卡的【纸张大小】下拉列表框中选择须使用的纸张类型，常见的纸型有A4、B5和16开等。另外，也可在下面的【宽度】和【高度】数值框中自定义纸张大小，如图7.18所示。

在【页面设置】对话框中打开【版式】选项卡，如图7.19所示。在【页眉和页脚】选区中选中不同的复选框，可以让文档的奇偶页或首页具有不同的页眉或页脚，且可在【距边界】的两个数值框中精确设置页眉和页脚距文档边界的距离。

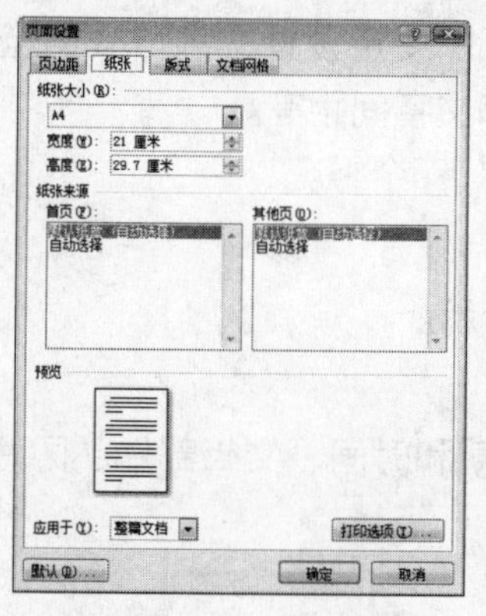

图7.18 【纸张】选项卡

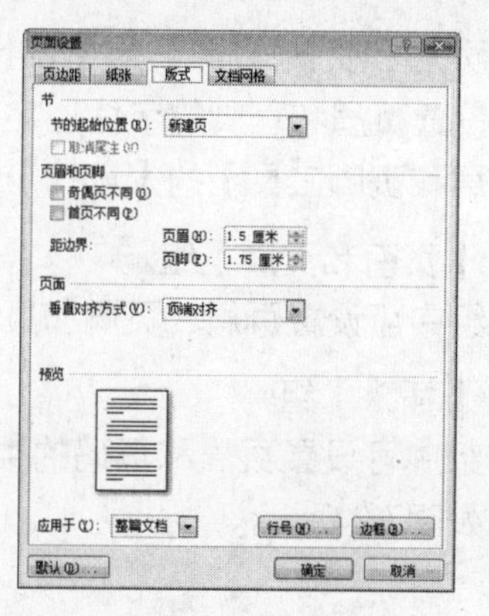

图7.19 【版式】选项卡

在【页面设置】对话框中打开【文档网格】选项卡，如图7.20所示，在其中可以设置文字的排列方向、是否需要网格以及每页文档包括的行数等内容。

2. 页眉和页脚

通过Word的页眉和页脚功能，可以在文档每页的顶部或底部添加相同的内容，如日期、公司徽标、文档标题、文件名或页码等。页眉在上边距，页脚在下边距。

在【插入】选项卡的【页眉和页脚】组中单击【页眉】下拉按钮，打开如图7.21所示的下拉列表，可以在其中选择一种页眉的样式，也可以选择【编辑页眉】命令，自行手动输入页眉的内容。选择【编辑页眉】命令后，打开【页眉和页脚工具】的【设计】选项卡，如图7.22所示。

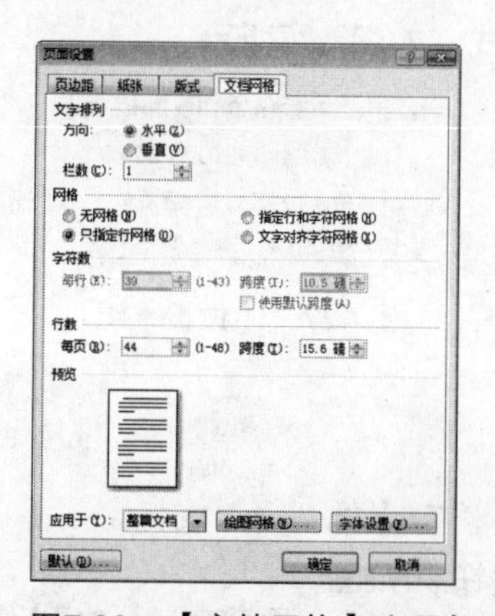

图7.20 【文档网格】选项卡

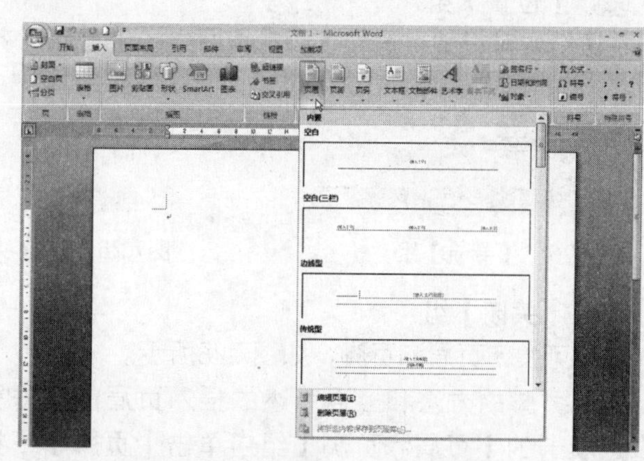

图7.21 【页眉】下拉列表

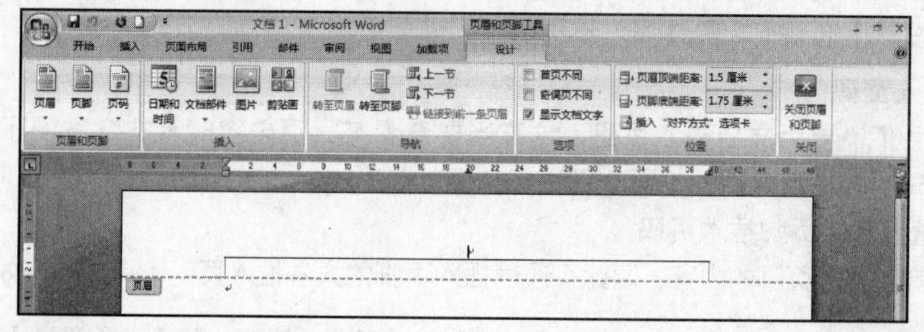

图7.22 【设计】选项卡

在【页眉和页脚工具】的【设计】选项卡中可以使用设置文字格式的全部菜单命令，可以设置页眉和页脚的字体、字号、对齐方式和文字间距等。

【页眉和页脚工具】的【设计】选项卡中包括以下6个组。

【页面和页脚】组

在该组中可设置页眉、页脚和页码，如图7.23所示。

【插入】组

在该组中可设置页眉和页码的类型，可以是日期和时间、文档部件、图片，或者是剪贴画，如图7.24所示。

图7.23 【页面和页脚】组

图7.24 【插入】组

【导航】组

在该组中可设置页眉和页脚的切换，以及各小节的页眉和页脚，如图7.25所示。

【选项】组

在该组中可以为首页设置不同的页眉和页脚，为奇偶页设置不同的页眉和页脚，以及是否显示文档内容，如图7.26所示。

【位置】组

在该组中可设置页眉和页脚在页面中的位置和对齐方式，如图7.27所示。

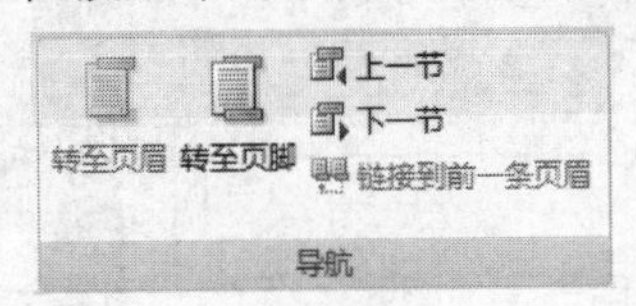

图7.25 【导航】组

图7.26 【选项】组

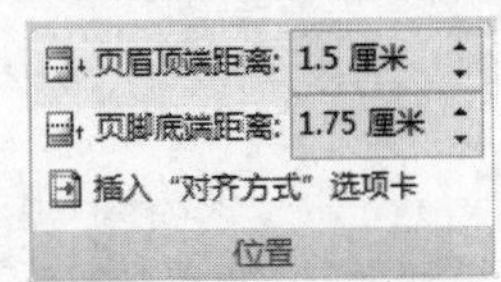

图7.27 【位置】组

【关闭】组

在此可关闭页眉和页脚，如图7.28所示。

图7.28 【关闭】组

插入页脚的方法和上面所述的插入页眉的方法相似，在【插入】选项卡的【页眉和页脚】组中单击【页脚】下拉按钮，如图7.29所示。选择【编辑页脚】命令，也可以打开【页眉和页脚工具】的【设计】选项卡，具体操作不再赘述。

3. 插入页码

有时我们需要为文档插入页码，这样当要查看某一页内容时就非常方便了。在文档中插入页码的方法有两种，下面分别进行介绍。

1）通过编辑页脚插入页码

页码其实属于页脚的内容，因此可通过插入页脚的方法插入页码，具体操作如下：

步骤01 在文档中页脚的位置双击鼠标左键，打开【页眉和页脚工具】的【设计】选项卡。

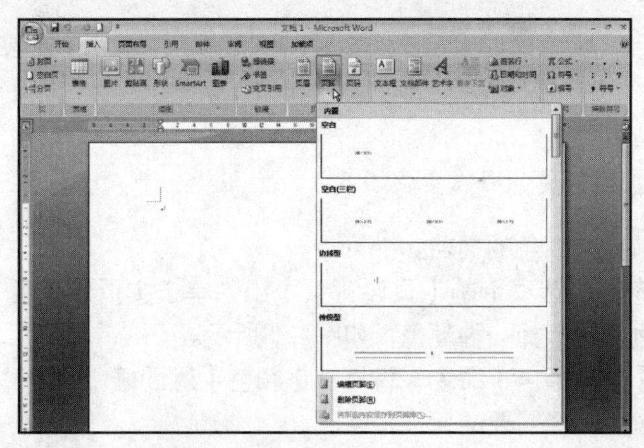

图7.29 【页脚】下拉列表

步骤02 在该选项卡的【页眉和页脚】组中单击【页码】下拉按钮，在打开的下拉列表中选择【当前位置】选项，在子下拉列表中选择【普通数字】选项，如图7.30所示。

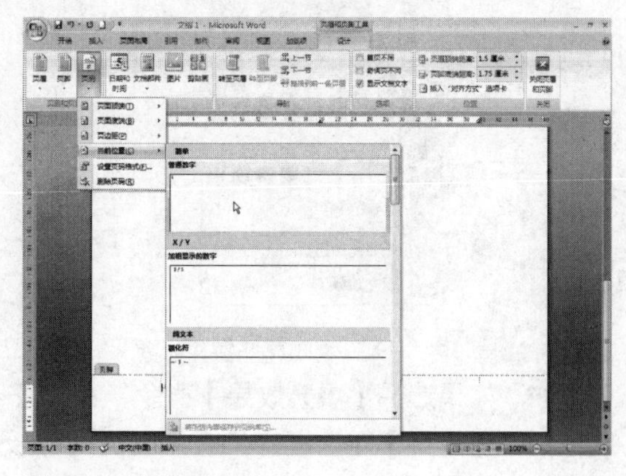

图7.30 插入页码

步骤03 在光标位置处插入页码。完成设置后，在【关闭】组中单击【关闭页眉和页脚】按钮即可。

2）直接插入页码

在【插入】选项卡的【页眉和页脚】组中单击【页码】下拉按钮，在打开的下拉列表中可以选择页码要插入的位置，这里选择【页面顶端】选项，然后在打开的子列表中选择页码的数字形式，如图7.31所示。

4. 设置文档的背景

为了使文档更加美观，常常需要设置文档的背景。可使用【页面布局】选项卡中的【页面背景】组来设置文档背景，【页面背景】组如图7.32所示。

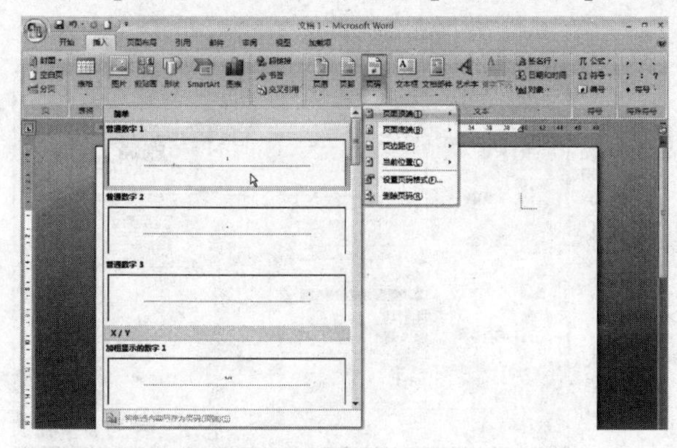

图7.31 设置页码

图7.32 【页面背景】组

【页面背景】组中各个按钮的含义如下。

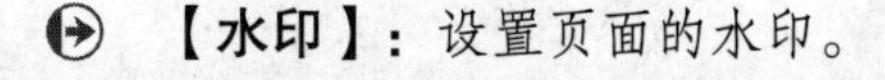

➔ **【水印】**：设置页面的水印。

- **【页面颜色】**：设置页面的颜色。
- **【页面边框】**：设置页面的边框。

1）设置页面背景颜色

设置页面背景颜色的具体操作步骤如下：

步骤01 打开要设置背景颜色的文档。

步骤02 在【页面布局】选项卡的【页面背景】组中单击【页面颜色】下拉按钮，在打开的下拉列表中选择一种颜色，如图7.33所示。

步骤03 如果选择【其他颜色】命令，将打开【颜色】对话框，如图7.34所示，用户可以在该对话框中选择需要的背景颜色。

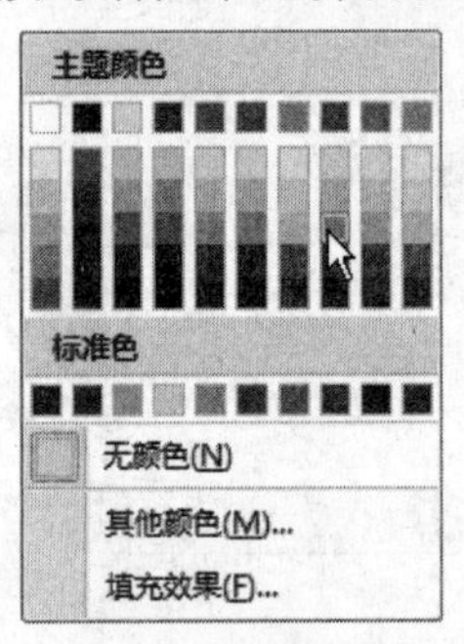

图7.33 选择背景颜色

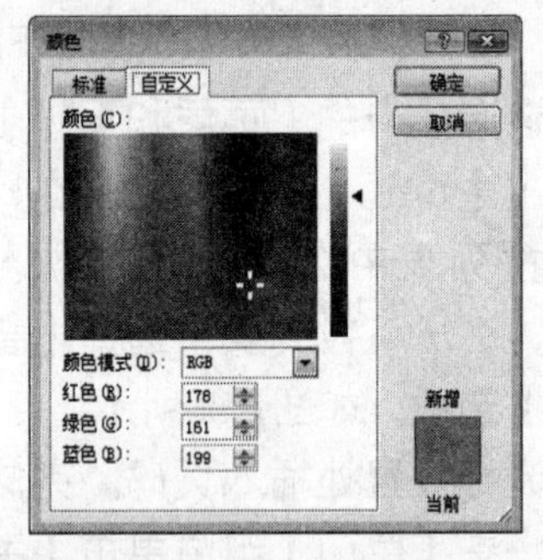

图7.34 选择一种颜色

步骤04 如果选择【填充效果】命令，将打开【填充效果】对话框，如图7.35所示。在【填充效果】对话框中，有4个选项卡，分别是【渐变】、【纹理】、【图案】和【图片】。用户要使用某种效果，只须切换到相应的选项卡，从中选择效果即可。

2）设置页面边框

设置页面边框的具体操作步骤如下：

步骤01 打开要设置页面边框的文档。

步骤02 在【页面布局】选项卡的【页面背景】组中单击【页面边框】按钮。

步骤03 在打开的【边框和底纹】对话框的【页面边框】选项卡中设置页面边框的效果，如图7.36所示。

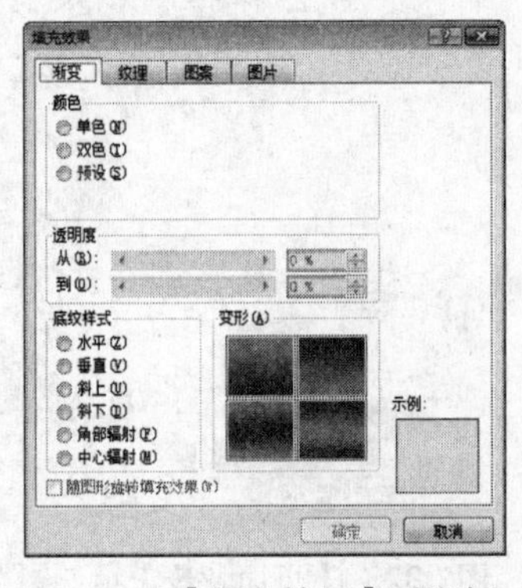

图7.35 【填充效果】对话框

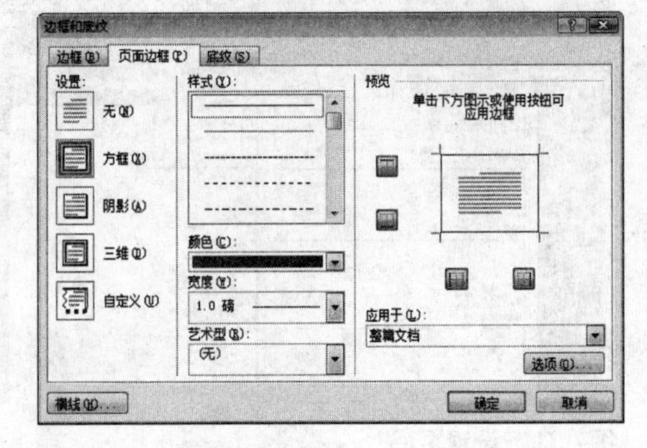

图7.36 设置页面边框

步骤04 设置完成后单击【确定】按钮即可。

3）设置水印效果

设置水印效果的具体操作步骤如下：

步骤01 打开要设置水印效果的文档。

步骤02 在【页面布局】选项卡的【页面背景】组中单击【水印】下拉按钮，在打开的下拉列表中选择一种水印效果。

步骤03 如果用户不想使用系统提供的水印效果，可选择【自定义水印】命令，如图7.37所示。

步骤04 打开【水印】对话框，在该对话框中可以选择【无水印】、【图片水印】和【文字水印】单选按钮。用户可以借此选择是否使用图片和文字作为水印。

步骤05 这里使用文字作为水印，设置文本的字体、字号、颜色等参数，如图7.38所示。

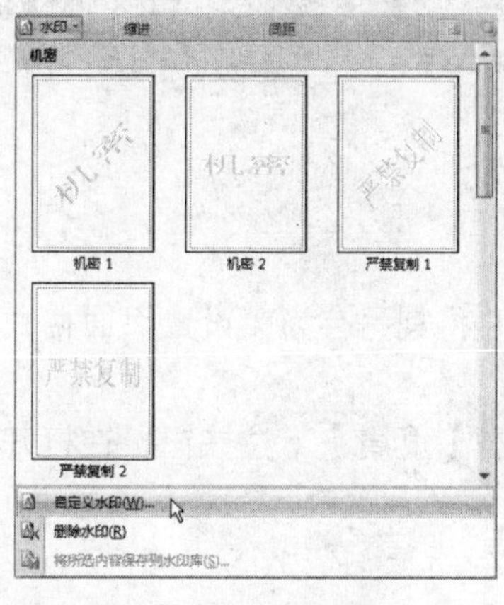

图7.37 【水印】下拉列表

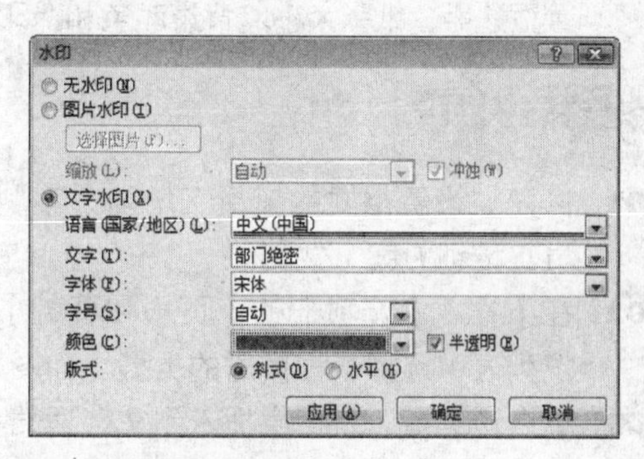

图7.38 设置水印效果

步骤06 单击【应用】按钮，为文档设置水印。

步骤07 完成设置后，单击【关闭】按钮，关闭该对话框即可。

图7.39所示是为文档设置了背景颜色、边框效果和水印效果的效果图。

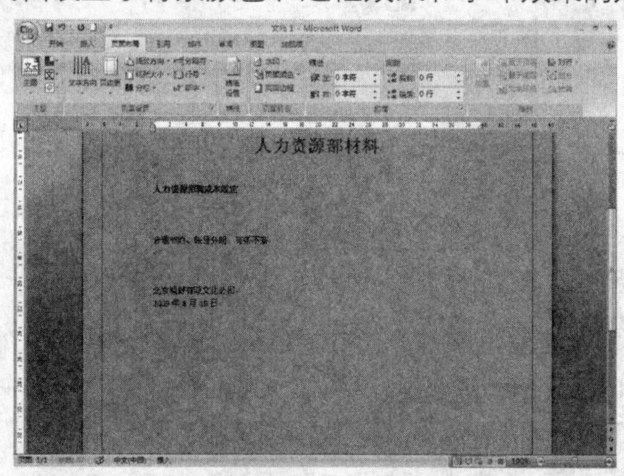

图7.39 设置背景效果

7.2.2 典型案例——设置“新员工培训方案”页面格式

本案例将设置“设置格式的新员工培训方案”文档的页面格式，效果如图7.40所示。

素材位置：【第6课\源文件\设置格式的新员工培训方案.docx】

效果图位置：【第7课\源文件\设置页面格式的新员工培训方案.docx】

操作思路：

步骤01 将“设置格式的新员工培训方案”文档另存为“设置页面格式的新员工培训方案”文档。

步骤02 在【插入】选项卡中为文档插入页眉。

步骤03 在【页面布局】选项卡中为文档设置页边距、纸张大小、背景颜色和水印效果等。

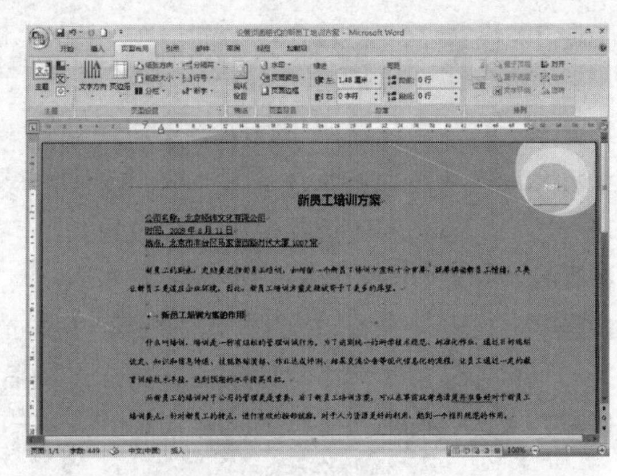

图7.40　效果图

操作步骤

步骤01 打开“设置格式的新员工培训方案”文档，并将其另存为“设置页面格式的新员工培训方案”文档。

步骤02 在【插入】选项卡的【页眉和页脚】组中单击【页眉】下拉按钮，在打开的下拉列表中选择一种页眉的类型，如图7.41所示。

步骤03 单击该类型，将页眉插入到文档顶端，如图7.42所示。

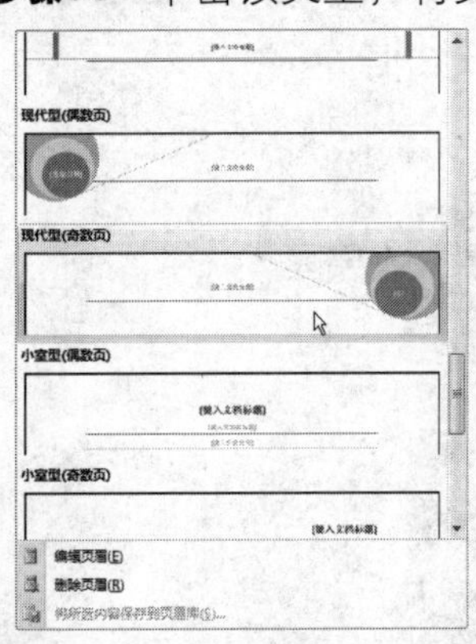

图7.41　选择页眉的类型

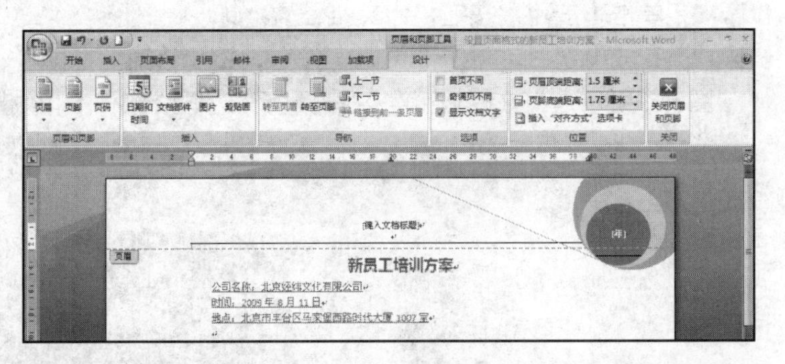

图7.42　插入页眉

步骤04 在页眉的标题位置输入文本“人力资源部”，在页眉右侧的“年”位置输入“2009”，如图7.43所示。

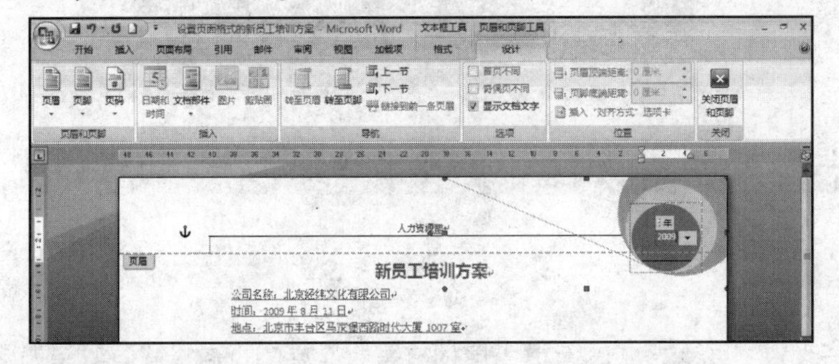

图7.43　设置页眉

步骤05 设置完成后，在【关闭】组中单击【关闭页眉和页脚】按钮即可。

步骤06 在【页面布局】选项卡的【页面设置】组中单击【页边距】下拉按钮，在打开的下拉列表中选择【自定义边距】选项。

步骤07 打开【页面设置】对话框的【页边距】选项卡，设置页边距和装订线的参数如图7.44所示。

步骤08 完成设置后，单击【确定】按钮。

步骤09 在【页面布局】选项卡的【页面设置】组中单击【纸张大小】下拉按钮，在打开的下拉列表中选择所需纸张的大小，如图7.45所示。

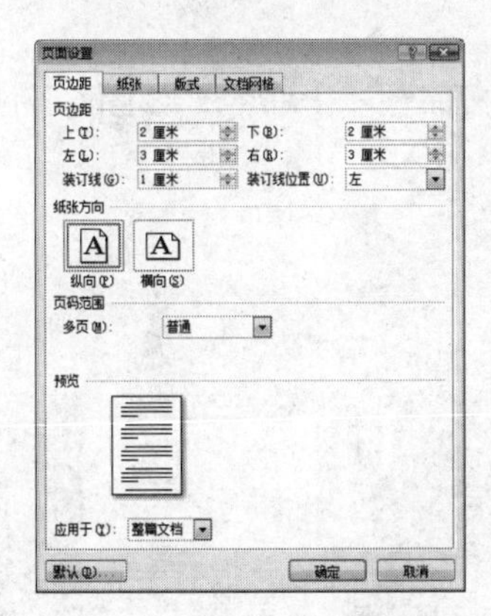

图7.44 【页面设置】对话框

图7.45 选择纸张的类型

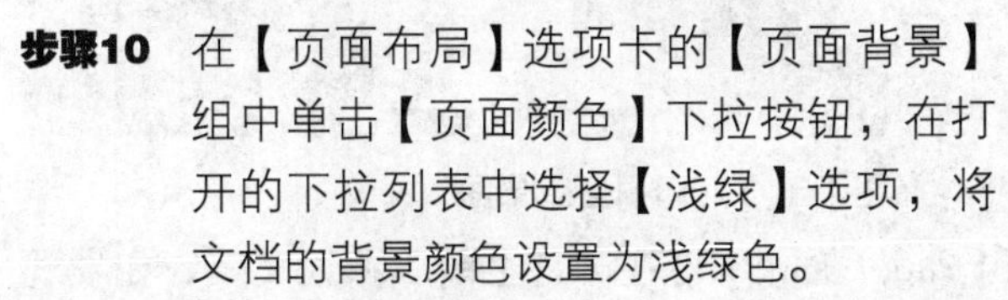

步骤10 在【页面布局】选项卡的【页面背景】组中单击【页面颜色】下拉按钮，在打开的下拉列表中选择【浅绿】选项，将文档的背景颜色设置为浅绿色。

步骤11 在【页面背景】组中单击【水印】下拉按钮，在打开的下拉列表中选择【自定义水印】选项。

步骤12 在打开的【水印】对话框中，设置水印效果，如图7.46所示。

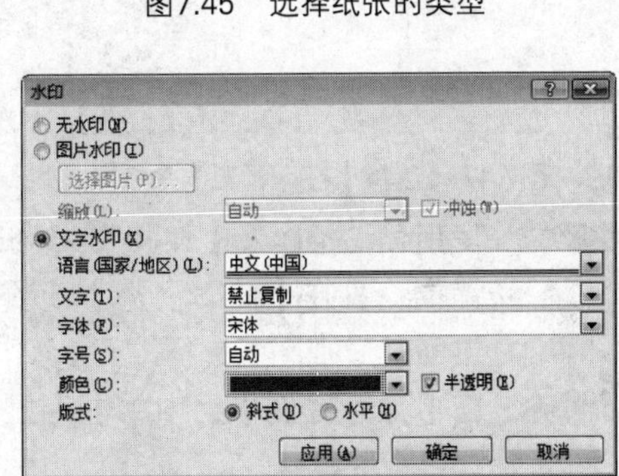

图7.46 【水印】对话框

步骤13 单击【应用】按钮，为文档应用水印效果。

步骤14 最后单击【确定】按钮，完成文档页面格式的设置，保存文档即可。

案例小结

在更改了页面格式后，文档中文本的布局可能会有所变化，因此用户也可在编辑文档之前，先设置好页面格式，这样就可根据具体的页面来编辑文档中的文本。

7.3 打印文档

利用Word的打印功能可以选择要打印的范围，一次打印多少份，对版面进行缩放、逆序打印，也可以只打印奇数或偶数页。

7.3.1 知识讲解

在打印之前，需要先预览打印的效果，确认无误后便可开始打印。根据打印要求的不同，用户还可进行相关的打印设置。下面分别介绍这几部分内容。

1. 打印预览

设置完页面格式后，在打印文档之前还需要进行打印预览，它是指在屏幕上预览文档打印后的实际效果。如果用户对文档中的某处不太满意，可以回到编辑状态下进行修改，直到满意为止。

打印预览的具体操作步骤如下：

步骤01 执行【Office按钮】→【打印】→【打印预览】命令，如图7.47所示。

步骤02 显示如图7.48所示的打印预览效果图。

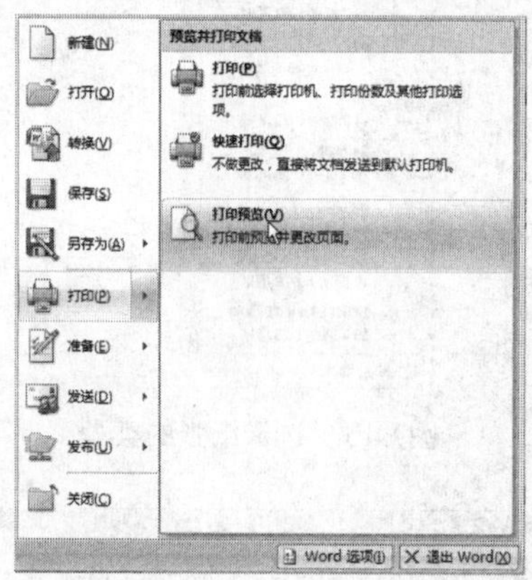

图7.47　选择【打印预览】命令

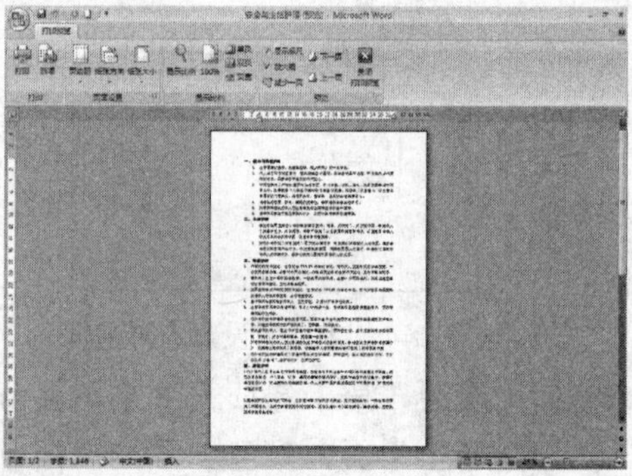

图7.48　打印预览效果图

步骤03 使用滚动条以及【Page Up】和【Page Down】键在屏幕上前后移动文档，如发现错误，可在【打印预览】选项卡的【预览】组中单击【关闭打印预览】按钮，返回普通视图下进行改正。

步骤04 在【显示比例】组中单击【显示比例】按钮，打开【显示比例】对话框，如图7.49所示。

步骤05 在该对话框中可设置页面预览的显示比例，例如选择【100%】选项，如图7.50所示。

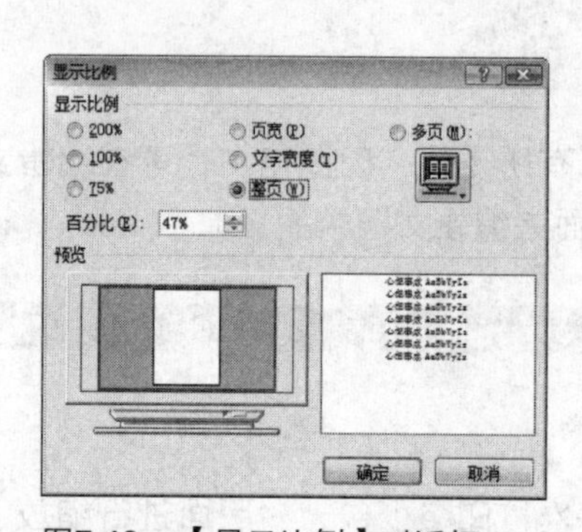

图7.49　【显示比例】对话框

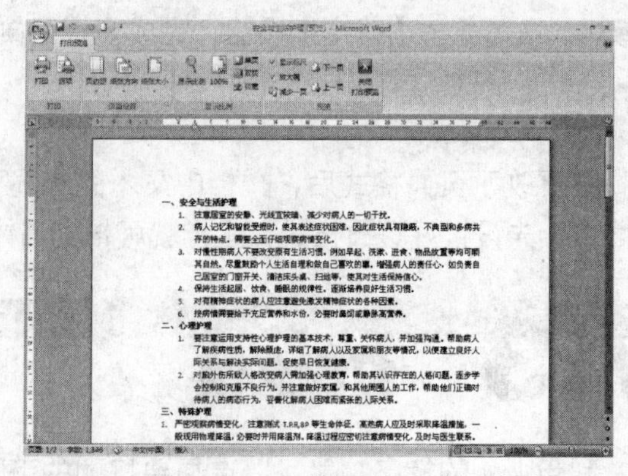

图7.50　100%显示的打印效果

步骤06 在【显示比例】组中还可以设置是单页显示还是双页显示打印预览效果。单击该组中的【双页】按钮，效果如图7.51所示。

如果要退出打印预览状态，只要在【打印预览】选项卡的【预览】组中单击【关闭打印预览】按钮即可。从打印预览模式中退出的另一种快速方法是按【Esc】键。

2. 打印设置

打印整个文档的方法比较简单，执行【Office按钮】→【打印】命令，打开如图7.52所示的【打印】对话框。

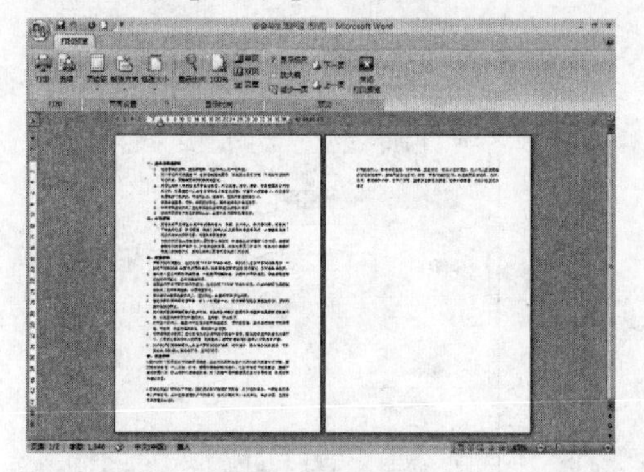

图7.51　双页显示打印预览效果

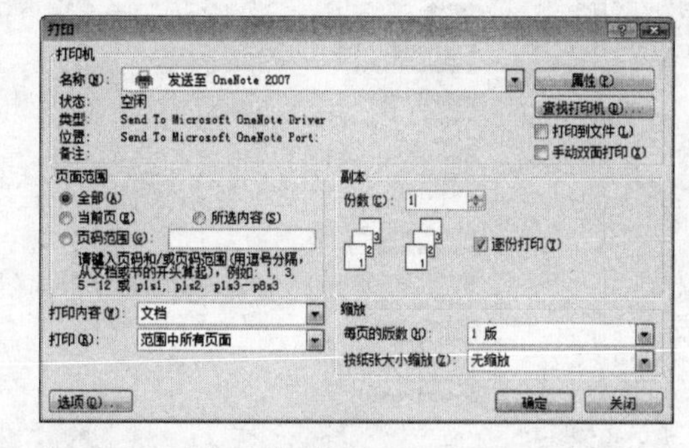

图7.52　【打印】对话框

在【页面范围】选区和【副本】选区选择所需要的内容，然后单击【确定】按钮，即可按需要进行打印了。

在【打印】对话框中可使用的选项有下列内容。

- **打印机**：可在该选区的【名称】下拉列表框中选择要使用的打印机。在做了选择之后，Word将提供该打印机的状态和位置。
- **副本**：在【副本】选区，可以将要打印的副本数量输入到【份数】数值框中（默认值是1）。对于文档的多份副本情况，当选择了【逐份打印】选项时，Word将打印第一份文档的所有页，然后再继续打印第二份文档（如果不选择该项，Word就会打印第1页所需的所有副本，紧跟着的是第2页的所有副本、第3页的所有副本……）。
- **页面范围**：在【页面范围】选区，可以选择要打印的部分文档。要打印整个文档，可选择【全部】单选按钮；要打印挑选的文本，可选择【所选内容】单选按钮；若只打印当前页面，则选择【当前页】单选按钮；要打印文档被选的页面，可选择【页码范围】单选按钮，并根据提示输入页码。

  使用连字符插入到开始和结束页面之间就可以打印许多页面。例如，在【页码范围】框中输入【10-20】，将打印文档的第10~20页。可以用逗号将数字分开来打印个别的页。例如，在框中输入【3,5,8,10-20】将打印第3、第5、第8和第10~20页。
- **打印**：在【打印】下拉列表框中，可以选择【范围中所有页面】来打印所选的打印范围（也就是在【打印】对话框的【页面范围】选区中所做的选择）内的所有页。也可以选择只打印该范围的奇数页或偶数页。

- 【选项】：单击【选项】按钮，可以打开【Word选项】对话框，在此显示与打印相关的其他选项，如图7.53所示。
- 【属性】：单击【属性】按钮将打开打印机属性对话框，如图7.54所示，在该对话框中，可以为打印机设置各种选项。在该对话框中的属性，因具体打印机的不同而略有不同。
- 【打印内容】：使用该选项可以选择要打印的内容。可以打印关键任务、样式表格、摘要信息、批注、自动图文集项和其他与文档相关的项目。

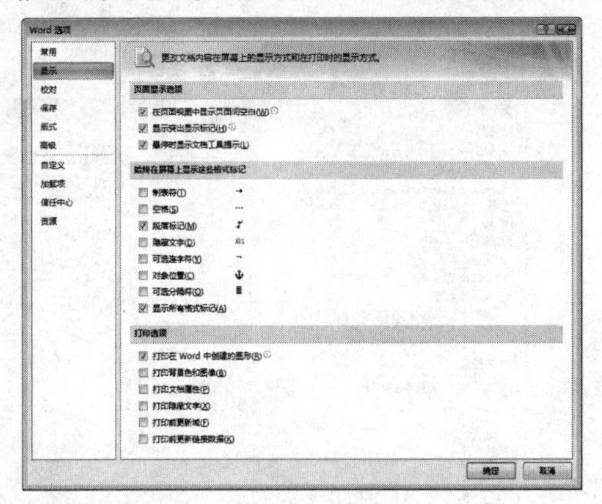

图7.53 【Word选项】对话框

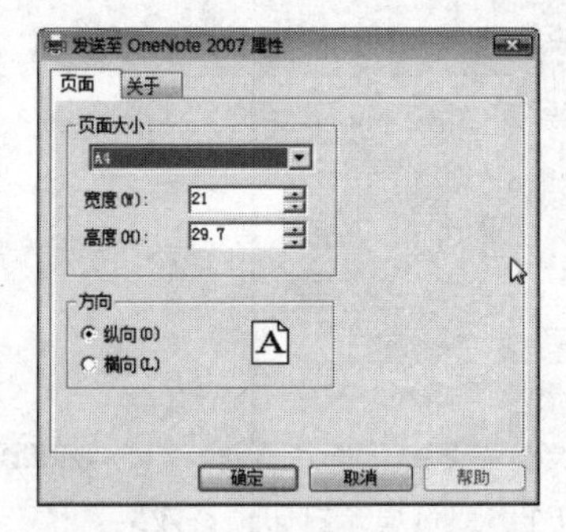

图7.54 打印机属性对话框

3. 取消打印

你也许遇到过这样的情况，即在打印时，由于误操作，而启动了打印机（例如要打印几百页无用的内容），这时需要马上终止打印，使打印机停下来。

取消打印的方法如下：如果没有启动后台打印（标志就是Windows任务栏右端没有出现打印机图标），可单击【取消】按钮或按【Esc】键；如果启用了后台打印，就会在Windows任务栏右端出现打印机图标，双击该打印机图标，在打开的打印机对话框中选择该任务，然后右击鼠标，从出现的快捷菜单中选择暂停或取消打印任务。

7.3.2 典型案例——打印“设置格式的新员工培训方案”文档

本次典型案例将练习打印“设置格式的新员工培训方案”文档，要求将该文档用A4的纸张打印3份，并且是逐份打印。

素材位置：【第6课\源文件\设置格式的新员工培训方案.docx】

操作思路：

步骤01 打开“设置格式的新员工培训方案”文档，再打开【打印】对话框。

步骤02 按需要进行设置，并进行打印。

步骤01 打开“设置格式的新员工培训方案”文档。

步骤02 执行【Office按钮】→【打印】命令，打开【打印】对话框。

步骤03 在【份数】数值框中设置打印的份数为【3】，并选中下面的【逐份打印】复选框。

步骤04 在【按纸张大小缩放】下拉列表中选择【A4】选项，如图7.55所示。

步骤05 单击【确定】按钮开始打印。

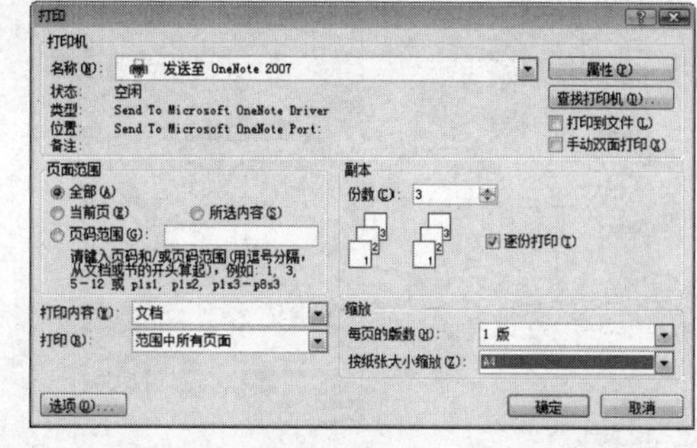

图7.55　设置打印参数

案例小结

本案例中打印的文档由于只有一页，因此是否选中【逐份打印】复选框并没有什么区别；而对于有较多页数且要打印多份的文档来说，最好选中【逐份打印】复选框，这样系统将把文档一份一份地打印出来，省去了手工分页的麻烦。

7.4 上机练习

7.4.1 使用样式制作目录

本次上机练习将在Word 2007中通过为段落设置样式来制作目录。

素材位置：【第7课\练习\安全与生活护理.docx】

效果图位置：【第7课\源文件\制作目录.docx】

操作思路：

步骤01 打开需要制作目录的文档。

步骤02 选中标题，在【开始】选项卡的【样式】组中单击【其他】按钮。

步骤03 在打开的下拉列表中选择【标题1】选项。

步骤04 然后选择段落标题，在【样式】组中单击【其他】按钮，在打开的下拉列表中选择【标题2】选项。

步骤05 按照相同的方法依次设置其他段落标题的样式。

步骤06 设置完成后，将光标定位到文档中的空白位置。

步骤07 打开【引用】选项卡，在【目录】组中单击【目录】下拉按钮，在打开的下拉列表中选择【插入目录】选项，如图7.56所示。

步骤08 打开【目录】对话框，在该对话框的【目录】选项卡中取消选中【显示页码】和【使用超链接而不使用页码】复选框，并设置【显示级别】值为【3】，如图7.57所示。

步骤09 单击【确定】按钮，在文档中插入目录，效果如图7.58所示。

步骤10 最后将文档另存为“制作目录.docx”文档。

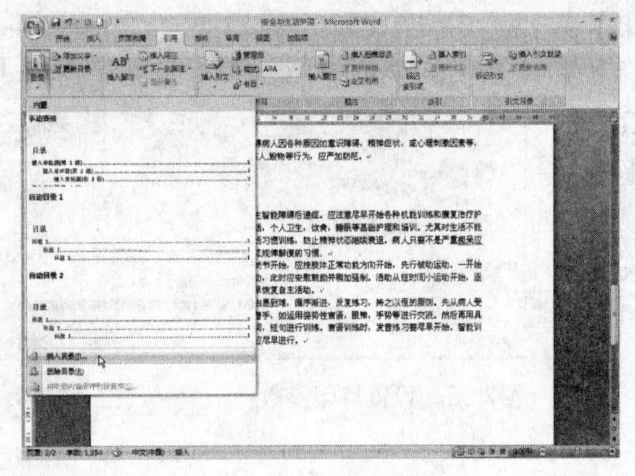

图7.56　选择【插入目录】选项

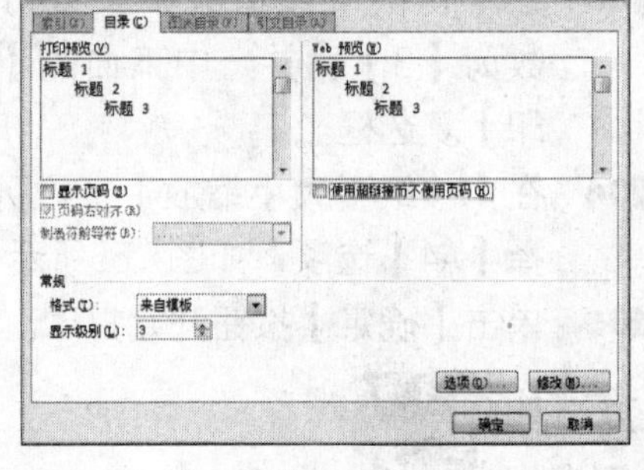

图7.57　【目录】对话框

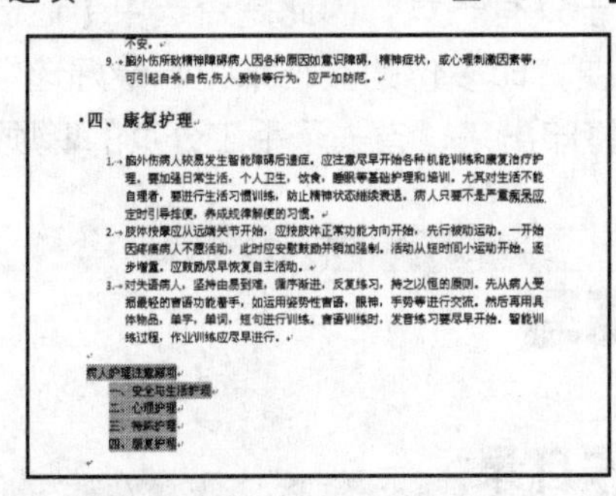

图7.58　插入目录

7.4.2　打印“调职申请表”文档

本次练习将打印第6课中制作的“调职申请表”文档，要求在一张纸上打印两份“调职申请表”，一共打印10份。

素材位置：【第6课\源文件\调职申请表.docx】

操作思路：

步骤01　打开“调职申请表”文档。

步骤02　执行【Office按钮】→【打印】命令，打开【打印】对话框。

步骤03　在【缩放】选区的【每页的版数】下拉列表框中选择【2版】选项，在【份数】数值框中输入【5】（5×2=10份）。

步骤04　单击【确定】按钮开始打印。

7.5　疑难解答

问：如果一篇文档中我只想打印一部分内容，该怎么设置呢？

答：你可以在文档中选取该部分内容，再打开【打印】对话框，在其中选中【所选内容】单选按钮，进行其他设置后开始打印即可。

问：如果想打印一份页数很多的文档，需要全部双面打印，该怎么设置呢？

答：如果需要对多页文档进行双面打印，可以在【打印】下拉列表框中选择只打印文档的奇数页，在打印完毕后，将纸张全部翻面，重新放回到打印机中，再打印偶数页。

问：如何将Word中的背景也附带打印出来呢？

答：在【打印】对话框中单击【选项】按钮，在打开的【Word选项】中选中【打印背景色和图像】复选框，单击【确定】按钮即可。

7.6 课后练习

选择题

1 输入打印页码【21-43，50，55-】表示打印的是（　　）。

A、第21页，第43页，第50页，第55页

B、第21页，第43页，第50~55页

C、第21~43页，第50页，第55页

D、第21~43页，第50页，第55至最后一页

2 在Word 2007中，模板文件的扩展名为（　　）。

A、.dotx　　B、.doc

C、.docx　　D、.dotm

3 【页面设置】对话框中包含了（　　）选项卡。

A、【页边距】　　B、【纸张】

C、【版式】　　D、【文档网格】

问答题

1 如何创建模板？

2 页面设置包括哪些内容，是如何设置的？

3 在文档中插入页码的方法有几种，分别如何进行操作？

上机题

1 根据预设模板“原创报告”新建一个文档，在其中输入文本并修改格式，最后在页眉处添加公司名称。

2 将上面的“原创报告”文件标题和正文创建为样式。

第8课

Excel 2007入门

本课要点

认识Excel 2007

工作簿的基本操作

工作表的基本操作

单元格的基本操作

具体要求

Excel 2007的操作界面

Excel 2007的常用术语

新建工作簿

保存工作簿

打开工作簿

关闭工作簿

选择工作表

插入工作表

删除工作表

重命名工作表

移动/复制工作表

保护工作表

选择单元格

插入单元格

合并和拆分单元格

设置单元格的行高和列宽

删除单元格

清除单元格的内容

本课导读

Excel 2007是美国Microsoft公司出品的Office 2007系列办公软件中的一个重要组件，也是一个功能强大、使用方便的电子表格制作软件。它具有图表制作、数据统计、数据分析等多种功能，而且操作简单，易学易懂。本课将着重介绍Excel 2007的一些基本知识，包括其操作界面的组成、工作簿、工作表和单元格的一些基本操作。

8.1 认识Excel 2007

Microsoft Excel 2007是目前最流行的制作电子表格的软件之一，本课将着重介绍Excel 2007的一些基本知识，包括其操作界面的组成、工作簿、工作表和单元格的一些基本操作。

8.1.1 知识讲解

认识Excel 2007的操作界面是学习Excel的基础，也是初学者必须掌握的知识。

1. Excel 2007的操作界面

Excel 2007操作界面的布局与Word 2007很相似，但由于处理对象的不同，因此也有一些特别的地方。执行【开始】→【所有程序】→【Microsoft Office】→【Microsoft Office Excel 2007】命令，启动Excel 2007并进入其操作界面，如图8.1所示。

图8.1　Excel 2007的操作界面

在Excel 2007操作界面中，除了与Word 2007功能相同部分不再介绍外，其他各个部分的含义和功能如下。

1）数据编辑栏

数据编辑栏的主要功能是显示和编辑当前单元格中的数据或者公式，由地址栏、按钮组和编辑栏三部分组成，如图8.2所示。数据编辑栏位于工作表区域的正上方，其各部分的功能如下。

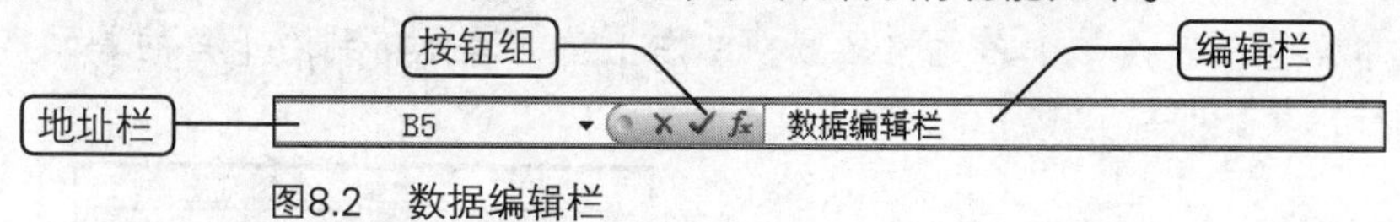

图8.2　数据编辑栏

- **地址栏**：显示当前单元格的名称，名称由两部分组成，即表示该单元格的列标和表示该单元格的行号。
- **按钮组**：单击×按钮可取消编辑；单击✓按钮可确认编辑；单击fx按钮，将打开【插入函数】对话框，在该对话框中可以选择要输入的函数。
- **编辑栏**：显示在单元格中输入或者编辑的内容，并且可以在其中直接输入和编辑。

2）单元格

单元格是Excel操作界面中的矩形小方格，它是组成Excel表格的基本单位，也是存储数据的最小单位。用户输入的所有内容都将存储和显示在单元格内，所有单元格组合在一起就构成了一个工作表。

3）行号和列标

工作界面上方的英文字母表示列标，左侧的数字表示行号。每个单元格的位置都是由行号和列标来确定的。如B5单元格表示它处于表格中的第B列第5行。

4）工作表标签

工作表标签用于显示工作表的名称，单击工作表标签将激活相应的工作表。在工作表标签左侧是工作表标签滚动显示按钮。默认情况下，每个新建的工作簿含有3个工作表。当工作簿中有多个工作表时，某些工作表标签会被隐藏，单击标签滚动显示按钮可以滚动工作表标签以显示不可见的工作表标签。在工作表标签右侧是【插入工作表】按钮，如图8.3所示。单击该按钮，可以在当前的工作簿中插入一个新的工作表。

图8.3　工作表标签

5）视图按钮组

Excel 2007的视图工具栏中有3个进行视图模式切换的按钮，如图8.4所示，可以满足不同用户对表格浏览的需求。

2. Excel 2007的常用术语

在学习Excel 2007之前，先了解一下Excel 2007的常用术语。

- **工作簿：**在默认情况下，启动Excel 2007后将自动创建一个工作簿，名为"Book1"，它是所有工作表的集合。Excel中的一个文件就是一个工作簿，它主要用于运算和保存数据。
- **工作表：**工作表是工作簿窗口中的表格，通常称为电子表格，它是用来存储和处理数据的地方。在默认创建的"Book1"工作簿中自动创建了3个工作表："Sheet1"、"Sheet2"和"Sheet3"。
- **单元格：**单元格是工作表中的每一个小格子，是Excel中最基本的存储数据单元。单元格的引用是通过指定其行号和列标来实现的。
- **单元格区域：**单元格区域是多个单元格的集合，如图8.5所示的深色矩形块（包括左上角的白色单元格）就是一个单元格区域，从左上角的单元格到右下角的单元格，包括3列×5行，共15个单元格。

图8.4　视图按钮组

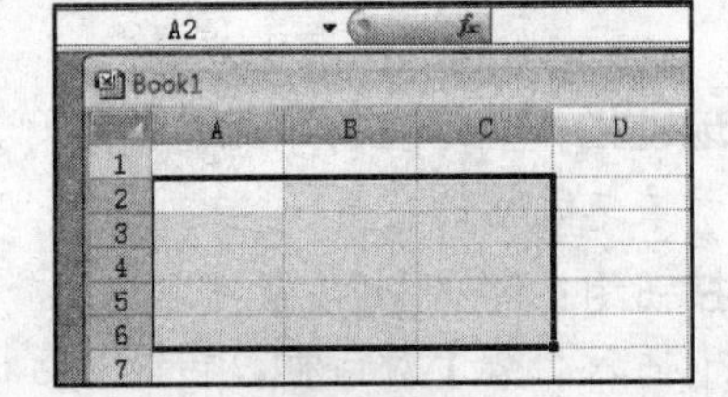

图8.5　单元格区域

8.1.2　典型案例——切换工作表的视图模式

案例目标

本案例将练习改变工作表的视图模式，让读者熟悉Excel 2007的工作界面。

素材位置：【第8课\素材\成绩单.xlsx】

操作思路：

步骤01 打开"成绩单.xlsx"文件。

步骤02 使用状态栏右侧的视图切换按钮切换视图模式，并调整工作区的显示比例。

操作步骤

步骤01 打开"成绩单.xlsx"文件，此时工作区为【普通】视图模式，如图8.6所示。

步骤02 单击状态栏右侧的【页面布局】按钮，将视图模式切换为【页面布局】，如图8.7所示。

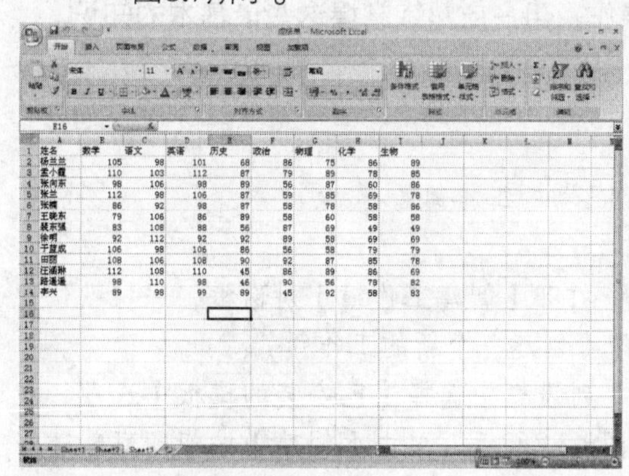

图8.6 【普通】视图模式

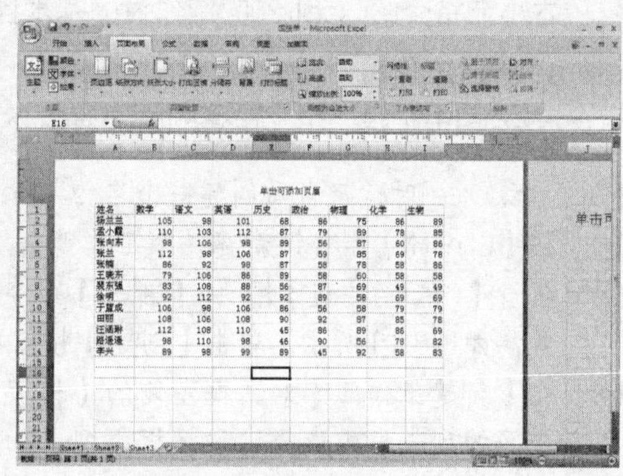

图8.7 【页面布局】视图模式

步骤03 单击状态栏右侧的【分页预览】按钮，将视图模式切换为【分页预览】，此时会弹出如图8.8所示的提示框。

图8.8 提示框

步骤04 单击【确定】按钮，进入【分页预览】视图模式，如图8.9所示。

步骤05 单击状态栏最右侧的【放大】按钮，将页面100%显示，效果如图8.10所示。

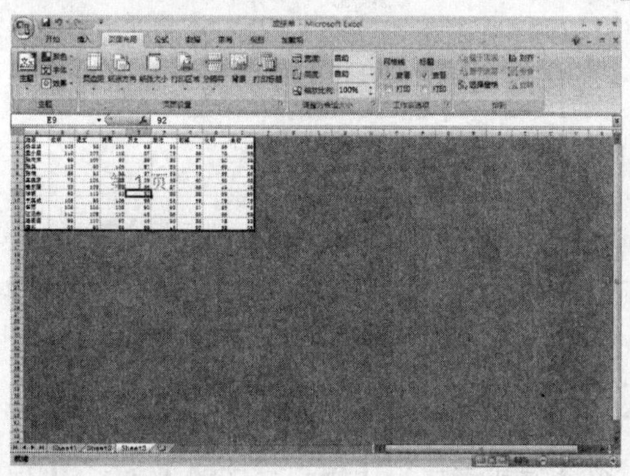

图8.9 【分页预览】视图模式

图8.10 页面100%显示

案例小结

本案例介绍了在Excel中切换工作表视图模式的常用方法，用户可以参考Word 2007的工作界面熟悉Excel 2007工作界面的各组成部分。

8.2 工作簿的基本操作

在Excel 2007中，工作簿的基本操作与在Word 2007中编辑文档的基本操作一样，包括新建、保存、打开和关闭等。

8.2.1 知识讲解

本小节将介绍Excel 2007工作簿的基本操作，用户应熟练掌握这些最基本的知识。

1. 新建工作簿

在Excel中创建一个工作簿的方法有以下几种：

- 启动Excel时，将自动创建一个名为“Book1”的工作簿。
- 按【Ctrl+N】组合键新建一个工作簿。
- 执行【Office按钮】→【新建】命令，打开【新建工作簿】对话框，保持默认设置，如图8.11所示，单击【创建】按钮即可创建一个新的工作簿。
- 在【新建工作簿】对话框左侧的【模板】列表框中选择【已安装的模板】选项，在中间的列表框中选择一种模板类型，如图8.12所示，单击【创建】按钮即可新建一个基于模板的工作簿。

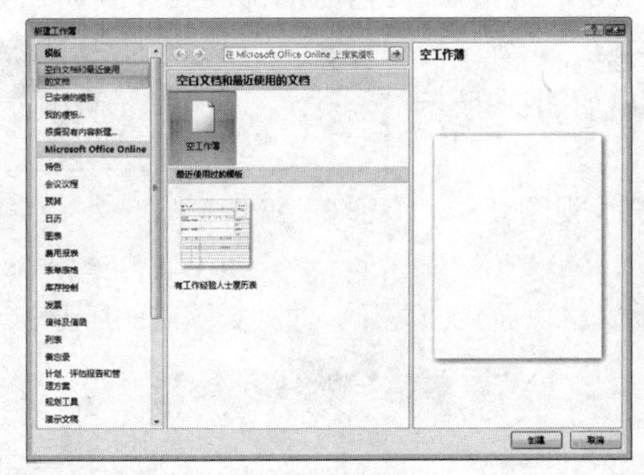

图8.11　【新建工作簿】对话框

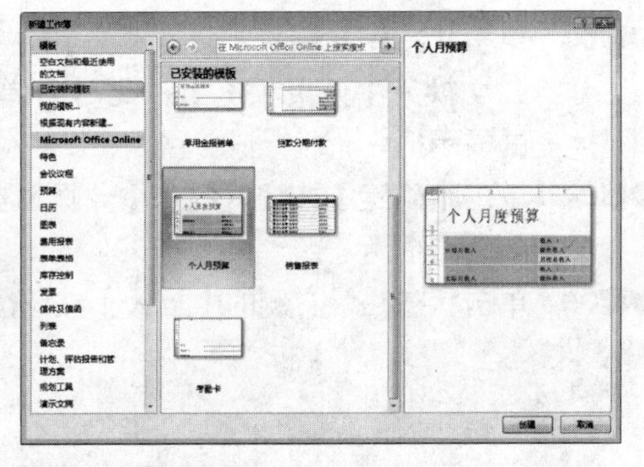

图8.12　选择模板

2. 保存工作簿

和Word 2007相似，在Excel 2007中保存工作簿也有多种方法，可直接保存新建的工作簿、另存为其他文档和自动保存工作簿。

1）保存新建的工作簿

其方法与在Word中保存新建文档的方法类似，在当前工作簿中单击快速访问工具栏中的【保存】按钮，也可以按【Ctrl+S】组合键或者执行【Office按钮】→【保存】命令，打开【另存为】对话框，如图8.13所示，在【保存位置】下拉列表框中选择要保存的具体位置，在【保存类型】下拉列表框中选择文档类型，在【文件名】下拉列表框中输入文档的名称，单击【保存】按钮，将文档保存到指定位置。

2）另存为其他文档

与Word相同，由于Excel 2007中文档的扩展名为“.xlsx”，而以前Excel版本中文档的扩展名为“.xls”，所以以前的版本不支持由Excel 2007产生的文档。为了让文档能在以前的Excel版本中进行使用，可以将其另存为与旧**版本兼容**的副本。

将工作簿另存为其他文档的方法如下：

步骤01 在当前工作簿中执行【Office按钮】→【另保存】命令，在弹出的下拉菜单中选择另存为的文档格式，如图8.14所示。

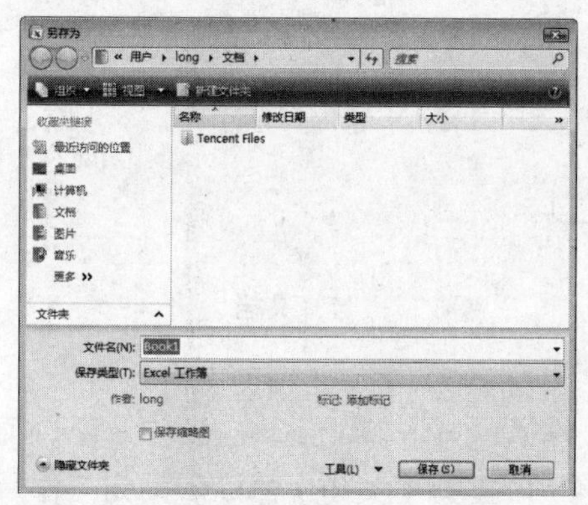

图8.13 【另存为】对话框

图8.14 选择文档格式

步骤02 打开【另存为】对话框，在其中设置文档的保存位置、文件类型和文件名。

步骤03 单击【保存】按钮，保存工作簿。

3）自动保存工作簿

在编辑工作簿时难免遇到停电、电脑死机等意外情况，如果设置了Excel的自动保存功能，在重新启动电脑打开Excel文档后，即可将自动保存的内容恢复回来，减少数据丢失的几率。

设置自动保存文档的具体操作如下：

步骤01 在Excel 2007中执行【Office按钮】→【Excel选项】命令，打开【Excel选项】对话框。

步骤02 在该对话框左侧的列表框中单击【保存】选项，在右侧的【保存工作簿】选区中勾选【保存自动恢复信息时间间隔】复选框，在其后的数值框中输入每次进行自动保存的时间间隔，如图8.15所示。

步骤03 单击【确定】按钮，完成设置。

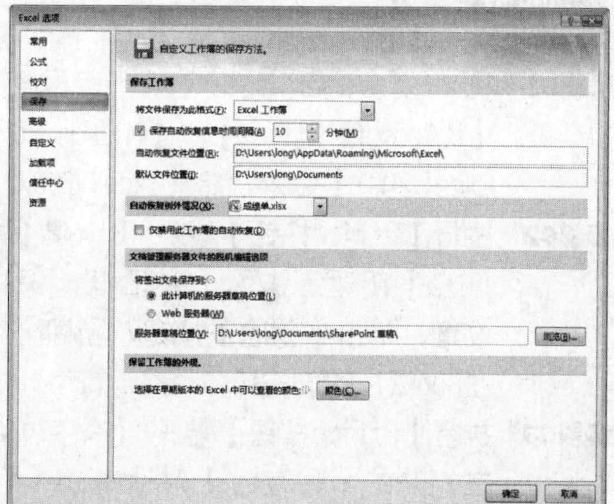

图8.15 【Excel选项】对话框

3. 打开工作簿

如果要对某个工作簿进行编辑，首先需要将其打开，方法如下：执行【Office按钮】→【打开】命令，打开【打开】对话框，在该对话框中查找需要的工作簿，如图8.16所示，然后单击【打开】按钮即可。

用户还可以单击【Office按钮】，在打开的下拉菜单右侧的【最近使用的文档】列表中单击需要打开的文档，如图8.17所示。

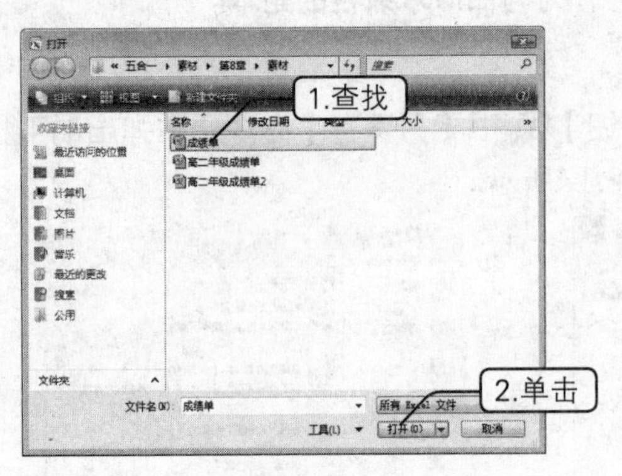

图8.16　选择工作簿

图8.17　选择文档

4. 关闭工作簿

对工作簿进行编辑保存后，须关闭该工作簿，方法如下：单击工作簿窗口菜单栏右侧的【关闭窗口】按钮或执行【Office按钮】→【关闭】命令。关闭工作簿不会退出Excel；若要退出Excel，可单击标题栏的【关闭】按钮。

8.2.2　典型案例——创建并保存"学生成绩"工作簿

案例目标

本案例将启动Excel并新建一个工作簿，再将其保存为"学生成绩.xlsx"，使读者进一步熟悉如何启动Excel，以及在Excel中新建、保存工作簿等操作。

效果图位置：【第8课\源文件\学生成绩.xlsx】

操作步骤

步骤01　执行【开始】→【所有程序】→【Microsoft Office】→【Microsoft Office Excel 2007】命令，启动Excel 2007。

步骤02　执行【Office按钮】→【新建】命令，打开【新建工作簿】对话框，保持默认设置，单击【创建】按钮，新建一个名为"Book2"的工作簿。

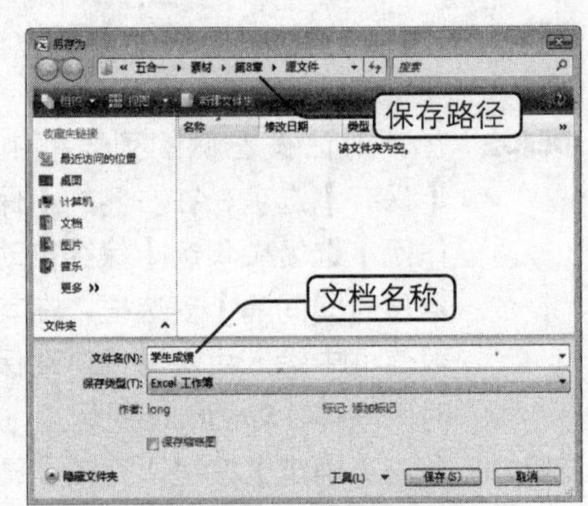

图8.18　设置文档名称和保存位置

步骤03　执行【Office按钮】→【保存】命令，在打开的【另存为】对话框的【保存位置】下拉列表框中选择文件保存的路径，在下方的【文件名】下拉列表框中输入"学生成绩"，如图8.18所示。

步骤04　单击【保存】按钮，此时工作簿的名称由"Book2"变为"学生成绩.xlsx"。

案例小结

本案例练习了新建工作簿并将其保存的方法。需要注意的是：Excel在启动时会自动新建一个工作簿，因此当再新建一个工作簿后，其默认的名称为"Book2"而不是"Book1"。

8.3 工作表的基本操作

Excel工作簿由多个工作表组成，每个工作表都是一个由若干行和列组成的二维表格。工作表是在Excel中用于存储和处理数据的主要文档，因此用户要熟练掌握工作表的基本操作。

8.3.1 知识讲解

本节主要讲解工作表的选择、插入、删除、重命名、移动/复制及保护等基本操作。

1. 选择工作表

一个工作簿通常有多张工作表，它们的内容不可能同时显示在操作界面中，因此经常要在不同工作表之间选择并切换，以完成不同的工作。选择工作表的方法有如下几种：

- 利用鼠标单击工作表标签即可切换到该工作表中。
- 利用工作表切换按钮进行切换，单击◀或者▶按钮可以按顺序选择上一张或下一张工作表，单击⏮或⏭按钮可以选择第一张或最后一张工作表。
- 按【Ctrl+Page Up】组合键切换到前一张工作表；按【Ctrl+Page Down】组合键切换到后一张工作表。
- 在任意一个工作表标签上单击鼠标右键，在弹出的快捷菜单中选择【选定全部工作表】命令，可选择工作簿中的全部工作表。
- 单击所需的第一张工作表标签，按住【Ctrl】键不放并依次单击其他工作表标签，可同时选择不相邻的多张工作表。
- 单击所需的第一张工作表标签，按住【Shift】键不放并单击要选择的最后一张工作表标签，可选择相邻的多张工作表。

2. 插入工作表

当工作簿中的工作表数量无法满足需求时，用户可以在工作簿中插入工作表。

在当前工作簿中插入工作表的具体操作步骤如下：

步骤01 选择一个工作表，例如，选择Sheet2。

步骤02 在该工作表标签上单击鼠标右键，弹出快捷菜单，如图8.19所示。

步骤03 在该快捷菜单中选择【插入】选项，打开【插入】对话框，如图8.20所示。

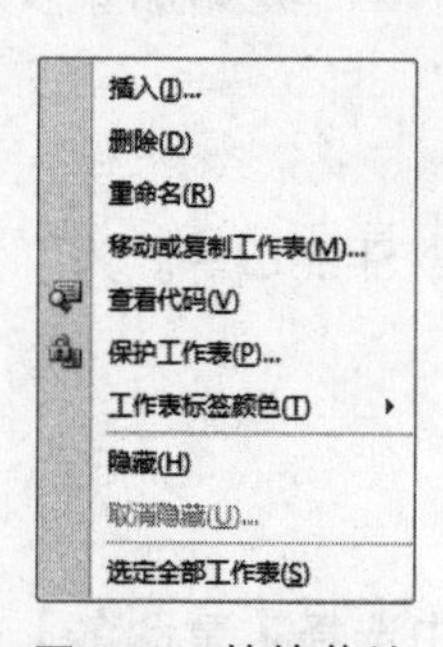

图8.19 快捷菜单

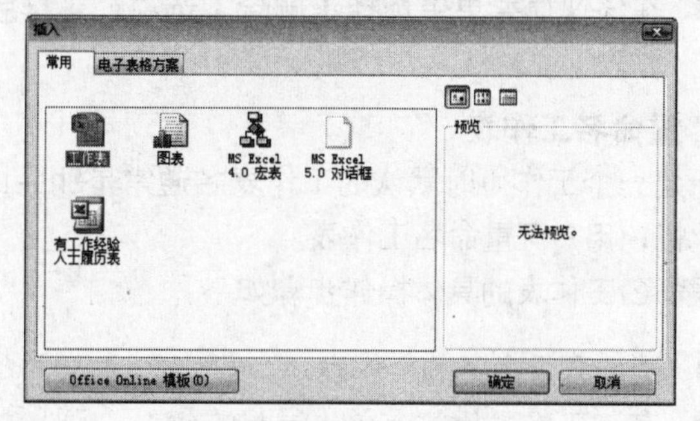

图8.20 【插入】对话框

步骤04 在左侧的列表框中选择【工作表】选项，默认情况下为选中状态。

步骤05 单击【确定】按钮即可在当前的工作簿中插入工作表，效果如图8.21所示。

图8.21 插入工作表

除此之外，用户还可以在【开始】选项卡的【单元格】组中单击【插入】下拉按钮，在打开的下拉列表中选择【插入工作表】选项，如图8.22所示。

单击工作表标签右侧的【插入工作表】按钮，可以依次向右插入工作表。

3. 删除工作表

在Excel中，用户可根据需要将多余的工作表删除。删除工作表的方法有两种。

使用【开始】选项卡中的【删除】选项

具体操作步骤如下：

步骤01 选择要删除的工作表。

步骤02 在【开始】选项卡的【单元格】组中单击【删除】下拉按钮，打开下拉列表，选择【删除工作表】选项，如图8.23所示。

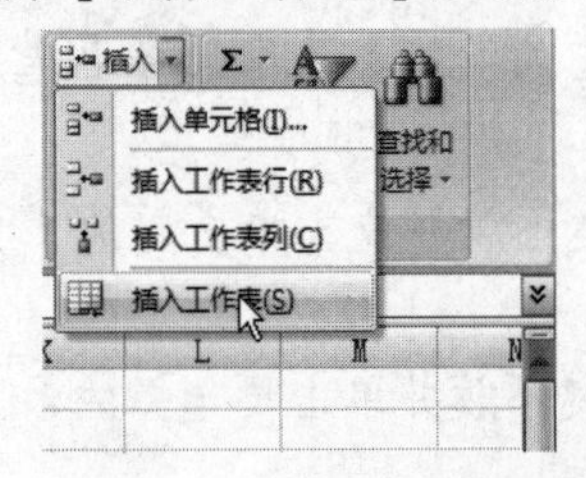

图8.22 【插入】下拉列表

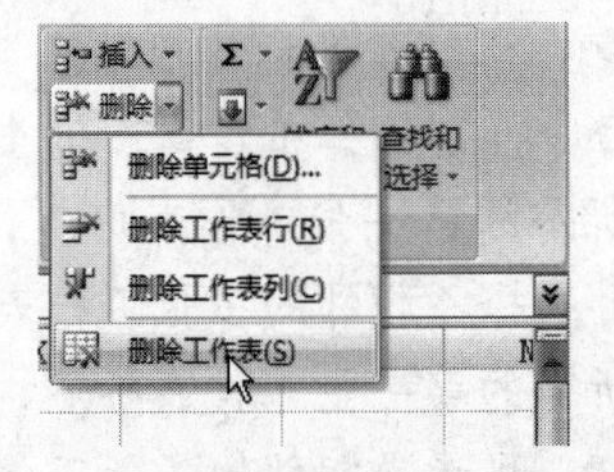

图8.23 【删除】下拉列表

步骤03 这样就可以在当前工作簿中删除多余的工作表了。

使用快捷菜单。

具体操作步骤如下：

步骤01 选择要删除的工作表。

步骤02 在该工作表标签上单击鼠标右键，弹出快捷菜单。

步骤03 在该快捷菜单中选择【删除】选项，这样就可在当前的工作簿中删除多余的工作表了。

4. 重命名工作表

新建一个工作簿时默认的工作表名通常是Sheet1、Sheet2、Sheet3等。为了便于区分与记忆，用户可重命名工作表。

重命名工作表的具体操作步骤如下：

步骤01 选择要重命名的工作表。

步骤02 在该工作表标签上单击鼠标右键，在弹出的快捷菜单中选择【重命名】选项，如图8.24所示。

步骤03 工作表标签处于可编辑状态，如图8.25所示。

步骤04 输入工作表的名称，例如输入“销售记录”。

步骤05 按【Enter】键，工作表被重命名为“销售记录”，如图8.26所示。

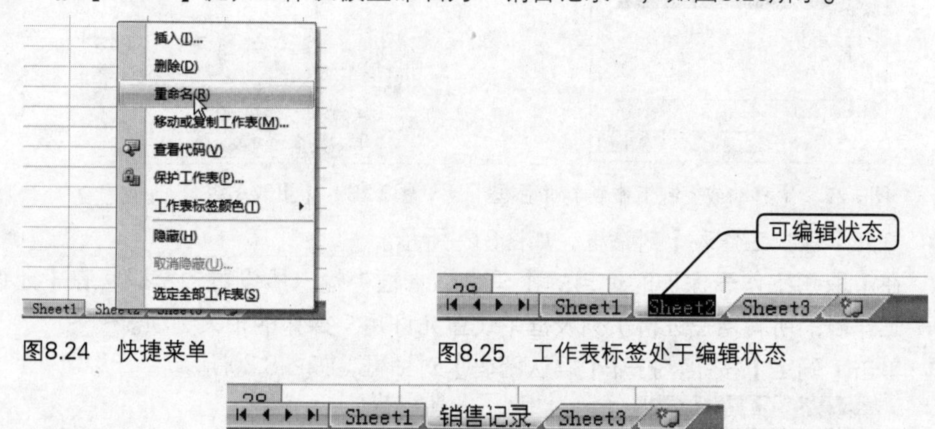

图8.24 快捷菜单

图8.25 工作表标签处于编辑状态

图8.26 重命名工作表

重命名工作表的操作相对比较简单。用户也可以双击需要重命名的工作表标签，当工作表标签名称呈可编辑状态时，输入新的工作表名称。

5. 移动/复制工作表

在Excel 2007中，用户可以根据需要移动或复制工作表。使用鼠标的拖放操作来移动或复制工作表是最常用的方法。在工作表标签中，选中需要移动或复制的工作表，按住鼠标左键，沿着标签栏拖动到目的位置并释放鼠标即可。如果在移动工作表标签的同时按住【Ctrl】键，将复制选中的工作表。

除此之外，用户还可以使用快捷菜单移动或复制工作表，具体操作步骤如下：

步骤01 选择需要移动或复制的工作表，在其标签上单击鼠标右键，打开快捷菜单。

步骤02 选择【移动或复制工作表】选项，打开【移动或复制工作表】对话框，如图8.27所示。

步骤03 在【工作簿】下拉列表框中选择将选定工作表移动或复制到的工作簿名，默认是当前工作簿。

步骤04 在【下列选定工作表之前】列表框中选择一个工作表，选定的工作表将移动到此工作表的前面。

步骤05 如果用户需要复制工作表，则选中【建立副本】复选框。

步骤06 最后单击【确定】按钮，即可移动或复制工作表。

6. 保护工作表

在完成工作簿的编辑后，为了防止非授权用户访问工作表时对工作表中的数据进行修改与编辑，可以设置密码将工作表保护起来。具体操作步骤如下：

步骤01 选择需要保护的工作表。

步骤02 打开【审阅】选项卡，在【更改】组中选择【保护工作表】选项，如图8.28所示。

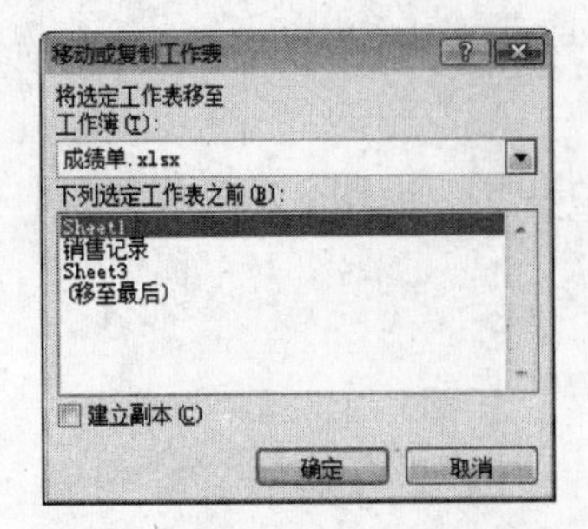

图8.27 【移动或复制工作表】对话框

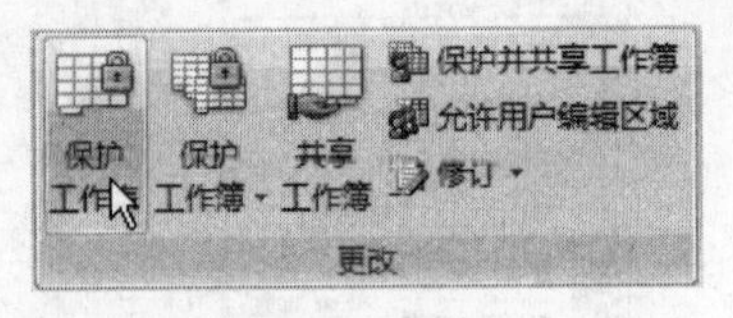

图8.28 【更改】组

步骤03 打开【保护工作表】对话框，如图8.29所示。

步骤04 在【取消工作表保护时使用的密码】文本框中输入所设置的密码，在【允许此工作表的所有用户进行】列表框中设置允许用户操作的相关选项。

步骤05 单击【确定】按钮，打开【确认密码】对话框，如图8.30所示。

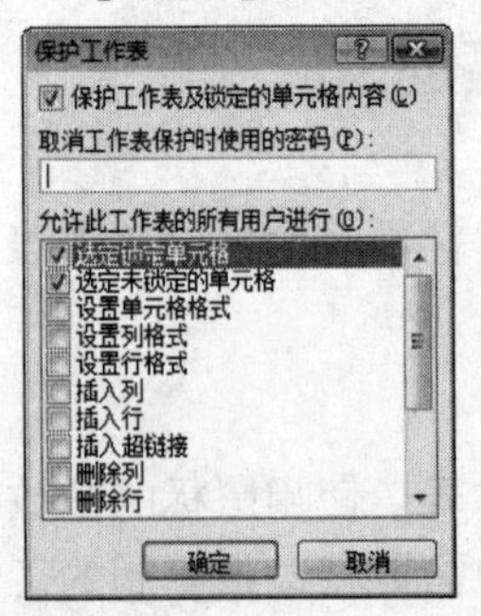

图8.29 【保护工作表】对话框

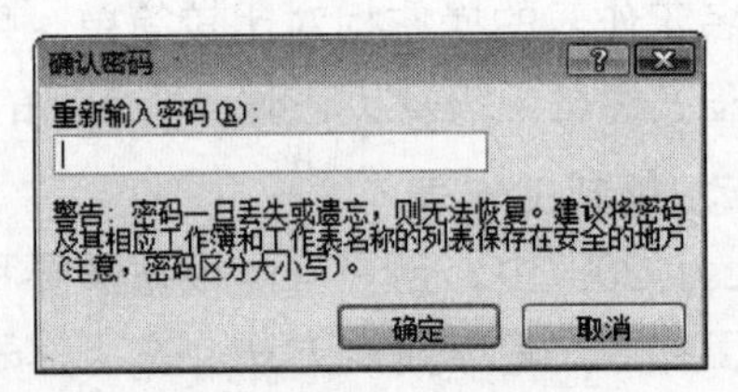

图8.30 【确认密码】对话框

步骤06 在【重新输入密码】文本框中再次输入所设置的密码。

步骤07 单击【确定】按钮，完成对工作表的保护。

当工作表处于保护状态时，如果用户对工作表进行非法编辑或修改时，系统将弹出一个提示信息框，提示用户要修改保护单元格或图表的内容，就需要取消工作表的保护状态，如图8.31所示。

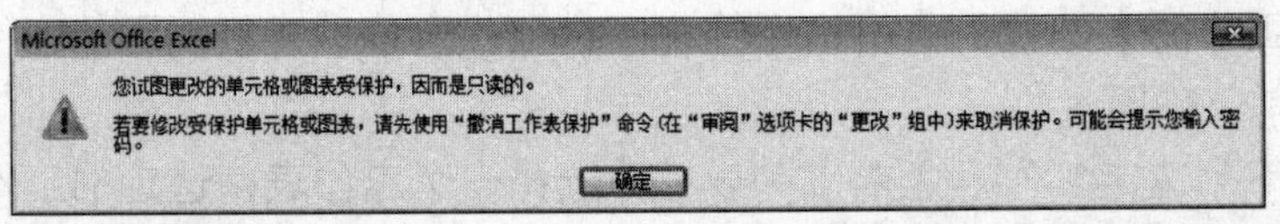

图8.31 提示框

对工作表进行保护后，【更改】组中的【保护工作表】命令将变为【撤销工作表保护】命令，如图8.32所示，单击【撤销工作表保护】按钮，弹出如图8.33所示的【撤销工作表保护】对话框，在该对话框中输入所设置的密码，最后单击【确定】按钮即可撤销工作表的保护状态。

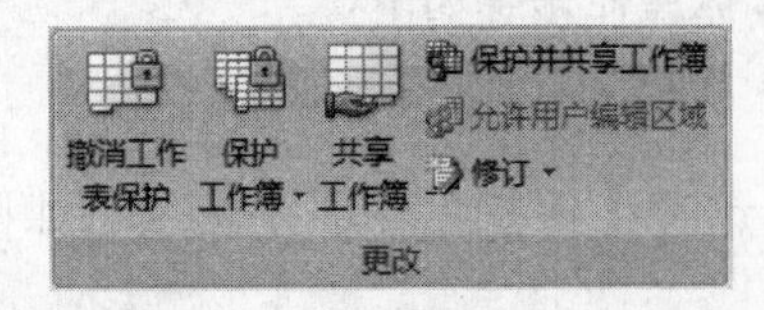

图8.32 【更改】组

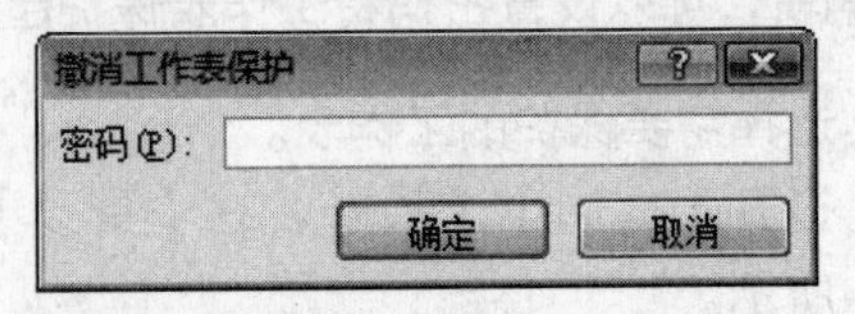

图8.33 【撤销工作表保护】对话框

8.3.2 典型案例——设置“学生成绩”中的工作表

案例目标

本案例将对前面新建的“学生成绩”工作簿中的工作表进行设置，主要练习Excel工作表的基本操作。

素材位置：【第8课\源文件\学生成绩.xlsx】

效果图位置：【第8课\源文件\学生成绩2.xlsx】

操作思路：

步骤01 打开“学生成绩”工作簿。

步骤02 在“Sheet3”工作表之后插入新工作表。

步骤03 对“学生成绩”工作簿中的所有工作表重新命名。

步骤04 对命名后的一张工作表进行保护设置。

步骤05 最后将工作簿另存为“学生成绩2.xlsx”。

操作步骤

步骤01 打开“学生成绩”工作簿，单击工作表标签右侧的【插入工作表】按钮，在“Sheet3”工作表之后插入“Sheet4”工作表。

步骤02 在“Sheet1”工作表上单击鼠标右键，在弹出的快捷菜单中选择【重命名】命令，输入“高一年级”。

步骤03 按照此方法，分别将其他工作表重命名为“高二年级”、“高三年级”以及“复读班”，效果如图8.34所示。

图8.34 重命名工作表

步骤04 单击“复读班”工作表标签，切换到该工作表中。

步骤05 打开【审阅】选项卡，在【更改】组中单击【保护工作表】按钮，打开【保护工作表】对话框。

步骤06 在该对话框中选择【保护工作表及锁定的单元格内容】复选框，在【允许此工作表的所有用户进行】列表框中选中【选定锁定单元格】、【选定未锁定的单元格】、【插入列】和【插入行】复选框，并在【取消工作表保护时使用的密码】文本框中输入密码“123”，如图8.35所示。

步骤07 单击【确定】按钮，打开【确认密码】对话框，在其中重复输入“123”，如图8.36所示。

步骤08 单击【确定】按钮，完成设置。

步骤09 执行【Office按钮】→【另存为】命令，在打开的【另存为】对话框中将工作簿另存为“学生成绩2.xlsx”。

步骤10 单击【保存】按钮，完成操作。

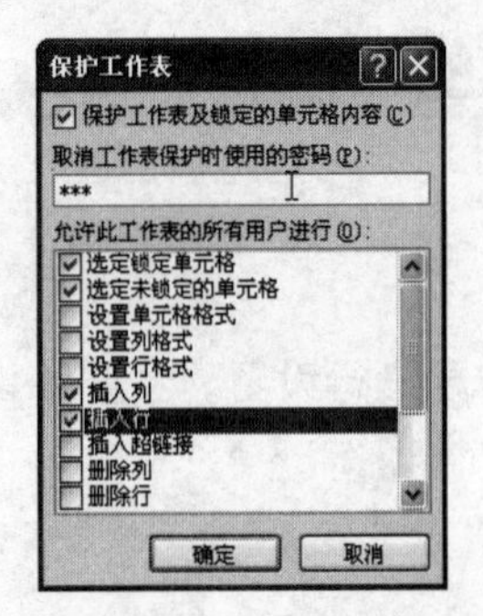

图8.35 【保护工作表】对话框

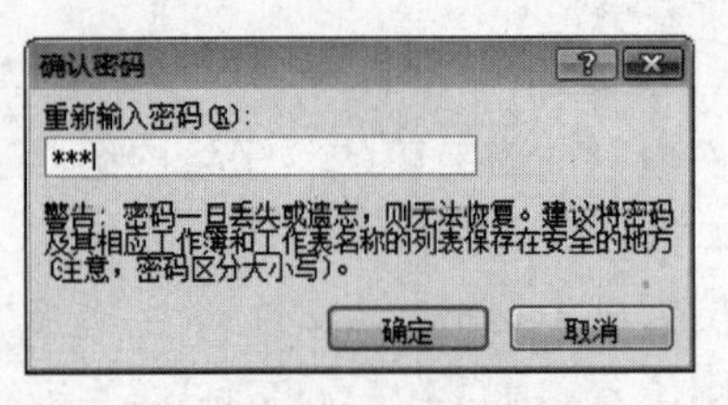

图8.36 【确认密码】对话框

案例小结

本案例练习了工作表的基本操作。在对工作表进行保护设置时，在【保护工作表】对话框中可进行详细设置，以方便不同用户的不同需要。

8.4 单元格的基本操作

单元格是构成电子表格的基本元素，在表格中输入和编辑数据其实就是在单元格中输入和编辑数据。在对单元格进行编辑之前，首先要学会单元格的基本操作。

8.4.1 知识讲解

对单元格的基本操作主要包括单元格的选择、插入、合并与拆分、设置行高和列宽以及单元格的删除等。

1. 选择单元格

在单元格中输入和编辑数据时，需要先选择相应的单元格。选择单元格有以下几种情况。

1）选择单个单元格

选择单个单元格的方法有以下3种。

使用鼠标选取单个单元格

在当前的工作表中将鼠标指针移动到需要选取的单元格上，这时鼠标指针变为白色的十字形，单击鼠标，此时该单元格被选中，其边框以黑色粗线标示，如图8.37所示。

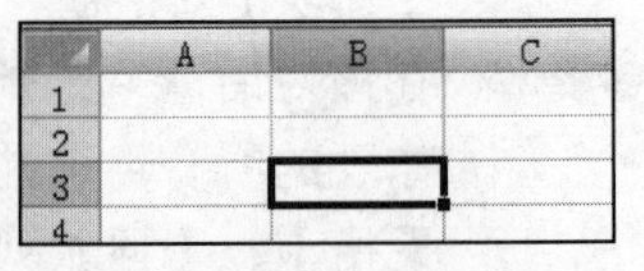

图8.37 选择单个单元格

使用地址栏选取单个单元格

定位光标到地址栏中，输入需要选定的单元格的行列号，如C6，然后按【Enter】键，该单元格被选中。

在输入单元格的名称时，先输入列标，再输入行号，如C6，而不是6C。

使用光标控制键选取单个单元格

使用键盘上的光标控制键可以将活动单元格移动到用户所需选取的单元格位置。

2）选择连续的单元格区域

选择连续的单元格区域的方法有以下3种。

使用鼠标选取单元格区域

将鼠标指针指向需要选择的第一个单元格，按住鼠标左键不放拖动到需要选取的最后一个单元格，释放鼠标左键，一个连续的单元格区域就选定了。

使用地址栏来选取连续的单元格区域

将光标定位到地址栏中，输入需要选择的单元格区域的行列号，输入格式如“B2:D5”（表示选取B2到D5之间的单元格区域），按【Enter】键即可完成连续单元格的选定。

使用【Shift】键快速选取单元格区域

单击需要选取的连续单元格区域左上角的第一个单元格，按住【Shift】键，同时单击该区域右下角的最后一个单元格，这样该单元格区域就会被选定。

3）选择不连续的单元格区域

选取不连续的多个单元格的方法有如下两种。

使用【Ctrl】键

将鼠标移动到第一个需要选取的单元格上，单击鼠标选取第一个单元格，按住【Ctrl】键不放，同时依次单击需要选取的其他单元格，选取完成后，松开鼠标按键，这样就选取了不连续的多个单元格。

使用地址栏来选取不连续的多个单元格

将光标定位到地址栏中，输入需要选择的单元格的行列号，各个单元格之间用逗号隔开，例如，输入A2，B6，B2，B5（表示选取单元格A2，B6，B2，B5），按【Enter】键，这样就选取了用户所需要的不连续的多个单元格。

4）选择行

在使用工作表处理数据时，有时用户需要选中整行。如果要选取单行，只要将鼠标移动到该行的行号上，当鼠标变为箭头➡时，单击鼠标即可。如果要选择连续行，单击连续行区域第一行的行号，按住【Shift】键不放，单击连续行区域最后一行的行号即可。

5）选择列

选择列区域的操作与选择行区域的操作基本相同，只是将行换为列。

6）选择工作表中的所有单元格

选择工作表中所有单元格的方法有以下两种。

使用全部选定按钮

将鼠标指针移到工作表左上角的行和列交叉处的全部选定按钮 上，此时鼠标变为白色的十字形，单击鼠标，就可以将当前工作表中的单元格全部选中，如图8.38所示。

使用【Ctrl+A】组合键

使用【Ctrl+A】组合键可以快速

图8.38 选择全部单元格

地选中当前工作表中的所有单元格。

2. 插入单元格

当编辑好一个表格后有时需要在表格中加入一些内容，此时可在原表格的基础上插入单元格。插入单元格的具体操作如下：

步骤01 选择一个单元格，表示在此单元格的位置插入一个单元格。

步骤02 在【开始】选项卡的【单元格】组中单击【插入】下拉按钮，在打开的下拉列表中选择【插入单元格】选项，如图8.39所示。

步骤03 打开【插入】对话框，选中相应的单选按钮，如图8.40所示。

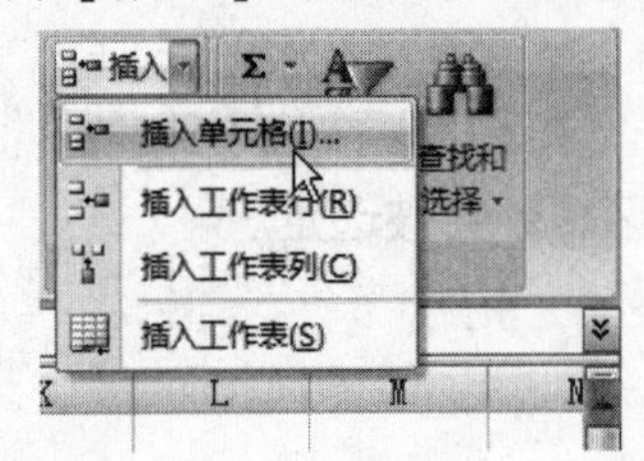

图8.39 选择【插入单元格】选项

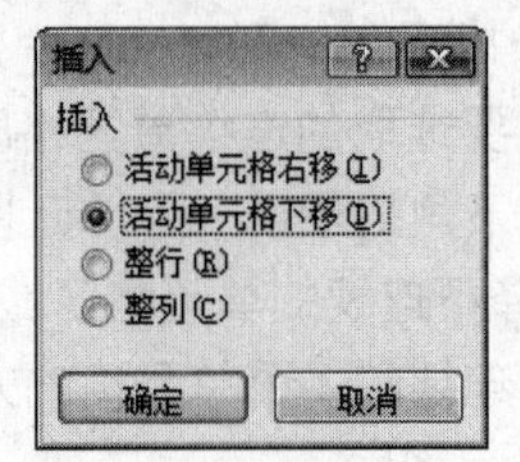

图8.40 【插入】对话框

步骤04 单击【确定】按钮，插入一个新单元格，原来的单元格向下移动。

用户还可以使用快捷菜单来插入单元格。在需要插入单元格位置的单元格上单击鼠标右键，在弹出的快捷菜单中选择【插入】命令，打开【插入】对话框，选中相应的单选按钮，单击【确定】按钮即可。

在工作表中插入行和列的操作和插入单元格的操作类似，这里将不再详细介绍。

3. 合并和拆分单元格

为了使制作的表格更加专业和美观，有时需要将一些单元格合并成一个单元格或者将合并后的单元格拆分为多个单元格。

1）合并单元格

首先选择需要合并的单元格区域，在【开始】选项卡的【对齐方式】组中单击【合并后居中】按钮，打开下拉列表，如图8.41所示，选择一种合并方式，例如选择【合并单元格】选项，合并后的效果如图8.42所示。

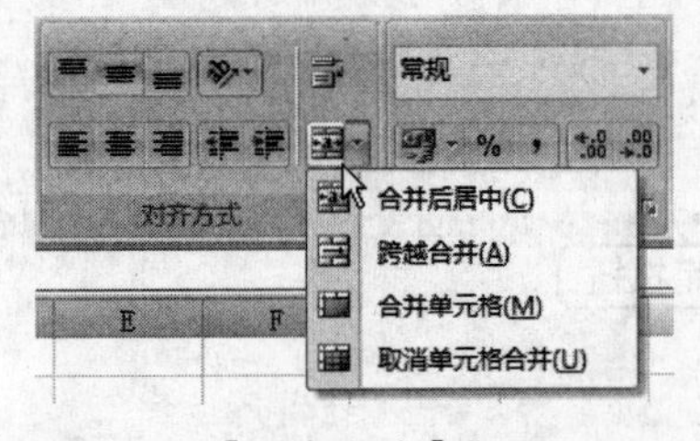

图8.41 【对齐方式】组

图8.42 合并后的单元格

用户还可以使用【设置单元格格式】对话框合并单元格。在【开始】选项卡的【单元格】组中单击【格式】下拉按钮，在下拉列表中选择【设置单元格格式】选项，如图8.43所示，打开【设置单元格格式】对话框，选择【对齐】选项卡，在【文本控制】选区内勾选【合并单元格】复选框，如图8.44所示。

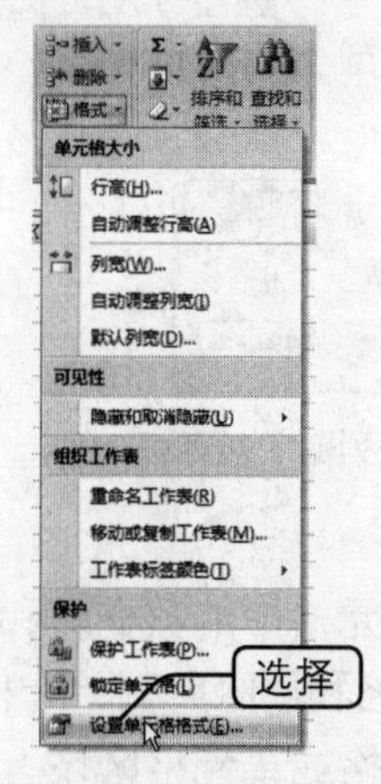

图8.43　下拉列表

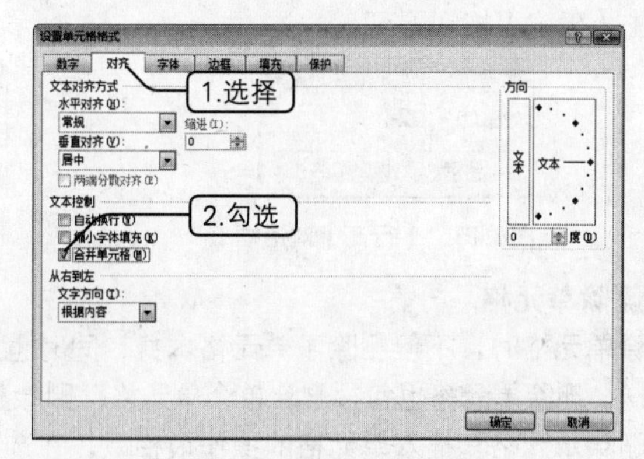

图8.44　【设置单元格格式】对话框

2）拆分单元格

Excel只能对合并的单元格进行拆分，拆分时只要选择已合并的单元格，在【开始】选项卡的【对齐方式】组中单击【合并后居中】按钮即可。

4. 设置单元格的行高和列宽

行高是指工作簿中单元格的竖直高度，列宽是指单元格的水平宽度。在进行表格处理时，用户可以根据实际内容来调整行高和列宽。

在Excel 2007中，调整行高和列宽有以下两种方法。

使用鼠标

使用鼠标改变行高的操作步骤如下：

步骤01　将鼠标指针移到两个行号之间，它就变为✣形状。

步骤02　按住鼠标左键，向上或向下拖动，行高就会随之改变，变到需要的高度时，松开鼠标左键即可。

使用鼠标改变列宽的操作步骤如下：

步骤01　将鼠标指针移到两个列号之间时，它就会变为✛形状。

步骤02　按住鼠标左键，向左或向右拖动，列宽也会随之变化，变到需要的宽度时，松开鼠标左键即可。

使用对话框

使用对话框改变行高的操作步骤如下：

步骤01　单击要改变行高的单元格。

步骤02　在【开始】选项卡的【单元格】组中选择【格式】选项，打开下拉列表。

步骤03　在下拉列表中选择【行高】命令，打开【行高】对话框，如图8.45所示。

步骤04　在【行高】文本框中输入数值。

步骤05　单击【确定】按钮即可改变该行的行高。

使用对话框改变列宽的操作步骤和改变行高的操作步骤基本相同，具体步骤如下：

在【开始】选项卡的【单元格】组中选择【格式】选项，从打开的下拉列表中选择

【列宽】命令，打开【列宽】对话框，如图8.46所示，在【列宽】文本框中输入数值，最后单击【确定】按钮即可。

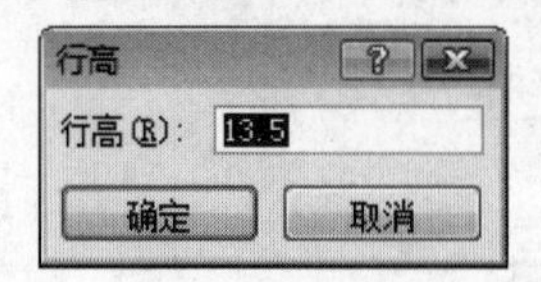

图8.45 【行高】对话框

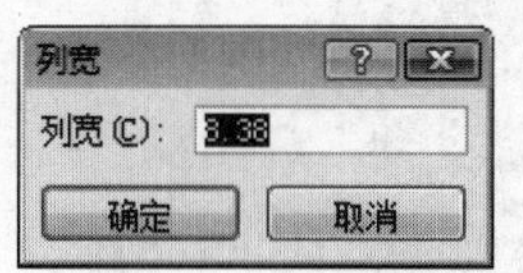

图8.46 【列宽】对话框

5. 删除单元格

删除单元格时，不但删除了单元格本身，同时也删除了单元格中的数据。和插入单元格一样，删除单元格也包括删除单个单元格、删除整行单元格和删除整列单元格等3种操作。删除单元格和插入单元格的操作很相似，在选中的单元格或单元格区域上单击鼠标右键，从弹出的快捷菜单中选择【删除】命令，打开【删除】对话框，如图8.47所示。

除此之外，用户还可以选中单元格或单元格区域，在【开始】选项卡的【单元格】组中选择【删除】命令，打开下拉列表，如图8.48所示，选择需要的操作命令。

6. 清除单元格的内容

清除单元格和删除单元格不同，清除单元格只是删除单元格中的数据，而不删除单元格本身。

清除单元格的具体操作步骤如下：

步骤01 选择需要清除内容的单元格。

步骤02 在【开始】选项卡的【编辑】组中单击【清除】按钮，打开下拉列表，如图8.49所示。

步骤03 选择一种相应的操作，本例中选择【清除内容】选项，即可将单元格中的内容清除。

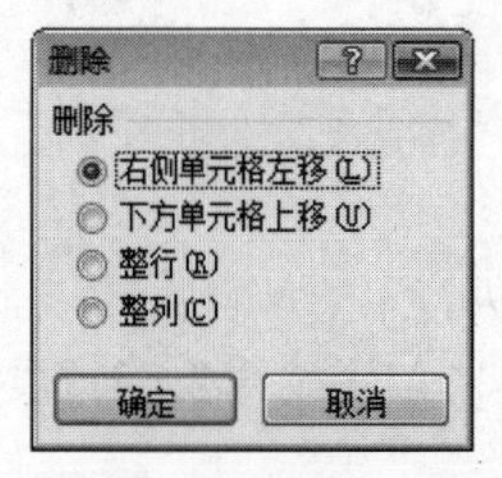

图8.47 【删除】对话框

图8.48 【删除】下拉列表

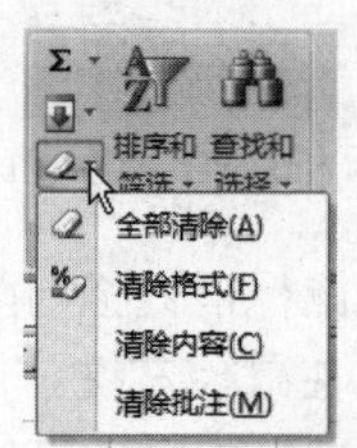

图8.49 【清除】下拉列表

用户还可以使用快捷菜单清除单元格内容。在选中的单元格上单击鼠标右键，弹出快捷菜单，选择【清除内容】选项即可。

8.4.2 典型案例——设置“高二年级成绩单”表的表头和单元格

本案例将对“高二年级成绩单”工作簿中的工作表进行设置，主要练习单元格的合并、插入以及清除等操作。

素材位置：【第8课\素材\高二年级成绩单.xlsx】

效果图位置：【第8课\源文件\高二年级成绩单2.xlsx】

操作思路：

步骤01 打开“高二年级成绩单”工作簿。

步骤02 通过合并单元格设置表头，并调整单元格的行高。

步骤03 在工作表中插入整列，以便以后输入数据。

步骤04 清除不需要的单元格内容。

操作步骤

步骤01 打开“高二年级成绩单”工作簿，在工作表标签中单击“Sheet3”工作表，如图8.50所示。

步骤02 拖动鼠标选择A1:I1单元格区域，单击【开始】选项卡【对齐方式】组中的【合并后居中】按钮，合并单元格，效果如图8.51所示。

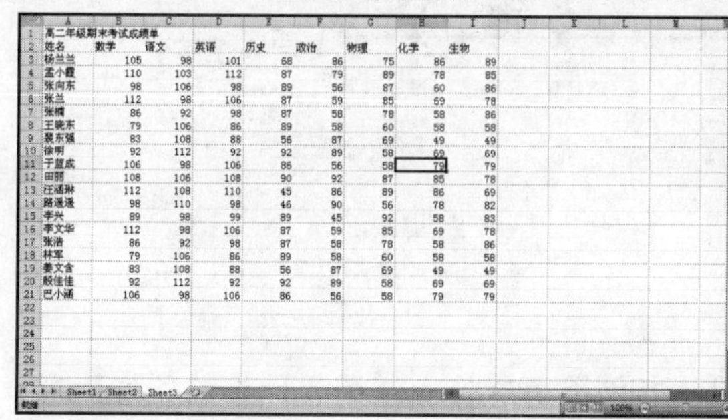

图8.50　打开工作簿

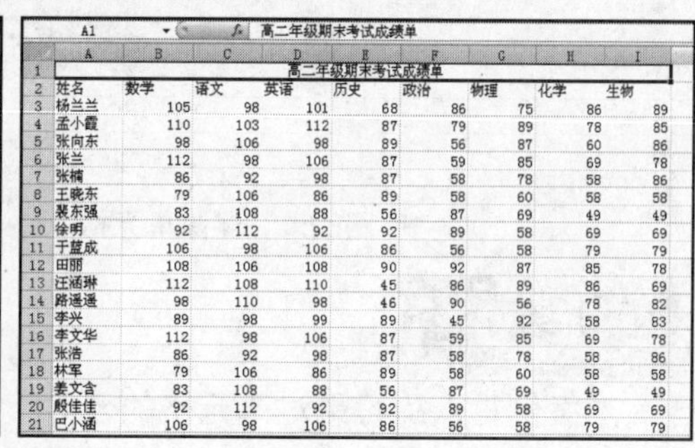

	A	B	C	D	E	F	G	H	I
1	高二年级期末考试成绩单								
2	姓名	数学	语文	英语	历史	政治	物理	化学	生物
3	杨兰兰	105	98	101	68	86	75	86	89
4	孟小霞	110	103	112	87	79	89	78	85
5	张向东	98	106	98	89	56	87	60	86
6	张兰	112	98	106	87	59	85	69	78
7	张楠	86	92	98	87	58	78	58	86
8	王晓东	79	106	86	89	58	60	58	58
9	裴东强	83	108	88	56	87	69	49	49
10	徐明	92	112	92	92	89	58	69	69
11	于篮成	106	98	106	86	56	58	79	79
12	田丽	108	106	108	90	92	87	85	78
13	汪涵琳	112	108	110	45	86	89	86	69
14	路遥遥	98	110	98	46	90	56	78	82
15	李兴	89	98	99	89	45	92	58	83
16	李文华	112	98	106	87	59	85	69	78
17	张浩	86	92	98	87	58	78	58	86
18	林军	79	106	86	89	58	60	58	58
19	姜文含	83	108	88	56	87	69	49	49
20	殷佳佳	92	112	92	92	89	58	69	69
21	巴小涵	106	98	106	86	56	58	79	79

图8.51　合并单元格

步骤03 选择第一行，在【开始】选项卡的【单元格】组中单击【格式】下拉按钮，在打开的下拉列表中选择【行高】选项。

步骤04 在打开的【行高】对话框中设置行高值为25，单击【确定】按钮，完成设置。

步骤05 将光标定位在F列的任意单元格中，在【开始】选项卡的【单元格】组中单击【插入】下拉按钮，在打开的下拉列表中选择【插入工作表列】选项，在F列左侧插入整列单元格，效果如图8.52所示。

> **说明** 添加此整列单元格是为了输入“地理”成绩的数据内容。

步骤06 选择A13:J13单元格，在【开始】选项卡的【编辑】组中单击【清除】下拉按钮，在打开的下拉列表中选择【清除内容】选项，即可将单元格中的内容清除，如图8.53所示。

> **注意** 若删除该行单元格，则下方的单元格将自动向上移动一行，如图8.54所示。

步骤07 最后将工作簿另存为“高二年级成绩单2.xlsx”工作簿。

	A	B	C	D	E	F	G	H	I	J
1	高二年级期末考试成绩单									
2	姓名	数学	语文	英语	历史		政治	物理	化学	生物
3	杨兰兰	105	98	101	68		86	75	86	89
4	孟小霞	110	103	112	87		79	89	78	85
5	张向东	98	106	98	89		56	87	60	86
6	张兰	112	98	106	87		59	85	69	78
7	张楠	86	92	98	87		58	78	58	86
8	王晓东	79	106	86	89		58	60	58	58
9	裴东强	83	108	88	56		87	69	49	49
10	徐明	92	112	92	92		89	58	69	69
11	于蓝成	106	98	106	86		56	58	79	79
12	田丽	108	106	108	90		92	87	85	78
13	汪涵琳	112	108	110	45		86	89	86	69
14	路遥遥	98	110	98	46		90	56	78	82
15	李兴	89	98	99	89		45	92	58	83
16	李文华	112	98	106	87		59	85	69	78
17	张浩	86	92	98	87		58	78	58	86
18	林军	79	106	86	89		58	60	58	58
19	姜文含	83	108	88	56		87	69	49	49
20	殷佳佳	92	112	92	92		89	58	69	69
21	巴小涵	106	98	106	86		56	58	79	79

图8.52　插入整列单元格

	A	B	C	D	E	F	G	H	I	J
1	高二年级期末考试成绩单									
2	姓名	数学	语文	英语	历史		政治	物理	化学	生物
3	杨兰兰	105	98	101	68		86	75	86	89
4	孟小霞	110	103	112	87		79	89	78	85
5	张向东	98	106	98	89		56	87	60	86
6	张兰	112	98	106	87		59	85	69	78
7	张楠	86	92	98	87		58	78	58	86
8	王晓东	79	106	86	89		58	60	58	58
9	裴东强	83	108	88	56		87	69	49	49
10	徐明	92	112	92	92		89	58	69	69
11	于蓝成	106	98	106	86		56	58	79	79
12	田丽	108	106	108	90		92	87	85	78
13										
14	路遥遥	98	110	98	46		90	56	78	82
15	李兴	89	98	99	89		45	92	58	83
16	李文华	112	98	106	87		59	85	69	78
17	张浩	86	92	98	87		58	78	58	86
18	林军	79	106	86	89		58	60	58	58
19	姜文含	83	108	88	56		87	69	49	49
20	殷佳佳	92	112	92	92		89	58	69	69
21	巴小涵	106	98	106	86		56	58	79	79

图8.53　清除单元格中的内容

	A	B	C	D	E	F	G	H	I	J
1	高二年级期末考试成绩单									
2	姓名	数学	语文	英语	历史		政治	物理	化学	生物
3	杨兰兰	105	98	101	68		86	75	86	89
4	孟小霞	110	103	112	87		79	89	78	85
5	张向东	98	106	98	89		56	87	60	86
6	张兰	112	98	106	87		59	85	69	78
7	张楠	86	92	98	87		58	78	58	86
8	王晓东	79	106	86	89		58	60	58	58
9	裴东强	83	108	88	56		87	69	49	49
10	徐明	92	112	92	92		89	58	69	69
11	于蓝成	106	98	106	86		56	58	79	79
12	田丽	108	106	108	90		92	87	85	78
13	路遥遥	98	110	98	46		90	56	78	82
14	李兴	89	98	99	89		45	92	58	83
15	李文华	112	98	106	87		59	85	69	78
16	张浩	86	92	98	87		58	78	58	86
17	林军	79	106	86	89		58	60	58	58
18	姜文含	83	108	88	56		87	69	49	49
19	殷佳佳	92	112	92	92		89	58	69	69
20	巴小涵	106	98	106	86		56	58	79	79

图8.54　删除单元格

案例小结

本案例重点练习了对单元格的合并、插入和清除等操作。掌握单元格的各种基本操作，对以后输入数据以及设置单元格格式都有相当大的帮助。

8.5 上机练习

8.5.1 创建“课程表”工作簿并重命名工作表

本次练习将在Excel 2007中创建“课程表”工作簿，并对其中的所有工作表重新命名，主要巩固创建工作簿和重命名工作表的操作，最终效果如图8.55所示。

效果图位置：【第8课\源文件\课程表.xlsx】

操作思路：

步骤01 启动Excel 2007，新建一个工作簿并保存为“课程表.xlsx”。

步骤02 将工作簿中的3个工作表分别重命名为“高一课程表”、“高二课程表”和“高三课程表”。

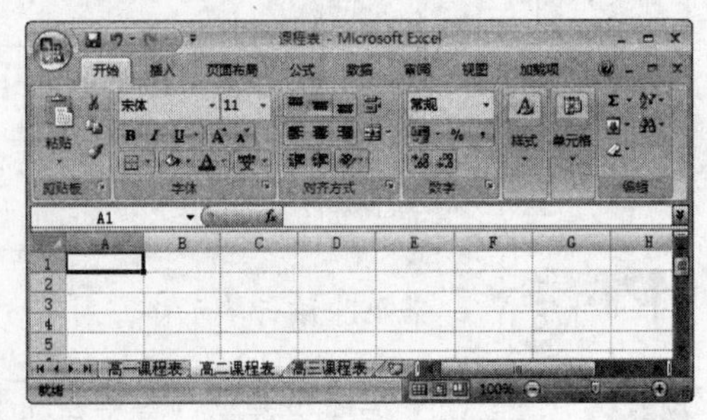

图8.55　创建新工作簿并重命名了工作表名称

步骤03 单击快速访问工具栏中的【保存】按钮，保存工作簿。

8.5.2 为“课程表”工作簿添加工作表并对新工作表设置保护

本次练习将在前面创建的“课程表”工作簿中插入一个新的工作表，并将对新插入的工作表设置保护，最终效果如图8.56所示。

素材位置：【第8课\源文件\课程表.xlsx】

效果图位置：【第8课\源文件\课程表2.xlsx】

操作思路：

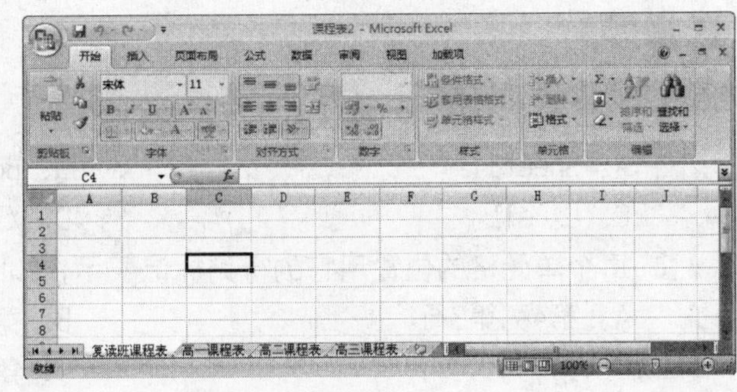

图8.56 插入的新工作表

步骤01 打开8.5.1节创建的“课程表.xlsx”工作簿。

步骤02 在工作表标签的“Sheet1”上单击鼠标右键，在弹出的快捷菜单中选择【插入】选项。

步骤03 打开【插入】对话框，在【常用】选项卡中选择【工作表】选项。

步骤04 单击【确定】按钮，在“Sheet1”左侧插入一个新的工作表“Sheet4”。

步骤05 将工作表“Sheet4”重命名为“复读班课程表”。

步骤06 然后打开【审阅】选项卡，在【更改】组中单击【保护工作表】按钮，在打开的对话框中设置密码“123”，单击【确定】按钮。

步骤07 打开【确认密码】对话框，再次输入密码“123”，单击【确定】按钮，完成设置。

步骤08 将工作簿另存为“课程表2.xlsx”。

8.6 疑难解答

问：为了便于区分不同的工作表标签，可以设置其颜色吗？

答：可以。在须设置的工作表标签上单击鼠标右键，在弹出的快捷菜单中选择【工作表标签颜色】命令，在打开的颜色列表中选择需要的颜色即可。

问：如何设置启动Excel 2007时打开指定工作簿？

答：打开【Excel 选项】对话框，在左侧列表中选择【高级】选项，在右侧的【启动时打开此目录中的所有文件】文本框中输入工作簿的存储路径即可。

问：如何同时选择全部工作表？

答：在任意工作表标签上单击鼠标右键，在弹出的快捷菜单中选择【选定全部工作表】命令即可。

8.7 课后练习

选择题

1 在Excel 2007中，默认工作簿的文件名是（　　）。

A、Sheet1　　　　B、Book1

C、Excel1　　　　D、Xls1

2 每个单元格的位置用它的行列标记表示，如D3表示（　　）。

A、第4列第3行　　　　B、第3列第3行

C、第4列第4行　　　　D、第3列第4行

3 工作表标签显示的内容是（　　）。

A、工作表大小　　　　B、工作表属性

C、工作表内容　　　　D、工作表名称

问答题

1 Excel 2007的操作界面与Word 2007有什么异同?

2 如何重命名工作表?

3 如何调整单元格的行高和列宽?

上机题

1 制作“各部门员工工资”工作簿，重命名工作表标签，并插入一个新的工作表，完成后的最终效果如图8.57所示。

图8.57　“各部门员工工资”工作簿

效果图位置：【第8章\练习\各部门员工工资.xlsx】

2 为上面练习中的“技术部”工作表设置密码保护。

第9课

Excel 2007进阶

▼ 本课要点

输入数据

编辑数据

设置单元格格式

▼ 具体要求

输入文本	移动和复制数据
输入特殊符号	设置单元格数据格式
输入普通数据	设置文本格式
输入特殊数据	设置单元格数据的对齐方式
输入序列数据	设置单元格边框
修改数据	设置单元格的背景色和图案
查找和替换数据	套用表格样式

▼ 本课导读

前面我们已经学习了Excel制作表格的一些基本操作，下面具体介绍如何在Excel表格中输入和编辑数据，并对单元格格式进行设置，让其成为真正的表格。

9.1 输入数据

在Excel工作表中可以输入多种类型的数据，其中最常见的有文本、数值、日期和时间等。下面将分别介绍它们的输入方法。

9.1.1 知识讲解

在工作表中不仅可以输入文本、数值，还可以输入特殊符号和特殊数据。

1. 输入文本

输入文本的方法有如下几种：

- 选择单元格，输入所需的数据，然后按【Enter】键即可。
- 选择单元格后在编辑栏中单击，插入文本插入点，然后输入所需的数据，完成后按【Enter】键。
- 双击须输入文本的单元格，可直接将文本插入点插入到单元格中，然后在单元格中输入所需的数据，完成后按【Enter】键或单击其他单元格即可。

在一个单元格中输入文本后，按光标键可切换到与其相邻的单元格再进行输入，按【Enter】键可切换到与其同列的下一个单元格再进行输入。

2. 输入特殊符号

在单元格中还可以插入特殊符号，其操作方法与在Word 2007中插入特殊字符的操作方法相似，用户可以参考第5课中的相关知识进行理解，这里不再赘述。

3. 输入普通数据

输入普通数据的方法与输入文本的方法相同，即先选择须输入数据的单元格，直接输入或在编辑栏中输入数据，完成后按【Enter】键或光标键，继续在其他单元格中输入数据。

在单元格中输入数据后，数据将自动靠右对齐。若先输入一个英文状态下的单引号再输入数据，可将其转换为文本型数据，使它在单元格中靠左对齐。

Excel数值的最大正数为9.9E+307，最小正数为1E-307，最大负数为-1E-307，最小负数为-9.9E+307。

在Excel的单元格中默认显示11个字符，也就是说，只显示11位数值；如果输入的数值多于11位，则使用科学计数法来显示该数值，如图9.1所示。

Excel将有效数值限制在15位，第15位之后的数字将被转换为零。例如，在编辑栏中输入数值12345678910010203040 5，输入完成后，Excel自动将其转换为12345678910010200000，如图9.2所示。

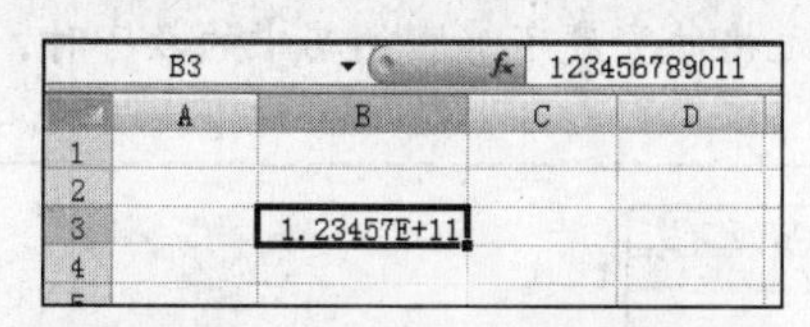

图9.1　科学计数法显示数值

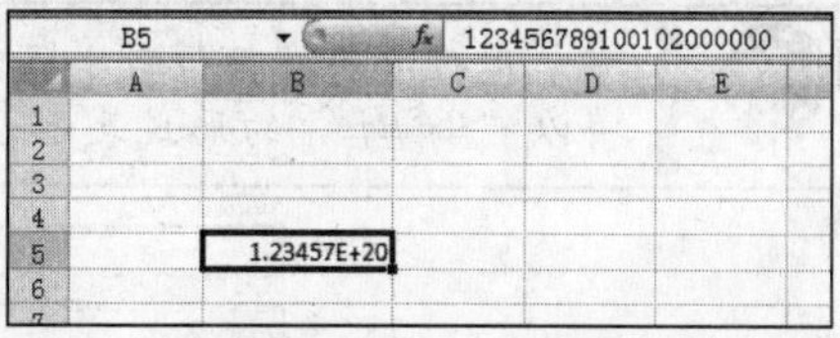

图9.2　第15位之后的数字被转换成零

4. 输入特殊数据

输入日期等特殊数据的具体操作如下：

步骤01　选择须输入特殊数据的单元格。

步骤02　在【开始】选项卡的【单元格】组中单击【格式】按钮，打开其下拉列表。

步骤03　在该下拉列表中选择【设置单元格格式】选项，打开【设置单元格格式】对话框，如图9.3所示。

步骤04　在打开的【设置单元格格式】对话框中，单击【数字】选项卡，默认为选中状态。

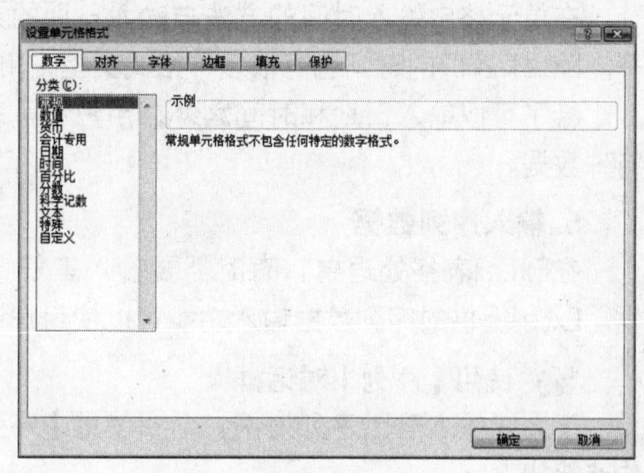

图9.3　【设置单元格格式】对话框

步骤05　在【分类】列表框中选择【日期】选项，在右侧出现【类型】列表框，如图9.4所示。

步骤06　在【类型】列表框中选择用户所需要的日期格式，例如，选择“2001年3月14日”。

步骤07　单击【确定】按钮，返回到工作表中。

步骤08　在单元格中输入“2009/8/21”，按【Enter】键或单击其他的单元格，效果如图9.5所示。

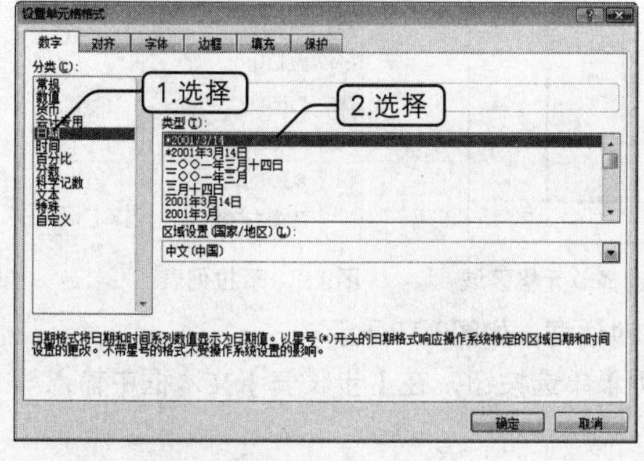

图9.4　选择【日期】选项

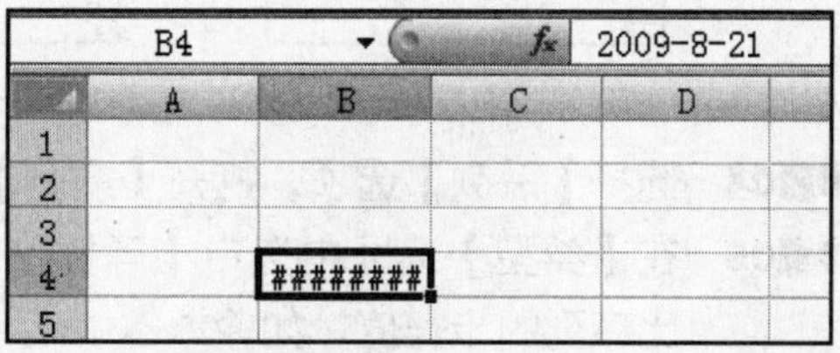

图9.5　输入日期后的效果

步骤09　使用鼠标调整B列的列宽，此时输入的日期以“2009年8月21日”形式显示出来，如图9.6所示。

当单元格中的整数位数小于11位但单元格的宽度不够容纳其中的数字时，将以“####”的形式表示。

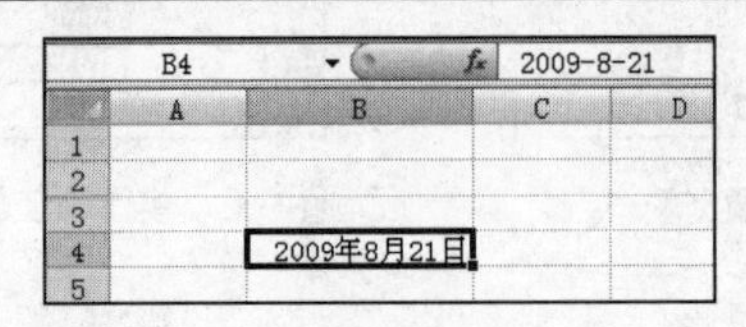

图9.6　显示输入的日期

在单元格中输入时间的方法与输入日期的方法相似，只是时间通常需要使用冒号分开。Excel 2007的时间也有很多种格式类型，用户可以根据需要选择一种格式。

除了可以输入日期和时间之外，用户还可以在单元格中输入小数、分数以及货币等特殊数据。

5. 输入序列数据

在Excel表格处理中，有时需要输入等差序列、等比序列、日期序列等序列类型数据。Excel提供的序列数据输入功能可以使用户快速输入这些数据。

使用【序列】对话框

下面以输入等比序列为例，介绍使用【序列】对话框输入序列数据的方法，具体操作步骤如下：

步骤01 选择需要输入序列数据的第一个单元格并在其中输入序列数据的第一个数值，如图9.7所示。

步骤02 按住【Shift】键，同时单击需要输入序列数据的单元格区域的最后一个单元格，选定单元格区域，如图9.8所示。

步骤03 在【开始】选项卡的【编辑】组中单击【填充】下拉按钮，打开其下拉列表，如图9.9所示。

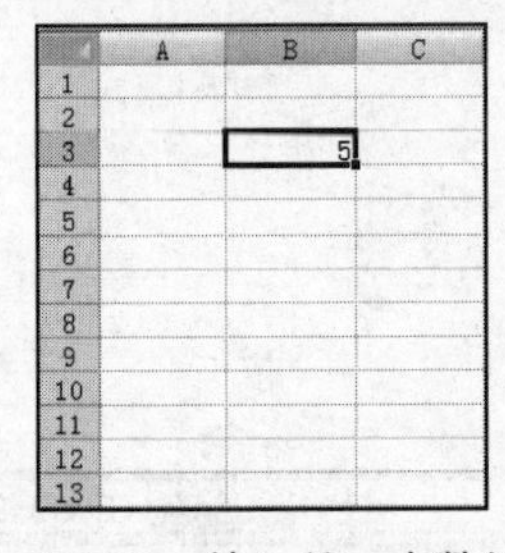

图9.7　输入第一个数值

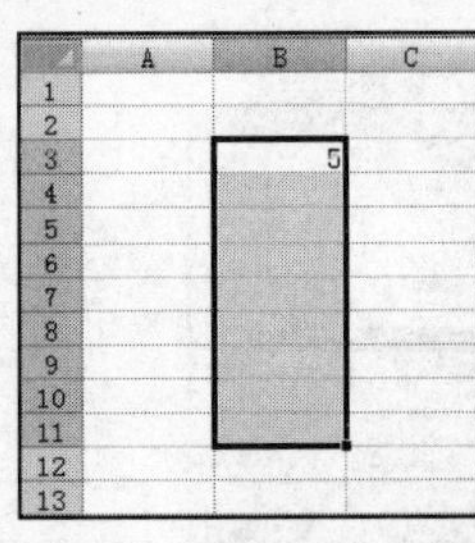

图9.8　选择单元格区域

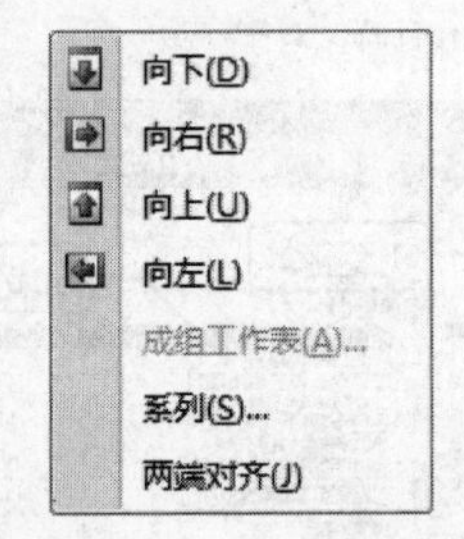

图9.9　下拉列表

步骤04 选择【系列】选项，打开【序列】对话框，如图9.10所示。

步骤05 在【类型】选区中选中【等比序列】单选按钮，在【步长值】文本框中输入等比序列的步长值，如输入2。

步骤06 单击【确定】按钮，返回到当前的工作表中，Excel将根据设置的参数自动填充等比数据，如图9.11所示。

在步骤2中，用户不选中单元格区域，而直接在【序列】对话框的【序列产生在】选区中选择【行】或【列】单选按钮，在【终止值】对话框中输入终止值，也能得到同样的输出结果。

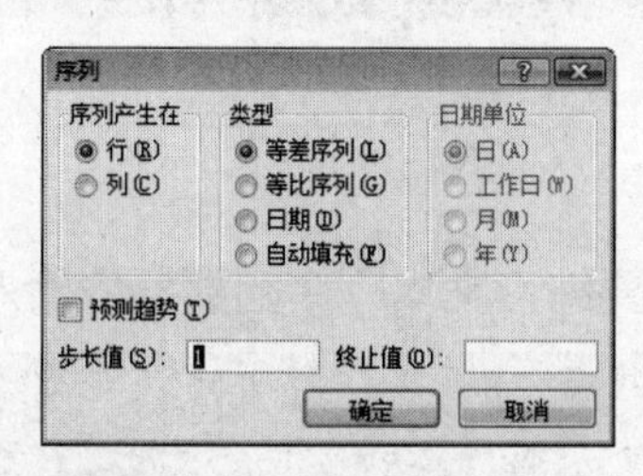

图9.10 【序列】对话框

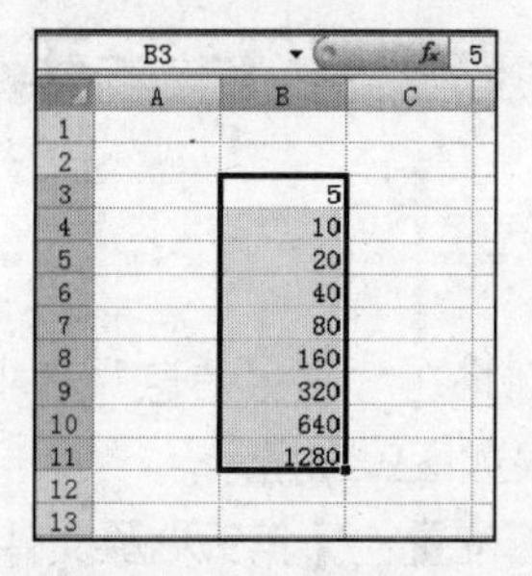

图9.11 自动填充等比序列数据

使用填充柄

在Excel表格处理中，可利用填充柄输入等差序列、等比序列、日期序列以及相同数据等数据。

下面就以在Excel工作表中输入日期序列数据为例说明使用填充柄的输入过程，具体操作步骤如下：

步骤01 选择需要输入序列的第一个单元格并在其中输入日期类型的数值，例如，在B3单元格中输入“8月1号”。

步骤02 将光标移到当前单元格的右下角，光标变为黑色的十字形状，如图9.12所示。

步骤03 按住鼠标左键不放向需要填充的单元格区域进行拖曳，松开鼠标左键，系统将在单元格中自动完成填充日期序列的数据，如图9.13所示。

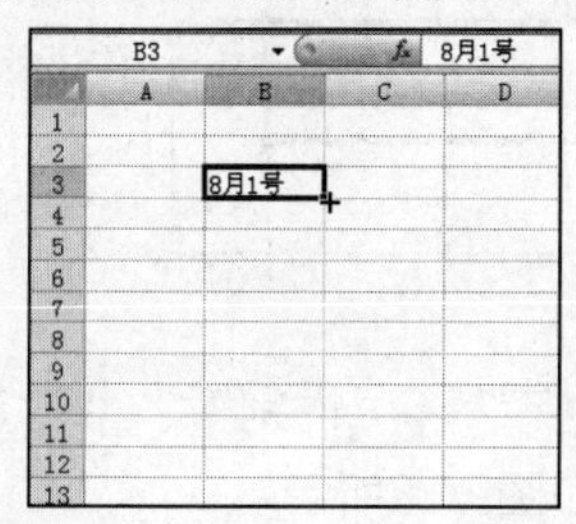

图9.12 光标变为十字形

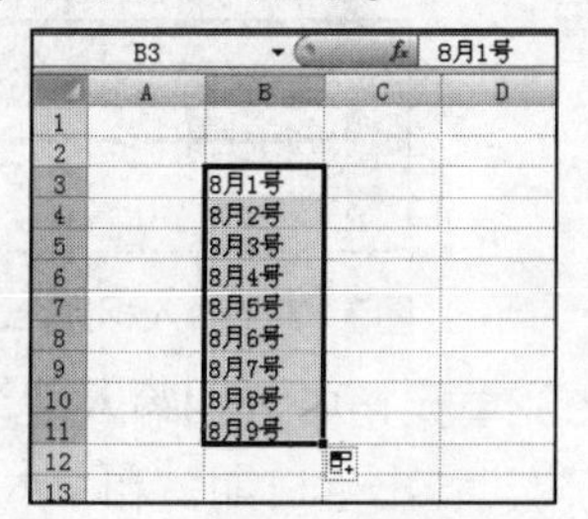

图9.13 填充日期序列数据

如果用户需要在单元格区域中输入相同的日期，只需在按住鼠标左键的同时按下【Ctrl】键，此时鼠标变为黑色的十字形，并且在十字形的右上角有一个小的加号，如图9.14所示。然后拖动鼠标到需要填充区域的最后一个单元格，即可完成在工作表中填充相同的日期数据的操作，效果如图9.15所示。

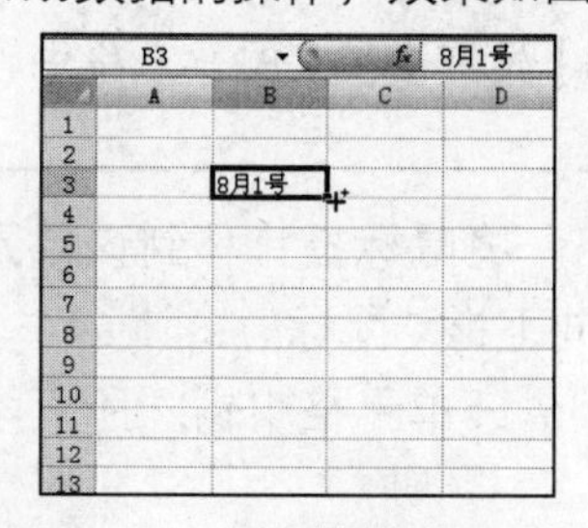

图9.14 按住鼠标左键的同时按下【Ctrl】键

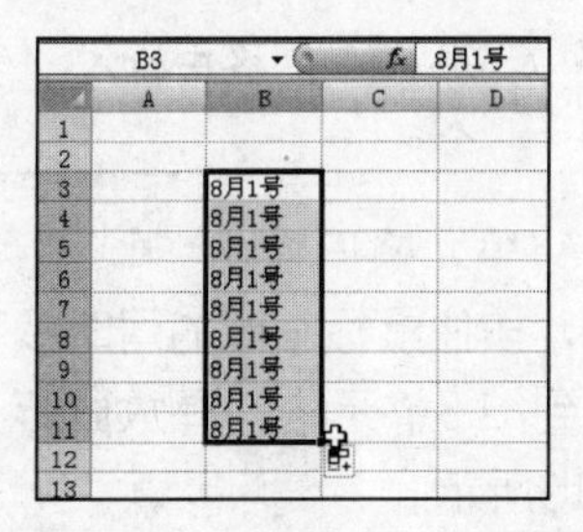

图9.15 填充相同的日期数据

9.1.2 典型案例——在“学生信息”表中输入数据

案例目标

本案例将在“学生信息”表中输入数据，主要练习文本、序列数据的输入方法。完成后的效果如图9.16所示。

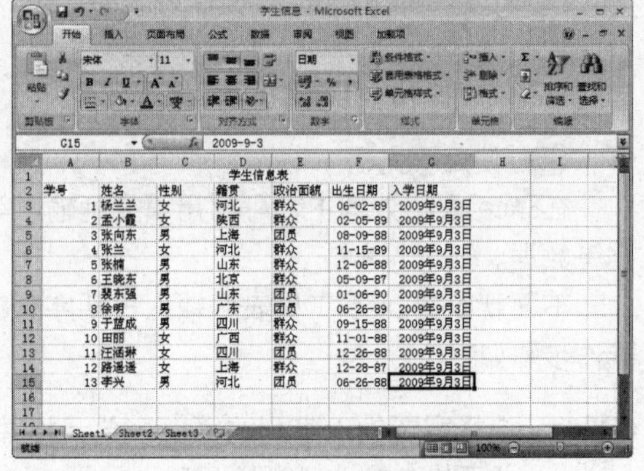

	A	B	C	D	E	F	G
1	学生信息表						
2	学号	姓名	性别	籍贯	政治面貌	出生日期	入学日期
3	1	杨兰兰	女	河北	群众	06-02-89	2009年9月3日
4	2	孟小霞	女	陕西	群众	02-05-89	2009年9月3日
5	3	张向东	男	上海	团员	08-09-88	2009年9月3日
6	4	张兰	女	河北	群众	11-15-89	2009年9月3日
7	5	张楠	男	山东	群众	12-06-88	2009年9月3日
8	6	王晓东	男	北京	群众	05-09-87	2009年9月3日
9	7	聂东强	男	山东	团员	01-06-90	2009年9月3日
10	8	徐明	男	广东	团员	06-26-89	2009年9月3日
11	9	于盛成	男	四川	群众	09-15-88	2009年9月3日
12	10	田丽	女	广西	群众	11-01-88	2009年9月3日
13	11	汪涵琳	女	四川	团员	12-26-88	2009年9月3日
14	12	路遥遥	女	上海	群众	12-28-87	2009年9月3日
15	13	李兴	男	河北	团员	06-26-88	2009年9月3日

图9.16 “学生信息”表的最终效果图

效果图位置：【第9课\源文件\学生信息.xlsx】

操作思路：

步骤01 输入表格的标题和“学号”等字段。

步骤02 使用填充柄输入学号。

步骤03 输入其他基本信息

步骤04 保存制作的表格。

操作步骤

步骤01 启动Excel 2007，在默认新建的“Sheet1”工作表中合并A1:G1单元格，输入“学生信息表”，作为表格标题，如图9.17所示。

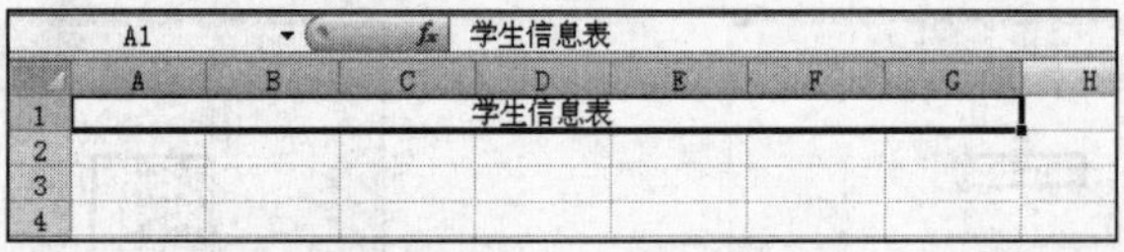

图9.17 输入标题

步骤02 在A2:G2单元格中分别输入“学号”、“姓名”、“性别”、“籍贯”、“政治面貌”、“出生日期”和“入学日期”，如图9.18所示。

	A	B	C	D	E	F	G
1	学生信息表						
2	学号	姓名	性别	籍贯	政治面貌	出生日期	入学日期

图9.18 输入“学号”等字段

技巧 在A2单元格中输入“学号”后按【Tab】键可切换至B2单元格中再进行输入。

步骤03 在A3单元格中输入“1”，并选择该单元格，将鼠标指针移到该单元格的右下角，按住鼠标左键的同时按下【Ctrl】键，向下拖动鼠标。

步骤04 直到A15单元格，释放鼠标，即可快速在A3:A15单元格中输入所有学号，如图9.19所示。

步骤05 在“姓名”、“性别”、“籍贯”和“政治面貌”列中输入基本信息，完成的效果如图9.20所示。

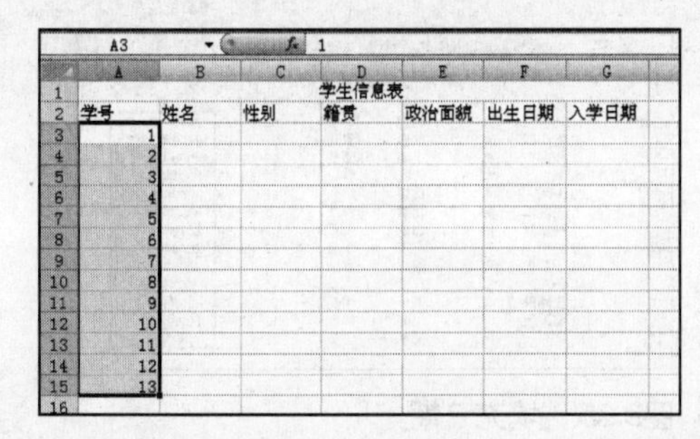

图9.19　输入学号

图9.20　输入基本信息

步骤06　选择F3:F15单元格，在【开始】选项卡的【单元格】组中单击【格式】下拉按钮，在弹出的下拉列表中选择【设置单元格格式】选项。

步骤07　打开【设置单元格格式】对话框，选择【数字】选项卡，在【分类】列表框中选择【日期】选项，在【类型】列表框中选择一种类型，如图9.21所示。

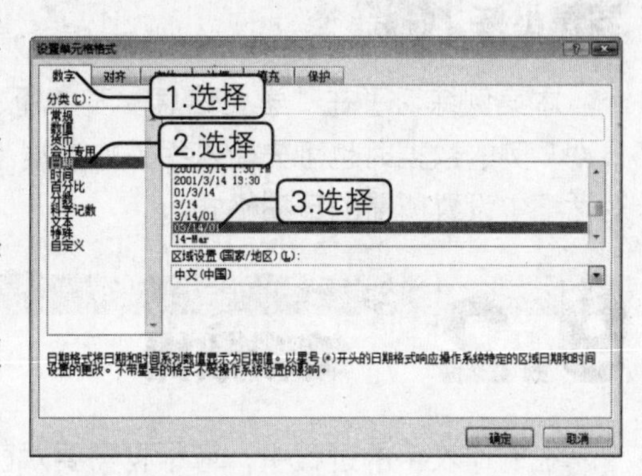

图9.21　选择日期类型

步骤08　单击【确定】按钮，完成设置。

步骤09　在F3单元格中输入“1989/06/02”，如图9.22所示。

步骤10　按【Enter】键，输入的日期快速转换为设置的日期类型。

步骤11　在F4:F15单元格中输入其他学生的出生日期，效果如图9.23所示。

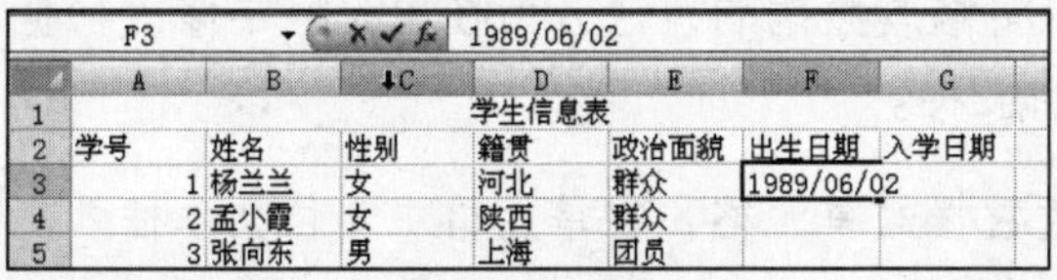

图9.22　输入日期

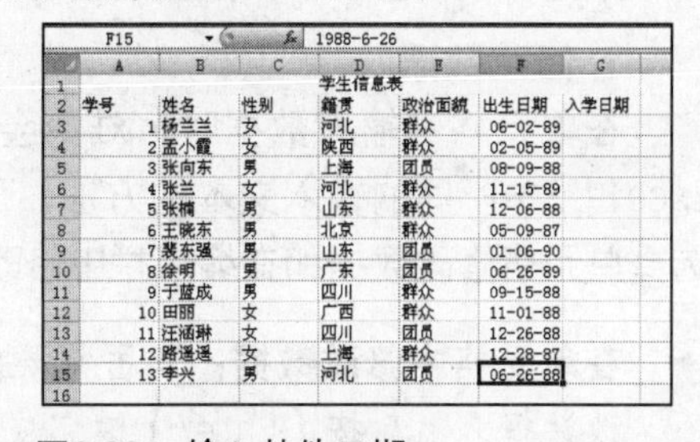

图9.23　输入其他日期

步骤12　选择G3:G15单元格，按照步骤6和步骤7的方法设置日期格式类型为“2001年3月14日”。

步骤13　在G3单元格中输入“2009/09/03”，按【Enter】键后的效果如图9.24所示。

步骤14　选择G3单元格，将鼠标指针移到该单元格的右下角，在按住鼠标左键的同时按下【Ctrl】键，向下拖动鼠标。

步骤15　直到G15单元格，释放鼠标键，即可快速在G3:G15单元格中输入入学日期，如图9.25所示。

步骤16　单击快速访问工具栏中的【保存】按钮，在打开的【另存为】对话框中选择文件的保存位置和名称，这里将文件命名为“学生信息”。

步骤17　最后单击【保存】按钮即可。

学生信息表						
学号	姓名	性别	籍贯	政治面貌	出生日期	入学日期
1	杨兰兰	女	河北	群众	06-02-89	2009年9月3日
2	孟小霞	女	陕西	群众	02-05-89	
3	张向东	男	上海	团员	08-09-88	
4	张兰	女	河北	群众	11-15-89	
5	张楠	男	山东	群众	12-06-88	
6	王晓东	男	北京	群众	05-09-87	
7	裴东强	男	山东	团员	01-06-90	
8	徐明	男	广东	团员	06-26-89	
9	于蓝成	男	四川	群众	09-15-88	
10	田丽	女	广西	群众	11-01-88	
11	汪涵琳	女	四川	团员	12-26-88	
12	路遥遥	女	上海	群众	12-28-87	
13	李兴	男	河北	团员	06-26-88	

图9.24　输入日期

学生信息表						
学号	姓名	性别	籍贯	政治面貌	出生日期	入学日期
1	杨兰兰	女	河北	群众	06-02-89	2009年9月3日
2	孟小霞	女	陕西	群众	02-05-89	2009年9月3日
3	张向东	男	上海	团员	08-09-88	2009年9月3日
4	张兰	女	河北	群众	11-15-89	2009年9月3日
5	张楠	男	山东	群众	12-06-88	2009年9月3日
6	王晓东	男	北京	群众	05-09-87	2009年9月3日
7	裴东强	男	山东	团员	01-06-90	2009年9月3日
8	徐明	男	广东	团员	06-26-89	2009年9月3日
9	于蓝成	男	四川	群众	09-15-88	2009年9月3日
10	田丽	女	广西	群众	11-01-88	2009年9月3日
11	汪涵琳	女	四川	团员	12-26-88	2009年9月3日
12	路遥遥	女	上海	群众	12-28-87	2009年9月3日
13	李兴	男	河北	团员	06-26-88	2009年9月3日

图9.25　填充日期

案例小结

本案例练习了在“学生信息”表中输入数据的操作。在输入“出生日期”和“入学日期”列的数据时也可先输入相关的数据（如2009/09/03），然后在【设置单元格格式】对话框中设置所需的日期格式。

9.2 编辑数据

在制作表格的过程中，可根据需要对已有的数据进行编辑。本节将介绍在Excel中编辑数据的基本操作。

9.2.1 知识讲解

数据的编辑主要包括数据的修改、数据的查找与替换、数据的移动和复制等操作。

1. 修改数据

在单元格中输入数据时，难免会出现输入错误的情况，此时就需要修改。根据在Excel中3种不同的输入文本的方法，可以将修改数据的方法分为在单元格中修改数据、选择单元格修改数据和在编辑栏中修改数据3种。

- **在单元格中修改数据：**双击需要修改数据的单元格，在单元格中定位文本插入点修改数据，然后按【Enter】键完成修改。
- **选择单元格修改全部数据：**当需要对某个单元格中的全部数据进行修改时，只要选择该单元格，然后重新输入正确的数据，再按【Enter】键即可快速完成修改。
- **在编辑栏中修改数据：**选择需要修改数据的单元格，将插入点定位到编辑栏中，拖动鼠标选择修改或者删除的数据，或直接将插入点定位到需要添加数据的位置，输入正确的数据，然后按【Enter】键完成修改。

2. 查找和替换数据

Excel 2007的查找和替换功能可快速定位到满足查找条件的单元格，并能方便地将单元格的内容替换为设定的内容。

查找和替换的方法如下：

步骤01　在需要进行查找的工作表中，在【开始】选项卡的【编辑】组中单击【查找和选择】下拉按钮。

步骤02 在打开的下拉列表中选择【查找】选项，如图9.26所示。

步骤03 打开【查找和替换】对话框，如图9.27所示。

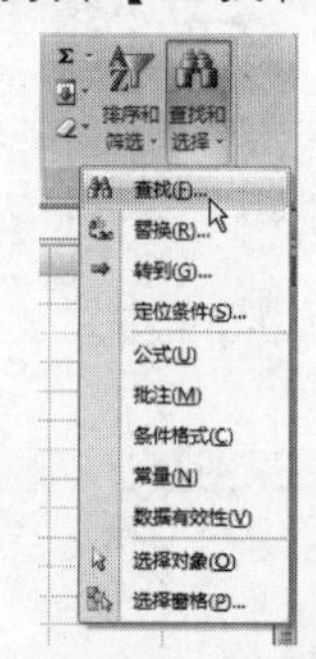

图9.26 选择【查找】选项

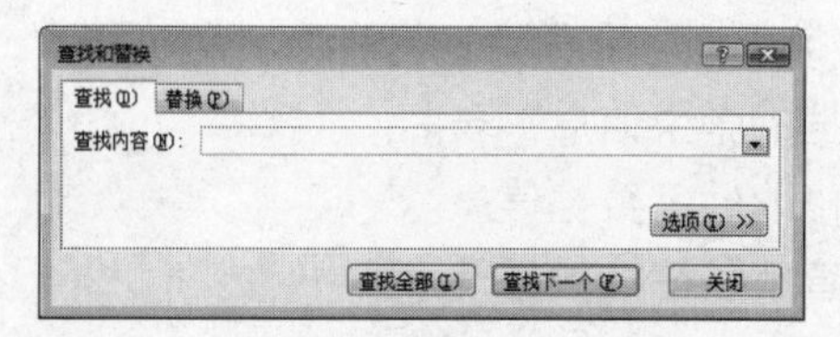

图9.27 【查找和替换】对话框

步骤04 选择【查找】选项卡，在【查找内容】下拉列表框中输入要查找的内容，例如，输入“团员”，单击【选项】按钮，展开其他选项。

步骤05 在【范围】下拉列表框中选择须查找的范围，如选择【工作表】选项，在【搜索】下拉列表框中选择搜索的方式，如选择【按列】选项，如图9.28所示。

步骤06 设置完成后，单击【查找全部】按钮，查找所有满足条件的单元格。

替换数据的方法和查找数据的方法类似，在【查找和替换】对话框的【查找】选项卡中查找到需要修改的数据之后，打开【替换】选项卡，在【替换为】下拉列表框中输入要替换的数据，在下面的选项中再设置替换参数，如图9.29所示。单击【全部替换】按钮，将查找到的数据替换为新的内容。

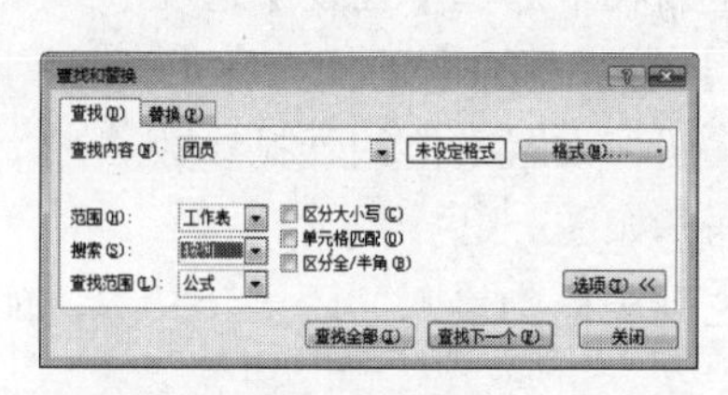

图9.28 设置其他选项

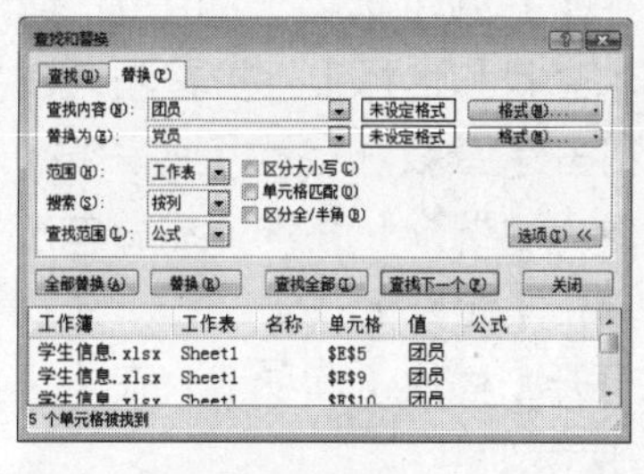

图9.29 设置替换参数

3. 移动和复制数据

- **移动数据**：选择需要移动的单元格，将鼠标指针移至单元格的边框，当鼠标光标变为十字箭头形状时，按住鼠标左键不放并拖动至目标位置再释放鼠标键即可。
- **复制数据**：在移动数据的基础上按住【Ctrl】键不放完成复制操作。

在进行移动或复制数据的操作时，也可利用【剪切】、【复制】和【粘贴】功能，方法与对文件进行移动或复制操作相同。

9.2.2 典型案例——在“学生信息”表中修改数据

本案例将在前面制作的“学生信息”表中修改数据，完成后的效果如图9.30所示。

素材位置：【第9课\源文件\学生信息.xlsx】

效果图位置：【第9课\源文件\修改数据的学生信息.xlsx】

操作思路：

步骤01 将“学生信息”表另存为“修改数据的学生信息”表。

步骤02 修改姓名数据信息。

步骤03 查找和替换数据信息。

学号	姓名	性别	籍贯	政治面貌	出生日期	入学日期
1	杨岚岚	女	河北	团员	06-02-89	2009年9月3日
2	孟小霞	女	陕西	团员	02-05-89	2009年9月3日
3	张向东	男	上海	团员	08-09-88	2009年9月3日
4	张兰	女	河北	团员	11-15-89	2009年9月3日
5	张楠	男	山东	团员	12-06-88	2009年9月3日
6	王晓东	男	北京	团员	05-09-87	2009年9月3日
7	裴东强	男	山东	团员	01-06-90	2009年9月3日
8	徐明	男	广东	团员	11-06-88	2009年9月3日
9	于蓝成	男	四川	团员	09-15-88	2009年9月3日
10	田丽	女	广西	团员	11-01-88	2009年9月3日
11	汪涵琳	女	四川	团员	12-26-88	2009年9月3日
12	路遥遥	女	上海	团员	12-28-87	2009年9月3日
13	李兴	男	河北	团员	06-26-88	2009年9月3日

图9.30 修改数据后的效果图

操作步骤

步骤01 打开前面制作的“学生信息”表，将其另存为“修改数据的学生信息”表。

步骤02 将光标定位到B3单元格中，双击鼠标左键，当单元格处于编辑状态时，选中“兰兰”文本，如图9.31所示。

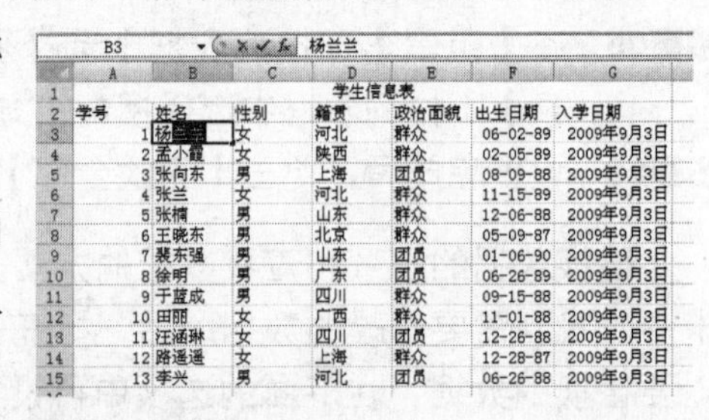

学号	姓名	性别	籍贯	政治面貌	出生日期	入学日期
1	杨兰兰	女	河北	群众	06-02-89	2009年9月3日
2	孟小霞	女	陕西	群众	02-05-89	2009年9月3日
3	张向东	男	上海	团员	08-09-88	2009年9月3日
4	张兰	女	河北	群众	11-15-89	2009年9月3日
5	张楠	男	山东	群众	12-06-88	2009年9月3日
6	王晓东	男	北京	群众	05-09-87	2009年9月3日
7	裴东强	男	山东	团员	01-06-90	2009年9月3日
8	徐明	男	广东	团员	06-26-89	2009年9月3日
9	于蓝成	男	四川	群众	09-15-88	2009年9月3日
10	田丽	女	广西	群众	11-01-88	2009年9月3日
11	汪涵琳	女	四川	团员	12-26-88	2009年9月3日
12	路遥遥	女	上海	群众	12-28-87	2009年9月3日
13	李兴	男	河北	团员	06-26-88	2009年9月3日

图9.31 选择文本

步骤03 输入文本“岚岚”，按【Enter】键即可。然后选择F10单元格，直接输入“1988/11/06”，然后按【Enter】键，修改出生日期。

步骤04 在【开始】选项卡的【编辑】组中单击【查找和选择】下拉按钮，在打开的下拉列表中选择【查找】选项。

步骤05 打开【查找和替换】对话框，在【查找】选项卡的【查找内容】下拉列表框中输入“群众”文本，然后单击【选项】按钮，设置其他的查找参数。

步骤06 单击【全部查找】按钮。查找需要的数据，如图9.32所示。

步骤07 打开【替换】选项卡，在【替换为】下拉列表框中输入“团员”文本，如图9.33所示。

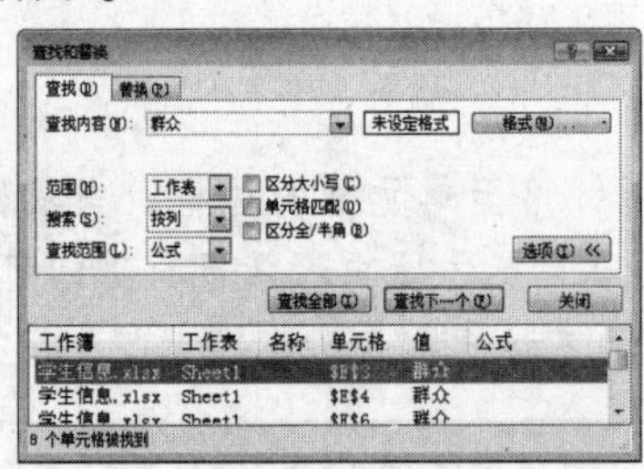

图9.32 设置查找选项

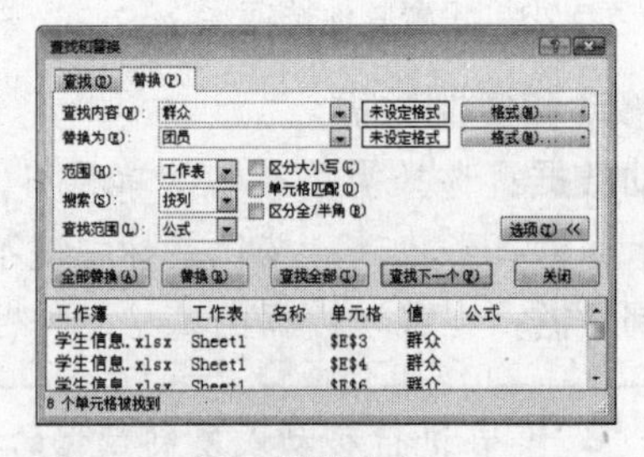

图9.33 设置替换内容

步骤08 单击【全部替换】按钮，弹出如图9.34所示的提示框。

图9.34 提示框

步骤09 单击【确定】按钮，将工作表中的“群众”替换为“团员”数据信息。

步骤10 最后保存工作表即可。

案例小结

本案例主要练习了在工作表中编辑数据的操作。通过本案例的学习，可掌握几种修改数据的方法以及数据的查找和替换操作。

9.3 设置单元格格式

除了可以在单元格中输入数据外，用户还可以根据需要对单元格中的数据及单元格的格式进行设置，包括设置数据类型、对齐方式、文本格式、边框和颜色以及单元格背景等。

9.3.1 知识讲解

通过设置单元格格式不仅可以美化单元格，还能突出其中的某些数据，从而方便读者观察和分析数据。下面具体介绍各种设置的方法。

1. 设置单元格的数据格式

在Excel 2007中，除了可在单元格中输入数据外，还可以为数据设置不同的格式。在单元格中输入数据后，可利用【设置单元格格式】对话框改变其数据格式，如将日期类型数据设置为货币类型等，其设置方法是在【设置单元格格式】对话框【数字】选项卡的【分类】列表框中选择相应的数据格式。另外，用户还可以在【开始】选项卡的【数字】组中单击【数字格式】下拉按钮，在打开的下拉列表中选择需要的数据格式，如图9.35所示。

2. 设置文本格式

在Excel 2007表格中输入数据之后，用户可以对其进行格式设置，以便表格中的数据更有利于分析管理并且也更为美观。

用户可以通过Excel提供的工具改变表格中的文本格式，主要包括字体、字号、字体颜色等，此外还可以设置字符的特殊效果。

设置文本格式有以下两种方式。

- 使用【开始】选项卡的【字体】组

选择需要改变文本格式的单元格或单元格区域，在【开始】选项卡的【字体】组中设置文本，如图9.36所示。使用【字体】组设置文本格式的方法与在Word 2007中设置文本格式的方法类似，这里将不再赘述。

- 使用【设置单元格格式】对话框

使用【设置单元格格式】对话框设置文本格式的步骤如下：

步骤01 选择需要改变文本格式的单元格或单元格区域。

步骤02 在所选的单元格上单击鼠标右键，在弹出的快捷菜单中选择【设置单元格格式】按钮，打开【设置单元格格式】对话框的【字体】选项卡，如图9.37所示。

步骤03 用户根据需要设置文字的字体、字号、颜色等格式，在【特殊效果】选区中还可以设置文本的上标和下标。

步骤04 设置完成后单击【确定】按钮即可。

图9.35　选择数据格式

图9.36　【字体】组

如图9.38所示为设置单元格文本格式后的效果。

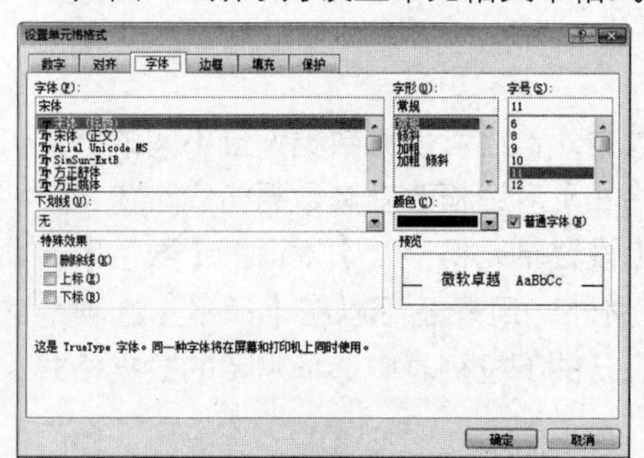

图9.37　【设置单元格格式】对话框

姓名	数学	语文	英语	历史	政治	物理	化学	生物
杨兰兰	105	98	101	68	86	75	86	89
孟小霞	110	103	112	87	79	89	78	85
张向东	98	106	98	89	56	87	60	86
张兰	112	98	106	87	59	85	69	78
张楠	86	92	98	87	58	78	58	86
王晓东	79	106	86	89	58	60	58	58
裴东强	83	108	88	56	87	69	49	49
徐明	92	112	92	92	89	58	69	69
于蓝成	106	98	106	86	56	58	79	79
田丽	108	106	108	90	92	87	85	78
汪涵琳	112	108	110	45	86	89	86	69
路遥遥	98	110	98	46	90	56	78	82
李兴	89	98	99	89	45	92	58	83

图9.38　设置的单元格格式

3. 设置单元格的数据对齐方式

在Excel中所有的文本默认为左对齐，数字、日期和时间默认为右对齐。用户可以根据需要对单元格中的数据进行对齐方式的设置。图9.39所示是设置了不同对齐方式的效果图。

可以使用【对齐方式】组和【设置单元格格式】对话框的【对齐】选项卡设置文本的对齐方式。

使用【对齐方式】组

使用【对齐方式】组设置单元格文本对齐方式的方法很简单，用户只要选中设置对齐方式的单元格或者单元格区域，之后在【开始】选项卡的【对齐方式】组中单击相应的按钮即可，如图9.40所示。

使用【设置单元格格式】对话框的【对齐】选项卡

选择需要设置对齐方式的单元格或者单元格区域，单击【对齐方式】组中的【设置单元格格式】对话框启动器，打开【设置单元格格式】对话框中的【对齐】选项卡，如图9.41所示，用户在【文本对齐方式】选区中可以设置文本在单元格中水平方向和垂直方向上的对齐方式。

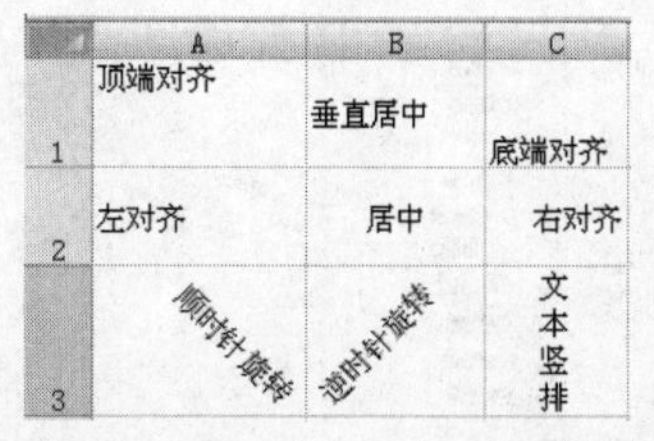

图9.39　不同的对齐方式

图9.40　【对齐方式】组

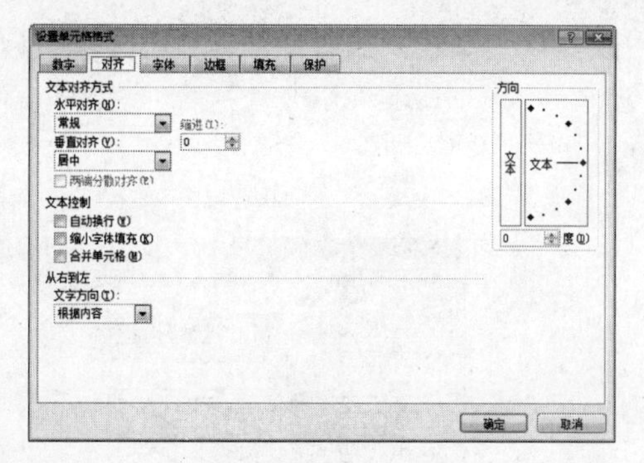

图9.41　【对齐】选项卡

在【设置单元格格式】对话框【对齐】选项卡的【方向】选区的数值框中可以设置文字的旋转角度和方向。

4. 设置单元格的边框

边框就是组成单元格的4条线段，只有在设置了单元格边框的情况下，才能打印出表格边框。如图9.42所示是一组边框效果。

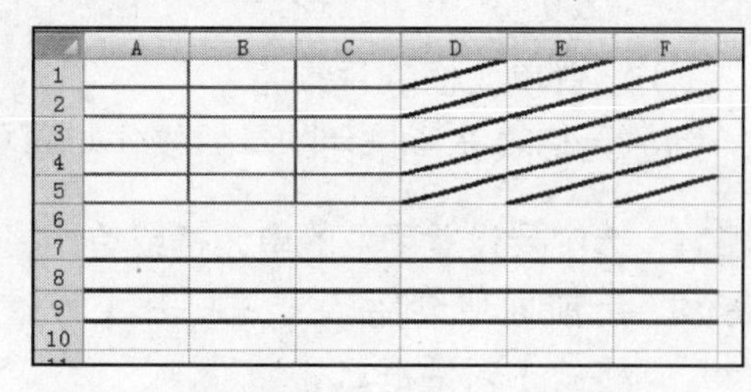

图9.42　边框效果

设置单元格边框的方法很简单，具体操作步骤如下：

步骤01　选择要设置边框的单元格或单元格区域。

步骤02　在【开始】选项卡的【单元格】组中单击【格式】下拉按钮，在打开的下拉列表中选择【设置单元格格式】选项。

步骤03　在【设置单元格格式】对话框中选择【边框】选项卡。

步骤04　在【线条】选区的【样式】列表框中选择一种线型。

步骤05　在【线条】选区的【颜色】列表框中选择一种颜色。

步骤06　选择【外边框】选项，即可设置表格的外边框。

步骤07　选择【内部】选项，设置表格的内部连线，如图9.43所示。

步骤08　单击【确定】按钮，完成单元格边框的设置。

用户还可以利用【开始】选项卡【字体】组中的【下框线】下拉列表，为单元格设置边框，具体操作步骤如下：

步骤01　选择要设置边框的单元格或单元格区域。

步骤02　在【开始】选项卡的【字体】组中单击【下框线】按钮，打开其下拉列表，如图9.44所示。

步骤03　在其下拉列表中单击某一边框类型即可。

如果在该下拉列表中选择【绘制边框】选项，鼠标将变为铅笔形状，用户可根据需要绘制单元格边框。

5. 设置单元格的背景色和图案

在默认情况下，Excel中的单元格为无填充颜色。用户可以给单元格填充颜色或图案以美化工作表；或者使数据突出显示，以强调单元格的重要性。

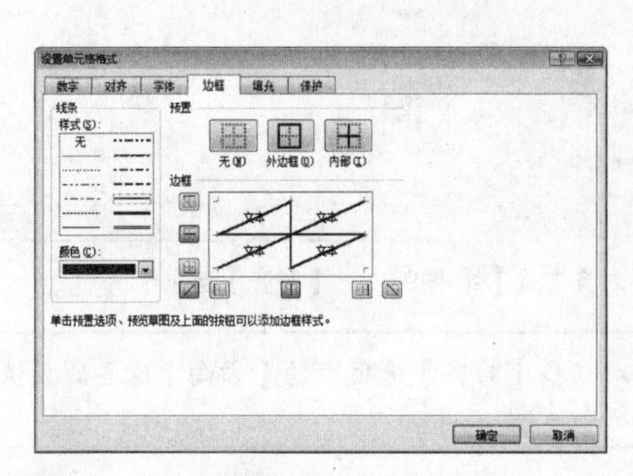

图9.43　设置边框样式

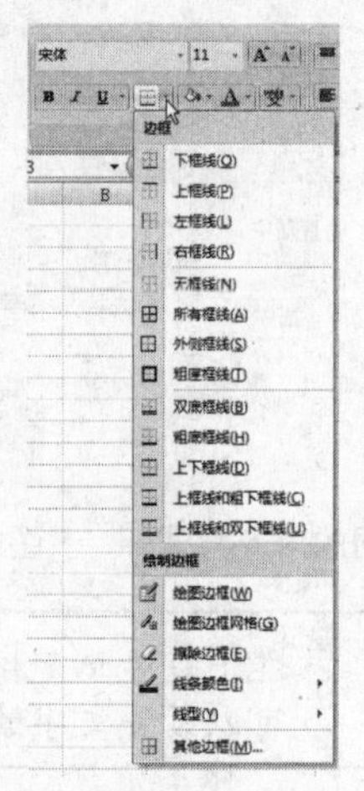

图9.44　【下框线】下拉列表

1）设置单元格的背景色

为单元格填充背景色的具体操作步骤如下：

步骤01　选中要设置颜色的单元格或单元格区域。

步骤02　用前面所介绍的方法打开【设置单元格格式】对话框。

步骤03　单击【填充】选项卡，在【背景色】选区中选择背景的颜色，如图9.45所示。

步骤04　单击【确定】按钮，选中的单元格或者单元格区域即填充了背景色，如图9.46所示。

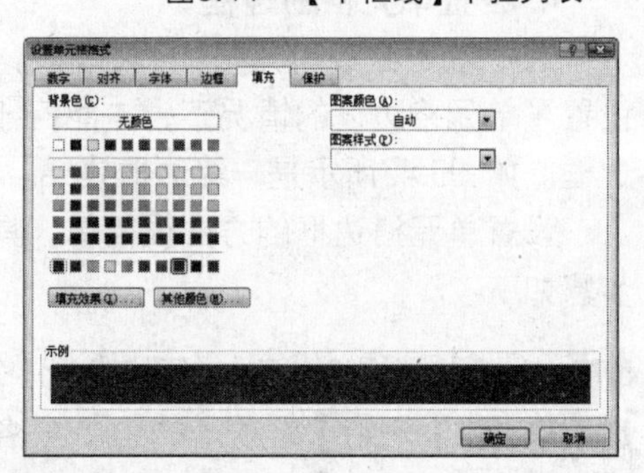

图9.45　【填充】选项卡

单击【其他颜色】按钮会打开【颜色】对话框，如图9.47所示，可从中选择所需的颜色。

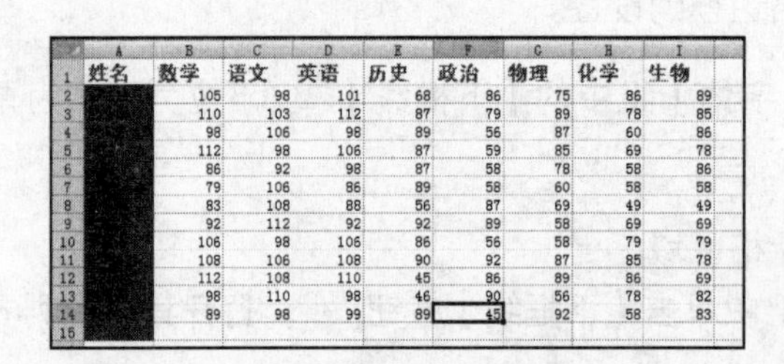

	A	B	C	D	E	F	G	H	I
1	姓名	数学	语文	英语	历史	政治	物理	化学	生物
2		105	98	101	68	86	75	86	89
3		110	103	112	87	79	89	78	85
4		98	106	98	89	56	87	60	86
5		112	98	106	87	59	85	69	78
6		86	92	98	87	58	78	58	86
7		79	106	86	89	58	60	58	58
8		83	108	88	56	87	69	49	49
9		92	112	92	92	89	58	69	69
10		106	98	106	86	56	58	79	79
11		108	106	108	90	92	87	85	78
12		112	108	110	45	86	89	86	69
13		98	110	98	46	90	56	78	82
14		89	98	99	89	45	92	58	83
15									

图9.46　设置单元格背景色的效果

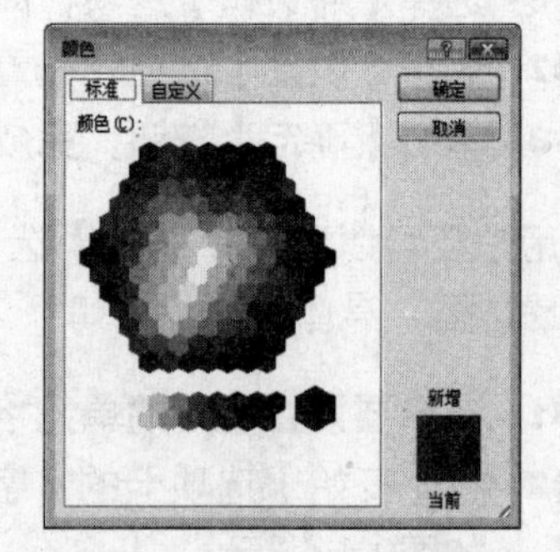

图9.47　【颜色】对话框

用户还可以为单元格填充渐变效果。选择单元格或单元格区域，在【设置单元格格式】对话框的【填充】选项卡中单击【填充效果】按钮，打开【填充效果】对话框，在【颜色】下拉列表中选择一种颜色，在【底纹样式】选区中选择一种填充效果，如图9.48所示。

单击【确定】按钮，返回【设置单元格格式】对话框，效果如图9.49所示。单击【确定】按钮，被选择的单元格区域即填充了渐变色，效果如图9.50所示。

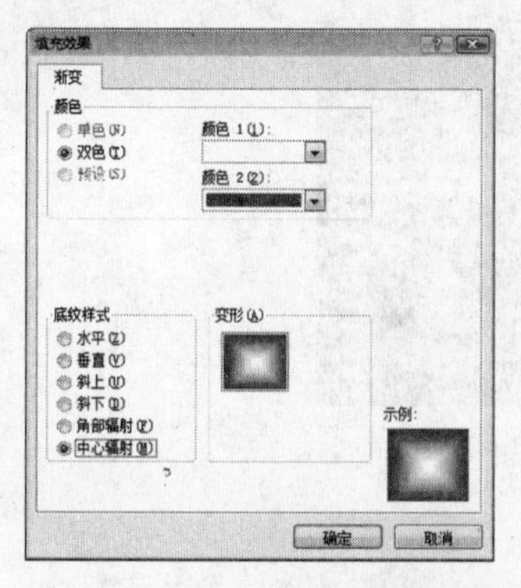

图9.48 【填充效果】对话框

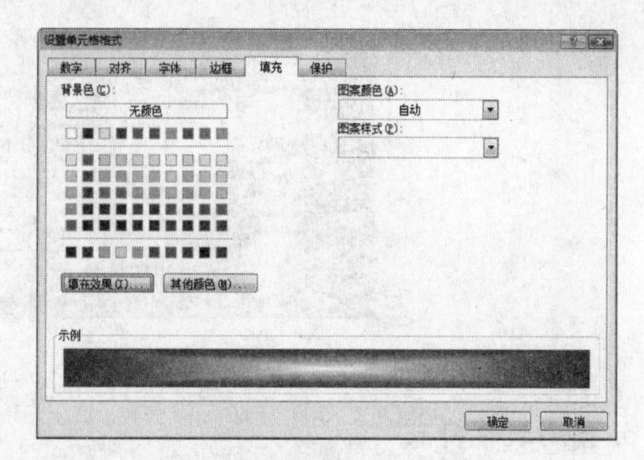

图9.49 【设置单元格格式】对话框

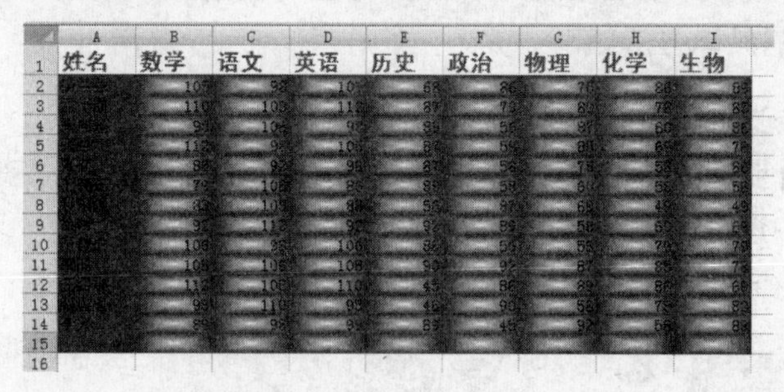

图9.50 填充渐变色

除了利用对话框为单元格填充颜色之外，还可以利用功能区中的命令按钮设置单元格的背景色。选中单元格或单元格区域，单击【开始】选项卡【字体】组中的【填充颜色】按钮，在打开的下拉列表中选择一种颜色，即可为所选的单元格设置背景色，如图9.51所示。

2）设置单元格的图案

在Excel中除了可以填充颜色外，还可以填充图案，具体操作步骤如下：

步骤01 选中要设置图案的单元格或单元格区域。

步骤02 用前面所介绍的方法打开【设置单元格格式】对话框，单击【填充】选项卡。

步骤03 在【图案颜色】下拉列表框中选择一种颜色。

步骤04 在【图案样式】下拉列表框中选择一种图案样式，如图9.52所示。

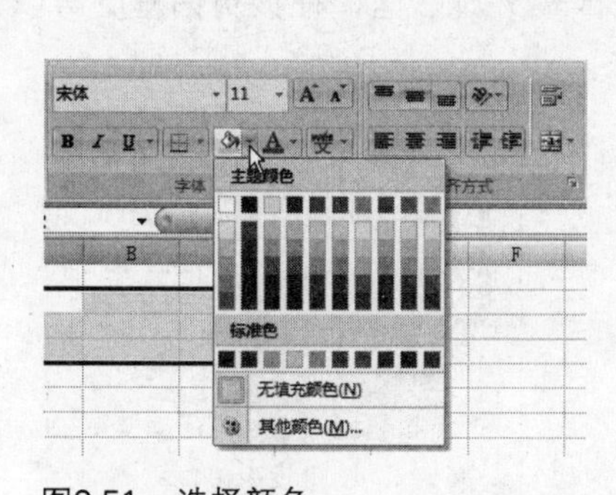

图9.51 选择颜色

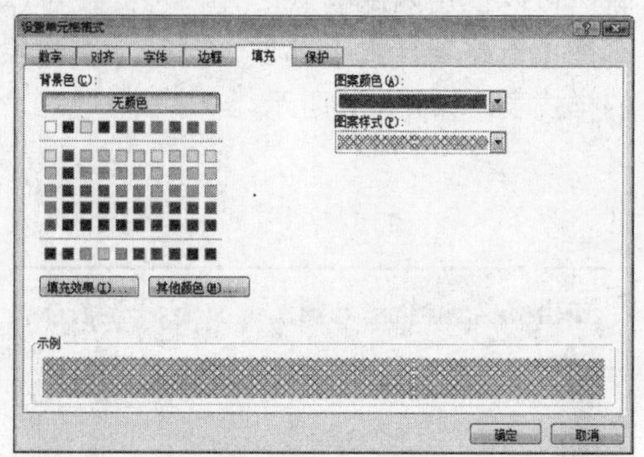

图9.52 设置图案的样式和颜色

步骤05 单击【确定】按钮即可，效果如图9.53所示。

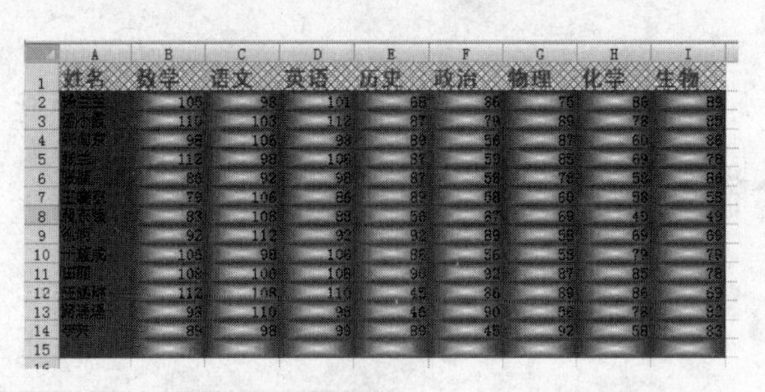

图9.53　设置图案后的效果

6. 套用表格样式

Excel 2007提供了许多表格样式，用户可应用这些样式设置单元格及其数据的格式。套用表格样式的具体方法如下：

步骤01　在工作表中选择需要设置表格样式的单元格区域。

步骤02　在【开始】选项卡的【样式】组中单击【套用表格样式】下拉按钮，在弹出的下拉列表中选择需要的表格样式，如图9.54所示。

步骤03　在打开的【套用表格式】对话框中确定是否需要表包含标题，如图9.55所示。

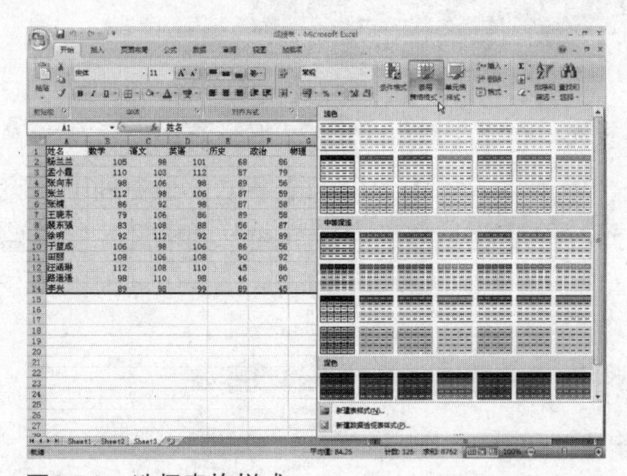

图9.54　选择表格样式

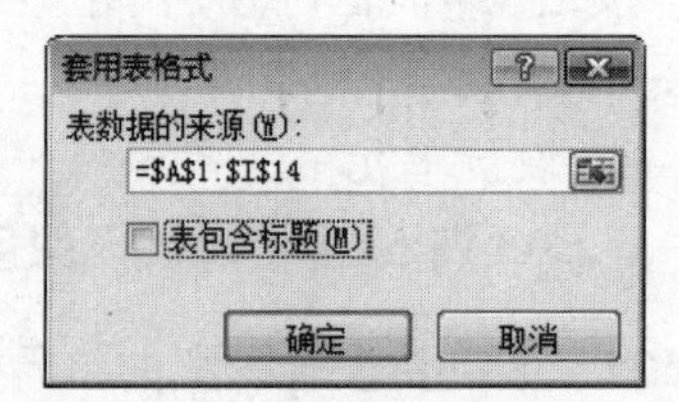

图9.55　【套用表格式】对话框

步骤04　单击【确定】按钮完成设置，效果如图9.56所示。

除了可以使用内部样式之外，用户还可以自定义样式。在【套用表格样式】下拉列表中选择【新建表样式】选项，打开【新建表快速样式】对话框，在该对话框中可以创建新的样式表，如图9.57所示。

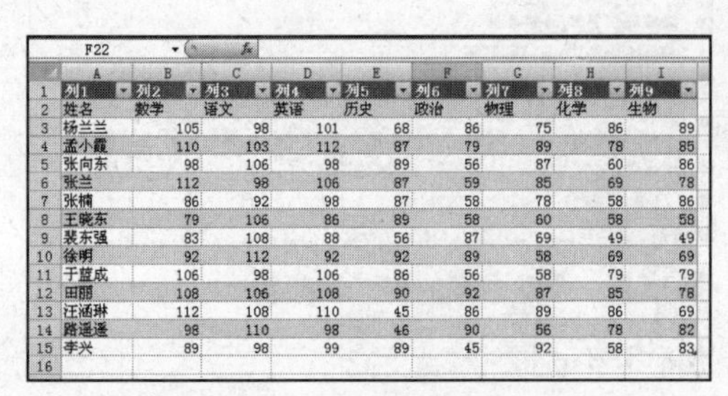

列1	列2	列3	列4	列5	列6	列7	列8	列9
姓名	数学	语文	英语	历史	政治	物理	化学	生物
杨兰兰	105	98	101	68	86	75	86	89
孟小霞	110	103	112	87	79	89	78	85
张向东	98	106	98	89	56	87	60	86
张兰	112	98	106	87	59	85	69	78
张楠	86	92	98	87	58	78	58	86
王晓东	79	106	86	89	58	60	58	58
裴东强	83	108	88	56	87	69	49	49
徐明	92	112	92	92	89	58	69	69
于篮成	106	98	106	86	56	58	79	79
田丽	108	106	108	90	92	87	85	78
汪涵琳	112	108	110	45	86	89	86	69
路遥遥	98	110	98	46	90	56	78	82
李兴	89	98	99	89	45	92	58	83

图9.56　套用表样式后的效果

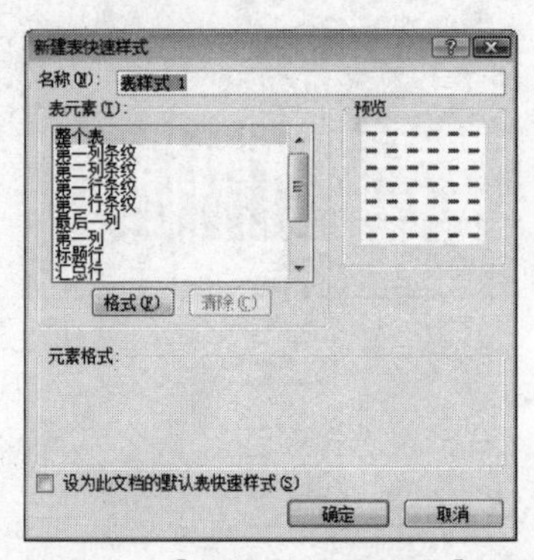

图9.57　【新建表快速样式】对话框

9.3.2 典型案例——设置“学生信息”表格式

案例目标

本案例将设置前面建立的“学生信息”表中的单元格格式，主要练习设置数据对齐方式、文本格式、边框以及单元格背景的方法。设置后的最终效果如图9.58所示。

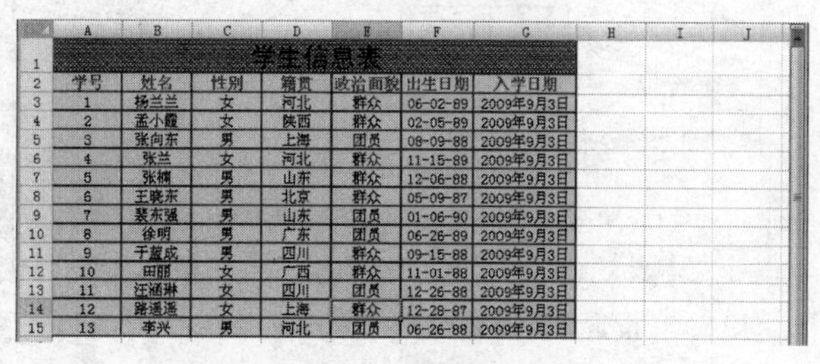

学生信息表						
学号	姓名	性别	籍贯	政治面貌	出生日期	入学日期
1	杨兰兰	女	河北	群众	06-02-89	2009年9月3日
2	孟小霞	女	陕西	群众	02-05-89	2009年9月3日
3	张向东	男	上海	团员	08-09-88	2009年9月3日
4	张兰	女	河北	群众	11-15-89	2009年9月3日
5	张楠	男	山东	群众	12-06-88	2009年9月3日
6	王晓东	男	北京	群众	05-09-87	2009年9月3日
7	裴东强	男	山东	团员	01-06-90	2009年9月3日
8	徐明	男	广东	团员	06-26-89	2009年9月3日
9	于蓝成	男	四川	群众	09-15-88	2009年9月3日
10	田丽	女	广西	群众	11-01-88	2009年9月3日
11	汪涵琳	女	四川	团员	12-26-88	2009年9月3日
12	路遥遥	女	上海	群众	12-28-87	2009年9月3日
13	李兴	男	河北	团员	06-26-88	2009年9月3日

图9.58　设置单元格格式的最终效果

素材位置：【第9课\源文件\学生信息.xlsx】

效果图位置：【第9课\源文件\学生信息表格式.xlsx】

操作思路：

步骤01　利用功能区上的按钮对单元格中的数据进行设置。

步骤02　设置单元格的背景和边框。

步骤03　另保存制作的表格。

操作步骤

步骤01　选择表格标题所在的单元格，在【字体】组中设置【字号】为【20】，【字体】为【黑体】。

步骤02　选中A2:G15单元格区域，在【对齐方式】组中单击【居中】按钮，效果如图9.59所示。

步骤03　选择A2:G2单元格区域，在【字体】组中设置【字号】为【12】，单击【加粗】按钮**B**，然后单击【字体颜色】下拉按钮，在打开的下拉列表中选择一种样式，效果如图9.60所示。

A2　学号

学生信息表						
学号	姓名	性别	籍贯	政治面貌	出生日期	入学日期
1	杨兰兰	女	河北	群众	06-02-89	2009年9月3日
2	孟小霞	女	陕西	群众	02-05-89	2009年9月3日
3	张向东	男	上海	团员	08-09-88	2009年9月3日
4	张兰	女	河北	群众	11-15-89	2009年9月3日
5	张楠	男	山东	群众	12-06-88	2009年9月3日
6	王晓东	男	北京	群众	05-09-87	2009年9月3日
7	裴东强	男	山东	团员	01-06-90	2009年9月3日
8	徐明	男	广东	团员	06-26-89	2009年9月3日
9	于蓝成	男	四川	群众	09-15-88	2009年9月3日
10	田丽	女	广西	群众	11-01-88	2009年9月3日
11	汪涵琳	女	四川	团员	12-26-88	2009年9月3日
12	路遥遥	女	上海	群众	12-28-87	2009年9月3日
13	李兴	男	河北	团员	06-26-88	2009年9月3日

图9.59　设置对齐方式

A2　学号

学生信息表						
学号	姓名	性别	籍贯	政治面貌	出生日期	入学日期
1	杨兰兰	女	河北	群众	06-02-89	2009年9月3日
2	孟小霞	女	陕西	群众	02-05-89	2009年9月3日
3	张向东	男	上海	团员	08-09-88	2009年9月3日
4	张兰	女	河北	群众	11-15-89	2009年9月3日
5	张楠	男	山东	群众	12-06-88	2009年9月3日
6	王晓东	男	北京	群众	05-09-87	2009年9月3日
7	裴东强	男	山东	团员	01-06-90	2009年9月3日
8	徐明	男	广东	团员	06-26-89	2009年9月3日
9	于蓝成	男	四川	群众	09-15-88	2009年9月3日
10	田丽	女	广西	群众	11-01-88	2009年9月3日
11	汪涵琳	女	四川	团员	12-26-88	2009年9月3日
12	路遥遥	女	上海	群众	12-28-87	2009年9月3日
13	李兴	男	河北	团员	06-26-88	2009年9月3日

图9.60　设置字号和字体颜色

步骤04　选择A1:G15单元格区域，在【单元格】组中单击【格式】下拉按钮，在打开的下拉列表中选择【设置单元格格式】选项。

步骤05　在打开的【设置单元格格式】对话框中选择【边框】选项卡。

步骤06　在该选项卡中设置边框的线条样式、线条颜色以及单元格边框，如图9.61所示。

步骤07 单击【确定】按钮，完成设置，效果如图9.62所示。

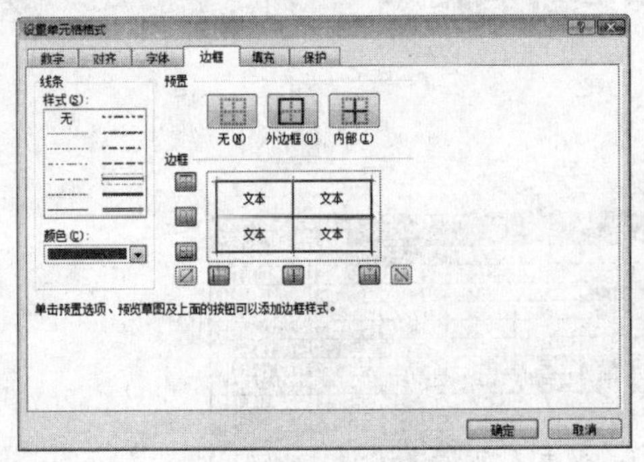

图9.61 设置单元格的边框

学生信息表

学号	姓名	性别	籍贯	政治面貌	出生日期	入学日期
1	杨兰兰	女	河北	群众	06-02-89	2009年9月3日
2	孟小霞	女	陕西	群众	02-05-89	2009年9月3日
3	张向东	男	上海	团员	08-09-88	2009年9月3日
4	张兰	女	河北	群众	11-15-89	2009年9月3日
5	张楠	男	山东	群众	12-06-88	2009年9月3日
6	王晓东	男	北京	群众	05-09-87	2009年9月3日
7	裴东强	男	山东	团员	01-06-90	2009年9月3日
8	徐明	男	广东	团员	06-26-89	2009年9月3日
9	于蓝成	男	四川	群众	09-15-88	2009年9月3日
10	田丽	女	广西	群众	11-01-88	2009年9月3日
11	汪涵琳	女	四川	团员	12-26-88	2009年9月3日
12	路遥遥	女	上海	群众	12-28-87	2009年9月3日
13	李兴	男	河北	团员	06-26-88	2009年9月3日

图9.62 设置边框的效果

步骤08 选择表格标题所在的单元格，单击鼠标右键，在弹出的快捷菜单中选择【设置单元格格式】选项。

步骤09 在打开的【设置单元格格式】对话框中选择【填充】选项卡，在【图案颜色】下拉列表中选择一种颜色，在【图案样式】下拉列表中选择一种样式，如图9.63所示。

步骤10 单击【确定】按钮，完成设置。

步骤11 选择A2:G15单元格区域，单击鼠标右键，在弹出的快捷菜单中选择【设置单元格格式】选项。

步骤12 在打开的【设置单元格格式】对话框中选择【填充】选项卡，在【背景色】选区中选择一种背景颜色，如图9.64所示。

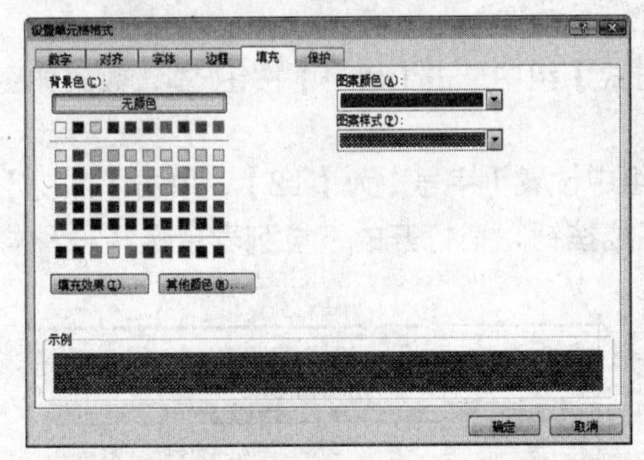

图9.63 设置图案颜色和样式

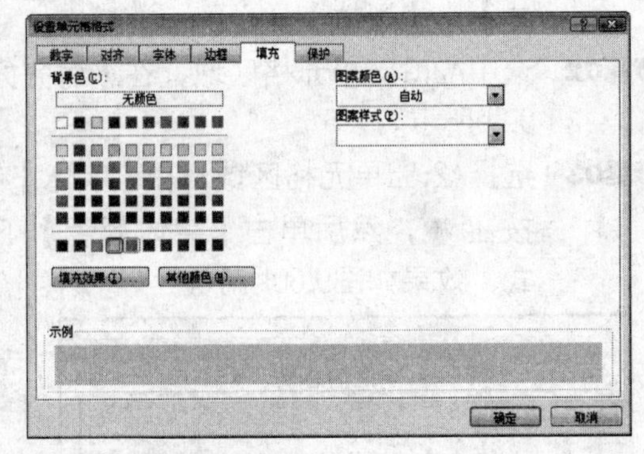

图9.64 设置背景色

步骤13 单击【确定】按钮，完成设置。

步骤14 执行【Office按钮】→【另存为】命令，将表格另存为“学生信息表格式.xlsx”。

案例小结

本案例将“学生信息”表进行了格式设置，主要练习了数据对齐方式、文本格式、边框以及单元格背景等设置方法。其中需要注意的是Excel电子表格中默认的边框线呈灰色显示，不能打印出来。因此，如果想要打印边框，必须设置单元格的边框。

9.4 上机练习

9.4.1 输入并编辑数据

本次练习将在Excel 2007中创建“会议日程安排”表，并在其中输入和编辑数据，制作好的最终效果如图9.65所示。

效果图位置：【第9课\源文件\会议日程安排.xlsx】

操作思路：

步骤01 启动Excel 2007，新建一个工作簿并保存为“会议日程安排.xlsx”。

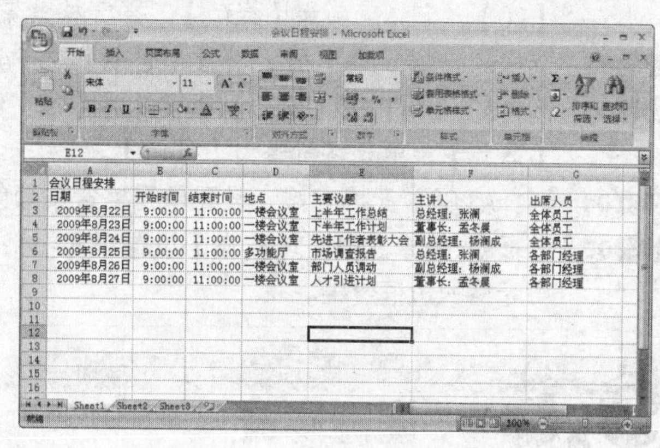

图9.65 输入数据后的“会议日程安排”表

步骤02 输入表格的标题和表头。

步骤03 选择A3:A8单元格区域，在【设置单元格格式】对话框【数字】选项卡的【分类】列表中选择【日期】选项，在右侧的列表框中选择一种日期类型，单击【确定】按钮。

步骤04 在A3单元格中输入“2009/08/22”，按【Enter】键，然后选中该单元格，使用拖动填充柄的方法填充A4:A8单元格区域的日期。

步骤05 使用同样的方法，在【设置单元格格式】对话框中的【数字】选项卡中设置B3:C8单元格区域的数据类型为【时间】，并设置一种时间格式。

步骤06 在B3:C8单元格区域中输入时间。

步骤07 在其他单元格中输入文本。

9.4.2 设置“会议日程安排”表格式

本练习将对9.4.1节“会议日程安排”表中的数据进行格式美化操作，最终效果如图9.66所示。

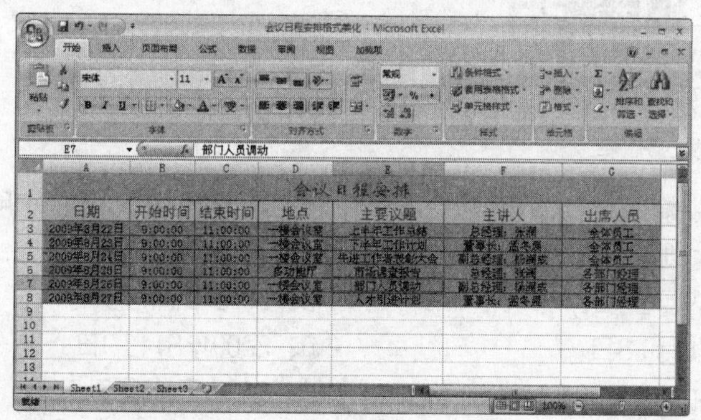

图9.66 设置格式的“会议日程安排”表

素材位置：【第9课\源文件\会议日程安排.xlsx】

效果图位置：【第9课\源文件\会议日程安排格式美化.xlsx】

操作思路：

步骤01 合并A1:G1单元格，设置表格标题，其中，字体为【华文新魏】，字号为【20】，字体颜色为【绿色】，单元格背景为【橙色】。

步骤02 选择A2:G8单元格区域，设置【居中】对齐。

步骤03 选择A2:G2单元格区域，设置字体为【华文细黑】，字号为【14】，字体颜色为【蓝色】，单元格背景为【茶色】。

步骤04 选择A3:G8单元格区域，设置单元格背景颜色为【浅绿】。

步骤05 选择A1:G8单元格区域，在【设置单元格格式】对话框的【边框】选项卡中设置单元格的边框效果。

9.5 疑难解答

问：在用Excel输入“01”时，为什么单元格中显示的是“1”呢？

答：这是因为Excel会忽略“01”中前面没有改变数值大小的“0”。若须输入“01”，则可以在输入时在前面多输入一个英文输入法状态下的“'”符号。

问：输入身份证号码（至少15位数）时，无论怎样拖动，单元格宽度都无法显示出全部数据，而是以科学计算法显示，怎么办呢？

答：在输入前先选择这些单元格区域，然后在【开始】选项卡的【数字】组中单击【数字格式】下拉按钮，在打开的下拉列表中选择【文本】选项，此时输入的数据将全部显示。

问：在单元格中输入数据时，按【Enter】键后将切换到下一个单元格中输入，怎样在同一个单元格实现换行输入数据呢？

答：打开【设置单元格格式】对话框，在【对齐】选项卡中选中【自动换行】复选框，当输入的数据超过所在单元格的宽度或按【Enter】键时，数据就会自动换行。

9.6 课后练习

选择题

1 在单元格中输入“2009年9月18日”，然后选择该单元格，使用鼠标进行拖动，填充数据，那么填充的第一个数据是（　　）。

A、2009年9月18日　　B、2009年9月19日

C、2009年8月18日　　D、2009年8月19日

2 在单元格中输入“2/5”，按【Enter】键，该单元格将显示（　　）。

A、2/5　　　　　　　　　　　　　　B、2月5日

C、0.4　　　　　　　　　　　　　　D、5月2日

3 如果需要在单元格中输入邮政编码“010105”，则可在单元格中输入（　　）。

A、010105　　　　　　　　　　　　B、’010105

C、+010105　　　　　　　　　　　D、0 010105

问答题

1 在单元格中如何输入序列数据?

2 如何设置单元格的边框?

3 简述设置单元格背景的具体操作方法。

上机题

1 应用输入数据、快速填充数据及编辑数据等方法制作如图9.67所示的“员工信息表”。

效果图位置：【第9课\练习\员工信息表.xlsx】

操作思路：

步骤01 输入标题和表头。

步骤02 利用快速输入的方法输入【员工编号】和【入厂日期】表头下的记录。

步骤03 输入表格中的其他数据。

2 对图9.67中的表格进行字体、单元格背景及表格边框等设置操作，最终效果如图9.68所示。

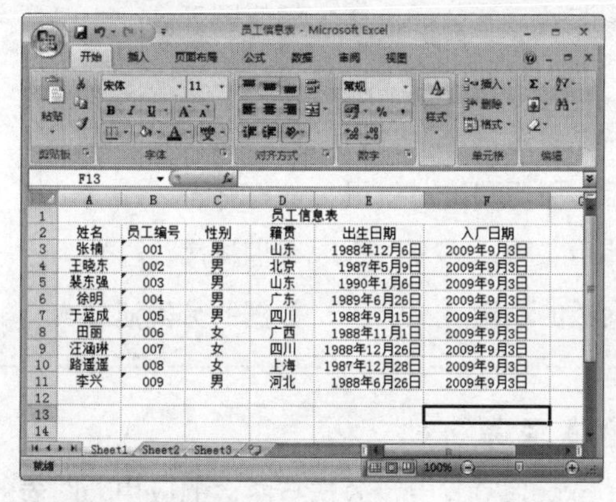

员工信息表					
姓名	员工编号	性别	籍贯	出生日期	入厂日期
张楠	001	男	山东	1988年12月6日	2009年9月3日
王晓东	002	男	北京	1987年5月9日	2009年9月3日
裴东强	003	男	山东	1990年1月6日	2009年9月3日
徐明	004	男	广东	1989年6月26日	2009年9月3日
于蓝成	005	男	四川	1988年9月15日	2009年9月3日
田丽	006	女	广西	1988年11月1日	2009年9月3日
汪涵琳	007	女	四川	1988年12月26日	2009年9月3日
路遥遥	008	女	上海	1987年12月28日	2009年9月3日
李兴	009	男	河北	1988年6月26日	2009年9月3日

图9.67　输入数据

图9.68　设置文本和单元格格式

效果图位置：【第9课\练习\员工信息表2.xlsx】

操作思路：

步骤01 在【开始】选项卡的【字体】组中设置表格中的字体。

步骤02 在【设置单元格格式】对话框的【边框】选项卡中设置单元格的边框效果，在【填充】选项卡中设置单元格的背景颜色。

第10课

Excel 2007高级应用

本课要点

公式与函数

图表的应用

数据库的应用

具体要求

公式运算符	自动求和函数
输入公式	创建图表
修改公式	编辑图表
移动和复制公式	美化图表
删除公式	使用数据记录单
相对引用和绝对引用	数据筛选
使用名称	数据排序
函数的应用	数据的分类汇总

本课导读

在Excel 2007中，公式与函数的应用、图表的应用和数据库的应用都是比较重要的，在各种强调数据的电子表格中都是必不可少的。有了这些方面的应用，使得分析与总结数据的工作变得十分简捷。

10.1 公式与函数

在Excel 2007中可以实现公式和函数的计算，例如对工作表中的数据进行求和、求乘积、求平均数等运算，从而实现对工作表数据的处理和分析。本节将介绍Excel 2007公式和函数的相关知识。

10.1.1 知识讲解

公式与函数的应用是Excel 2007强大功能的一种体现。在工作表中输入数据后，可通过Excel中的公式与函数对数据进行自动、精确和高速的运算处理。

1. 公式运算符

运算符用于指定要对公式中的元素执行的计算类型，它是一个标记或符号，在Excel中有以下4类运算符。

算术运算符

用于基本的数学运算，例如加、减、乘、除等，它们连接数字并产生计算结果。

文本运算符

利用符号“&”将多个文本连接成组合文本。

比较运算符

用来比较两个数值大小关系的运算符，返回值为逻辑值TRUE（真）或FALSE（假）。

引用运算符

用于将不同的单元格区域进行合并计算。

在表10.1中列出了Excel 2007常用的几种引用运算符。

表10.1 引用运算符

引用运算符	含义	示例
	区域运算符，对两个引用之间，包括这两个引用在内的所有单元格进行引用	A2:B3表示引用从A2到B3的所有单元格
	联合运算符，将多个引用合并为一个引用	SUM（A2:B3，A6:E9）表示引用A2:B3和A6:E9的两个单元格区域
空格	交叉运算符，产生同时属于两个引用的单元格区域	SUM（A2:B3，B3:C5）表示引用相交叉的B3单元格

2. 输入公式

公式是由一个或多个单元格值和运算符组成的一个序列，使用公式可以对工作表中的数值进行加、减、乘、除等各种运算。在单元格中输入公式之后，Excel 2007会自动根据公式进行运算，并将结果显示在编辑栏上。

Excel中的公式必须以等号“=”开始。如果在单元格中输入的第一个字符是等号，那么Excel就认为输入的内容是一个公式。

在单元格中输入公式的具体操作步骤如下：

步骤01 分别在A1、A2和A3单元格中任意输入3个数据，这里输入“123”、“456”和

"789"。

步骤02 选择要输入公式的单元格，这里选择D3单元格。

步骤03 在编辑栏中输入计算公式，在本例中输入"=A1+A2+A3"。

在输入公式中的单元格地址（如A1、A2等）时，既可通过手动输入，也可在输入时单击相应的单元格，其地址将自动显示在编辑栏中。

步骤04 按【Enter】键或单击编辑栏中的【输入】按钮✔，在D3单元格中便会自动出现计算后的结果，如图10.1所示。

3. 修改公式

在建立公式时难免会出现错误。在使用过程中如果发现公式有错误，就必须对其进行修改。

修改公式的操作步骤如下：

步骤01 双击需要修改公式的单元格，光标将定位于该单元格中。

步骤02 公式进入编辑状态，并且将单元格以不同的颜色标识出来，如图10.2所示。

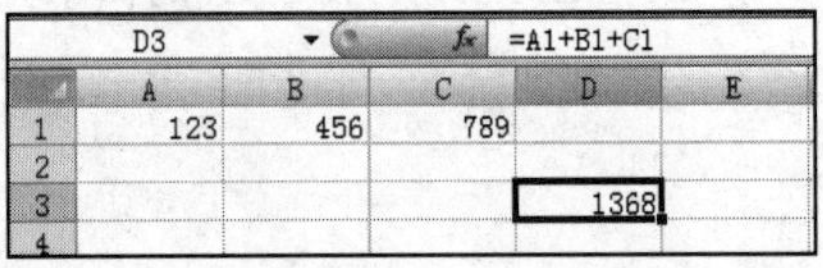

图10.1 输入公式

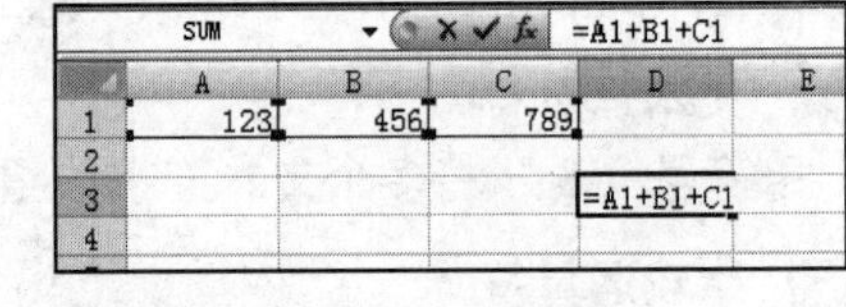

图10.2 公式处于编辑状态

步骤03 在选中的单元格中输入新的公式或者对原公式进行修改。

步骤04 然后按【Enter】键，完成公式的修改，在选取的单元格中将显示修改公式后的计算结果。

4. 移动和复制公式

在Excel中，公式和单元格中的数据一样，也可以移动或复制到其他单元格中，从而大大提高输入效率。

1）移动公式

创建公式后，可以将它移动到其他单元格中。例如，将D3单元格中的公式移到C4中，具体操作步骤如下：

步骤01 选择D3单元格，将鼠标指针移到其边框上，此时鼠标指针变为4向箭头形状，如图10.3所示。

步骤02 按住鼠标左键不放并拖动至C4单元格中，释放鼠标键即完成移动公式的操作，如图10.4所示。

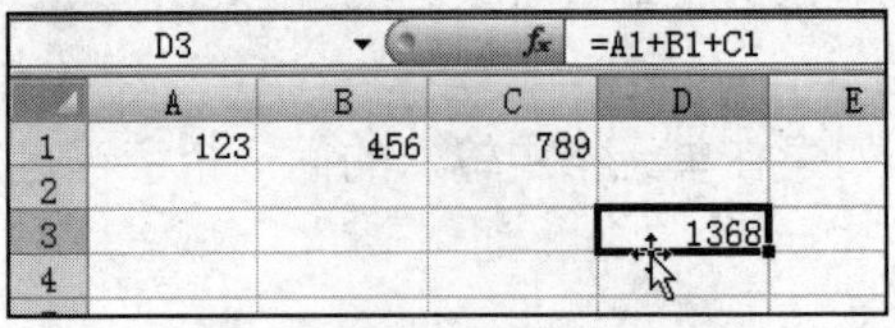

图10.3 鼠标指针变成4向箭头形状

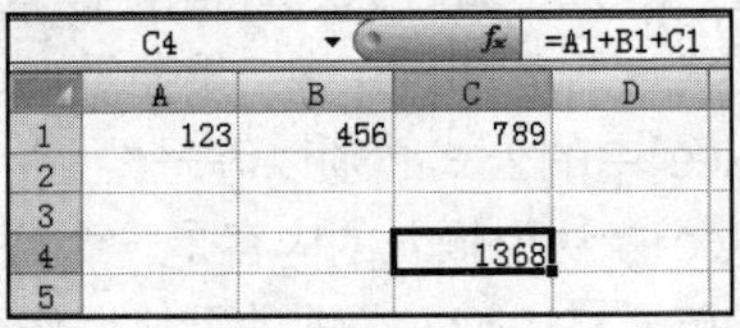

图10.4 移动公式

2）复制公式

复制公式有两种方法，一种是利用【复制】和【粘贴】命令实现复制操作，另一种是利用填充柄实现复制操作。

使用【复制】和【粘贴】命令复制公式

具体操作步骤如下：

步骤01 选取需要复制的公式所在的单元格，例如选择D2单元格。

步骤02 在【开始】选项卡的【剪贴板】组中选择【复制】按钮，此时D2单元格如图10.5所示；也可在选取的单元格上单击鼠标右键，在弹出的快捷菜单中选择【复制】命令。

步骤03 选取要粘贴公式的目标单元格，例如选取D3单元格。

步骤04 在【开始】选项卡的【剪贴板】组中单击【粘贴】下拉按钮，打开其下拉列表，如图10.6所示。

D2　fx =A2+B2+C2

	A	B	C	D	E
1	数值1	数值2	数值3	求和	
2	12	45	53	110	
3	45	46	85		
4	56	14	49		
5	89	83	45		
6					

图10.5　选择【复制】命令

图10.6　【粘贴】下拉列表

步骤05 在下拉列表中选择【公式】命令，完成公式的复制，效果如图10.7所示。

用户还可以在打开的下拉列表中选择【选择性粘贴】命令，或单击鼠标右键，在弹出的快捷菜单中选择【选择性粘贴】命令，打开【选择性粘贴】对话框，在该对话框中选择【公式】复选框，如图10.8所示，最后单击【确定】按钮即可。

D3　fx =A3+B3+C3

	A	B	C	D	E
1	数值1	数值2	数值3	求和	
2	12	45	53	110	
3	45	46	85	176	
4	56	14	49		
5	89	83	45		
6					

图10.7　复制公式后的效果

图10.8　【选择性粘贴】对话框

使用填充柄复制公式

具体操作步骤如下：

步骤01 在工作表的D2单元格中已经包含了公式“=A2+B2+C2”。

步骤02 选择带有公式的单元格，如D2单元格，将鼠标指针移至该单元格的右下角，当其变为十字形状时，按住鼠标左键不放并拖动至D5单元格，如图10.9所示。

D2　=A2+B2+C2

	A	B	C	D	E
1	数值1	数值2	数值3	求和	
2	12	45	53	110	
3	45	46	85	176	
4	56	14	49	119	
5	89	83	45	217	
6					
7					

图10.9　使用填充柄复制公式

5. 删除公式

删除公式的方法非常简单，只须选择包含公式的单元格，然后按【Delete】键就可删除，此时单元格中由公式计算得来的结果也将被删除。若想删除公式而不删除计算结果，则可按如下具体操作步骤进行：

步骤01　选择须删除公式的单元格。

步骤02　按【Ctrl+C】组合键执行复制操作。

步骤03　在【开始】选项卡的【剪贴板】组中单击【粘贴】下拉按钮。

步骤04　在打开的下拉列表中选择【选择性粘贴】命令，打开【选择性粘贴】对话框。

步骤05　在该对话框的【粘贴】选区中选择【数值】单选按钮，然后单击【确定】按钮。

6. 相对引用和绝对引用

单元格引用是指在Excel公式中使用单元格的地址来代替单元格。引用的作用在于标示工作表上的单元格或单元格区域并指明使用数据的位置。单元格的引用可把单元格中的数据和公式联系起来。

1）相对引用

相对引用就是直接使用行号和列标，引用会随公式所在单元格的位置变更而改变。默认情况下复制公式时Excel所使用的是相对引用，在相对引用下将公式复制到某一单元格时，单元格中的公式会相对改变，但引用的单元格与包含公式的单元格的相对位置不变。

例如，前面在D2单元格中输入的公式为“=A2+B2+C2”，而将该公式复制到同列的其他单元格后，D3单元格中的公式变为“=A3+B3+C3”，D4单元格中的公式变为“=A4+B4+C4”等，这就是相对引用。

2）绝对引用

绝对引用是指单元格引用不随公式所在单元格的位置变更而改变。绝对引用的样式是在列字母和行数字之前加上符号“$”，例如$B$5、$E$7都是绝对引用。

例如，通过在编辑栏中添加$符号，将前面工作表中D2单元格的公式变为“=$A$2+$B$2+$C$2”，再将该公式复制到其他单元格中时，结果将不会发生任何改变，如图10.10所示。

在绝对引用下，使用填充柄计算单元格区域E3:E5的数据，其填充的数据都为“110”，如图10.11所示。

E4　=$A$2+$B$2+$C$2

	A	B	C	D	E	F
1	数值1	数值2	数值3	求和	绝对引用	
2	12	45	53	110	110	
3	45	46	85	176		
4	56	14	49	119	110	
5	89	83	45	217		

图10.10　绝对引用时复制公式的情况

E2　=$A$2+$B$2+$C$2

	A	B	C	D	E	F
1	数值1	数值2	数值3	求和	绝对引用	
2	12	45	53	110	110	
3	45	46	85	176	110	
4	56	14	49	119	110	
5	89	83	45	217	110	
6						
7						

图10.11　填充的数据没有变化

在同一个公式中可以同时使用相对引用与绝对引用，这就是混合引用，如公式“=$C$3+E3”。当复制使用了混合引用的公式时，绝对引用的单元格中的数据不会发生改变，相对引用的单元格中的数据将发生变化。

7. 使用名称

前面介绍的单元格引用是用相应的地址表示的，此外，单元格的引用还可以用名称来表示。在Excel中，用户可以通过一个名称来代表工作表、单元格、常量、图表或公式等。如果在Excel中定义了一个名称，就可以在公式中使用它。

在Excel 2007的【公式】选项卡中，有一个【定义的名称】组，如图10.12所示。

图10.12　【公式】选项卡

使用此组中的功能可完成定义名称、名称管理、用于公式等操作。

下面使用名称在工作簿中定义重力加速度来计算物体自由落体运动中的位移，具体操作步骤如下：

步骤01　在工作表中打开【公式】选项卡。

步骤02　在【公式】选项卡的【定义的名称】组中单击【定义名称】按钮，打开【新建名称】对话框。

步骤03　在【名称】文本框中输入“g”，在【范围】下拉列表框中选择【工作簿】，在【引用位置】文本框中输入“9.8”，如图10.13所示。

步骤04　单击【确定】按钮，关闭【新建名称】对话框。

步骤05　在需要计算位移的单元格中输入公式“=1/2*g*A3*A3”，如图10.14所示。

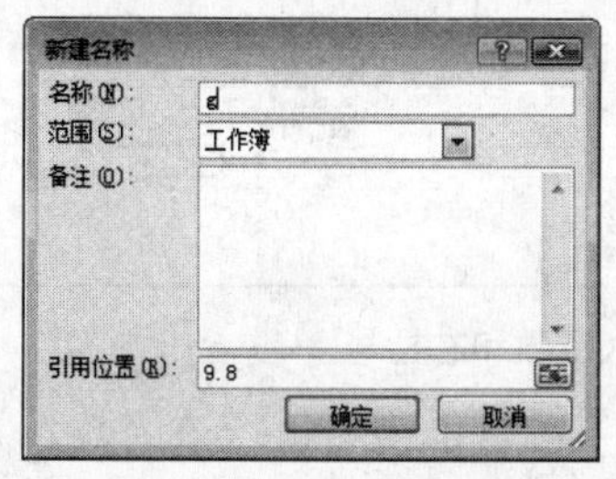

图10.13　【新建名称】对话框

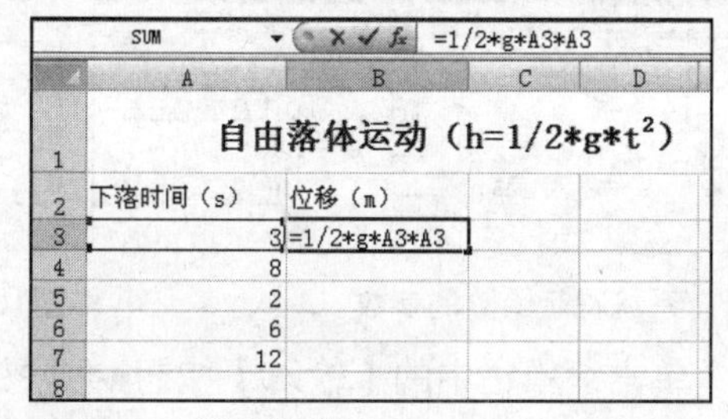

图10.14　输入公式

步骤06　完成公式的输入之后单击编辑栏左侧的【输入】按钮✓或按【Enter】键，显示计算结果，如图10.15所示。

步骤07　使用填充柄得到所有的位移，如图10.16所示。

图10.15　显示计算结果

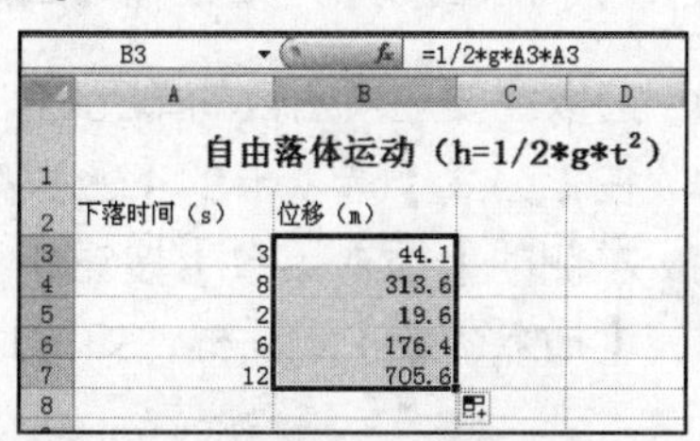

图10.16　填充其他计算结果

8. 函数的应用

Excel中提供了大量的内置函数，例如求最大值、数值求和函数、数值求积函数、求平均值函数等等。在编辑表格时使用内置函数可以节省时间，减少错误的发生。

函数就是预定义的内置公式，它使用参数并按照特定的顺序进行计算。

函数的参数是函数进行计算所必需的初始值。用户把参数传递给函数，函数按特定的指令对参数进行计算，并把计算的结果返回给用户。函数的参数可以是数字、文本、逻辑值或者单元格的引用，也可以是常量公式或其他函数。

在Excel中，输入函数一般有以下两种方法。

在编辑栏中直接输入

如果对欲使用的函数比较熟悉，知道函数名和函数的参数，或者需要输入一些有嵌套关系的复杂函数，那么可以在编辑栏中直接输入。

在编辑栏中输入函数的步骤如下：

步骤01 选取需要应用函数的单元格。

步骤02 在Excel编辑栏中输入等号“=”，之后输入函数名。在输入函数名时，系统将自动提示可选的函数名，如图10.17所示。

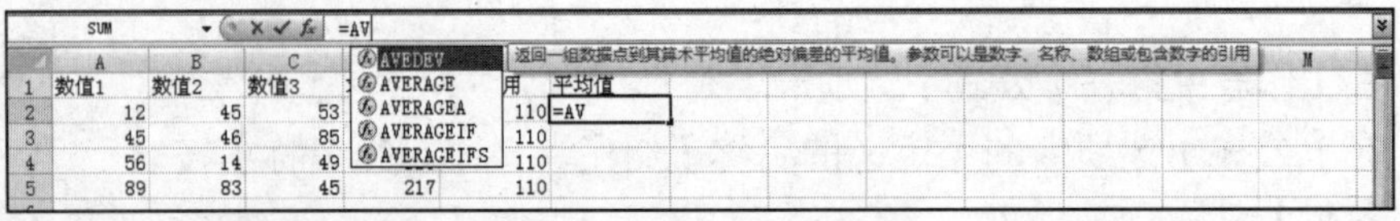

图10.17　系统将自动提示可选的函数名

步骤03 选择所需的函数，双击鼠标左键，系统将自动提示函数的参数，如图10.18所示。

步骤04 函数的参数输入完成后，输入右括号，如图10.19所示。

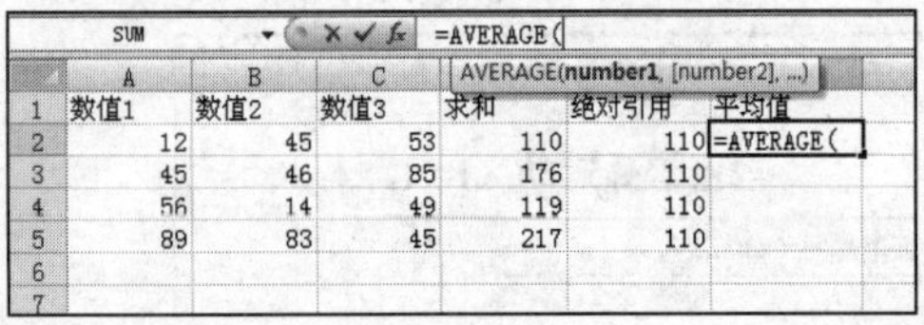

图10.18　系统提示函数的参数

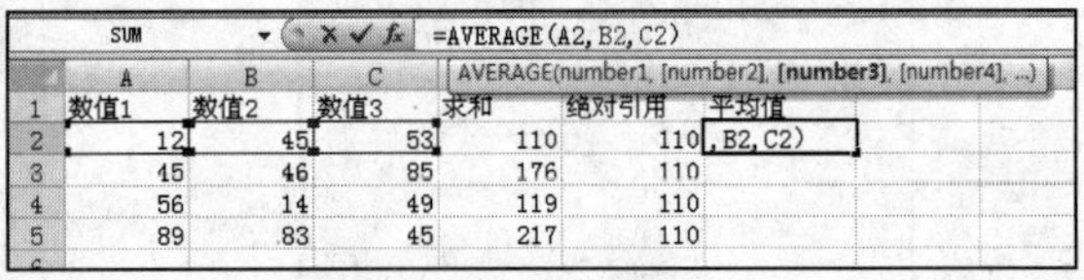

图10.19　输入参数和右括号

步骤05 单击编辑栏中的【输入】按钮✓或按【Enter】键，系统将执行该函数，并将结果填写到所选取的单元格中，如图10.20所示。

使用【插入函数】对话框

【插入函数】对话框是在Excel中输入函数的重要工具。

使用【插入函数】对话框输入函数的操作步骤如下：

步骤01 选取需要应用函数的单元格。

步骤02 在【公式】选项卡的【函数库】组中单击【插入函数】按钮f_x，或单击编辑栏左侧的【插入函数】按钮f_x，在单元格和编辑栏中将自动填写“=”，并打开【插入函数】对话框，如图10.21所示。

F2 =AVERAGE(A2,B2,C2)

	A	B	C	D	E	F
1	数值1	数值2	数值3	求和	绝对引用	平均值
2	12	45	53	110	110	36.6666667
3	45	46	85	176	110	
4	56	14	49	119	110	
5	89	83	45	217	110	
6						

图10.20　执行函数并显示结果

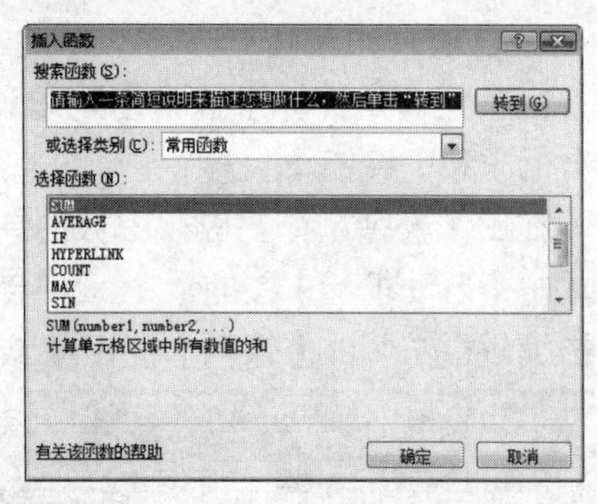

图10.21　【插入函数】对话框

步骤03　在【选择函数】列表框中找到需要的函数，例如【AVERAGE】函数。如果需要的函数不在里面，则可以打开【或选择类别】下拉列表进行选择，或者在【搜索函数】中输入需要的函数进行查找。

步骤04　单击【确定】按钮，打开【函数参数】对话框，如图10.22所示。

步骤05　在此对话框中可以直接输入函数的参数；也可单击【压缩对话框】按钮，【函数参数】对话框将自动压缩，显示出工作表，如图10.23所示。

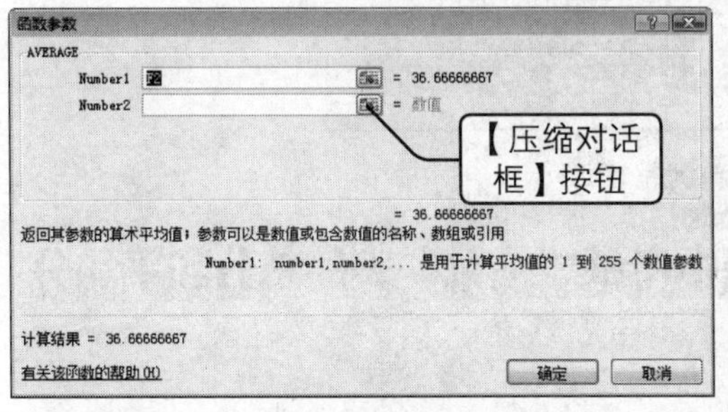

图10.22　【函数参数】对话框

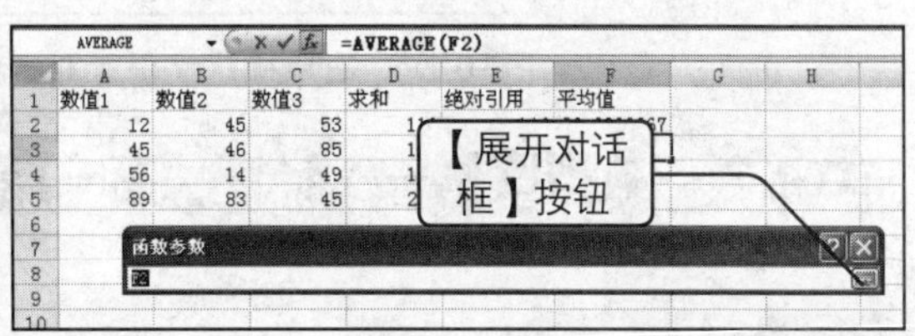

图10.23　压缩对话框

步骤06　使用鼠标选取单元格或单元格区域，所选取的单元格或单元格区域将自动添加到【函数参数】对话框中。

步骤07　单击【展开对话框】按钮，将展开【函数参数】对话框。利用相同的方法选取其他参数，如图10.24所示。

步骤08　单击【确定】按钮，执行该函数，并将函数结果填写到单元格中，如图10.25所示。

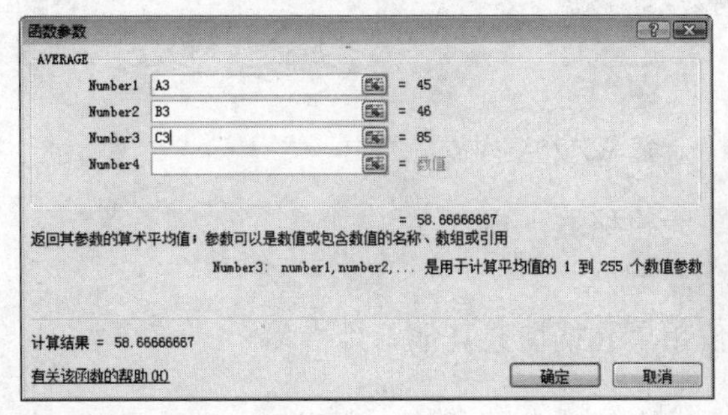

图10.24　选择其他参数

F3 =AVERAGE(A3,B3,C3)

	A	B	C	D	E	F
1	数值1	数值2	数值3	求和	绝对引用	平均值
2	12	45	53	110	110	36.6666667
3	45	46	85	176	110	58.6666667
4	56	14	49	119	110	
5	89	83	45	217	110	
6						

图10.25　执行函数并显示结果

使用【插入函数】对话框的最大优点就是引用的单元格和单元格区域很准确，不易发生输入错误的问题。

9. 自动求和函数

由于在日常计算中经常用到求和运算，所以Excel的【公式】选项卡中提供了一个【自动求和】按钮Σ，该按钮可快速进行求和运算。

在工作表中选择要应用函数的单元格，然后打开【公式】选项卡，在【函数库】组中单击【自动求和】按钮Σ，Excel会自动选择参与计算的单元格区域，如图10.26所示，单击编辑栏左侧的【输入】按钮✓或按【Enter】键，返回计算结果，如图10.27所示。

AVERAGE =SUM(A2:D2)

	A	B	C	D	E	F	G
1	数值1	数值2	数值3	数值4			
2	123	456	789	425	=SUM(A2:D2)		
3	256	285	456	758	SUM(number1, [number2], ...)		
4	456	159	753	453			
5							

图10.26 自动选择参与计算的单元格区域

E2 =SUM(A2:D2)

	A	B	C	D	E
1	数值1	数值2	数值3	数值4	
2	123	456	789	425	1793
3	256	285	456	758	
4	456	159	753	453	

图10.27 返回计算结果

如果用户想改变参与计算的单元格区域，只要用鼠标拖动出需要的区域即可，如图10.28所示。

AVERAGE =SUM(A2:D4)

	A	B	C	D	E	F	G
1	数值1	数值2	数值3	数值4			
2	123	456	789	425	=SUM(A2:D4)		
3	256	285	456	758	SUM(number1, [number2], ...)		
4	456	159	753	453			
5							

图10.28 重新确定参与计算的单元格区域

10.1.2 典型案例——计算“高一期中考试成绩单”表的总分和平均分

案例目标

本案例将计算“高一期中考试成绩单”的成绩总和和平均分，主要练习公式和函数的应用，计算的结果如图10.29所示。

素材位置：【第10课\素材\高一期中考试成绩单.xlsx】

效果图位置：【第10课\源文件\高一期中考试成绩单2.xlsx】

操作思路：

J17

高一年级期中考试成绩单

姓名	数学	语文	英语	历史	政治	物理	化学	生物	总分	平均值
杨兰兰	105	90	101	68	86	75	86	89	708	88.5
孟小霞	110	103	112	87	79	89	78	85	743	92.075
张向东	98	106	98	89	56	87	60	86	680	85
张兰	112	98	106	87	59	85	69	78	694	86.75
张楠	86	92	98	87	58	78	58	86	643	80.375
王晓东	79	106	86	89	58	60	58	58	594	74.25
裴东强	83	108	88	56	87	69	49	49	589	73.625
徐明	92	112	92	92	89	58	69	69	673	84.125
于蓝成	106	98	106	86	56	58	79	79	668	83.5
田丽	108	106	108	90	92	87	85	78	754	94.25
汪涵琳	112	108	110	45	86	89	86	69	705	88.125
路遥遥	98	110	98	46	90	56	78	82	658	82.25
李兴	89	98	99	89	45	92	58	83	653	81.625

图10.29 计算总分和平均值

步骤01 在工作表中新增两列用于存放总分和平均值，并设置新增的单元格格式。

步骤02 在单元格中输入公式，并使用填充柄复制公式。

步骤03 应用求平均值函数计算平均值，并使用填充柄填充其他单元格。

步骤04 另存制作的表格。

操作步骤

步骤01 打开“高一期中考试成绩单”工作簿，在J2单元格和K2单元格中分别输入“总和”和“平均值”。

步骤02 选择A1:K1单元格区域，单击两次【开始】选项卡【对齐方式】组中的【合并后居中】按钮。

步骤03 选择J3:K15单元格区域，单击【对齐方式】组中的【居中】按钮，如图10.30所示。

高一年级期中考试成绩单

姓名	数学	语文	英语	历史	政治	物理	化学	生物	总分	平均值
杨兰兰	105	98	101	68	86	75	86	89		
孟小霞	110	103	112	87	79	89	78	85		
张向东	98	106	98	89	56	87	60	86		
张兰	112	98	106	87	59	85	69	78		
张楠	86	92	98	87	58	78	58	86		
王晓东	79	106	86	89	58	60	58	58		
裴东强	83	108	88	56	87	69	49	49		
徐明	92	112	92	92	89	58	69	69		
于筐成	106	98	106	86	56	58	79	79		
田丽	108	106	108	90	92	87	85	78		
汪涵琳	112	108	110	45	86	89	86	69		
路遥遥	98	110	98	46	90	56	78	82		
李兴	89	98	99	89	45	92	58	83		

图10.30　设置单元格格式

步骤04 选择J3单元格，在编辑栏中输入公式“=B3+C3+D3+E3+F3+G3+H3+I3”，然后单击编辑栏中的【输入】按钮，此时显示计算结果，如图10.31所示。

步骤05 选择J3单元格，将鼠标指针移至该单元格的右下角，当其变为十字形状时，按住鼠标左键不放并拖动至J15单元格，如图10.32所示。

步骤06 选择K3单元格，打开【公式】选项卡，在【函数库】组中单击【插入函数】按钮 *fx*，打开【插入函数】对话框。

步骤07 在【选择函数】列表框中选择【AVERAGE】选项，然后单击【确定】按钮。

=B3+C3+D3+E3+F3+G3+H3+I3

高一年级期中考试成绩单

姓名	数学	语文	英语	历史	政治	物理	化学	生物	总分	平均值
杨兰兰	105	98	101	68	86	75	86	89	708	
孟小霞	110	103	112	87	79	89	78	85		
张向东	98	106	98	89	56	87	60	86		
张兰	112	98	106	87	59	85	69	78		
张楠	86	92	98	87	58	78	58	86		
王晓东	79	106	86	89	58	60	58	58		
裴东强	83	108	88	56	87	69	49	49		
徐明	92	112	92	92	89	58	69	69		
于筐成	106	98	106	86	56	58	79	79		
田丽	108	106	108	90	92	87	85	78		
汪涵琳	112	108	110	45	86	89	86	69		
路遥遥	98	110	98	46	90	56	78	82		
李兴	89	98	99	89	45	92	58	83		

图10.31　计算总分

=B3+C3+D3+E3+F3+G3+H3+I3

高一年级期中考试成绩单

姓名	数学	语文	英语	历史	政治	物理	化学	生物	总分	平均值
杨兰兰	105	98	101	68	86	75	86	89	708	
孟小霞	110	103	112	87	79	89	78	85	743	
张向东	98	106	98	89	56	87	60	86	680	
张兰	112	98	106	87	59	85	69	78	694	
张楠	86	92	98	87	58	78	58	86	643	
王晓东	79	106	86	89	58	60	58	58	594	
裴东强	83	108	88	56	87	69	49	49	589	
徐明	92	112	92	92	89	58	69	69	673	
于筐成	106	98	106	86	56	58	79	79	668	
田丽	108	106	108	90	92	87	85	78	754	
汪涵琳	112	108	110	45	86	89	86	69	705	
路遥遥	98	110	98	46	90	56	78	82	658	
李兴	89	98	99	89	45	92	58	83	653	

图10.32　计算其他同学的总分

步骤08 打开【函数参数】对话框，如图10.33所示。

步骤09 在此对话框中单击【Number1】右侧的【压缩对话框】按钮，【函数参数】对话框将自动压缩，然后拖动鼠标设置参数的范围，如图10.34所示。

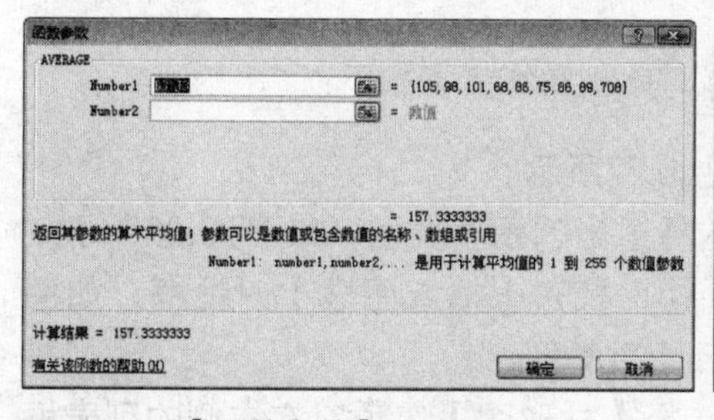

图10.33　【函数参数】对话框

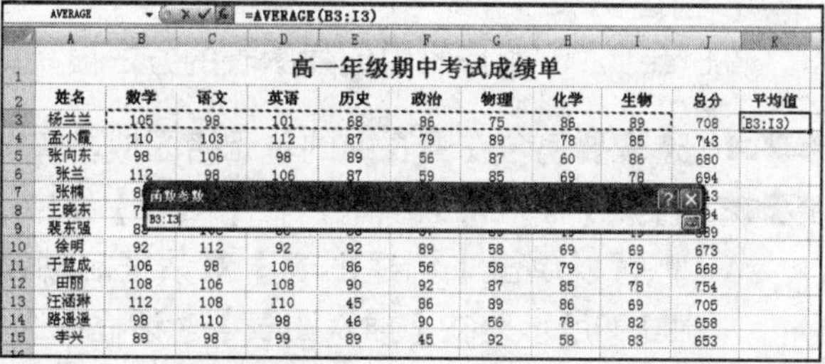

图10.34　设置参数范围

步骤10 单击【展开对话框】按钮，将展开【函数参数】对话框，所选取的单元格区域将自动添加到【函数参数】对话框中，如图10.35所示。

步骤11 单击【确定】按钮，执行该函数，并将函数结果填写到单元格中，如图10.36所示。

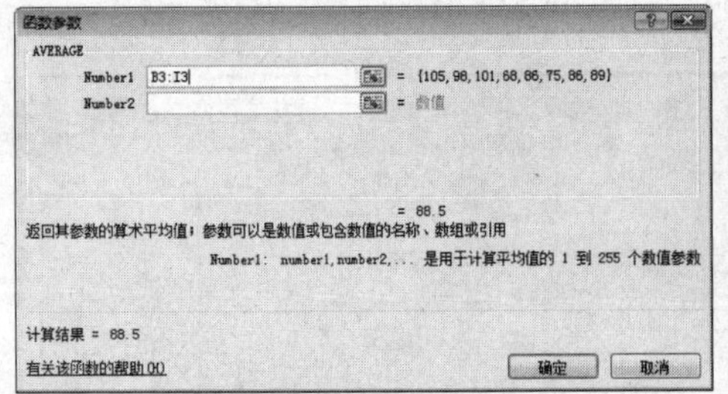

图10.35　显示选取的单元格区域

K3　=AVERAGE(B3:I3)

高一年级期中考试成绩单										
姓名	数学	语文	英语	历史	政治	物理	化学	生物	总分	平均值
杨兰兰	105	98	101	68	86	75	86	89	708	88.5
孟小霞	110	103	112	87	79	89	78	85	743	
张向东	98	106	98	89	56	87	60	86	680	
张兰	112	98	106	87	59	85	69	78	694	
张楠	86	92	98	87	58	78	58	86	643	
王晓东	79	106	86	89	58	60	58	58	594	
裴东强	83	108	88	56	87	69	49	49	589	
徐明	92	112	92	92	89	58	69	69	673	
于蓝成	106	98	106	86	56	58	79	79	668	
田丽	108	106	108	90	92	87	85	78	754	
汪涵琳	112	108	110	45	86	89	86	69	705	
路遥遥	98	110	98	46	90	56	78	82	658	
李兴	89	98	99	89	45	92	58	83	653	

图10.36　显示计算结果

步骤12　选择K3单元格，将鼠标指针移至该单元格的右下角，当其变为十字形状时，按住鼠标左键不放并拖动至K15单元格，填充其他同学的平均值。

步骤13　将表格另存为“高一期中考试成绩单2.xlsx”。

案例小结

本案例在“高一期中考试成绩单”中计算学生的成绩总和和平均值，在计算的过程中主要用到了公式的输入与复制以及求平均值函数等操作。

10.2 图表的应用

为了更直观地显示工作表数据，以便于观看者更好地理解它们，Excel 2007提供了十分强大的图表功能，这些功能大大丰富了Excel的表现手法。

10.2.1　知识讲解

Excel 2007中提供了各式各样的图表，如柱形图、条形图以及饼图等。用户可以根据表格的数据快速地建立一个既美观又实用的图表，使用户简单明了地掌握数据信息内容。

1. 创建图表

在Excel 2007工作表中创建图表的方法很简单，具体操作步骤如下：

步骤01　选取要包含在图表中的单元格区域，如图10.37所示。

步骤02　打开【插入】选项卡，在【图表】组中选择适当的图表类型，如图10.38所示。也可以单击【创建图表】对话框启动器，打开【插入图表】对话框，如图10.39所示，在【插入图表】对话框中选择图表类型。

步骤03　在【插入图表】对话框的左侧列表框中选择【柱形图】选项，在右侧的列表框中选择【簇状圆柱图】选项。

步骤04　单击【确定】按钮，即可在工作表中创建一个簇状圆柱图，如图10.40所示。

注意：创建一个图表后，【图表工具】的【设计】、【布局】和【格式】选项卡以及选项卡中的组被激活。

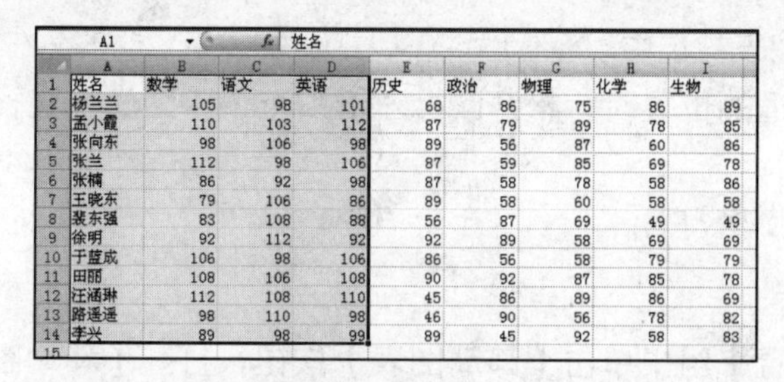

姓名	数学	语文	英语	历史	政治	物理	化学	生物
杨兰兰	105	98	101	68	86	75	86	89
孟小霞	110	103	112	87	79	89	78	85
张向东	98	106	98	89	56	87	60	86
张兰	112	98	106	87	59	85	69	78
张楠	86	92	98	87	58	78	58	86
王晓东	79	106	86	89	58	60	58	58
裴东强	83	108	88	56	87	69	49	49
徐明	92	112	92	92	89	58	69	69
于蓝成	106	98	106	86	56	58	79	79
田丽	108	106	108	90	92	87	85	78
汪涵琳	112	108	110	45	86	89	86	69
路遥遥	98	110	98	46	90	56	78	82
李兴	89	98	99	89	45	92	58	83

图10.37　选择单元格区域

图10.38　【图表】组

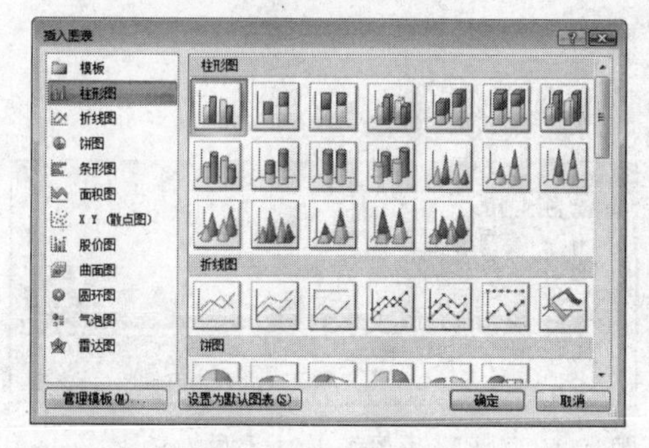

图10.39　【插入图表】对话框

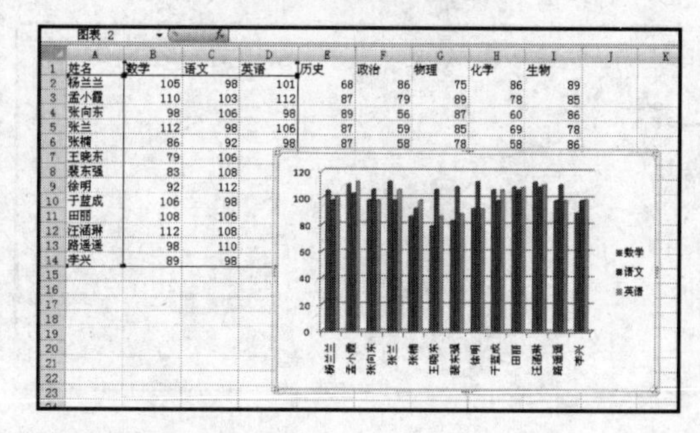

图10.40　插入图表

2. 编辑图表

创建图表之后，用户可以根据自己的需要进一步对图表进行编辑。

1）更改图表类型

虽然在建立图表时已经选择了图表类型，但在编辑图表时用户还可以更改图表类型。更改图表类型的具体操作步骤如下：

步骤01　选择需要更改类型的图表。

步骤02　在【设计】选项卡的【类型】组中单击【更改图表类型】按钮，打开【更改图表类型】对话框，如图10.41所示。

用户还可以在工作表中选择所创建的图表，单击鼠标右键，在弹出的快捷菜单中选择【更改图表类型】选项，打开【更改图表类型】对话框。

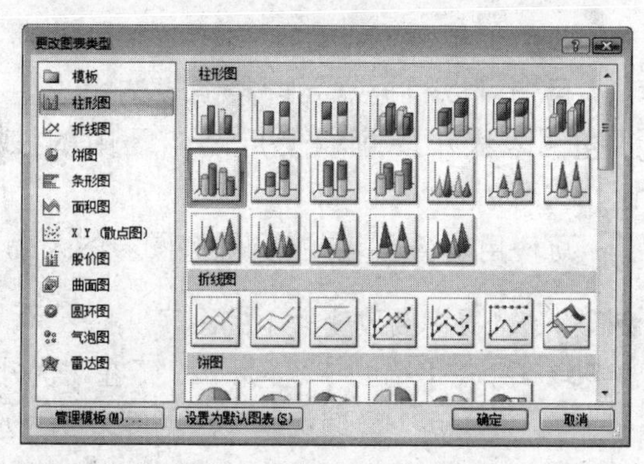

图10.41　【更改图表类型】对话框

步骤03　在【更改图表类型】对话框中选择一种图表类型。

步骤04　单击【确定】按钮，即可更改图表的类型。

2）移动图表并改变图表大小

在Excel 2007中，创建的图表默认位置在当前工作表的中间。我们可以根据需要调整图表的位置并改变其大小。

调整图表位置

在当前工作表中调整图表位置的步骤如下：

步骤01 单击需要移动的图表的边框，图表被选中。

步骤02 按住鼠标左键并拖动，到达合适的位置时，松开鼠标左键即可调整图表位置，如图10.42所示。

将图表移动到新工作表的具体操作步骤如下：

步骤01 在工作表中选择需要移动的图表。

步骤02 打开【设计】选项卡，在【位置】组中单击【移动图表】按钮，打开【移动图表】对话框，如图10.43所示。

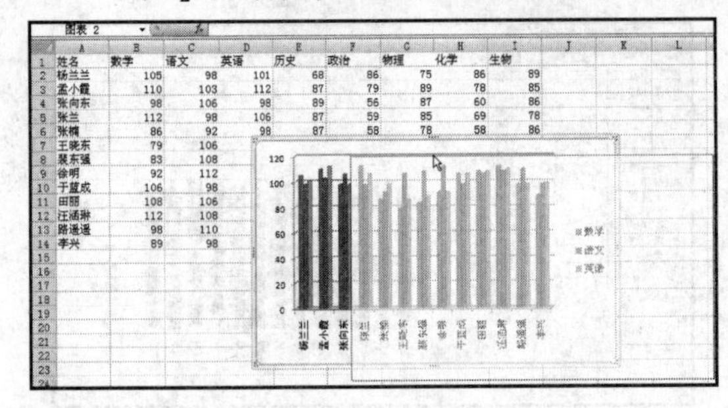

图10.42　移动图表

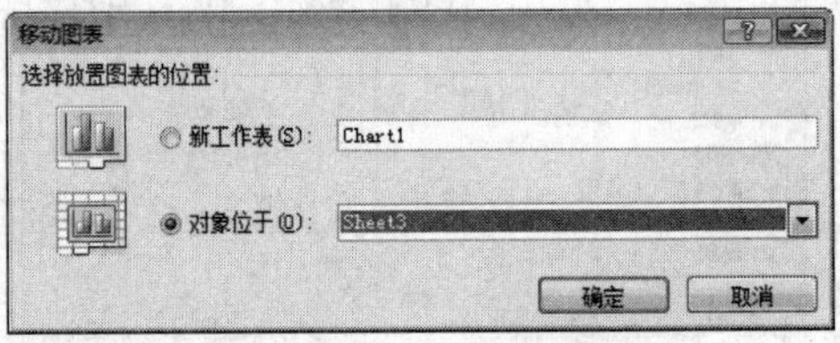

图10.43　【移动图表】对话框

步骤03 选中【新工作表】单选按钮，并在【新工作表】文本框中输入新工作表的名称。

步骤04 单击【确定】按钮，将新建一个工作表，并将选择的图表移动到其中，如图10.44所示。

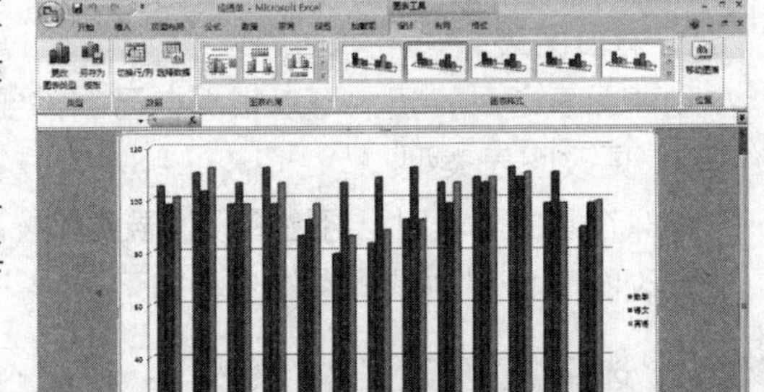

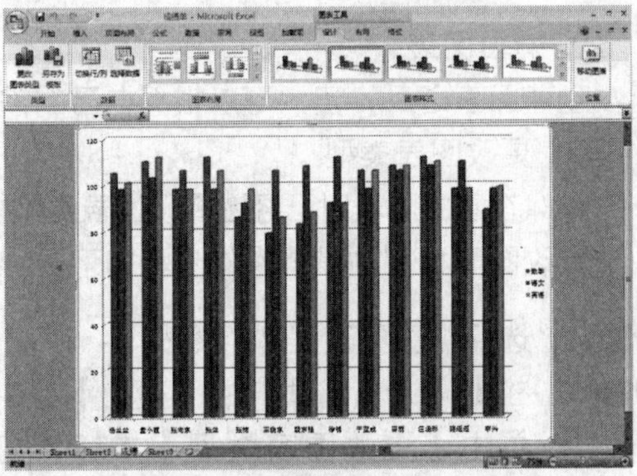

图10.44　新建工作表并将图表移动到该工作表中

调整图表的大小

用户可以根据需要调整图表的大小。调整图表大小既可以使用功能区中的按钮，又可以使用鼠标。

可使用功能区中的按钮调整图表的大小，具体操作步骤如下：

步骤01 选择需要改变大小的图表。

步骤02 打开【格式】选项卡，可在【大小】组中通过调整【形状宽度】和【形状高度】两个微调按钮来改变图表的大小，如图10.45所示。

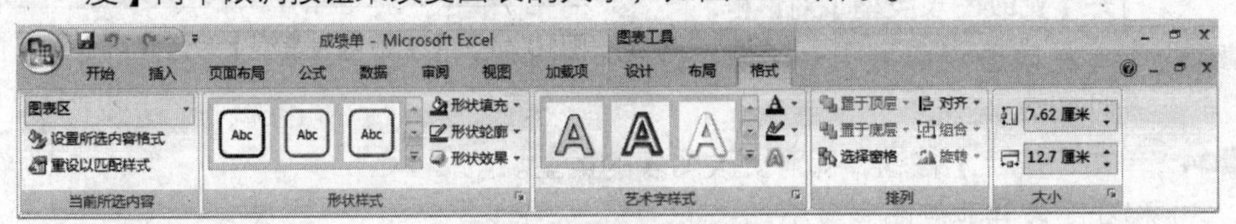

图10.45　【格式】选项卡

用户还可以单击【大小】组右下角的【大小和属性】对话框启动器，打开【大小和属性】对话框，如图10.46所示，在该对话框中可以改变图表的大小。

可使用鼠标调整图表的大小，具体操作步骤如下：

步骤01 单击需要调整大小的图表的边框，图表边框上将出现8处虚线标识。

步骤02 将鼠标移动到虚线标识上，鼠标指针将变成双向箭头形状，如图10.47所示。

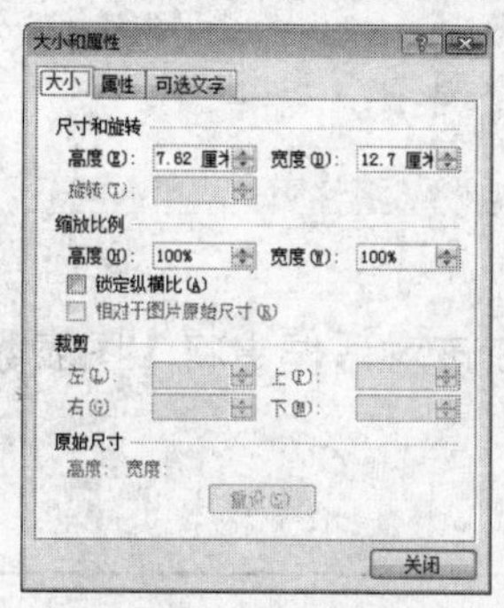

图10.46 【大小和属性】对话框

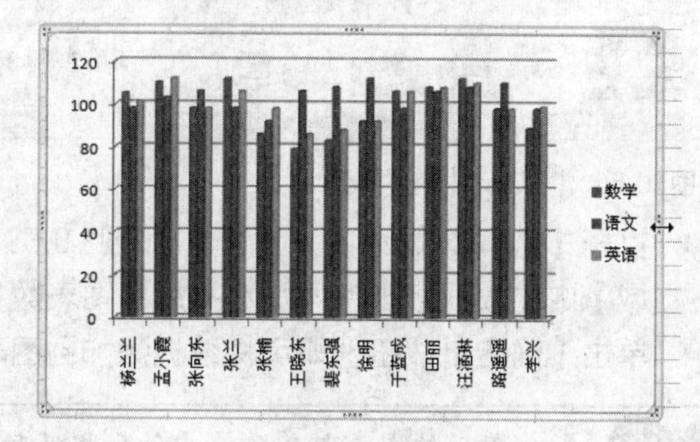

图10.47 鼠标指针变成双向箭头形状

步骤03 按住鼠标左键并拖动到合适的位置，松开鼠标左键即可调整图表的大小。

3）添加图表数据

在图表中添加数据是指将随时向工作表中添加的新数据在图表中同步显示出来。在图表中添加数据的方法主要有以下两种。

通过拖动鼠标

通过拖动鼠标修改图表数据的操作步骤如下：

步骤01 首先在工作表中选择图表，此时在工作表中将显示图表的单元格区域，如图10.48所示。

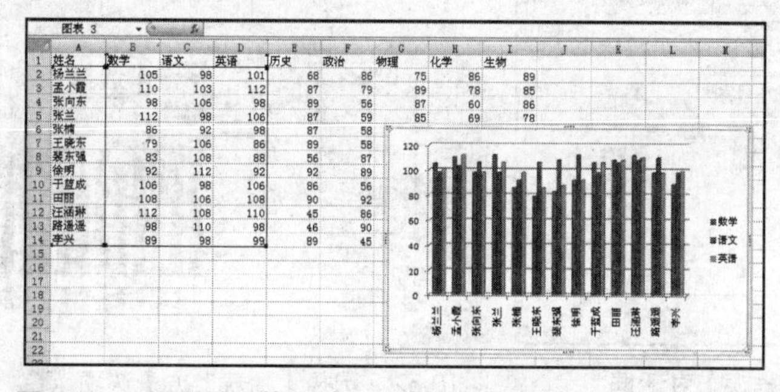

图10.48 显示单元格区域

步骤02 将鼠标移动到单元格区域右下角的小方块标识上，鼠标变为双向箭头，拖动鼠标，将需要的数据添加到图表单元格区域中，数据将自动添加到图表中，如图10.49所示。

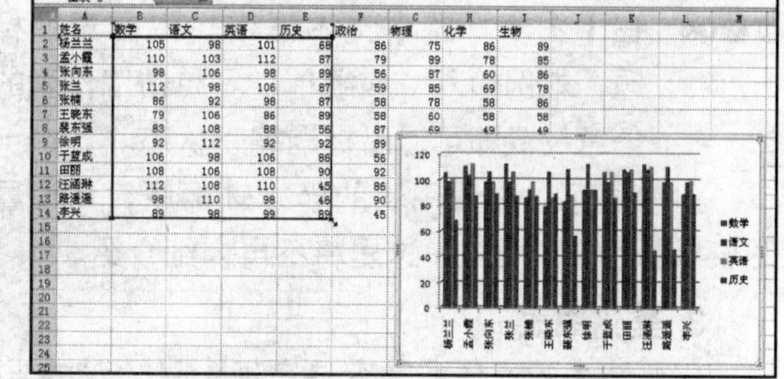

图10.49 添加数据

使用【图表工具】在图表中添加数据

使用【图表工具】在图表中添加数据的操作步骤如下：

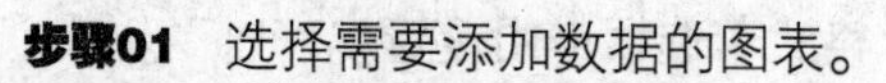

步骤01 选择需要添加数据的图表。

步骤02 打开【图表工具】的【设计】选项卡，在【数据】组中选择【选择数据】按钮，如图10.50所示。

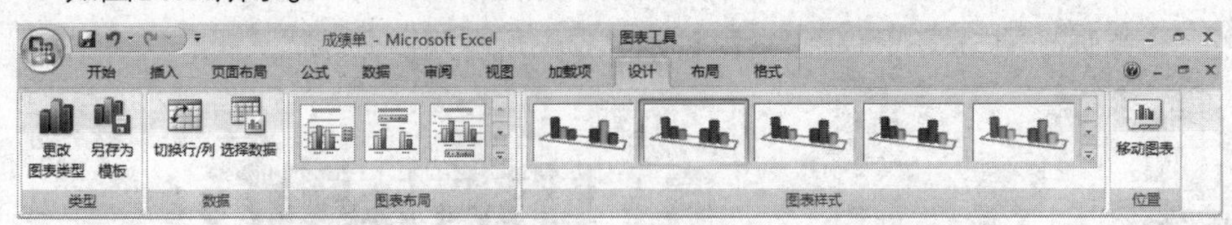

图10.50 【设计】选项卡

步骤03 打开【选择数据源】对话框，如图10.51所示，在该对话框中将【图表数据区域】中的数据修改为添加数据后的图表数据区域。

步骤04 单击【确定】按钮，即可将数据添加到图表中。

创建后的图表与单元格中的数据是动态链接的，用户在修改单元格的数据时，图表中的图形会发生变化。

4）设置图表标题

设置图表标题的操作步骤如下：

步骤01 选中工作表中的图表。

步骤02 打开【布局】选项卡，在【标签】组中单击【图表标题】下拉按钮，在打开的下拉列表中选择【图表上方】选项，如图10.52所示。

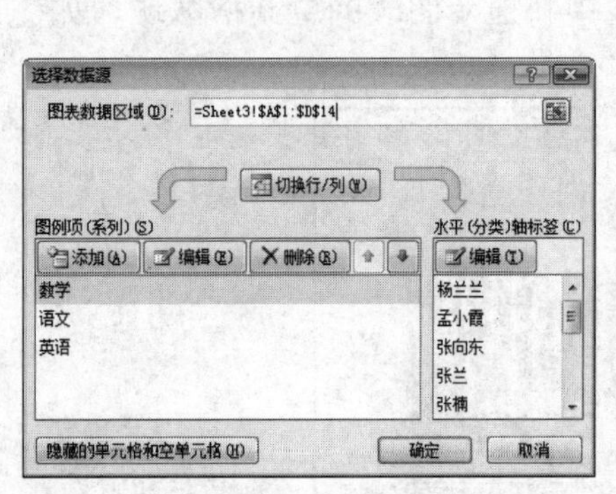

图10.51 【选择数据源】对话框

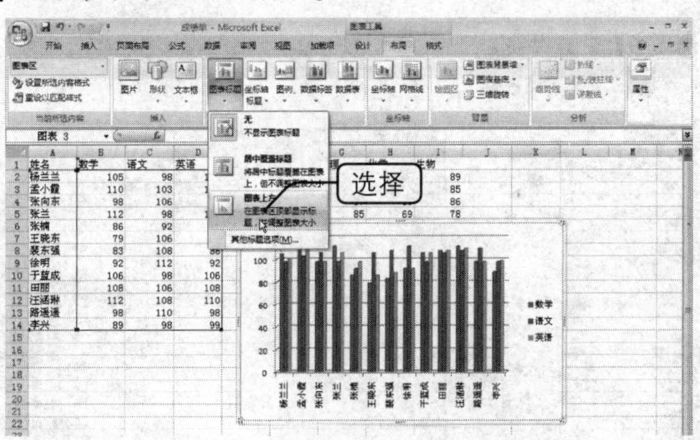

图10.52 选择【图表上方】选项

步骤03 此时在图表中出现【图表标题】文本框，如图10.53所示。

步骤04 在【图表标题】文本框中输入图表的标题，本例输入“成绩单”。单击工作表的任意位置即可退出标题编辑状态。

用户还可以设置图表的坐标轴标题，与设置图表标题的方法类似，这里将不再详细介绍。

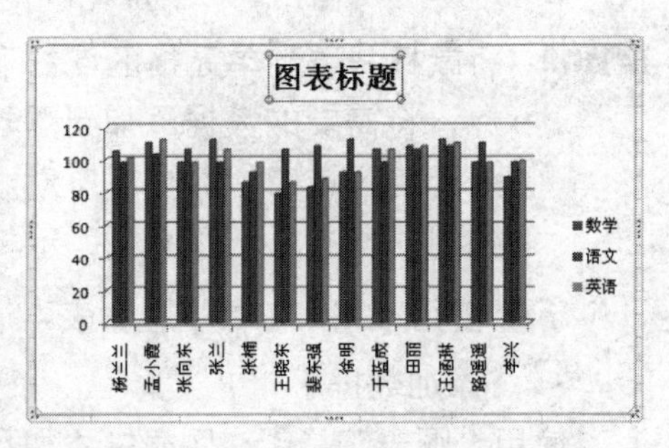

图10.53 出现【图表标题】文本框

3. 美化图表

美化图表的操作非常容易实现，只须双击要美化的图表部分，按照美化单元格的方法操作，在【设计】选项卡、【布局】选项卡以及【格式】选项卡中设置就可以了。

10.2.2 典型案例——创建销售记录图表

案例目标

本案例将为“销售记录”表创建一个销售金额图表，主要练习创建图表的方法以及图表的美化，效果如图10.54所示。

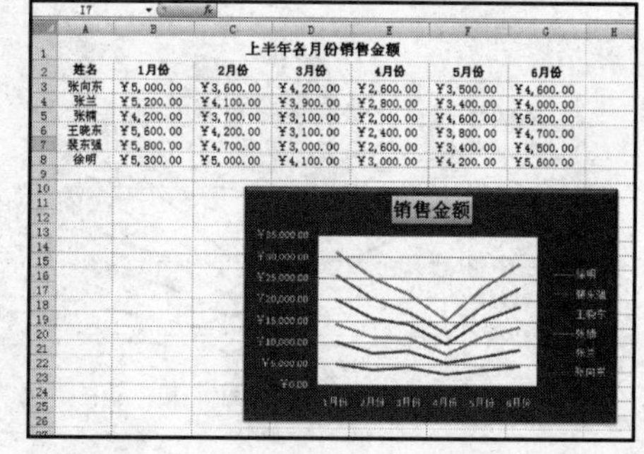

图10.54 效果图

素材位置：【第10课\素材\销售记录.xlsx】

效果图位置：【第10课\源文件\销售记录图表.xlsx】

操作思路：

步骤01 选择创建图表所依据的单元格数据。

步骤02 创建图表。

步骤03 美化图表并保存工作表。

操作步骤

步骤01 打开“销售记录”工作簿，在工作表中选中创建图表所依据的单元格数据，如图10.55所示。

上半年各月份销售金额

姓名	1月份	2月份	3月份	4月份	5月份	6月份
张向东	￥5,000.00	￥3,600.00	￥4,200.00	￥2,600.00	￥3,500.00	￥4,600.00
张兰	￥5,200.00	￥4,100.00	￥3,900.00	￥2,800.00	￥3,400.00	￥4,000.00
张楠	￥4,200.00	￥3,700.00	￥3,100.00	￥2,000.00	￥4,600.00	￥5,200.00
王晓东	￥5,600.00	￥4,200.00	￥3,100.00	￥2,400.00	￥3,800.00	￥4,700.00
裴东强	￥5,800.00	￥4,700.00	￥3,000.00	￥2,600.00	￥3,400.00	￥4,500.00
徐明	￥5,300.00	￥5,000.00	￥4,100.00	￥3,000.00	￥4,200.00	￥5,600.00

图10.55 选择数据区域

步骤02 打开【插入】选项卡，在【图表】组中单击【创建图表】对话框启动器，打开【插入图表】对话框。

步骤03 在该对话框中选择图表类型，如图10.56所示。

步骤04 单击【确定】按钮，在工作表中插入图表，如图10.57所示。

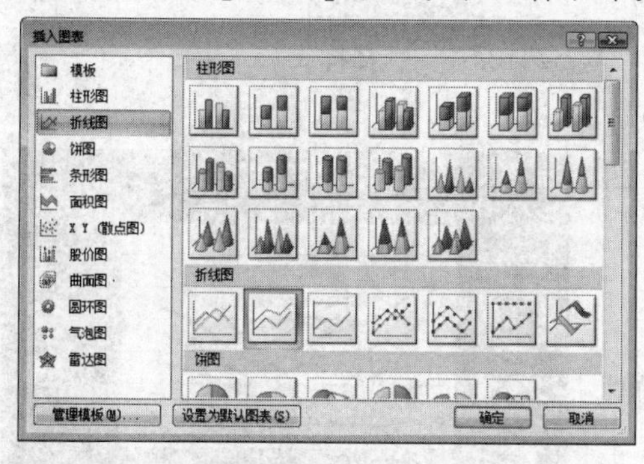

图10.56 图表类型

图10.57 插入图表

步骤05 选择图表，使用鼠标向下拖动到合适的位置。

步骤06 在【布局】选项卡的【标签】组中单击【图表标题】下拉按钮，在打开的下拉列表中选择【图表上方】选项。

步骤07 在图表中设置图表的标题为“销售金额”，如图10.58所示。

步骤08 单击工作表的其他位置，退出标题编辑状态。

步骤09 打开【格式】选项卡，在【形状样式】组中单击【其他】按钮，在打开的列表中选择一种样式，如图10.59所示。

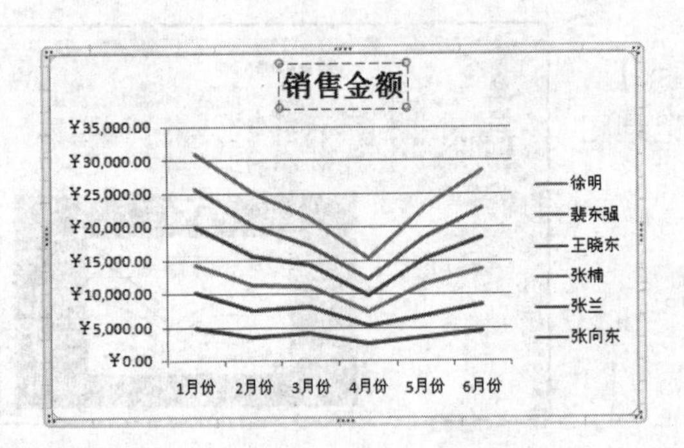

图10.58 设置图表的标题

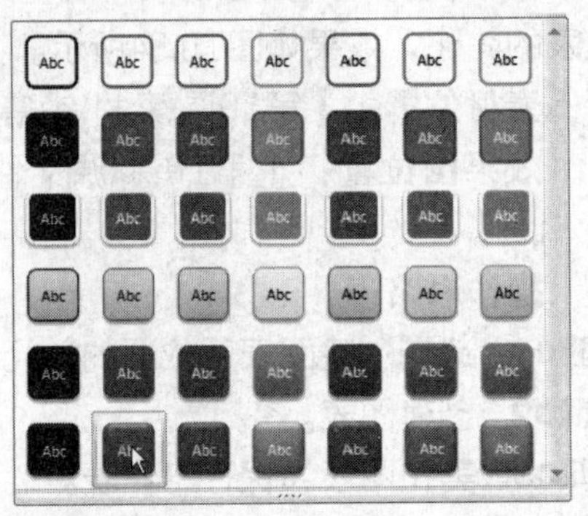

图10.59 选择样式

步骤10 在【形状样式】组中单击【形状填充】下拉按钮，在打开的下拉列表中选择【紫色】选项，图表效果如图10.60所示。

步骤11 双击图表中的标题部分，打开【格式】选项卡，在【形状样式】组中单击【其他】按钮，在打开的列表中选择一种样式，如图10.61所示。

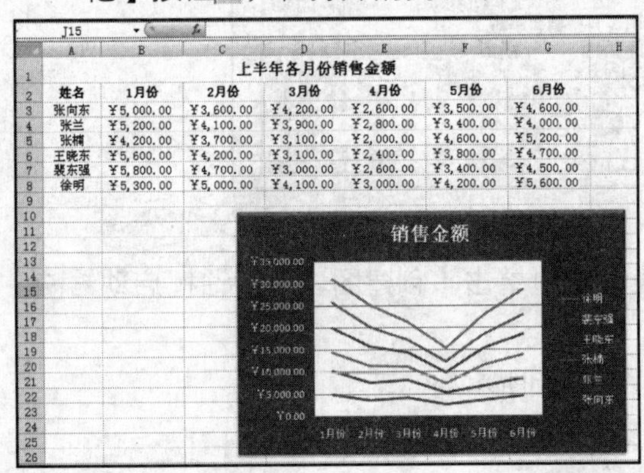

上半年各月份销售金额

姓名	1月份	2月份	3月份	4月份	5月份	6月份
张向东	¥5,000.00	¥3,600.00	¥4,200.00	¥2,600.00	¥3,500.00	¥4,600.00
张兰	¥5,200.00	¥4,100.00	¥3,900.00	¥2,800.00	¥3,400.00	¥4,000.00
张楠	¥4,200.00	¥3,700.00	¥3,100.00	¥2,000.00	¥4,600.00	¥5,200.00
王晓东	¥5,600.00	¥4,200.00	¥3,100.00	¥2,400.00	¥3,800.00	¥4,700.00
裴东强	¥5,800.00	¥4,700.00	¥3,000.00	¥2,600.00	¥3,400.00	¥4,500.00
徐明	¥5,300.00	¥5,000.00	¥4,100.00	¥3,000.00	¥4,200.00	¥5,600.00

图10.60 设置图表样式

图10.61 选择样式

步骤12 退出标题编辑状态，图表如图10.62所示。

步骤13 最后将工作表另存为“销售记录图表.xlsx”。

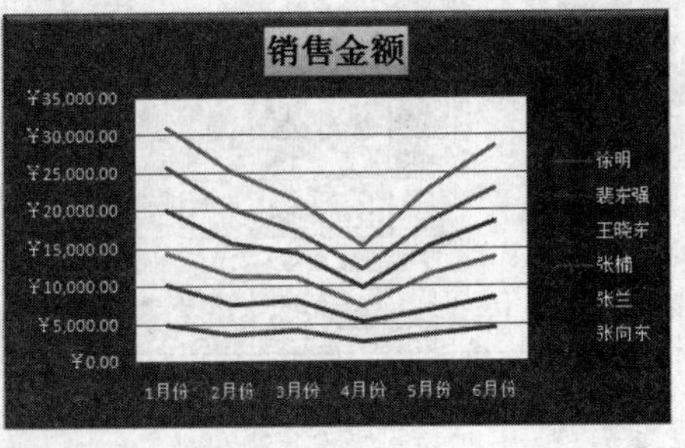

图10.62 图表效果

案例小结

本案例主要练习了图表的创建与美化。图表的优势在于它不仅可以使枯燥无味的表格变得生动、形象，而且同时还使数据之间的关系显而易见。注意应正确选择图表依据的数据区域，否则图表表达出的效果就是错误的。

10.3 数据库的应用

Excel 2007具有强大的数据库功能，它不仅可以处理简单的数据表格，也能处理复杂的数据库。Excel 2007为用户提供了许多操作和处理数据库的有利工具，如筛选、排序、分类汇总、查询向导等。

10.3.1 知识讲解

本小节将介绍Excel 2007强大的数据管理功能。

1. 使用数据记录单

在Excel表格处理中，记录单对于用户十分有用。使用记录单可以创建新的数据库，可以添加、修改和删除数据，而且使用记录单还可以查找符合特定条件的记录。

1）将【记录单】命令添加到快速访问工具栏

在Excel 2003中，【记录单】命令可以很方便地在菜单栏中找到；而在Excel 2007中，需要将【记录单】命令添加到快速访问工具栏中，这样才能方便地使用该命令。

在Excel 2007窗口中单击【Office】按钮，在打开的菜单中单击【Excel选项】按钮，打开【Excel选项】对话框，在左侧的列表框中单击【自定义】选项，打开【从下列位置选择命令】下拉列表框，在打开的下拉列表中选择【所有命令】选项，在打开的列表框中，拖动滑块找到【记录单】命令，如图10.63所示，单击【添加】按钮，将其添加到右侧的列表框中，单击【确定】按钮，将【记录单】命令添加到快速访问工具栏中。

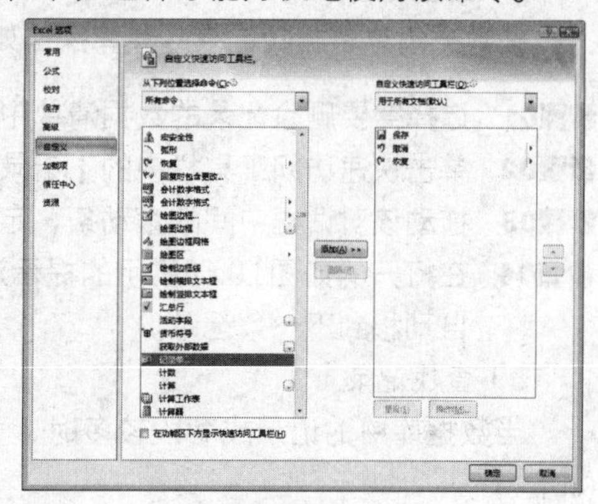

图10.63 【Excel选项】对话框

2）添加记录

在原有记录的基础上添加一条记录的具体操作如下：

步骤01 选择需要向其中添加记录的数据清单中的单元格。

步骤02 单击快速访问工具栏中的【记录单】按钮，打开如图10.64所示的记录单对话框。

步骤03 单击【新建】按钮，打开如图10.65所示的新建记录单对话框

步骤04 依次在该对话框的文本框中输入新记录的内容，按【Enter】键便可完成添加记录的操作。

3）修改记录

修改已有记录的具体操作如下：

步骤01 选择需要修改记录的数据清单中的任一单元格。

步骤02 单击快速访问工具栏中的【记录单】按钮，打开记录单对话框。

步骤03 拖动该对话框中间的滚动条，定位到需要修改的记录。

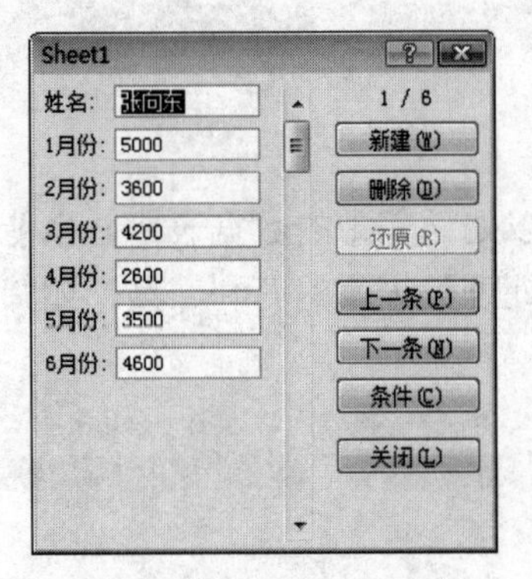

图10.64 打开记录单对话框

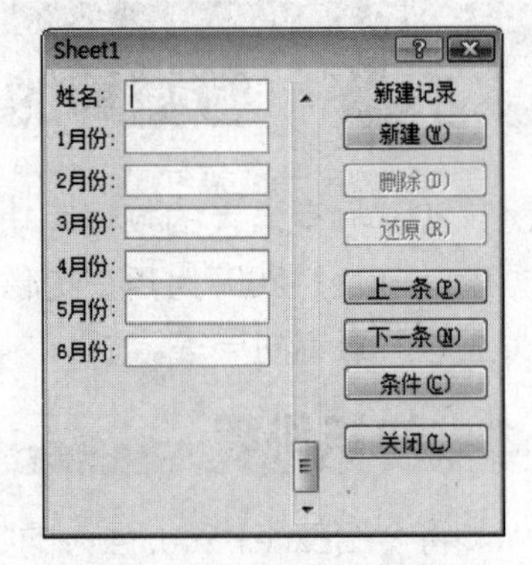

图10.65 新建记录单对话框

单击【上一条】或【下一条】按钮也能定位到需要修改的记录。

步骤04 对须修改的记录进行修改后，按【Enter】键更新记录并可移到下一条记录继续进行修改。

4）删除记录

在数据清单中删除记录的具体操作如下：

步骤01 选择需要删除记录的数据清单中的任一单元格。

步骤02 单击快速访问工具栏中的【记录单】按钮，打开记录单对话框。

步骤03 拖动该对话框中间的滚动条，定位到需要删除的记录上，单击【删除】按钮。

步骤04 在打开的如图10.66所示的提示对话框中单击【确定】按钮即可删除该记录，并自动移到下一条记录。

5）查找记录

当数据库中的记录或字段较多时，可使用查找的方法来定位所需的记录，具体操作如下：

步骤01 选择需要查找记录的数据清单中的任一单元格。

步骤02 单击快速访问工具栏中的【记录单】按钮，打开记录单对话框。

步骤03 单击【条件】按钮，在打开对话框的文本框中输入搜索的关键字，如图10.67所示。

图10.66 提示框

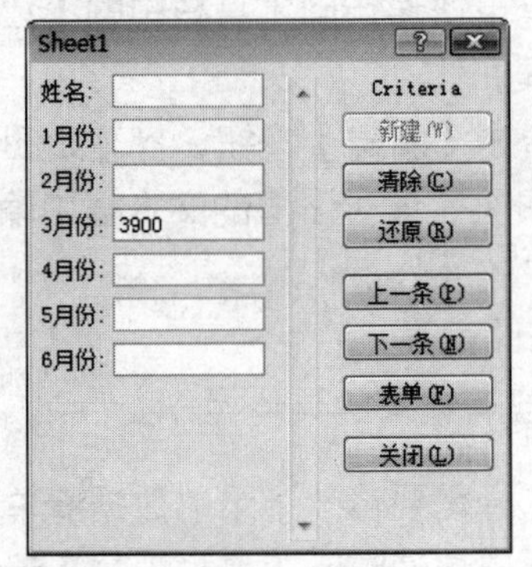

图10.67 输入关键字

步骤04 按【Enter】键将快速显示查找到的记录。

2. 数据筛选

查找数据库中满足条件的记录可使用数据筛选的方法来完成。筛选是查找和处理数据信息的快捷方法。Excel提供了两种数据筛选的方法：自动筛选和高级筛选。

1）自动筛选

使用自动筛选可以查找数据库中符合条件的记录，具体操作步骤如下：

步骤01 打开工作表，选取任意单元格。

步骤02 打开【数据】选项卡，在【排序和筛选】组中单击【筛选】按钮，如图10.68所示。

图10.68 单击【筛选】按钮

步骤03 在工作表中每个字段标志的右端会出现自动筛选箭头，如图10.69所示。

	A	B	C	D	E	F	G
1	学号	姓名	性别	籍贯	政治面貌	出生日期	入学日期
2	1	杨兰兰	女	河北	群众	06-02-89	2009年9月3日
3	2	孟小霞	女	陕西	群众	02-05-89	2009年9月3日
4	3	张向东	男	上海	团员	08-09-88	2009年9月3日
5	4	张兰	女	河北	群众	11-15-89	2009年9月3日
6	5	张楠	男	山东	群众	12-06-88	2009年9月3日
7	6	王晓东	男	北京	群众	05-09-87	2009年9月3日
8	7	裴东强	男	山东	团员	01-06-90	2009年9月3日
9	8	徐明	男	广东	团员	06-26-89	2009年9月3日
10	9	于篮成	男	四川	群众	09-15-88	2009年9月3日
11	10	田丽	女	广西	群众	11-01-88	2009年9月3日
12	11	汪涵琳	女	四川	团员	12-26-88	2009年9月3日
13	12	路遥遥	女	上海	群众	12-28-87	2009年9月3日
14	13	李兴	男	河北	团员	06-26-88	2009年9月3日
15							
16							

图10.69 在工作表中出现自动筛选箭头

步骤04 例如我们要筛选出政治面貌为团员的学员，只须单击【政治面貌】字段右侧的下拉箭头，在弹出的下拉列表框中取消选中【群众】复选框，如图10.70所示。

步骤05 单击【确定】按钮，将显示政治面貌为【团员】的数据记录，如图10.71所示。

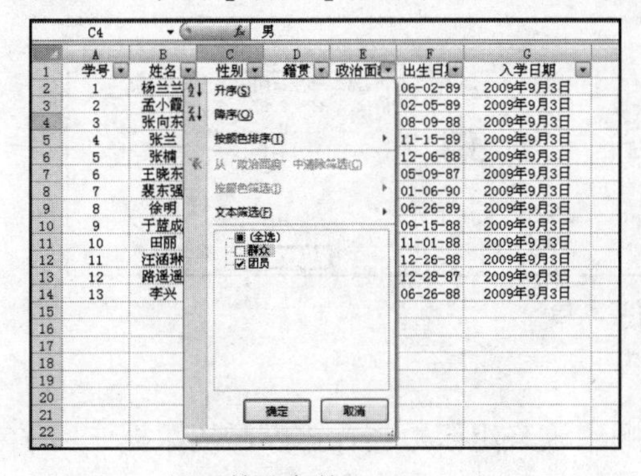

图10.70 设置筛选条件

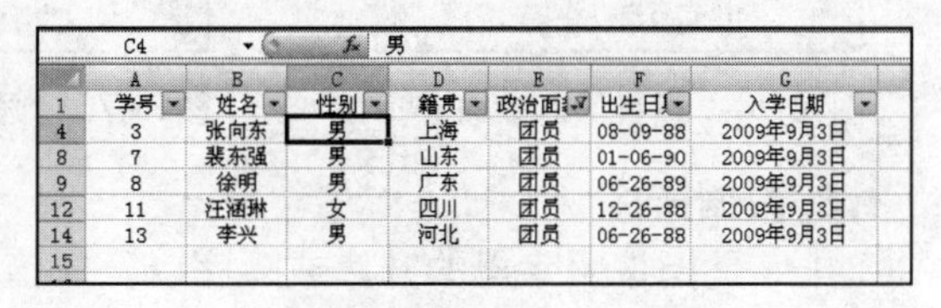

	A	B	C	D	E	F	G
1	学号	姓名	性别	籍贯	政治面貌	出生日期	入学日期
4	3	张向东	男	上海	团员	08-09-88	2009年9月3日
8	7	裴东强	男	山东	团员	01-06-90	2009年9月3日
9	8	徐明	男	广东	团员	06-26-89	2009年9月3日
12	11	汪涵琳	女	四川	团员	12-26-88	2009年9月3日
14	13	李兴	男	河北	团员	06-26-88	2009年9月3日
15							

图10.71 显示筛选结果

2）高级筛选

高级筛选像自动筛选一样筛选数据库的记录，但不显示列的下拉列表，而是在数据库中单独的条件区域中输入筛选条件。高级筛选功能可以规定很复杂的筛选条件。

如果用户要使用高级筛选，一定要先建立一个条件区域。条件区域用来指定筛选的数据必须满足的条件。在条件区域中输入的列名要与数据库中的字段名完全相同。

使用高级筛选的具体操作步骤如下：

步骤01 打开工作表，在工作表的空白位置输入列名和筛选条件，如图10.72所示。

步骤02 在工作表中选取任意一个空白的单元格。

步骤03 打开【数据】选项卡，在【排序和筛选】组中，单击【高级】按钮，打开【高级筛选】对话框，如图10.73所示。

D24

	A	B	C	D	E	F	G
1	学号	姓名	性别	籍贯	政治面貌	出生日期	入学日期
2	1	杨兰兰	女	河北	群众	06-02-89	2009年9月3日
3	2	孟小霞	女	陕西	群众	02-05-89	2009年9月3日
4	3	张向东	男	上海	团员	08-09-88	2009年9月3日
5	4	张兰	女	河北	群众	11-15-89	2009年9月3日
6	5	张楠	男	山东	群众	12-06-88	2009年9月3日
7	6	王晓东	男	北京	群众	05-09-87	2009年9月3日
8	7	裴东强	男	山东	团员	01-06-90	2009年9月3日
9	8	徐明	男	广东	团员	06-26-89	2009年9月3日
10	9	于蓝成	男	四川	群众	09-15-88	2009年9月3日
11	10	田丽	女	广西	群众	11-01-88	2009年9月3日
12	11	汪涵琳	女	四川	团员	12-26-88	2009年9月3日
13	12	路遥遥	女	上海	群众	12-28-87	2009年9月3日
14	13	李兴	男	河北	团员	06-26-88	2009年9月3日
15							
16							
17			政治面貌	性别			
18			群众	男			

图10.72 输入筛选条件

图10.73 【高级筛选】对话框

步骤04 选中【在原有区域显示筛选结果】单选按钮，然后单击【列表区域】文本框右侧的【压缩对话框】按钮，在工作表中选取列表区域。

步骤05 单击【展开对话框】按钮，展开【高级筛选】对话框，选取的单元格区域地址将自动填写到【列表区域】文本框中。

步骤06 单击【条件区域】文本框右侧的【压缩对话框】按钮，在工作表中选择条件区域。

步骤07 单击【展开对话框】按钮，展开【高级筛选】对话框，如图10.74所示。

步骤08 单击【确定】按钮，在数据库中显示高级筛选后的结果，如图10.75所示。

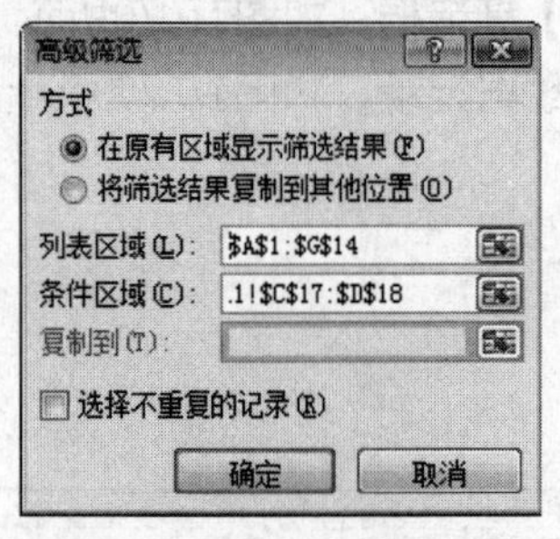

图10.74 设置筛选参数

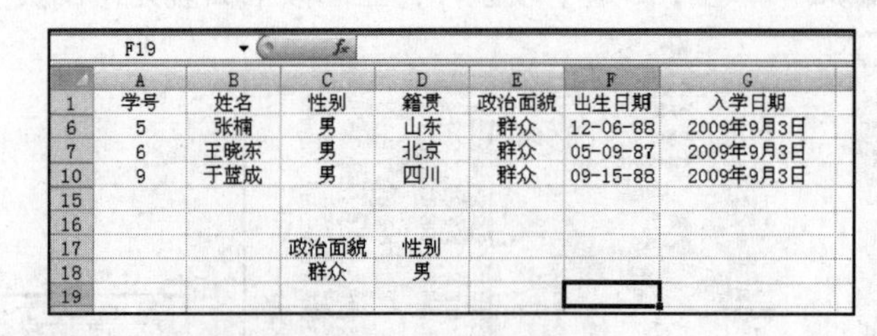

F19

	A	B	C	D	E	F	G
1	学号	姓名	性别	籍贯	政治面貌	出生日期	入学日期
6	5	张楠	男	山东	群众	12-06-88	2009年9月3日
7	6	王晓东	男	北京	群众	05-09-87	2009年9月3日
10	9	于蓝成	男	四川	群众	09-15-88	2009年9月3日
15							
16							
17			政治面貌	性别			
18			群众	男			
19							

图10.75 筛选结果

3. 数据排序

排序是指按照字母的升序或降序以及数值顺序等来组织数据，排序后的数据一目了然，便于用户对数据进行分析。

例如对学生成绩按照总分的多少进行降序排列，具体操作步骤如下：

步骤01 打开“学生成绩.xlsx”工作簿，选取任意单元格。

步骤02 打开【数据】选项卡，在【排序和筛选】组中，单击【排序】按钮，打开【排序】对话框，如图10.76所示。

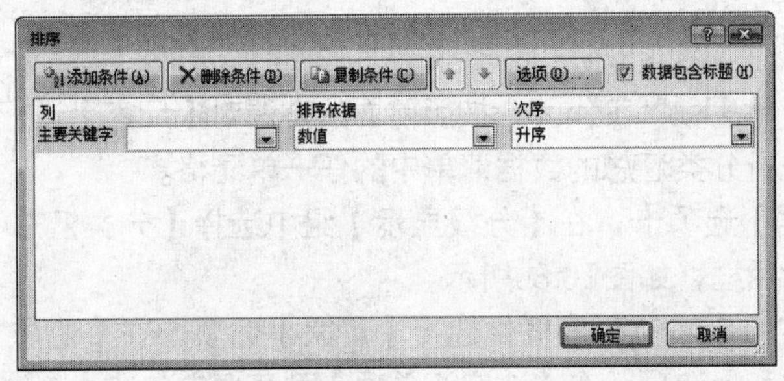

图10.76 【排序】对话框

步骤03 在【排序】对话框中，单击【选项】按钮，在打开的【排序选项】对话框中设置按列排序方式，如图10.77所示。

步骤04 单击【确定】按钮，返回【排序】对话框，在【主要关键字】下拉列表框中选择【总分】选项。

步骤05 在【排序依据】下拉列表框中选择【数值】选项。

步骤06 在【次序】下拉列表框中选择【降序】选项，如图10.78所示。

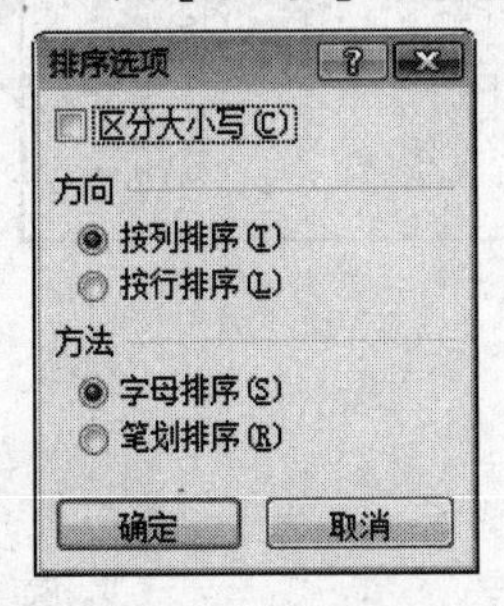

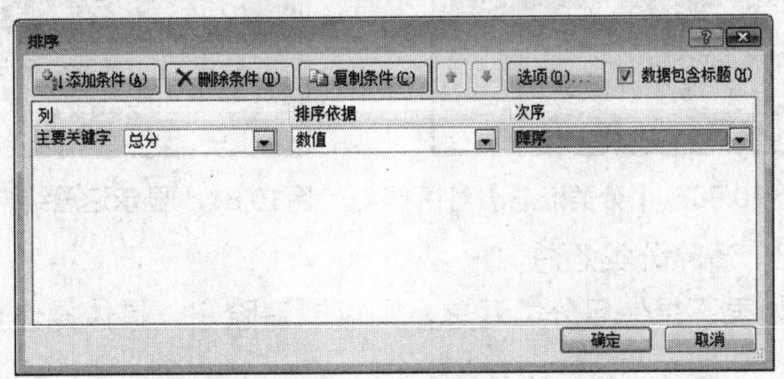

图10.77 【排序选项】对话框　图10.78 设置排序方式

步骤07 单击【确定】按钮完成设置，如图10.79所示。

在【排序】对话框中单击【添加条件】按钮，将添加【次要关键字】选项，可以设置按照多列或者多行进行排序。

E8　92

	A	B	C	D	E	F	G	H	I	J
1	姓名	数学	语文	英语	历史	政治	物理	化学	生物	总分
2	田丽	108	106	108	90	92	87	85	78	754
3	孟小霞	110	103	112	87	79	89	78	85	743
4	杨兰兰	105	98	101	68	86	75	86	89	708
5	汪涵琳	112	108	110	45	86	89	86	69	705
6	张兰	112	98	106	87	59	85	69	78	694
7	张向东	98	106	98	89	56	87	60	86	680
8	徐明	92	112	92	92	89	58	69	69	673
9	于蓝成	106	98	106	86	56	58	79	79	668
10	路遥遥	98	110	98	46	90	56	78	82	658
11	李兴	89	98	99	89	45	92	58	83	653
12	张楠	86	92	98	87	58	78	58	86	643
13	王晓东	79	106	86	89	58	60	58	58	594
14	裴东强	83	108	88	56	87	69	49	49	589

图10.79 排序效果

4. 数据的分类汇总

在Excel表格处理中，分类汇总是一种很重要的操作。分类汇总是分析数据的一种工具，使用它可以十分轻松地汇总数据。进行分类汇总前，必须对数据清单排序，且排序的关键字与分类汇总的关键字必须一致。

1）创建分类汇总

下面以将“订货单.xlsx”表进行分类汇总为例介绍分类汇总的方法，具体操作如下：

步骤01 打开“订货单.xlsx”工作簿，按照前面的方法对【厂家】进行排序。

步骤02 选择需要进行分类汇总的数据清单中的任一单元格。

步骤03 打开【数据】选项卡，在【分级显示】组中选择【分类汇总】按钮，打开【分类汇总】对话框，如图10.80所示。

步骤04 在【分类字段】下拉列表框中选择【厂家】选项，在【汇总方式】下拉列表框中选择【求和】选项，在【选定汇总项】列表框中勾选【合计】复选框。

步骤05 单击【确定】按钮，分类汇总的结果如图10.81所示。

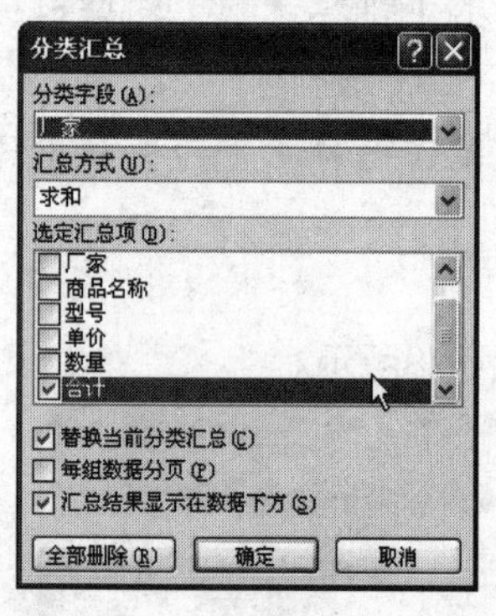

图10.80 【分类汇总】对话框

	A	B	C	D	E	F	G
1	订货日期	厂家	商品名称	型号	单价	数量	合计
2	2009-8-6	甲公司	诺基亚	N73	￥3,000.00	10	￥30,000.00
3	2009-7-24	甲公司	三星	SGH-D908	￥2,600.00	8	￥20,800.00
4	2009-7-15	甲公司	诺基亚	N73	￥3,000.00	6	￥18,000.00
5	2009-6-28	甲公司	三星	SGH-E848	￥2,700.00	12	￥32,400.00
6	2009-6-22	甲公司	摩托罗拉	RAZR2 V8	￥3,500.00	6	￥21,000.00
7	2009-6-21	甲公司	诺基亚	6300	￥1,800.00	4	￥7,200.00
8	2009-5-18	甲公司	摩托罗拉	A1200	￥2,000.00	7	￥14,000.00
9		甲公司 汇总					￥143,400.00
10	2009-8-1	乙公司	诺基亚	N76	￥3,500.00	6	￥21,000.00
11	2009-7-28	乙公司	三星	SGH-U608	￥3,500.00	4	￥14,000.00
12	2009-7-12	乙公司	摩托罗拉	A1200	￥2,000.00	5	￥10,000.00
13	2009-6-15	乙公司	三星	SGH-D908	￥2,600.00	5	￥13,000.00
14	2009-6-3	乙公司	诺基亚	N76	￥3,500.00	3	￥10,500.00
15	2009-5-28	乙公司	三星	SGH-E848	￥2,700.00	8	￥21,600.00
16		乙公司 汇总					￥90,100.00
17		总计					￥233,500.00

图10.81 显示汇总结果

2）清除分类汇总

如果不想使用分类汇总，则可以清除它，具体操作步骤如下：

步骤01 在工作表中单击任意单元格，打开【数据】选项卡。

步骤02 在【分级显示】组中选择【分类汇总】按钮，打开【分类汇总】对话框。

步骤03 在【分类汇总】对话框中单击【全部删除】按钮即可。

10.3.2 典型案例——排序并汇总“工资表”数据

案例目标

本案例将排序并汇总“工资表”的数据，主要练习数据的排序及分类汇总的方法。效果如图10.82所示。

素材位置：【第10课\素材\工资表.xlsx】

效果图位置：【第10课\源文件\工资表.xlsx】

操作思路：

步骤01 设置【排序】对话框，按照部门进行排列。

步骤02 设置【分类汇总】对话框，对各部门员工工资进行分类汇总。

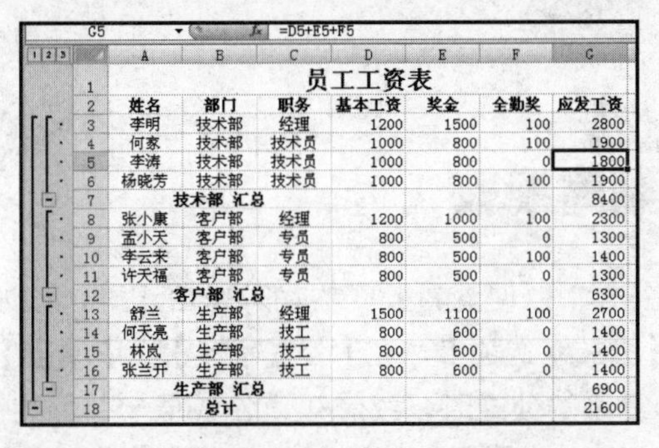

员工工资表						
姓名	部门	职务	基本工资	奖金	全勤奖	应发工资
李明	技术部	经理	1200	1500	100	2800
何家	技术部	技术员	1000	800	100	1900
李涛	技术部	技术员	1000	800	0	1800
杨晓芳	技术部	技术员	1000	800	100	1900
	技术部 汇总					8400
张小康	客户部	经理	1200	1000	100	2300
孟小天	客户部	专员	800	500	0	1300
李云来	客户部	专员	800	500	100	1400
许天福	客户部	专员	800	500	0	1300
	客户部 汇总					6300
舒兰	生产部	经理	1500	1100	100	2700
何天亮	生产部	技工	800	600	0	1400
林岚	生产部	技工	800	600	0	1400
张兰开	生产部	技工	800	600	0	1400
	生产部 汇总					6900
	总计					21600

图10.82　效果图

操作步骤

步骤01　打开“工资表”工作簿，选择须排序的数据清单中的任一单元格。

步骤02　打开【数据】选项卡，在【排序和筛选】组中单击【排序】按钮，打开【排序】对话框。

步骤03　在【主要关键字】下拉列表框中选择【部门】选项，在【排序依据】下拉列表框中选择【数值】选项，在【次序】下拉列表框中选择【升序】选项，如图10.83所示。

图10.83　设置排序依据

步骤04　单击【确定】按钮，完成排序设置，效果如图10.84所示。

步骤05　在【数据】选项卡的【分级显示】组中单击【分类汇总】按钮，在打开的【分类汇总】对话框中设置分类汇总的方式，如图10.85所示。

员工工资表						
姓名	部门	职务	基本工资	奖金	全勤奖	应发工资
李明	技术部	经理	1200	1500	100	2800
何家	技术部	技术员	1000	800	100	1900
李涛	技术部	技术员	1000	800	0	1800
杨晓芳	技术部	技术员	1000	800	100	1900
张小康	客户部	经理	1200	1000	100	2300
孟小天	客户部	专员	800	500	0	1300
李云来	客户部	专员	800	500	100	1400
许天福	客户部	专员	800	500	0	1300
舒兰	生产部	经理	1500	1100	100	2700
何天亮	生产部	技工	800	600	0	1400
林岚	生产部	技工	800	600	0	1400
张兰开	生产部	技工	800	600	0	1400

图10.84　完成排序

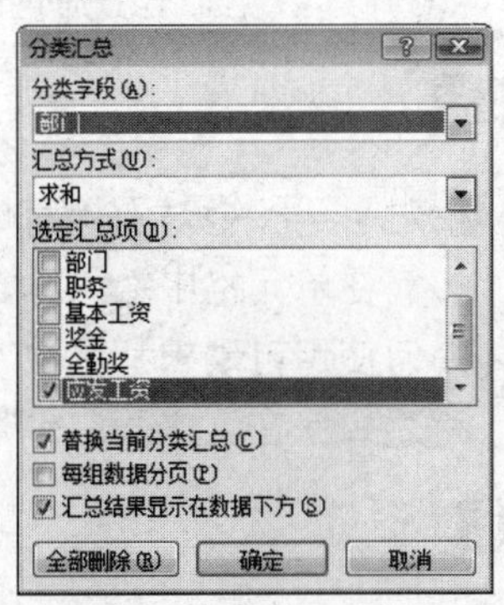

图10.85　设置分类汇总

步骤06　单击【确定】按钮，完成分类汇总操作。

步骤07　保存文档。

案例小结

本案例对“工资表”进行了简单的数据整理，在操作过程中主要用到了数据的排序和分类汇总的方法。

10.4 疑难解答

问： 想在单元格中显示公式，以便查看公式的输入是否正确，该如何操作？

答： 选中单元格，打开【公式】选项卡，在【公式审核】组中单击【显示公式】按钮即可。

问： 在Excel中调试一个复杂的公式时，我想知道公式某一部分的值，这时该如何操作？

答： 在单元格内选中想在公式中需要计算的部分，然后按【F9】键，Excel就将被选定的部分替换成计算的结果。

问： 在公式中如何进行相对引用和绝对引用的快速转换？

答： 将插入点定位到有公式的单元格中，如果该公式为相对引用，按【F4】键将该单元格公式中的所有引用变为绝对引用，再次按【F4】键则将引用又切换为相对引用。

10.5 课后练习

选择题

1 在Excel公式中，可以使用（　　）将多个文本字符串连接起来。

A、+　　B、&　　C、*　　D、-

2 在工作表中创建图表，需要使用（　　）选项卡。

A、【开始】　B、【插入】　C、【数据】　D、【视图】

3 高级筛选是在数据库中单独的条件区域中输入（　　）。

A、筛选数据　B、筛选结果　C、筛选条件　D、筛选内容

问答题

1 相对引用和绝对引用有什么区别？

2 如何在单元格中输入函数？

3 如何使用自动求和函数？

4 简述如何在工作表中创建图表。

上机题

1 利用自动求和函数计算各部门员工的工资，最终效果如图10.86所示。

素材位置：【第10课\素材\工资表.xlsx】

效果图位置：【第10课\练习\工资表.xlsx】

操作思路：

步骤01 打开“工资表”工作簿。

步骤02 应用自动求和函数计算各员工的应发工资。

步骤03 使用自动填充功能计算其他员工的应发工资。

步骤04 保存设置后的电子表格。

2 利用创建图表的方法将上题中的应发工资以柱形图表示，最终效果如图10.87所示。

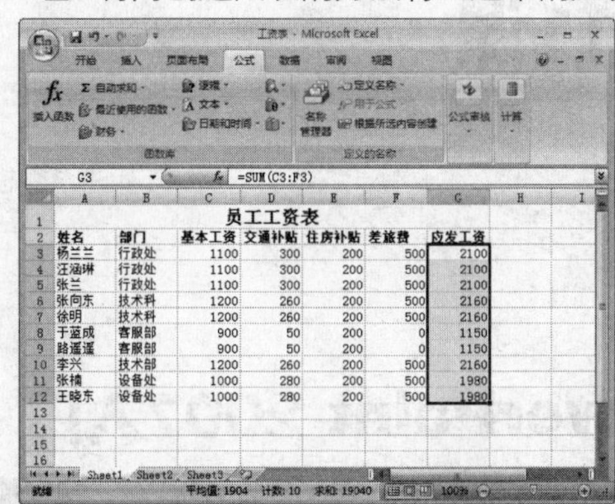

员工工资表						
姓名	部门	基本工资	交通补贴	住房补贴	差旅费	应发工资
杨兰兰	行政处	1100	300	200	500	2100
汪涵琳	行政处	1100	300	200	500	2100
张兰	行政处	1100	300	200	500	2100
张向东	技术科	1200	260	200	500	2160
徐明	技术科	1200	260	200	500	2160
于蓝成	客服部	900	50	200	0	1150
路遥遥	客服部	900	50	200	0	1150
李兴	技术部	1200	260	200	500	2160
张楠	设备处	1000	280	200	500	1980
王晓东	设备处	1000	280	200	500	1980

图10.86　计算员工工资

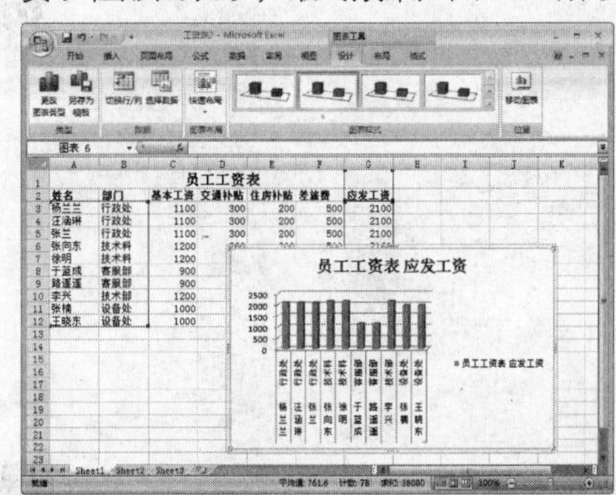

图10.87　插入图表

素材位置：【第10课\素材\工资表.xlsx】

效果图位置：【第10课\练习\工资表2.xlsx】

操作思路：

步骤01 打开“工资表”工作簿。

步骤02 在【插入】选项卡的【图表】组中单击【柱形图】按钮，在下拉列表中选择一种类型，创建一个柱形图图表。

步骤03 在打开的【设计】选项卡的【数据】组中单击【选择数据】按钮，打开如图10.88所示的【选择数据源】对话框。

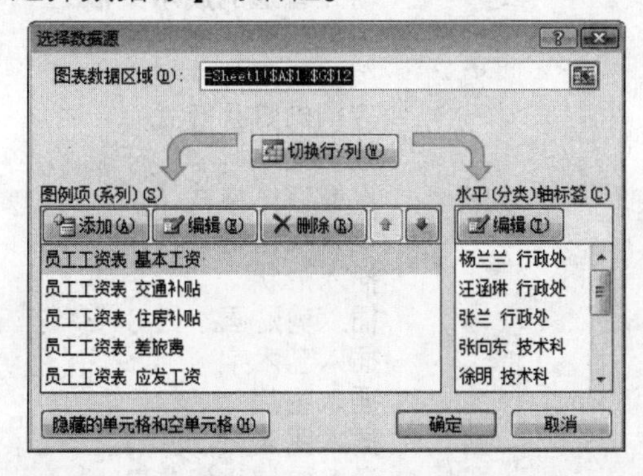

图10.88　选择数据

步骤04 将不需要的数据项删除，最后只保留应发工资数据项。

步骤05 单击【确定】按钮，完成设置。

步骤06 保存设置后的电子表格。

第11课

PowerPoint 2007入门

本课要点

认识PowerPoint 2007
新建PowerPoint 2007演示文稿
制作与设置幻灯片

具体要求

PowerPoint 2007的操作界面
PowerPoint 2007的视图模式
新建普通的演示文稿
新建相册
编辑幻灯片
应用幻灯片版式
输入文本
设置字体格式
设置段落格式
插入形状
插入剪贴画
插入艺术字
插入图片
插入图表
设置幻灯片的背景

本课导读

使用PowerPoint 2007可以很方便地创建演示文稿，该演示文稿包括提纲、发放给观众的材料以及演讲注释。另外，还可以利用多媒体技术，创建具有悦耳的音响效果，并且图文并茂的演示文稿。通常，使用PowerPoint 2007也能创建电子教案、专业简报等，因此PowerPoint 2007受到广大教师、干部、学生和其他各行各业人士的欢迎。

11.1 认识PowerPoint 2007

PowerPoint 2007是一种操作简单，专门用于制作演示文稿的软件，它所制作的演示文稿广泛应用于演讲、做报告和授课等各种场合。

11.1.1 知识讲解

PowerPoint 2007也是Office 2007的组件之一，通过它可以制作出形象生动、图文并茂的幻灯片。下面介绍PowerPoint 2007的操作界面及各种视图方式。

1. PowerPoint 2007的操作界面

启动与退出PowerPoint 2007的方法可参照启动与退出Word 2007、Excel 2007的操作方法，将其启动后，会打开如图11.1所示的PowerPoint 2007操作界面。

启动PowerPoint 2007后可以看到其界面与Word界面相比，不仅编辑区域发生了变化，而且多了【幻灯片/大纲】任务窗格和【备注】栏。

1）幻灯片编辑区

幻灯片编辑区是编辑幻灯片内容的场所，为幻灯片添加并编辑文本，添加图形、动画或声音等操作都在这里进行，它是演示文稿的核心部分。

通过幻灯片编辑区可以直观地看到幻灯片的外观效果。

2）【幻灯片/大纲】任务窗格

【幻灯片/大纲】任务窗格位于PowerPoint 2007窗口的左侧，单击不同的选项卡可在相应的窗格中进行切换。

【大纲】窗格

单击【大纲】选项卡可切换到【大纲】窗格中，它以大纲的形式列出了当前演示文稿中各张幻灯片的文本内容，如图11.2所示。

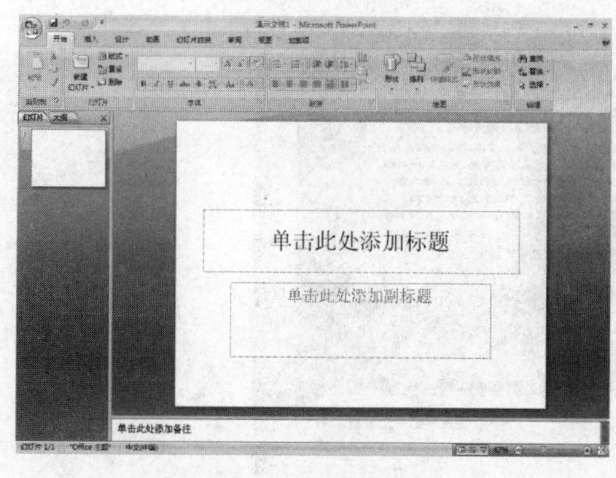

图11.1 PowerPoint 2007操作界面

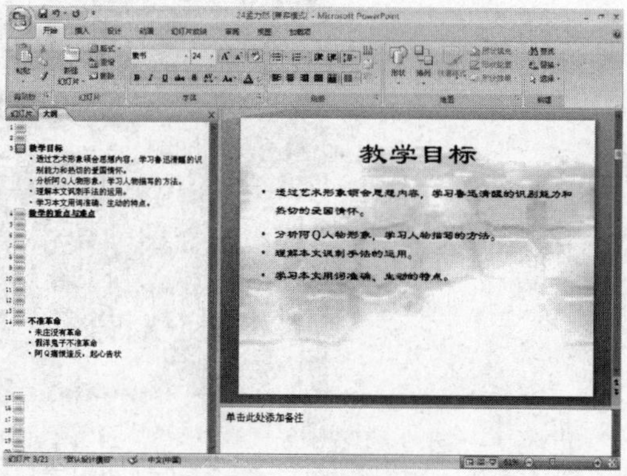

图11.2 【大纲】选项卡

幻灯片窗格

单击【幻灯片】选项卡可切换到【幻灯片】窗格中，其中列出了当前演示文稿中所有幻灯片的缩略图，如图11.3所示。

在【幻灯片】窗格中可以快速切换幻灯片，但无法编辑幻灯片内容；而在【大纲】窗格中既可切换幻灯片又可对其内容进行编辑。

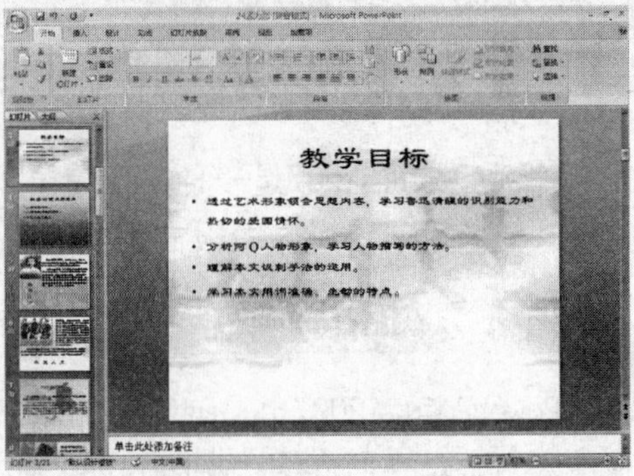

3）【备注】栏

【备注】栏位于幻灯片编辑区的下方，在其中输入内容可为幻灯片添加必要的说明，如提供幻灯片展示内容的背景和细节等，以使放映者能够更好地讲解幻灯片中展示的内容。

图11.3 【幻灯片】窗格

4）视图切换按钮

视图切换按钮位于状态栏的右侧，各个按钮名称分别为【普通视图】、【幻灯片浏览】和【幻灯片放映】，单击其中的按钮可快速切换至相应的幻灯片视图。

2. PowerPoint 2007的视图模式

在Power Point2007的状态栏中有3个视图切换按钮，可以满足不同用户对幻灯片浏览的需求。下面介绍普通视图、幻灯片浏览视图和幻灯片放映视图的作用。

1）普通视图

单击状态栏右侧的【普通视图】按钮，或者在【视图】选项卡的【演示文稿视图】组中选择【普通视图】按钮，如图11.4所示，可切换至普通视图，如图11.5所示。它是系统默认的视图模式，用于编辑某张幻灯片或编辑幻灯片的总体结构。

图11.4 打开【视图】选项卡

图11.5 普通视图模式

2）幻灯片浏览视图

单击状态栏右侧的【幻灯片浏览】按钮，或者在【视图】选项卡的【演示文稿视图】组中选择【幻灯片浏览】按钮，可切换至幻灯片浏览视图，如图11.6所示。在该视图中，幻灯片以列表方式横向排布，用户可以对演示文稿进行整体编辑，如移动或者复制幻灯片等。

在幻灯片浏览视图下不能对幻灯片的内容进行编辑。

3）幻灯片放映视图

单击状态栏右侧的【幻灯片放映】按钮，或在【视图】选项卡的【演示文稿视图】组中选择【幻灯片放映】按钮，或者按【F5】键，都可进入幻灯片放映视图，如图11.7所示。此时，幻灯片将按设定的效果全屏放映。其作用主要是预览演示文稿的放映效果，并测试幻灯片的动画和声音效果。

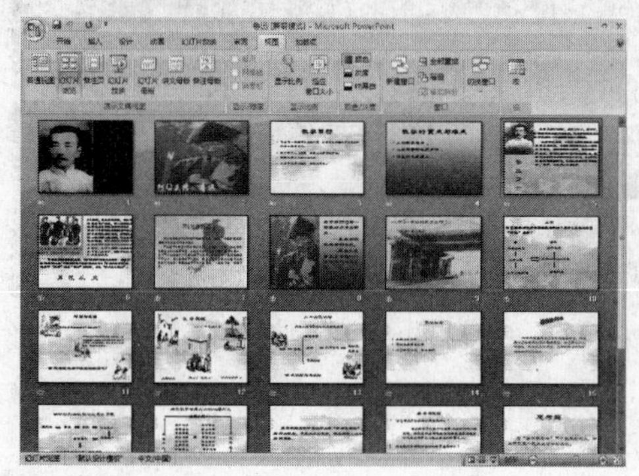

图11.6　幻灯片浏览视图

图11.7　幻灯片放映视图

在【视图】选项卡的【演示文稿视图】组中选择【备注页】按钮，可打开备注页视图，它是将幻灯片和备注内容一起显示出来的视图。

11.1.2　典型案例——使用不同的视图模式查看演示文稿

案例目标

本案例主要练习查看PowerPoint 2007的几种视图模式，以使用户熟悉各种视图模式的作用及其切换方法。

素材位置：【第11课\素材\鲁迅.ppt】

操作步骤

步骤01　打开“鲁迅”演示文稿，界面模式默认为普通视图，效果如图11.8所示。

步骤02　单击幻灯片中的“鲁迅”文本处，将出现一个文本框和文本插入点，表示在此视图模式下可对幻灯片进行编辑，如图11.9所示。

步骤03　单击状态栏右侧的【幻灯片浏览】按钮，将视图模式切换到幻灯片浏览视图，如图11.10所示。在幻灯片浏览视图中不能对幻灯片进行编辑，但可以重新排列、添加、复制或删除幻灯片。

在幻灯片浏览视图下双击某张幻灯片可切换到普通视图。

步骤04 单击状态栏右侧的【幻灯片放映】按钮，将视图模式切换到幻灯片放映视图，开始全屏放映幻灯片。单击鼠标右键，在弹出的快捷菜单中可选择相应的命令，以便对放映的幻灯片进行控制，如图11.11所示，按【Esc】键可退出放映模式。

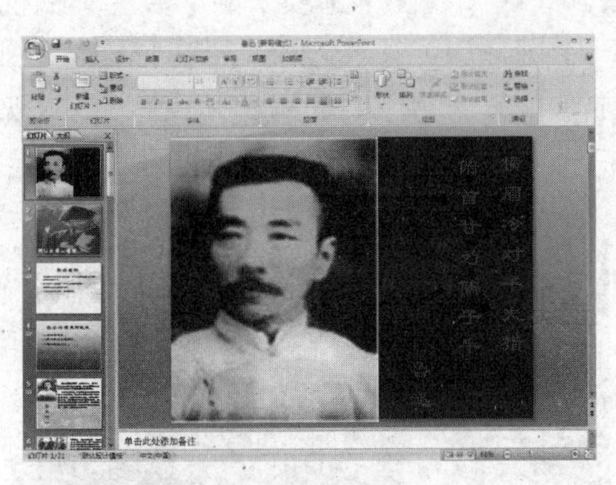

图11.8 默认的普通视图模式

图11.9 在普通视图中可以编辑文稿

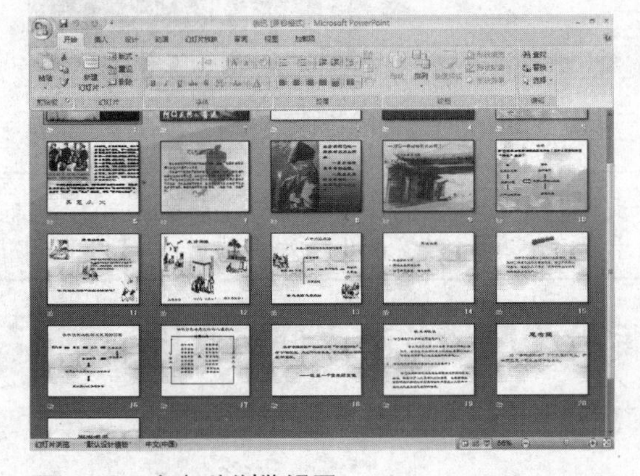

图11.10 幻灯片浏览视图

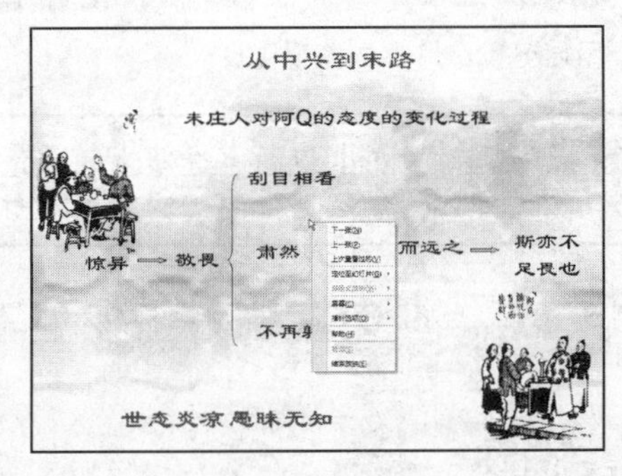

图11.11 幻灯片放映视图

步骤05 打开【视图】选项卡，在【演示文稿视图】组中选择【备注页】按钮，将视图模式切换到幻灯片备注页视图，如图11.12所示。此模式的作用在于可以看到幻灯片的备注内容，但与以上3种模式相比，幻灯片备注页视图并不常用。

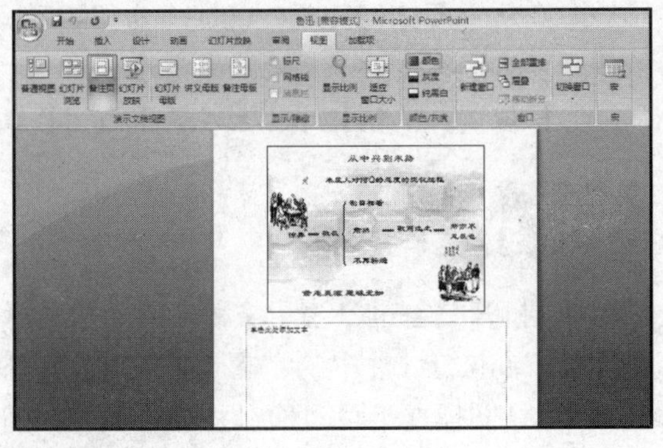

图11.12 备注页视图

案例小结

在本案例中练习查看了PowerPoint 2007的几种视图模式。熟练切换PowerPoint 2007的视图模式是使用PowerPoint 2007的基础，初学者必须掌握。

11.2 新建PowerPoint 2007演示文稿

在制作幻灯片之前需要新建PowerPoint演示文稿。下面介绍新建演示文稿的方法。

11.2.1 知识讲解

在PowerPoint 2007中新建演示文稿的操作方法与在Word 2007中新建文档、在Excel 2007中新建工作簿的操作类似。除此之外，PowerPoint 2007还可以将插入的图片新建为相册。

1. 新建普通的演示文稿

与Office中的Word、Excel组件相同，启动PowerPoint 2007后，系统会自动新建一个空白演示文稿，默认文件名称为“演示文稿1”（参见前面的图11.1）。

执行【Office按钮】→【新建】命令，可以打开【新建演示文稿】对话框，如图11.13所示。在该对话框中可以选择新建空白的演示文稿，或者根据本机或Microsoft Office Online官方网站上的模板新建带有样式和内容的演示文稿。

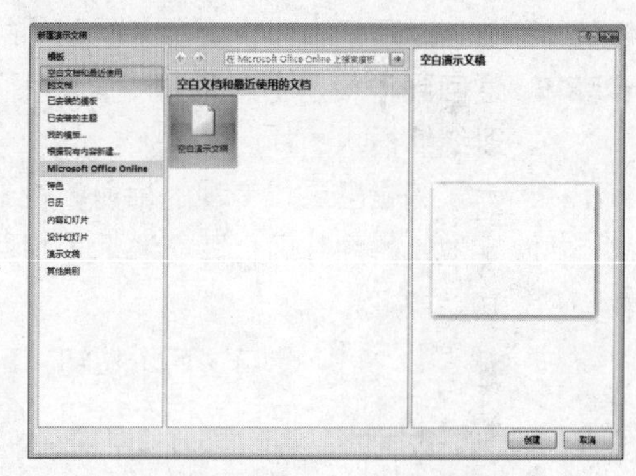

图11.13 【新建演示文稿】对话框

按【Ctrl+N】组合键可再新建一个空白演示文稿。

2. 新建相册

在PowerPoint 2007中还可以将插入的图片新建为电子相册，供浏览者观赏。新建方法如下：

步骤01 启动PowerPoint 2007，打开【插入】选项卡。

步骤02 在【插入】选项卡的【插图】组中单击【相册】按钮，如图11.14所示。

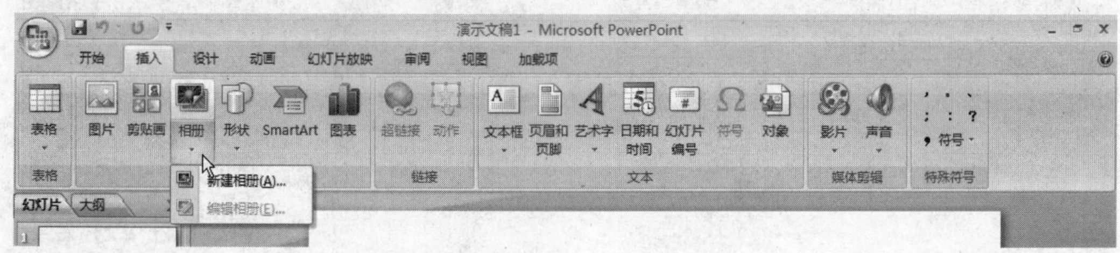

图11.14 【插入】选项卡

步骤03 在打开的下拉列表中选择【新建相册】命令，打开【相册】对话框，如图11.15所示。

步骤04 在该对话框中单击【文件/磁盘】按钮，打开【插入新图片】对话框，如图11.16所示。

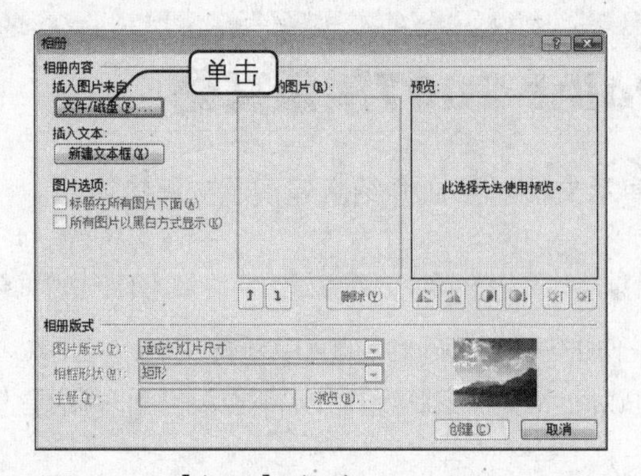

图11.15　【相册】对话框

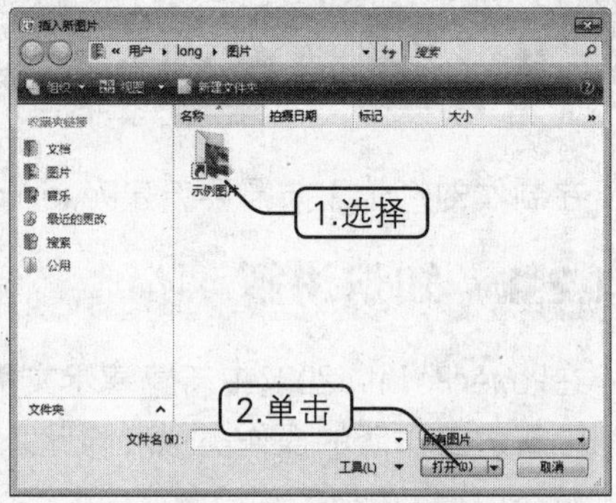

图11.16　【插入新图片】对话框

步骤05　在该对话框中选择要插入的图片的位置和图片文件，然后单击【插入】按钮。

步骤06　返回到【相册】对话框中，如图11.17所示，再次单击【文件/磁盘】按钮，可以继续插入图片。

为了编辑出更加美观的相册，在【相册】对话框中还可以设置属性。当插入了一定数量的图片后，即可激活【相册】对话框中的选项和按钮，各个选项和按钮的功能如下。

- 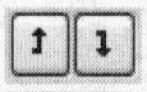 ：使用这两个按钮，可以调整图片在演示文稿中的位置。
-  ：使用这两个按钮，可以使图片向左或者向右旋转90°，改变图片在幻灯片中的放置方向。
-  ：使用这两个按钮，可以改变图片的对比度。
-  ：使用这两个按钮，可以改变图片的亮度。
- **【新建文本框】**：单击该按钮可以添加一个拥有文本框的幻灯片，便于用户为相册中的图片添加说明文字。
- **【所有图片以黑白方式显示】**：选中该复选框，可以使演示文稿中的所有图片以黑白方式显示。
- **【相册版式】选区**：在【图片版式】下拉列表框中可以选择图片在幻灯片中的放置方式，在【相框形状】下拉列表中可以选择图片的边框样式。

步骤07　在【相册】对话框中设置新建相册的参数，如图11.18所示。

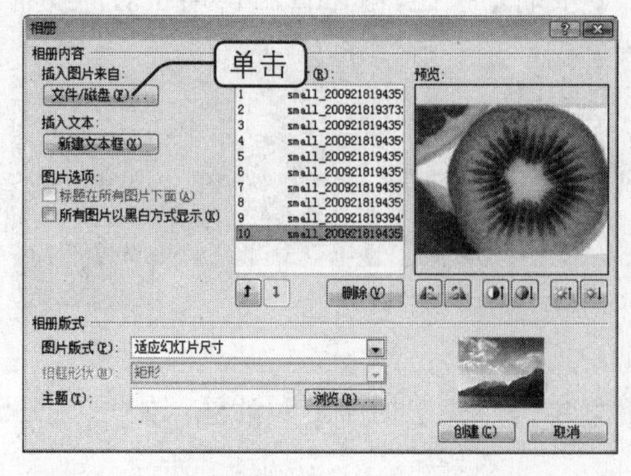

图11.17　插入图片

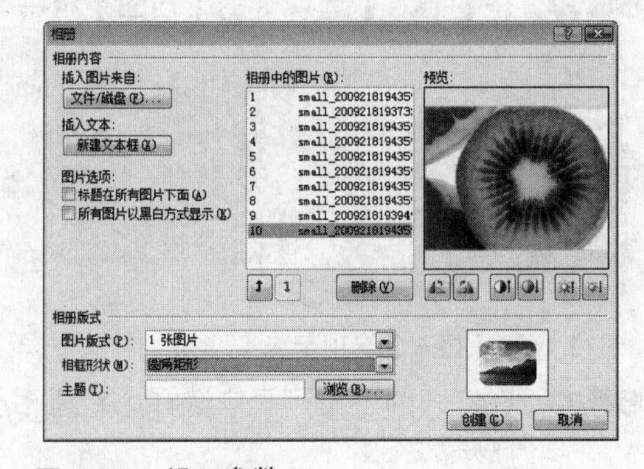

图11.18　设置参数

步骤08　单击【创建】按钮，完成的效果如图11.19所示。

步骤09 切换到幻灯片浏览视图模式下，查看新建的相册，如图11.20所示。

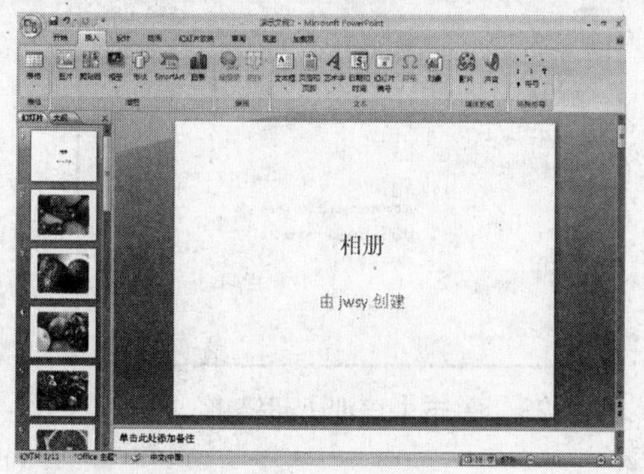

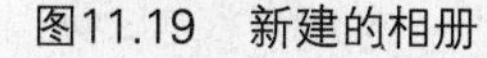
图11.19 新建的相册

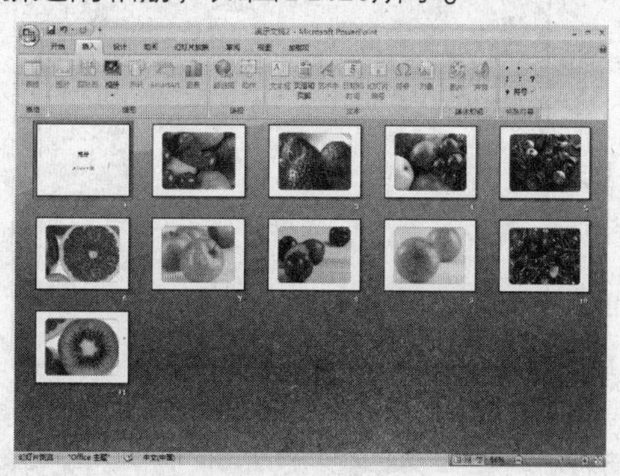

图11.20 查看新建的相册

11.2.2 典型案例——根据模板新建“员工培训”演示文稿

案例目标

本案例将创建一个“员工培训”演示文稿，主要练习在PowerPoint 2007中根据Microsoft Office Online官方网站上的“员工培训演示文稿”模板新建一个如图11.21所示的演示文稿。

效果图位置：【第11课\源文件\员工培训.ppt】

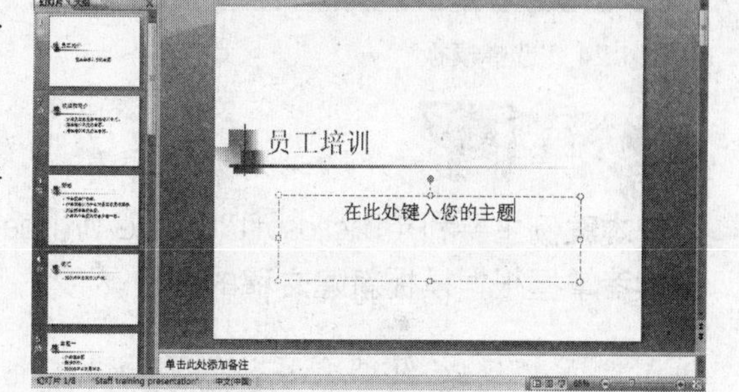

图11.21 效果图

操作步骤

步骤01 启动PowerPoint 2007，执行【Office按钮】→【新建】命令，打开【新建演示文稿】对话框。

步骤02 在该对话框中的【Microsoft Office Online】栏中选择【演示文稿】选项，中间列表框中将显示搜索进度，如图11.22所示。

步骤03 稍等片刻，系统连接到Microsoft Office Online官方网站，在中间列表框中单击【培训】超链接，如图11.23所示。

步骤04 稍等片刻，将显示【培训】中的演示文稿模板，选择一种模板类型，如图11.24所示。

步骤05 单击【下载】按钮，弹出如图11.25所示的【正在下载模板】提示框。如果用户不想再下载该模板，可单击【停止】按钮。

步骤06 系统自动将该模板下载到用户的电脑中并生成新建的演示文稿。

步骤07 保存演示文稿即可。

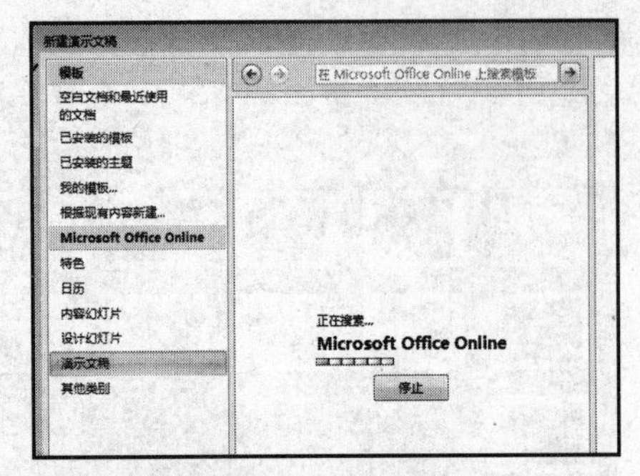

图11.22　选择【演示文稿】选项

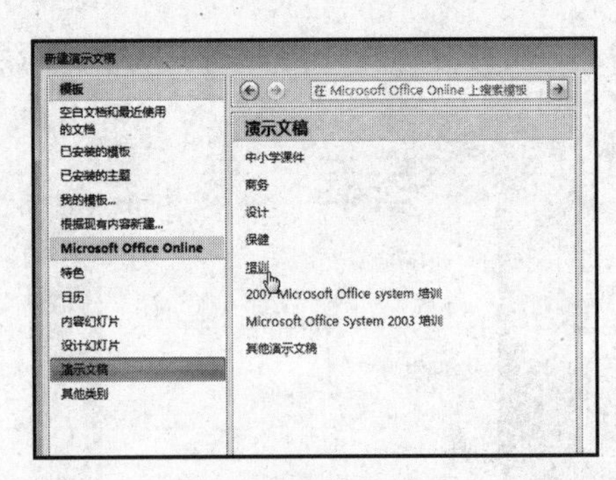

图11.23　单击【培训】超链接

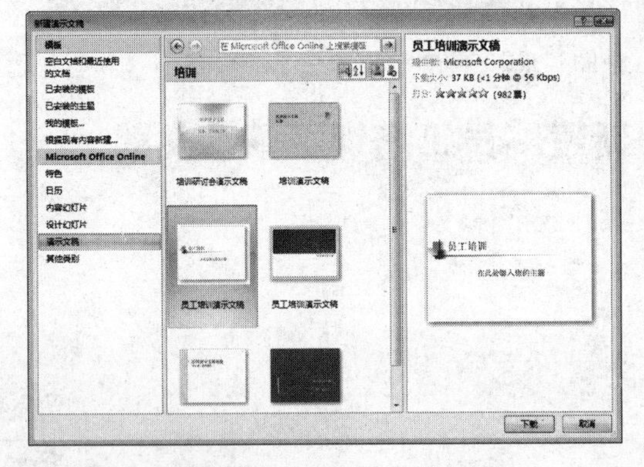

图11.24　选择模板

图11.25　提示框

案例小结

本案例主要利用Microsoft Office Online官方网站上的模板新建了一个演示文稿，希望读者掌握根据模板新建文稿的方法。

11.3 制作与设置幻灯片

PowerPoint建立的文件一般称为演示文稿，演示文稿由一系列幻灯片组成，演示文稿与幻灯片的关系如同Excel中工作簿与工作表的关系。

11.3.1 知识讲解

使用不同的方法创建的演示文稿中包含的幻灯片的数量也是不同的。当不能满足用户需要时，可以增加幻灯片的数量，并且还可以对幻灯片进行编辑。

1. 编辑幻灯片

编辑幻灯片的基本操作包括新建、选择、移动、复制和删除幻灯片等。

1）新建幻灯片

新建幻灯片的方法有以下几种：

- 在普通视图的【大纲】任务窗格中，将鼠标指针移至幻灯片图标与幻灯片标题之间，然后按【Enter】键，可在该张幻灯片前面新建一张幻灯片；将鼠标指针移至幻灯片标题末尾，然后按【Enter】键，可在该张幻灯片后面新建一张幻灯片。

在【大纲】任务窗格中将鼠标指针移至幻灯片标题末尾，按【Enter】键新建幻灯片时，如果当前幻灯片中包含其他内容，则这些内容将被移到新建的幻灯片中，标题却保留在原幻灯片中。

- 在普通视图的【幻灯片】任务窗格中单击鼠标右键，在弹出的快捷菜单中选择【新建幻灯片】命令，如图11.26所示，可在当前幻灯片后面新建一张幻灯片。
- 选择一张幻灯片，然后在【开始】选项卡的【幻灯片】组中单击【新建幻灯片】按钮，在弹出的下拉列表中选择一种幻灯片的版式即可，如图11.27所示。

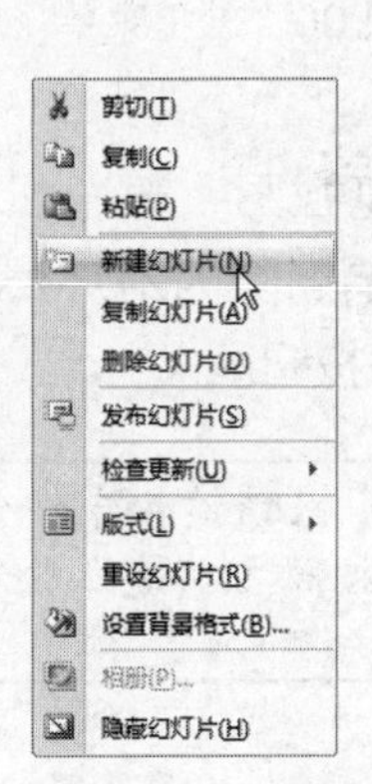

图11.26　快捷菜单

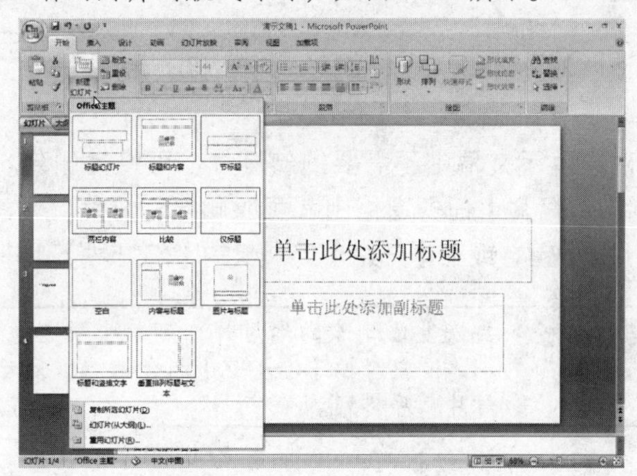

图11.27　选择幻灯片的版式

- 在普通视图的【幻灯片】任务窗格中选择一张幻灯片，按【Enter】键可在该张幻灯片的后面新建一张幻灯片；将鼠标指针移至任意两张幻灯片之间，单击鼠标左键，当出现闪烁的黑线时，如图11.28所示，按【Enter】键可在该位置处新建一张幻灯片。

2）选择幻灯片

对幻灯片进行设置前须先选择该幻灯片。在普通视图的【大纲/幻灯片】任务窗格中单击某张幻灯片可选择单张幻灯片，按住【Shift】键或【Ctrl】键并单击可选择连续或不连续的多张幻灯片。

3）移动和复制幻灯片

通过移动和复制幻灯片，可以在制作幻灯片的过程中节约大量的时间和精力。对幻灯片进行移动或复制的方法主要有以下两种：

- 在幻灯片浏览视图或普通视图的【大纲】任务窗格中，选择要移动的幻灯片图标▭，按住鼠标左键不放并拖动至适当位置处释放鼠标，即可移动该张幻灯片；在拖动的同时按住【Ctrl】键不放则可复制该幻灯片，如图11.29所示为在普通视图的【大纲】任务窗格中复制“公司简介”幻灯片。
- 在普通视图的【幻灯片】任务窗格中，选择要移动的幻灯片图标▭，单击鼠标右键，在弹出的快捷菜单中选择【剪切】或【复制】命令，如图11.30所示，将鼠标指针插入到目标位置处再次单击鼠标右键，在弹出的快捷菜单中选择【粘贴】命令可移动或复制该幻灯片。

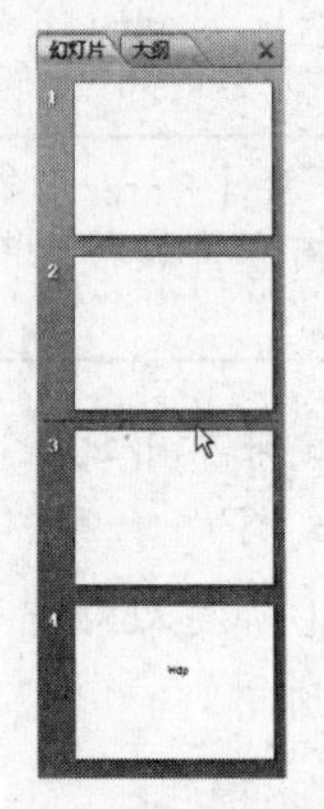

图11.28　出现黑线

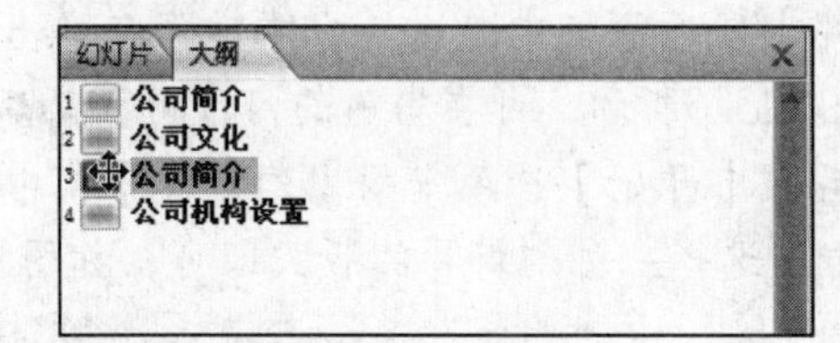

图11.29　复制幻灯片

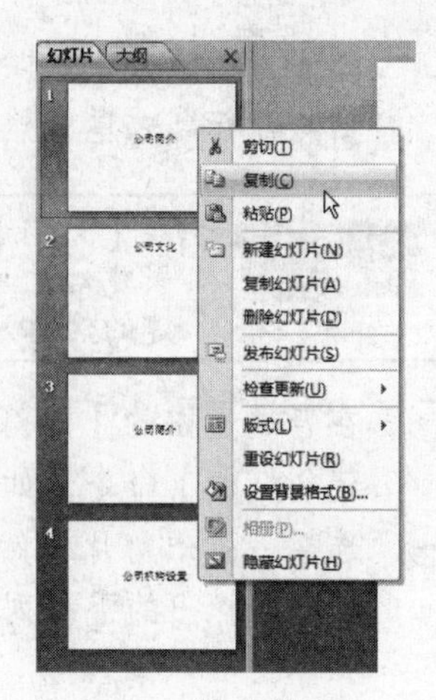

图11.30　快捷菜单

4）删除幻灯片

对于演示文稿中不需要的幻灯片，可将其删除。在幻灯片浏览视图、普通视图的【大纲/幻灯片】任务窗格中都可以删除幻灯片。方法如下：选择要删除的幻灯片，按【Delete】键，或在【开始】选项卡的【幻灯片】组中单击【删除】按钮。

要恢复已删除的幻灯片，可单击快速访问工具栏中的【撤销键入】按钮，或者按【Ctrl+Z】组合键。恢复后的幻灯片仍然按照之前建立的幻灯片顺序排列。

5）隐藏或显示幻灯片

如果需要将一张幻灯片放在文稿中，却不希望它在幻灯片放映中出现，就可以隐藏该幻灯片。

隐藏幻灯片的步骤如下：

步骤01　在普通视图中选择【幻灯片】任务窗格。

步骤02　选择要隐藏的幻灯片，单击鼠标右键，在弹出的下拉菜单中选择【隐藏幻灯片】命令，如图11.31所示。

步骤03　隐藏的幻灯片图标显示在所隐藏的幻灯片旁边，图标内部有幻灯片编号，如图11.32所示。

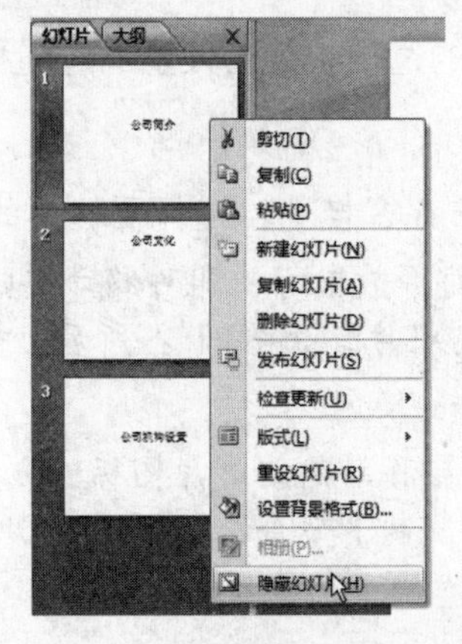

图11.31　快捷菜单

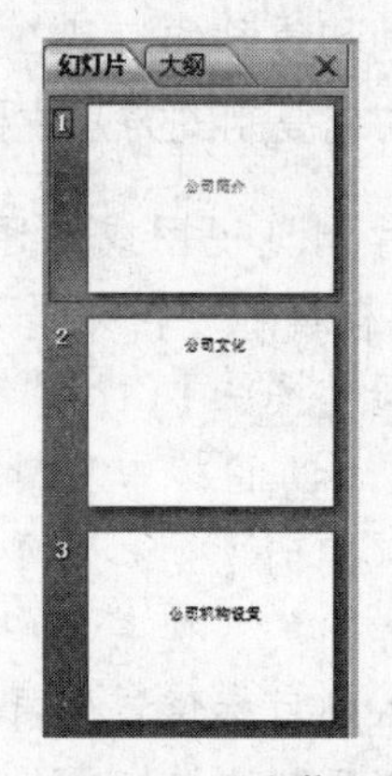

图11.32　隐藏的幻灯片图标

选中隐藏的幻灯片，单击鼠标右键，在打开的快捷菜单中再次单击【隐藏幻灯片】命令即可取消幻灯片的隐藏状态。

如果用户正在查看幻灯片放映视图，并且决定要显示以前隐藏的幻灯片，则可以在当前幻灯片中单击鼠标右键，在打开的快捷菜单中选择【定位至幻灯片】命令，在弹出的子菜单中选择需要放映的幻灯片即可，如图11.33所示。

2. 应用幻灯片的版式

设计演示文稿的布局即选择一个合适的版式，在幻灯片应用中也是比较重要的一个环节。PowerPoint提供了11种内置的标准版式，供用户选择。

1）版式布局说明

幻灯片的版式是指一张幻灯片中文本、图像等元素的布局方式。版式由占位符组成，占位符是一种带有虚线或阴影线边缘的框，在这些框中可以放置标题以及正文，或者是图表、表格或图像等对象。

如图11.34所示是由3个占位符组成的版式：由标题占位符和两个内容占位符组成。

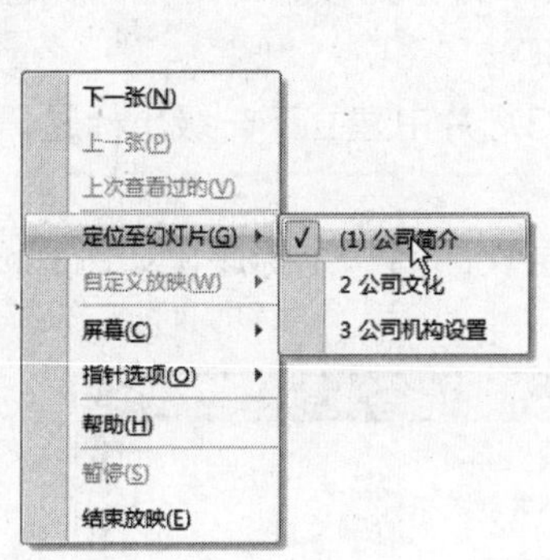

图11.33　选择需要放映的幻灯片

图11.34　幻灯片的版式

2）应用版式

可以为已有的幻灯片选择版式，也可以在新创建幻灯片之前应用版式，具体操作如下：

步骤01　启动PowerPoint 2007后，在普通视图的【幻灯片/大纲】任务窗格中选择要应用版式的幻灯片。

步骤02　在【开始】选项卡的【幻灯片】组中单击【版式】按钮，在弹出的下拉列表中选择一种版式，如图11.35所示。

3. 输入文本

在幻灯片占位符中输入文本内容有两种方法，一种是在幻灯片编辑区中输入，另一种是在【大纲】任务窗格中输入。

1）在幻灯片编辑区中输入文本

在PowerPoint 2007界面左侧的【大纲/幻灯片】任务窗格中选择须输入文本内容的幻灯片，幻灯片编辑区中便显示出该张幻灯片，在须输入内容的文本占位符中单击，将光标插入其中，便可输入所需的文本内容，如图11.36所示。

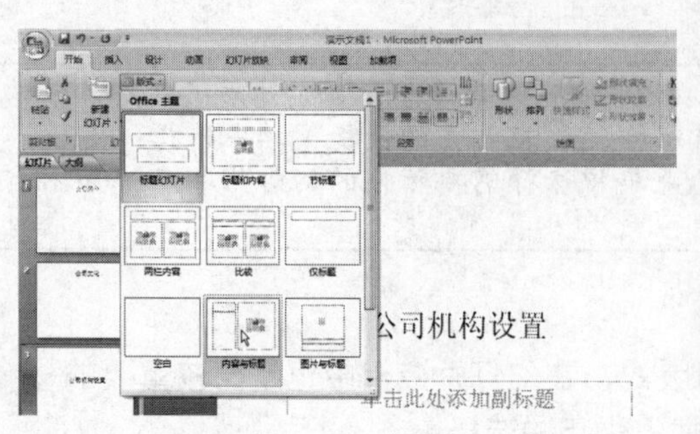

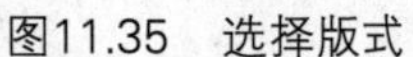

图11.35 选择版式

图11.36 输入文本

插入文本框可添加文本内容，通过移动文本占位符或文本框的位置可调整幻灯片中的文本内容位置。

2）利用【大纲】任务窗格输入文本

在【大纲】任务窗格中输入文本的具体操作如下：

步骤01 在【大纲】任务窗格的幻灯片图标后面输入的文本将作为该张幻灯片的标题，它将自动输入到相应幻灯片的标题占位符中。

步骤02 输入完标题后，按【Ctrl+Enter】组合键则在该幻灯片中建立下一级小标题，可输入下一级文本内容，如图11.37所示。

步骤03 输入完一个小标题后，按【Enter】键可建立同层次的另一个标题，如图11.38所示。

图11.37 输入下一级小标题

图11.38 输入同层次的标题

将鼠标指针插入小标题中，按【Tab】键可以将小标题降一级，按【Shift+Tab】键可以将小标题升一级。

3）添加和编辑幻灯片备注

幻灯片备注用于辅助说明演示文稿幻灯片小标题的备注信息，是演示文稿的组成要素之一。在普通视图中选择须添加备注的幻灯片，在【备注】任务窗格中单击后便可输入备注的内容。

用鼠标指针拖动【备注】任务窗格的上边框，可以扩大添加备注内容的显示空间。

4. 设置字体格式

为使幻灯片中的文本更加美观，可对其进行设置。通常设置字体格式有两种方法，下面分别介绍。

1）使用【字体】组设置文本格式

可使用【开始】选项卡【字体】组中的有关命令按钮来改变文本的格式，如图11.39所示。在【字体】组中可以设置文本的字体、字号、加粗显示以及字符间距等属性。

2）使用【字体】菜单设置文本格式

选中要设置格式的文本，单击鼠标右键，在弹出的快捷菜单中选择【字体】命令，打开【字体】对话框，如图11.40所示（单击【字体】组中的【字体】对话框启动器，同样也可以打开【字体】对话框）。在该对话框中有【字体】选项卡和【字符间距】选项卡，用户可以根据需要对文本进行设置。

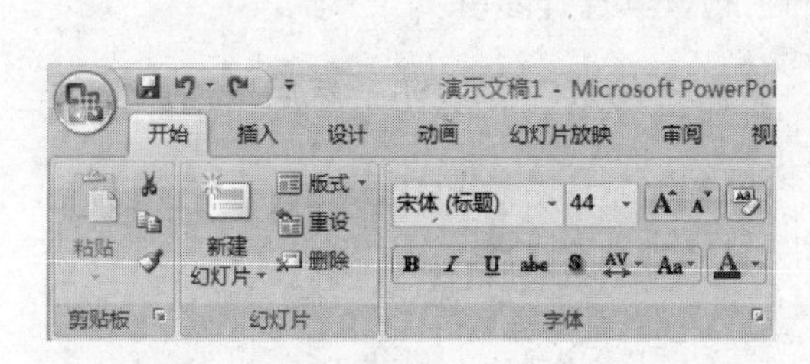

图11.39 【字体】组

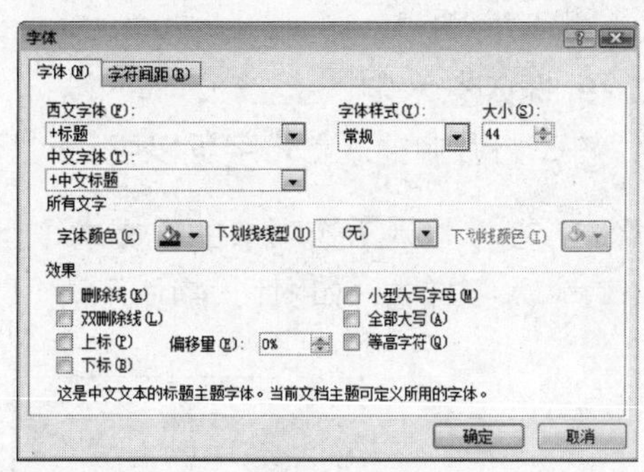

图11.40 【字体】对话框

5. 设置段落格式

在幻灯片中设置段落格式主要包括设置段落对齐方式和段落行距等。

设置段落格式的方法如下：在普通视图中将鼠标指针定位到须设置对齐方式的段落中，在【开始】选项卡的【段落】组中设置段落的对齐方式、行距以及项目符号等属性，如图11.41所示。

用户还可以单击【段落】组中的【段落】对话框启动器，打开【段落】对话框，如图11.42所示。在该对话框中可以在【缩进和间距】和【中文版式】选项卡之间进行切换，对段落进行属性设置。

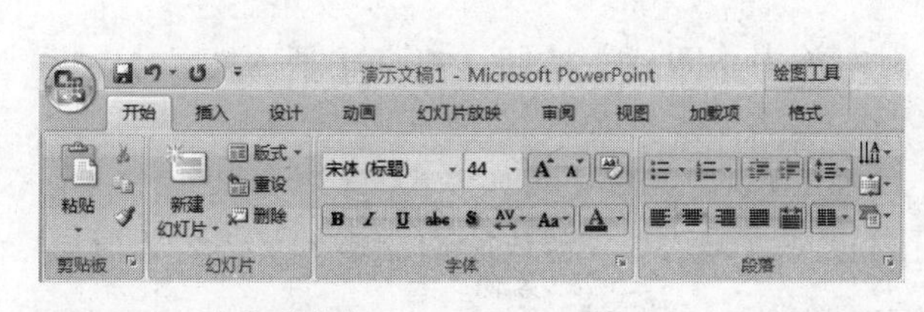

图11.41 【段落】组

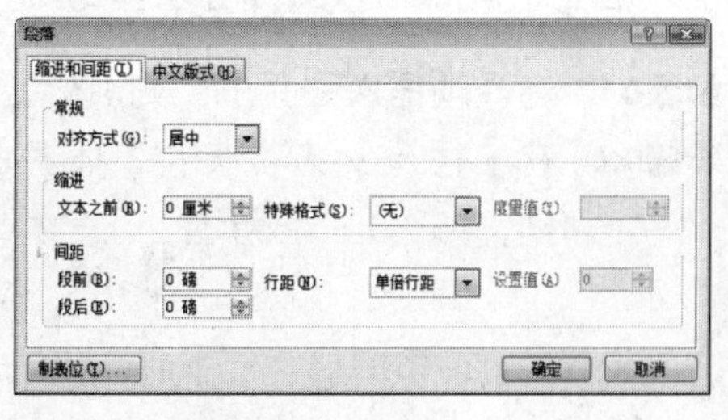

图11.42 【段落】对话框

6. 插入形状

在幻灯片中插入各种自选图形的方法与Word中类似，具体操作如下：

步骤01 选择须插入自选图形的幻灯片。

步骤02 打开【插入】选项卡，单击【插图】组中的【形状】按钮，打开PowerPoint 2007提供的基本形状集合的下拉列表。

步骤03 选择所需的基本形状，然后在幻灯片内单击形状的第一角点，之后拖动鼠标指向第二角点，即可完成基本形状的绘制。

7. 插入剪贴画

PowerPoint 2007同样提供了多种剪贴画，其插入方法分为以下两种：

- 在【插入】选项卡的【插图】组中单击【剪贴画】按钮，将打开【剪贴画】任务窗格，在该任务窗格中搜索所需的剪贴画，然后单击该剪贴画，即可将其插入到文档中。
- 单击文档窗口中项目占位符中的【剪贴画】按钮，如图11.43所示，打开【剪贴画】任务窗格，在该任务窗格中搜索所需的剪贴画，单击该剪贴画，即可将其插入到文档中。

8. 插入艺术字

在幻灯片中插入艺术字可以突出幻灯片的主题，其操作步骤如下：

步骤01 在【插入】选项卡的【文本】组中，单击【艺术字】按钮，然后单击所需的艺术字样式，如图11.44所示。

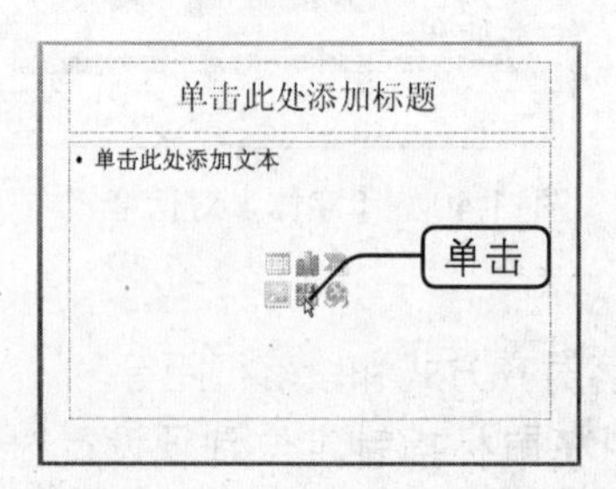

图11.43 单击【剪贴画】按钮

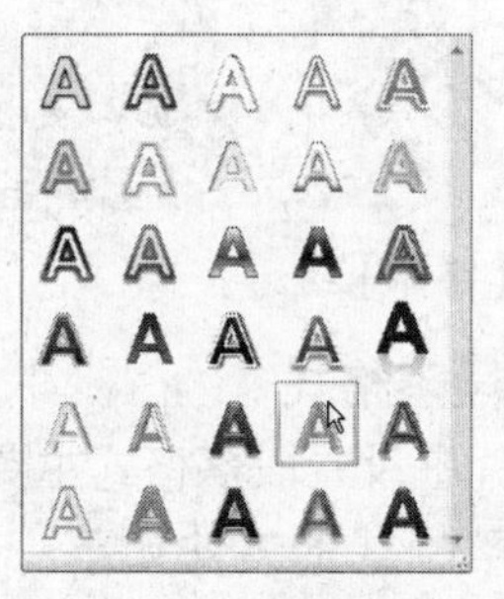

图11.44 选择艺术字的样式

步骤02 在文档窗口中弹出艺术字文本编辑区，如图11.45所示，可在该编辑区中输入文本。

9. 插入图片

在幻灯片中插入图片可以使幻灯片变得更加生动、形象，具体操作如下：

步骤01 选择须插入图片的幻灯片。

步骤02 在【插入】选项卡的【插图】组中单击【图片】按钮，打开【插入图片】对话框，如图11.46所示。

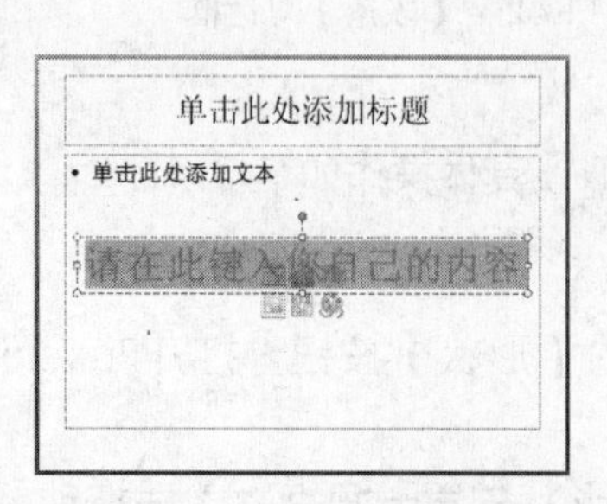

图11.45 艺术字文本编辑区

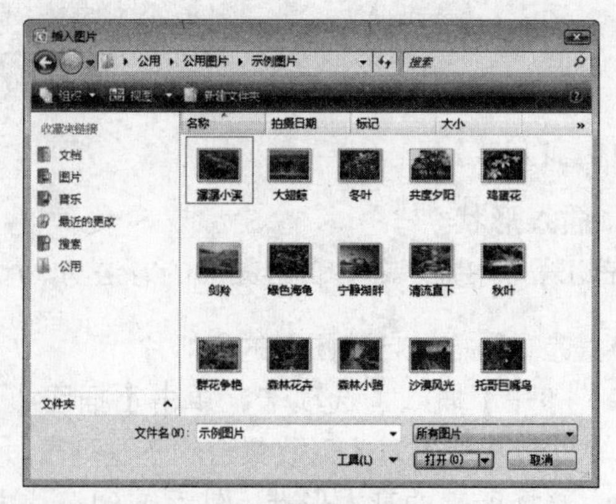

图11.46 【插入图片】对话框

步骤03 在该对话框中选择图片，然后单击【插入】按钮就可在文档中插入该图片。

10. 插入图表

在PowerPoint 2007中，图表的功能得到了很大的提高。不过在PowerPoint 2007演示文稿中绘制图表，需要借助Excel 2007的图表功能。

在PowerPoint 2007中插入图表的具体操作步骤如下：

步骤01 选择须插入图表的幻灯片。

步骤02 打开【插入】选项卡，在【插图】组中单击【图表】按钮，打开【插入图表】对话框，如图11.47所示。

步骤03 选择一种图表类型，单击【确定】按钮，此时打开一个Excel文档，如图11.48所示。

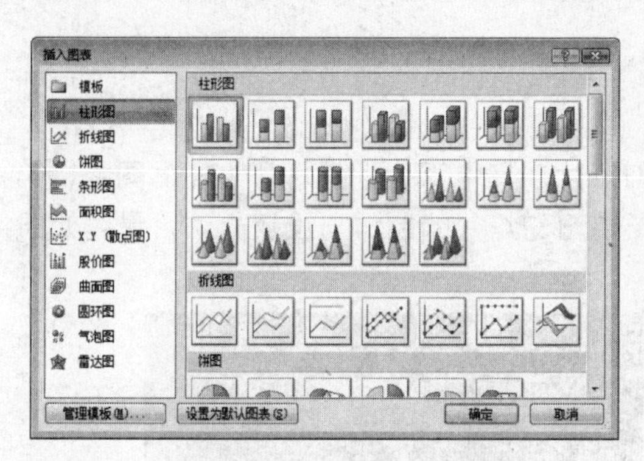

图11.47 【插入图表】对话框

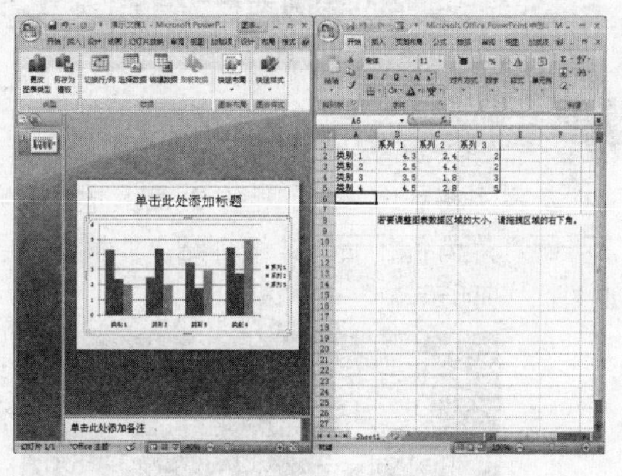

图11.48 出现Excel文档

步骤04 在数据表的各单元格中分别输入数据。

步骤05 输入完毕后，关闭Excel文档，图表就插入到PowerPoint之中了，如图11.49所示。

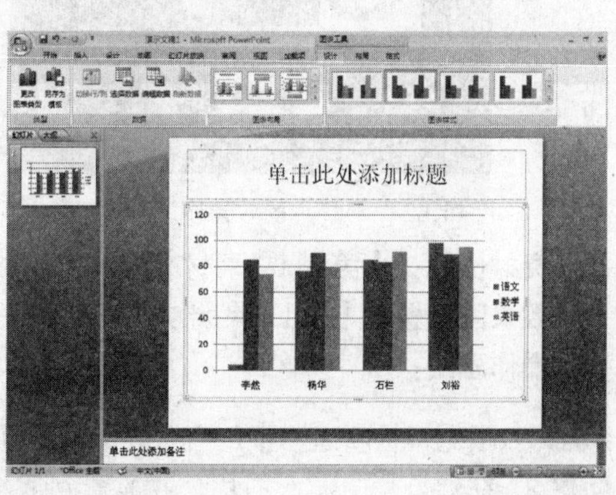

图11.49 插入图表

11. 设置幻灯片的背景

通过设置幻灯片的颜色、阴影、图案或者纹理，可以改变幻灯片的背景，具体操作如下：

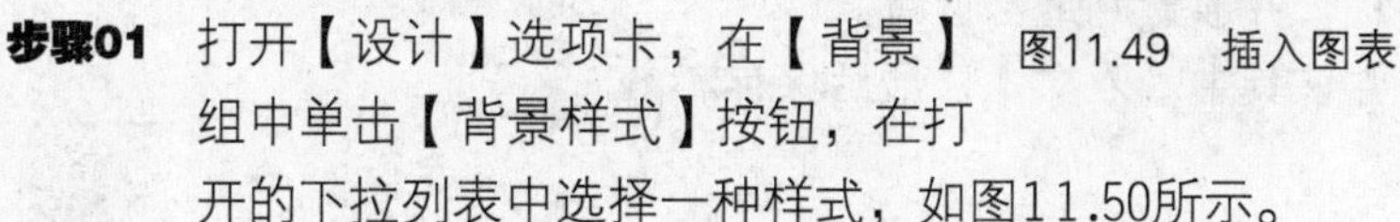

步骤01 打开【设计】选项卡，在【背景】组中单击【背景样式】按钮，在打开的下拉列表中选择一种样式，如图11.50所示。

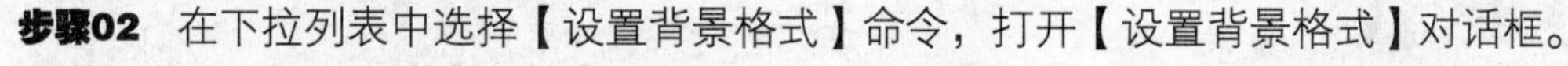

步骤02 在下拉列表中选择【设置背景格式】命令，打开【设置背景格式】对话框。

步骤03 在该对话框中可以设置纯色填充、渐变色填充、图片或者纹理填充等，如图11.51所示。

步骤04 设置完成后，单击【全部应用】按钮即可。

图11.50　选择背景样式

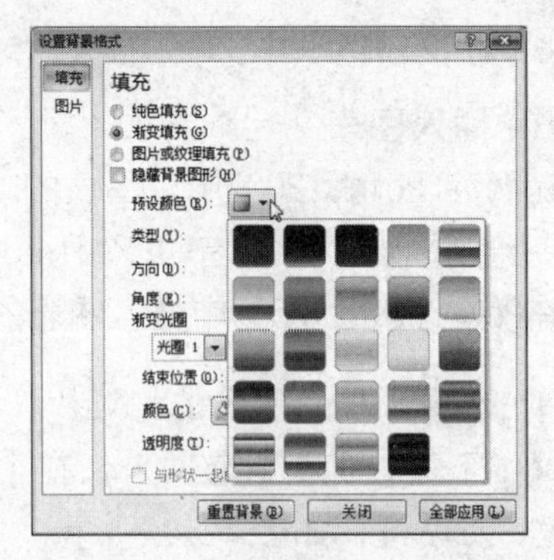

图11.51　【设置背景格式】对话框

11.3.2　典型案例——制作“七夕礼品大放送”演示文稿

案例目标

本案例将制作两张“七夕礼品大放送”幻灯片，其中第一张幻灯片为礼品图片，第二张幻灯片为各礼品的详细介绍。本案例主要练习幻灯片的制作与设置方法，最终效果如图11.52所示。

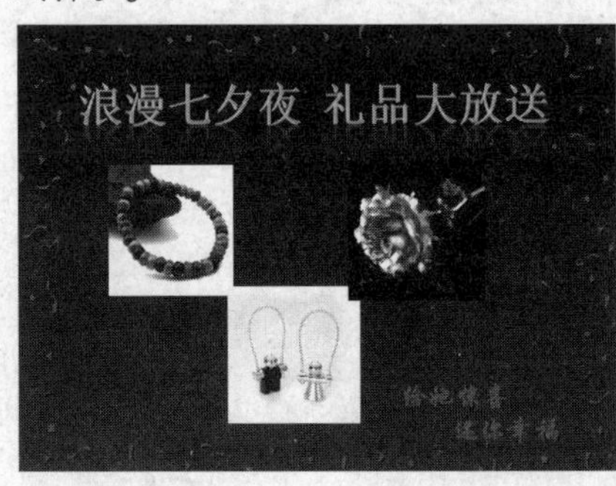

图11.52　幻灯片的效果图

素材位置：【第11课\素材】

效果图位置：【第11课\源文件\七夕礼品大放送.ppt】

操作思路：

步骤01　根据模板新建一张幻灯片，并在其中添加文本框，再输入文本并设置文本格式。

步骤02　在幻灯片中插入图片，并放置到适当位置。

步骤03　复制一张幻灯片，并在其中输入文本，最后保存。

操作步骤

步骤01　启动PowerPoint 2007，执行【Office按钮】→【新建】命令。

步骤02　在打开的【新建演示文稿】对话框左侧的列表框中选择【幻灯片背景】选项（注意这是【Microsoft Office Online】下的模板），单击中间列表中的【特殊庆典】选项，然后在中间的列表框中选择【祝贺型设计模板】选项，如图11.53所示。

步骤03 单击【下载】按钮，弹出【正在下载模板】提示框，等待一会儿，将在新建的幻灯片中应用该背景。

步骤04 在【开始】选项卡的【幻灯片】组中单击【版式】按钮，在打开的下拉列表中选择【空白】选项，如图11.54所示。

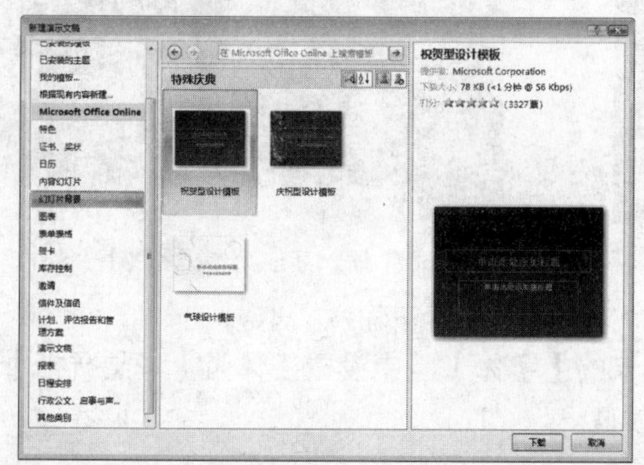

图11.53 【新建演示文稿】对话框

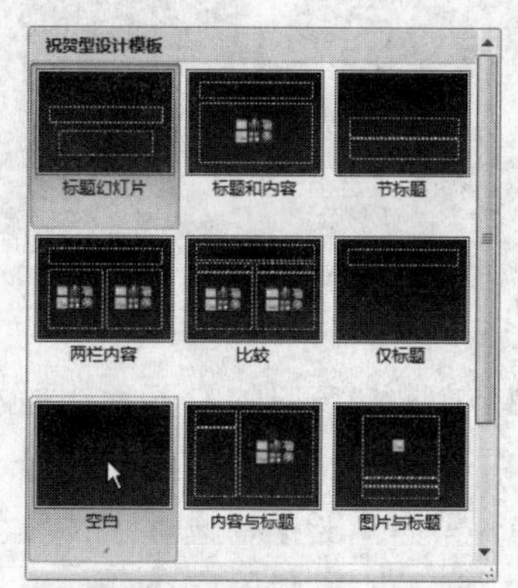

图11.54 选择版式

步骤05 打开【插入】选项卡，在【文本】组中单击【艺术字】按钮，在打开的下拉列表中选择一种艺术字样式。

步骤06 在文档窗口中弹出艺术字文本编辑区，在该编辑区中输入文本，如图11.55所示。

步骤07 用鼠标将艺术字文本框拖动到文档窗口顶部的合适位置。

步骤08 打开【插入】选项卡，在【文本】组中单击【文本框】下拉按钮，在打开的下拉列表中选择【横排文本框】选项。

步骤09 在文档中插入一个文本框，将光标定位到文本框中，打开【插入】选项卡，在【插图】组中单击【图片】按钮。

步骤10 在打开的【插入图片】对话框中选择合适的图片，如图11.56所示。

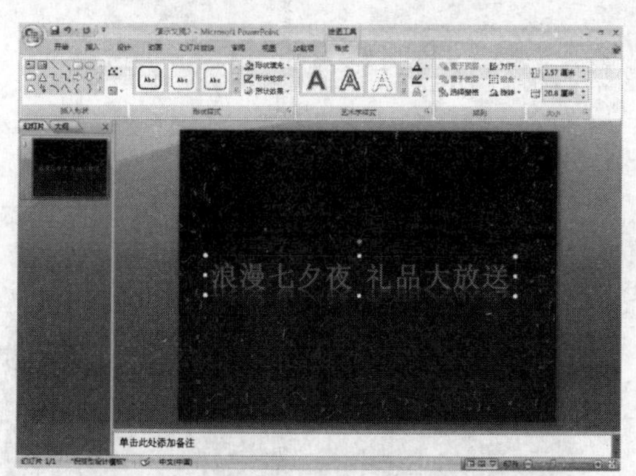

图11.55 输入文本

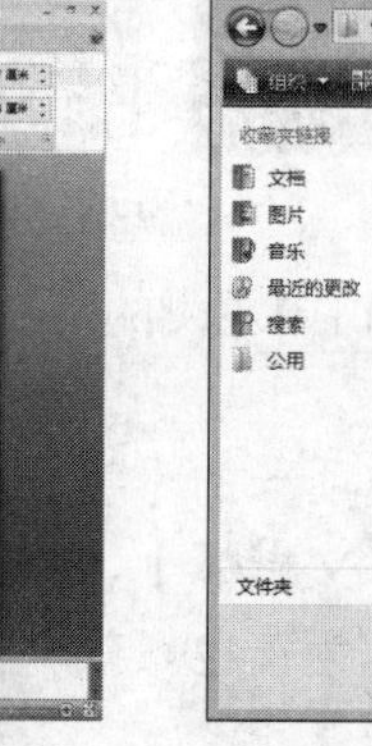

图11.56 【插入图片】对话框

步骤11 单击【插入】按钮，将图片插入到文本框中，使用鼠标调整文本框的大小并将其拖动到合适的位置，效果如图11.57所示。

步骤12 使用相同的方法插入另外两个文本框和图片，并使用鼠标拖动到合适的位置，效果如图11.58所示。

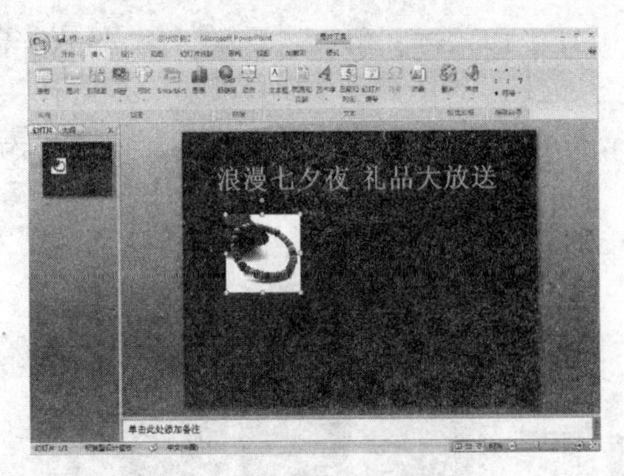

图11.57　插入文本框和图片

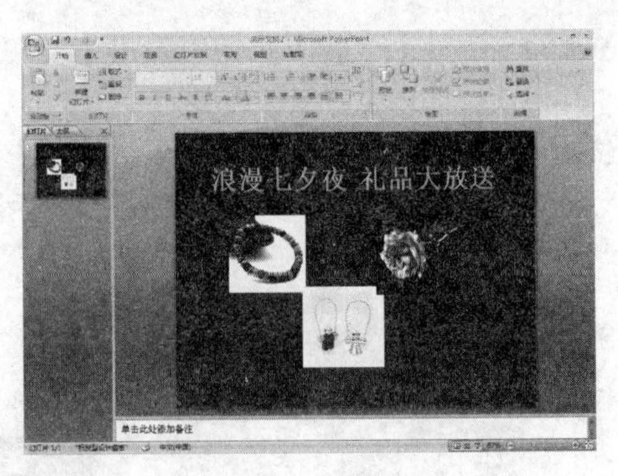

图11.58　插入其他文本框和图片

步骤13 在文档窗口的右下角处插入一个文本框，在其中输入文本。

步骤14 选中该文本，在【开始】选项卡的【字体】组中设置字体为【华文行楷】，字号为【32】，设置字体颜色为浅蓝。

步骤15 调整文本框的大小和位置，效果如图11.59所示。

步骤16 在PowerPoint工作界面左侧的【幻灯片】窗格中，右键单击幻灯片图标，在弹出的快捷菜单中选择【复制】命令。

步骤17 然后在左侧窗格的空白处单击鼠标右键，在弹出的快捷菜单中单击【粘贴】命令，复制一个幻灯片，如图11.60所示。

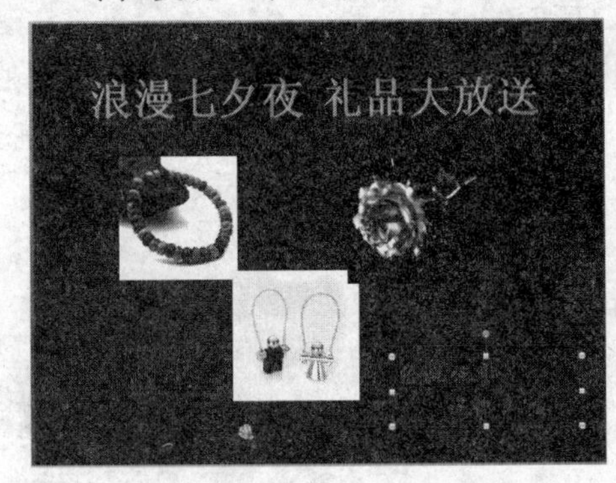

图11.59　调整文本框的大小和位置

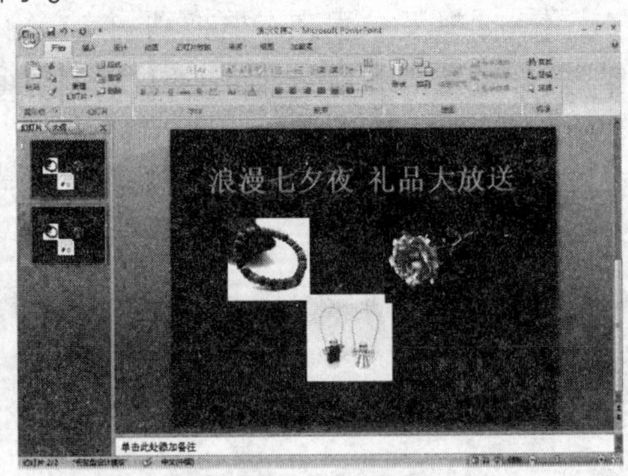

图11.60　复制幻灯片

步骤18 将所复制的幻灯片文档窗口中左侧的两个文本框删除，然后插入一个新的文本框，在其中输入文本。

步骤19 选中文本，在【开始】选项卡的【字体】组中设置字体为【华文楷体】，字号为【18】，字体颜色为黄色，效果如图11.61所示。

步骤20 保存制作的演示文稿。

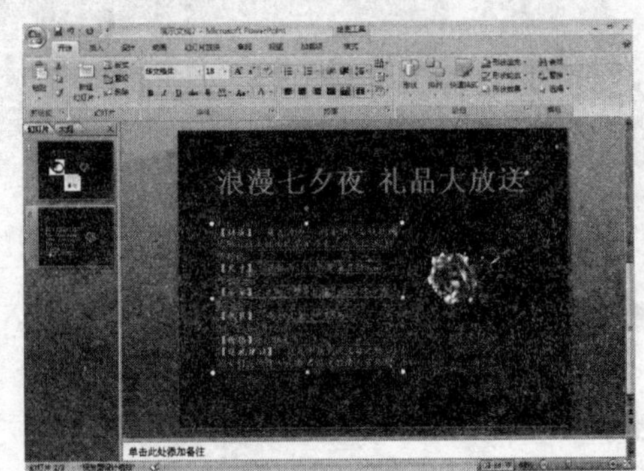

图11.61　插入文本框并输入文本

案例小结

本案例制作了“七夕礼品大放送”演示文稿，以使读者熟悉插入文本框、艺术字、图片的方法并掌握文本的设置步骤。

11.4 上机练习

11.4.1 制作生日贺卡

本次练习将在PowerPoint 2007中创建一张生日贺卡，最终效果如图11.62所示。

素材位置：【第11课\素材】

效果图位置：【第11课\源文件\生日贺卡.ppt】

操作思路：

步骤01 新建一张空白的幻灯片，插入一幅图片，将其设置为幻灯片的背景。

步骤02 在幻灯片中插入艺术字。

步骤03 保存“生日贺卡.ppt”演示文稿。

图11.62 生日贺卡

11.4.2 制作“优秀员工奖”幻灯片

本次练习将根据模板创建演示文稿，其最终效果如图11.63所示。本小节主要练习利用设计模板创建演示文稿的方法。

效果图位置：【第11课\源文件\优秀员工奖.ppt】

操作思路：

步骤01 在【新建演示文稿】对话框中根据模板创建一张幻灯片。

步骤02 在占位符中输入文本。

步骤03 保存文档。

图11.63 优秀员工奖

11.5 疑难解答

问： 在PowerPoint 2007中添加一张新幻灯片后，占位符中将显示类似于【单击此处添加标题】的文字或图标内容，它们会放映出来吗？

答： 占位符中的系统默认内容是不能被放映出来的。在占位符中单击鼠标，这些文字将消失，然后可输入所需的文本内容。

问： 隐藏的幻灯片是不是被从文件中删除了呢？

答： 即使隐藏了幻灯片，它也仍然留在文件中，只不过在幻灯片放映视图中放映该演示文稿时它是隐藏的。可以对演示文稿中的任何幻灯片执行打开或者关闭【隐藏幻灯片】选项。

11.6 课后练习

选择题

1 在幻灯片的视图模式中，表示（　　）。

A、普通视图　B、大纲视图　C、幻灯片浏览视图　D、幻灯片放映视图

2 在幻灯片中可以插入（　　）。

A、文本　B、剪贴画　C、图片　D、图表

问答题

1 简述幻灯片的几种视图模式。

2 如何隐藏不需要放映的幻灯片?

3 简述设置幻灯片背景的具体操作方法。

上机题

根据模板创建一个“国庆”的演示文稿，最终效果如图11.64所示。

效果图位置：【第11课\练习\国庆.ppt】

使用模板创建新的演示文稿后，为幻灯片插入艺术字和文本，并对艺术字和文本进行格式设置。

图11.64　效果图

第12课

PowerPoint 2007进阶

本课要点

插入多媒体元素
插入超链接和动作
设置幻灯片动画
放映幻灯片
打印演示文稿

具体要求

插入剪辑管理器中的影片
插入文件中的声音
插入超链接
设置动作
【动画】选项卡
为幻灯片对象设置动画
在幻灯片之间动态切换效果
设置放映方式
开始放映幻灯片
在幻灯片放映中的过程控制
页面设置
打印演示文稿

本课导读

在PowerPoint 2007幻灯片中不仅可以插入音频或视频等多媒体元素，而且在放映幻灯片之前还可以对其中的各个对象进行动画设置，使放映时产生更具观赏性的动画效果。

12.1 插入多媒体元素

多媒体能使演示文稿充满生机，让幻灯片变得有声有色，无论从听觉上、视觉上都能给观众带来惊喜。

12.1.1 知识讲解

在幻灯片中不仅可以插入剪辑管理器中的声音和影片，还可以插入文件中的声音和影片，而且还可以插入CD乐曲。

1. 插入剪辑管理器中的影片

下面就以插入剪辑管理器中的影片为例，介绍在幻灯片中插入影片的操作方法。

步骤01 在【幻灯片/大纲】任务窗格中选择需要插入影片的幻灯片。

步骤02 打开【插入】选项卡，在【媒体剪辑】组中单击【影片】下拉按钮。

步骤03 在打开的下拉列表中选择【剪辑管理器中的影片】命令，如图12.1所示。

步骤04 打开【剪贴画】任务窗格，在影片列表中选择所需的影片，单击影片即可将其添加到幻灯片中，使用鼠标将其移动到合适的位置，如图12.2所示。

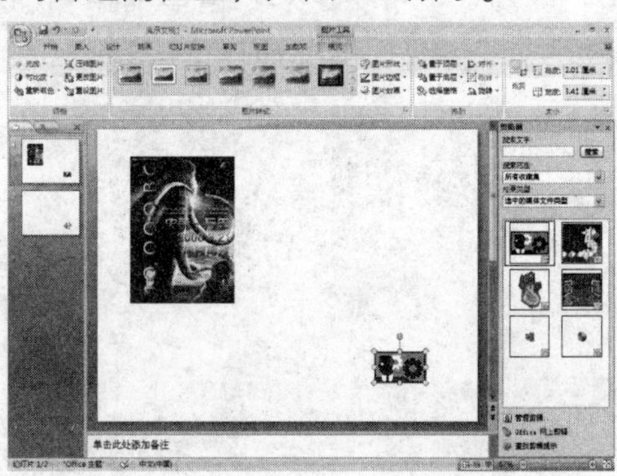

图12.1　选择【剪辑管理器中的影片】命令　图12.2　添加影片

2. 插入文件中的声音

在幻灯片中插入来自Office 2007剪辑库外部的影片或声音的方法与插入外部图片的方法相似。下面就以插入外部声音为例介绍在幻灯片中插入声音的操作方法。

步骤01 在【幻灯片/大纲】任务窗格中选择需要插入影片的幻灯片。

步骤02 打开【插入】选项卡，在【媒体剪辑】组中单击【声音】下拉按钮。

步骤03 在打开的下拉列表中选择【文件中的声音】命令，打开【插入声音】对话框，在该对话框中找到需要的声音文件，如图12.3所示。

步骤04 单击【确定】按钮，弹出如图12.4所示的提示框。

步骤05 该提示框询问在放映幻灯片时何时开始播放声音文件，可选择【自动】播放或【在单击时】播放，这里选择【在单击时】选项。

步骤06 插入声音文件后，在文档中显示声音图标，如图12.5所示。

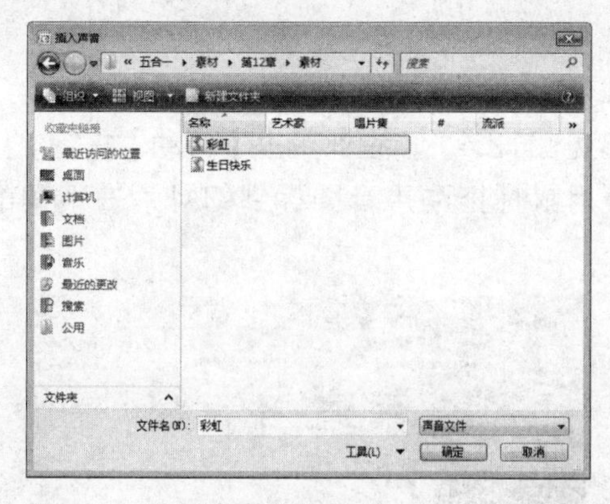

图12.3　选择声音文件

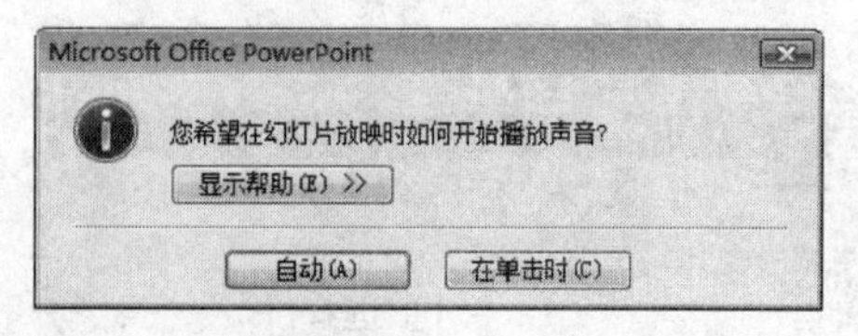

图12.4　提示框

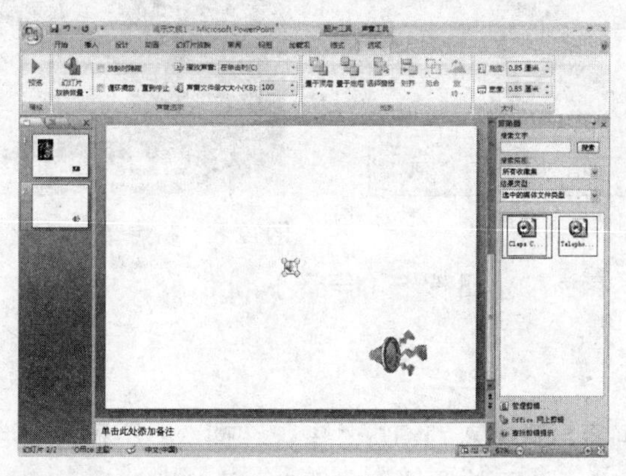

图12.5　显示声音图标

12.1.2　典型案例——为“生日贺卡”幻灯片添加声音

案例目标

图12.6　插入音乐

本案例将在“生日贺卡”幻灯片中插入来自外部文件中的音频文件“生日快乐.mp3”，插入后的效果如图12.6所示。

素材位置：【第12课\素材\生日贺卡.ppt】

效果图位置：【第12课\源文件\生日贺卡（声音）.ppt】

操作思路：

步骤01　在幻灯片中插入来自外部文件中的音频文件。

步骤02　调整声音图标的位置，将演示文稿另存为“生日贺卡（声音）.ppt”。

操作步骤

步骤01　打开“生日贺卡.ppt”幻灯片。

步骤02　打开【插入】选项卡，在【媒体剪辑】组中单击【声音】下拉按钮，在打开的下拉列表中选择【文件中的声音】选项。

步骤03 在打开的【插入声音】对话框中选择所需的声音文件，如图12.7所示。

步骤04 单击【确定】按钮，弹出提示框（参见图12.4），在此单击【自动】按钮。

步骤05 将声音文件插入到文档窗口中，使用鼠标拖动声音图标到幻灯片右下角的位置，如图12.8所示。

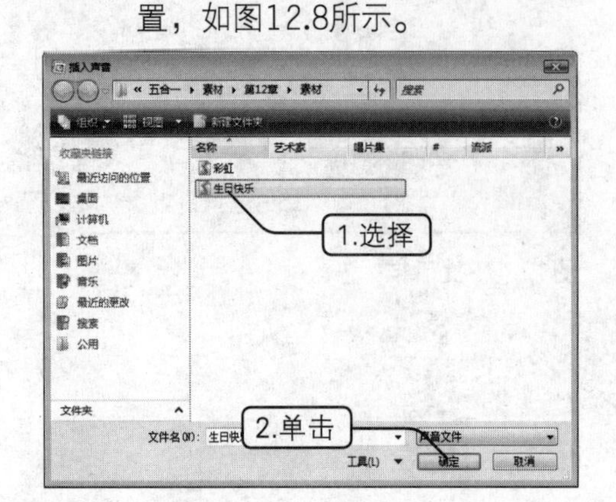

图12.7 选择声音文件

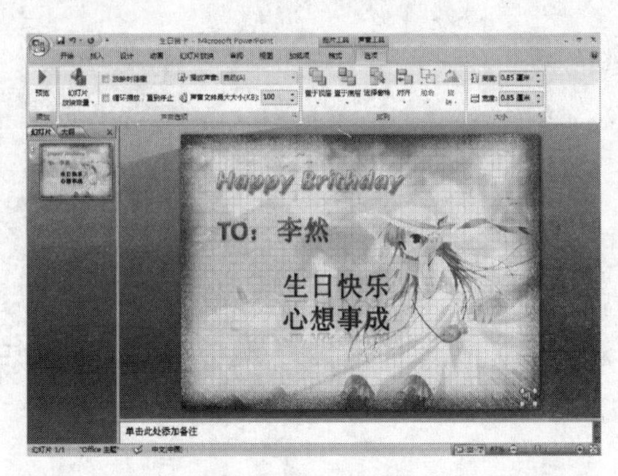

图12.8 将声音图标拖动到幻灯片右下角的位置

步骤06 将演示文稿另存为“生日贺卡（声音）.ppt”。

案例小结

本案例练习了如何将声音插入到幻灯片中，在插入时不仅可以选择PowerPoint剪辑管理器中自带的各种声音文件，也可按照插入文件中声音的方法插入电脑中的其他声音文件。

12.2 插入超链接和动作

为了使幻灯片之间的联系更加紧密、操作更加方便，还可以为幻灯片插入超链接及设置动作。

12.2.1 知识讲解

下面介绍如何在幻灯片中插入超链接及设置动作。

1. 插入超链接

大家都知道在网页中，当鼠标变为小手形状时，轻轻单击就可以跳转到链接页面。在PowerPoint 2007中也可以为文本或者图片添加超链接，在放映时可以轻松链接到需要的页面。插入超链接的方法如下：

步骤01 在幻灯片中选择需要作为源文件的文本或者图片。

步骤02 在【插入】选项卡的【链接】组中单击【超链接】按钮，打开【插入超链接】对话框。

步骤03 在该对话框左侧的【链接到】列表中选择【本文档中的位置】选项，在【请选择文档中的位置】列表中选择目标对象，如图12.9所示。

步骤04 单击【确定】按钮，可以将源文件与目标对象链接起来。

2. 设置动作

为幻灯片中的对象设置动作可以让用户在单击该对象时，立即切换到另一张幻灯片、退出放映状态、播放声音，或者运行其他程序。插入动作的方法如下：

步骤01 在幻灯片中选择需要作为激活文件的文本或者图片。

步骤02 在【插入】选项卡的【链接】组中单击【动作】按钮，打开【动作设置】对话框，如图12.10所示。

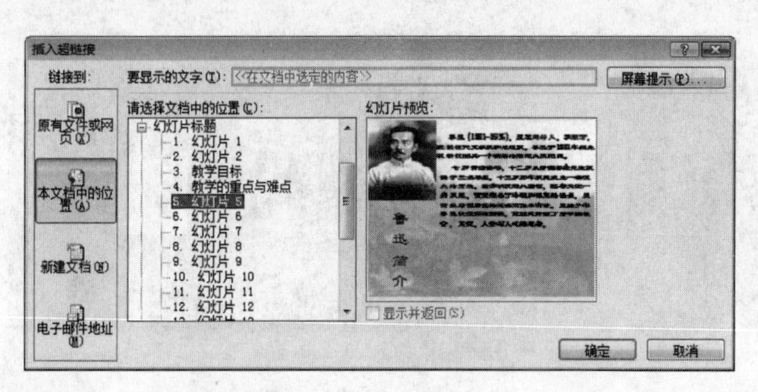

图12.9 选择目标文件

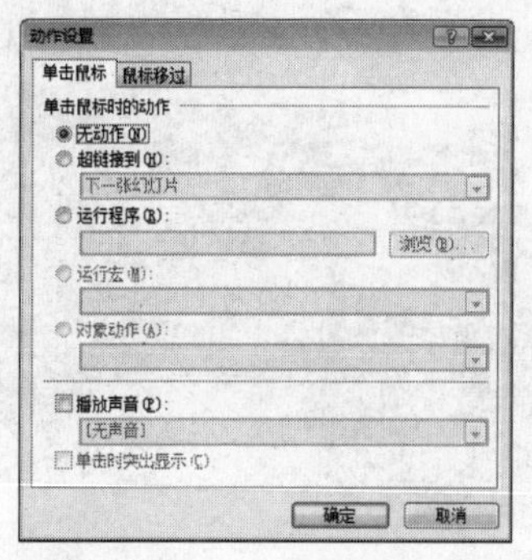

图12.10 【动作设置】对话框

步骤03 在【单击鼠标】或者【鼠标移过】选项卡中选择需要执行的操作。

步骤04 最后单击【确定】按钮，完成设置。

12.2.2 典型案例——为“七夕礼品大放送”演示文稿设置超链接和动作

本案例将在“七夕礼品大放送”演示文稿中设置超链接和动作，单击源对象可以快速切换到目标对象。

素材位置：【第11课\源文件\七夕礼品大放送.ppt】

效果图位置：【第12课\源文件\七夕礼品大放送2.ppt】

操作思路：

步骤01 复制两张幻灯片，并完成图片的重新插入和文本的输入。

步骤02 设置超链接和动作。

步骤03 将演示文稿另存为“七夕礼品大放送2.ppt”。

操作步骤

步骤01 打开“七夕礼品大放送.ppt”幻灯片。

步骤02 在【幻灯片】任务窗格中选择第2张幻灯片，单击鼠标右键，在弹出的快捷菜单中选择【复制】命令。

步骤03 然后在【幻灯片】任务窗格的空白处单击鼠标右键，在弹出的快捷菜单中选择

【粘贴】选项，完成复制操作。

步骤04 再次单击鼠标右键，在弹出的快捷菜单中选择【粘贴】选项，效果如图12.11所示。

步骤05 选择第3张幻灯片，删除图片，然后使用右键快捷菜单将第1张幻灯片中的中间图片复制到第3张幻灯片中。

步骤06 然后重新输入文本，并按照第2张幻灯片中的文本格式进行设置，效果如图12.12所示。

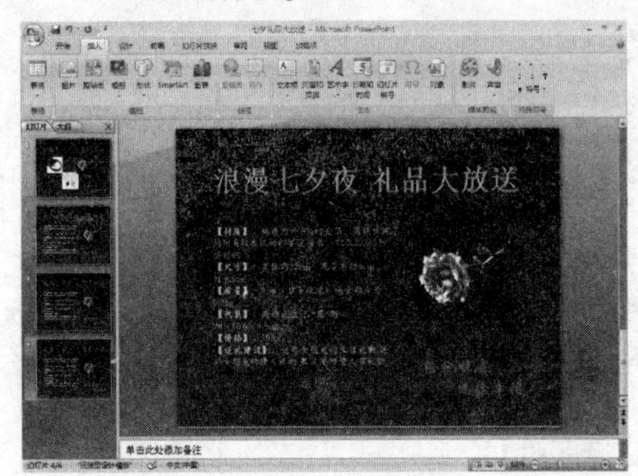

图12.11　复制幻灯片

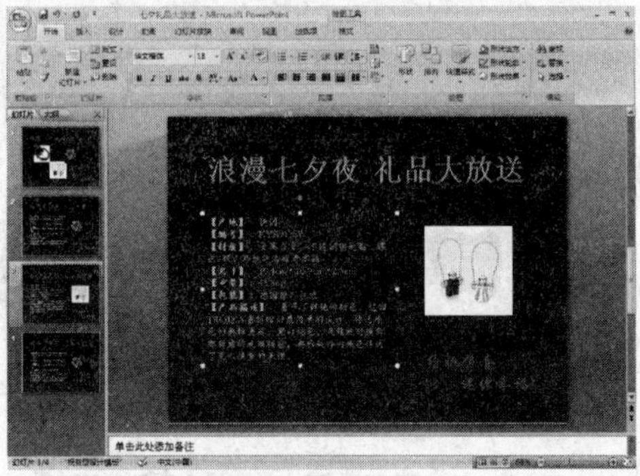

图12.12　设置第3张幻灯片

步骤07 使用相同的方法设置第4张幻灯片。

步骤08 选择第1张幻灯片，在该幻灯片中选择左侧的图片，然后打开【插入】选项卡，在【链接】组中单击【超链接】按钮，打开【插入超链接】对话框。

步骤09 在该对话框中选择目标对象，如图12.13所示。

步骤10 单击【确定】按钮，完成设置。

步骤11 然后在【链接】组中单击【动作】按钮，打开【动作设置】对话框。

步骤12 选择【鼠标移过】选项卡，选中【无动作】单选按钮和【播放声音】复选框，并在下拉列表中选择【箭头】选项，如图12.14所示。

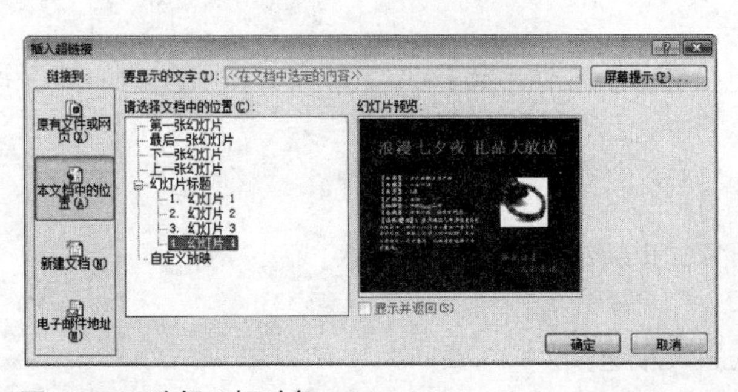

图12.13　选择目标对象

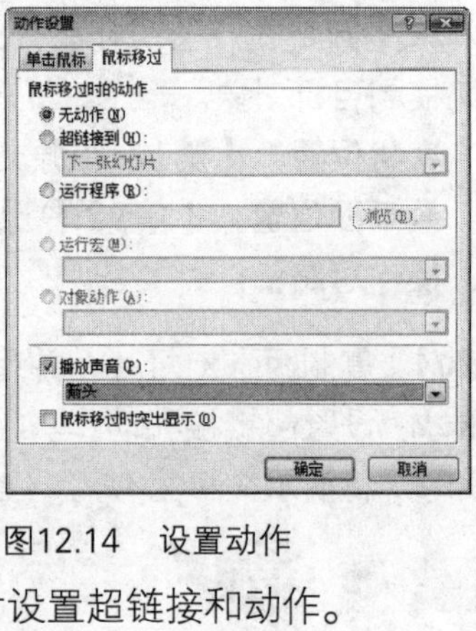

图12.14　设置动作

步骤13 使用相同的方法为第1张幻灯片中的其他两张图片设置超链接和动作。

步骤14 完成设置后，将演示文稿另存为“七夕礼品大放送2.ppt”。

案例小结

本案例练习了在幻灯片中插入超链接和设置动作的方法。在【插入】选项卡的【插图】组中单击【形状】下拉按钮，在打开的下拉列表最底端有许多动作按钮，在幻灯片中绘制这些动作按钮，将打开【动作设置】对话框，可为它们设置动作。

12.3 设置幻灯片动画

为了使幻灯片更具观赏性，可以为幻灯片、幻灯片中的文本及图片等对象设置动画效果。

12.3.1 知识讲解

下面介绍幻灯片动画设置的操作方法。

1.【动画】选项卡

在介绍动画效果设置方法之前，我们先来认识一下【动画】选项卡，如图12.15所示。

图12.15 【动画】选项卡

动画效果的设置都是在【动画】选项卡中进行的，其中各组的功能如下。

- **【预览】组：** 对幻灯片设置动画之后，该组中的【预览】按钮将被激活，单击该按钮可以查看幻灯片播放时的动画效果。
- **【动画】组：** 为幻灯片中的对象设置动画效果。
- **【切换到此幻灯片】组：** 为幻灯片设置动态换页效果。

2. 为幻灯片对象设置动画

PowerPoint 2007为用户提供了几种常用幻灯片对象的动画效果，用户可以直接使用这种动画效果，也可以自定义较复杂的动画效果，以使画面更加生动。

1）直接使用动画效果

快速、直接地为幻灯片中的各个对象设置不同动画效果的方法如下：

步骤01 选择幻灯片中需要设置动画效果的对象。

步骤02 打开【动画】选项卡，在【动画】组中单击【动画】下拉按钮，在打开的下拉列表中选择所需的动画效果，如图12.16所示。

一定要选择幻灯片对象，否则【动画】下拉列表呈灰色显示，无法进行设置。

2）自定义动画效果

如果【动画】下拉列表中的动画效果不能满足用户的需求，则可以自定义更为复杂的动画效果。自定义动画效果的方法如下：

步骤01 选择须设置自定义动画效果的幻灯片对象。

步骤02 打开【动画】选项卡，在【动画】组中单击【自定义动画】按钮，或者单击【动画】下拉按钮，在弹出的下拉列表中选择【自定义动画】选项，打开【自定义动画】任务窗格，如图12.17所示。

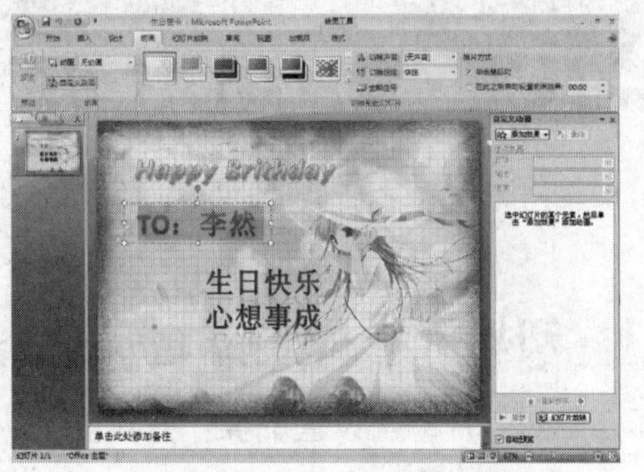

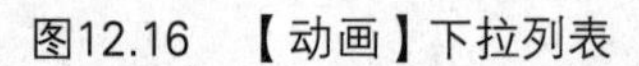

图12.16 【动画】下拉列表　　图12.17 打开【自定义动画】任务窗格

步骤03 单击【自定义动画】任务窗格的【添加效果】按钮，在弹出的下拉列表中选择某个动画效果即可。

【添加效果】下拉列表中包含了4种设置，如图12.18所示，各种设置的含义分别如下。

- **进入**：用于设置在幻灯片放映时文本及对象进入放映界面时的动画效果，如百叶窗、飞入或菱形等效果。
- **强调**：用于在放映过程中对需要强调的部分设置动画效果，如放大或缩小等。
- **退出**：用于设置放映幻灯片时相关内容退出放映界面时的动画效果，如百叶窗、飞出或菱形等效果。
- **动作路径**：用于指定放映相关内容时所通过的轨迹，如向下、向上或对角线向上等。设置后将在幻灯片编辑区中以红色箭头显示其路径的起始方向。

步骤04 为幻灯片对象应用动画后，将在【自定义动画】任务窗格中显示所添加的动画，如图12.19所示。

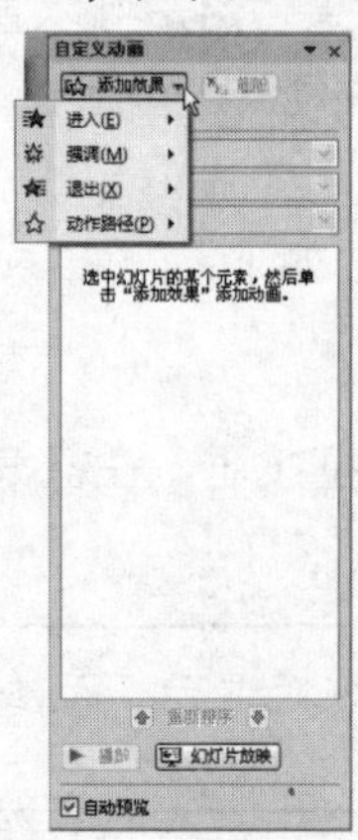

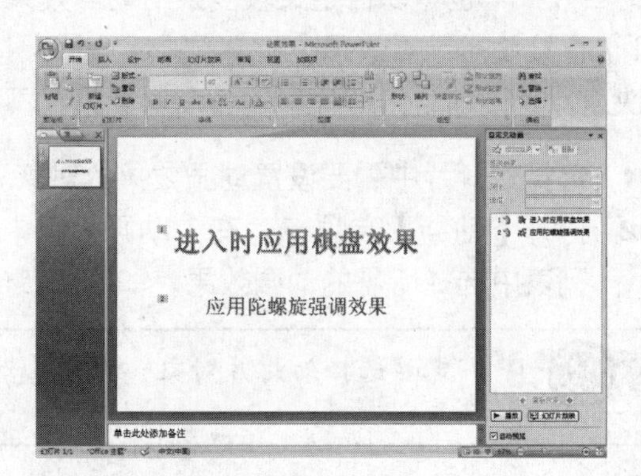

图12.18 单击【添加效果】按钮　　图12.19 应用动画效果

步骤05 若想修改某一动画效果，则可在动画列表框中将其选中，此时【添加效果】按钮将变成【更改】按钮，如图12.20所示。

步骤06 单击【更改】按钮，在弹出的下拉列表中重新选择所需的动画效果进行修改；

如想删除已添加的某个动画效果，则可单击【删除】按钮将其删除。

步骤07 在【修改】选区中的【开始】下拉列表用于设置对象动画效果的开始时间。其中有【单击时】（单击鼠标启动动画）、【之前】（与上一项目同时启动动画）或【之后】（当上一项目的动画结束时启动动画）等3个选项，如图12.21所示。

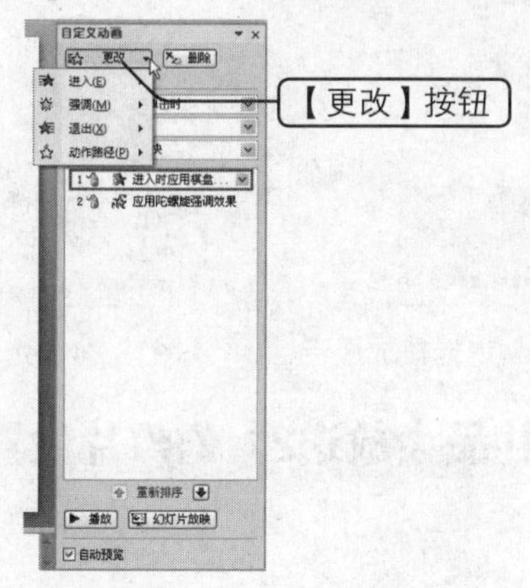

图12.20　变为【更改】按钮

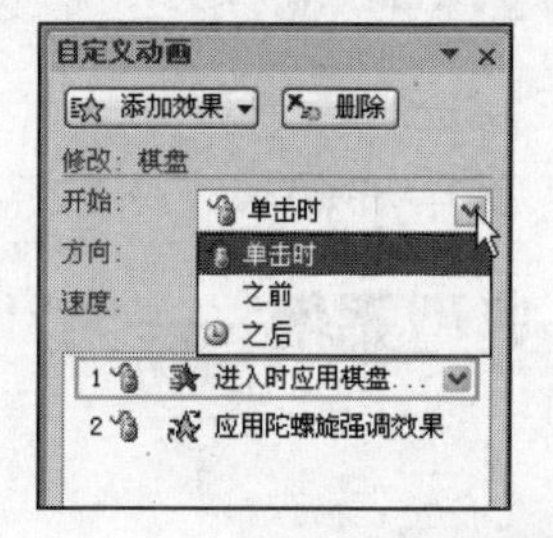

图12.21　【开始】下拉列表框

若要设置一个无须单击就可启动的效果，则可将此项目移到动画列表框的顶部，并在【开始】下拉列表中选择【之前】选项。

步骤08 【方向】下拉列表一般用于设置某一对象进入屏幕的方向。

步骤09 【速度】下拉列表用于设置对象动画效果的速度。

步骤10 设置完成后同样可以单击任务窗格下部的相应按钮进行预览。

3. 幻灯片之间的动态切换效果

使用幻灯片的动态切换功能可以使幻灯片在放映时动态进入或者离开屏幕。PowerPoint 2007还自带了多种声音来陪衬切换效果。设置幻灯片动态切换效果的方法如下：

步骤01 选择要设置换页方式的幻灯片。

步骤02 打开【动画】选项卡，在【切换到此幻灯片】组中单击【其他】按钮，在打开的下拉列表中选择一种切换方式，如图12.22所示。

步骤03 单击【切换声音】下拉按钮，在打开的下拉列表中选择切换时的播放声音，如图12.23所示。

步骤04 单击【切换速度】下拉按钮，在打开的下拉列表中选择切换时的播放速度，如图12.24所示。

步骤05 在【换片方式】选区中选中【单击鼠标时】复选框，表示在放映幻灯片时，只有单击鼠标，幻灯片才会进行切换。

若想使幻灯片自动播放，则可选中【在此之后自动设置动画效果】复选框，并在其后的数值框中输入幻灯片切换的间隔时间。

步骤06 设置完成后，单击【全部应用】按钮可以将设置的效果应用于所有幻灯片中。

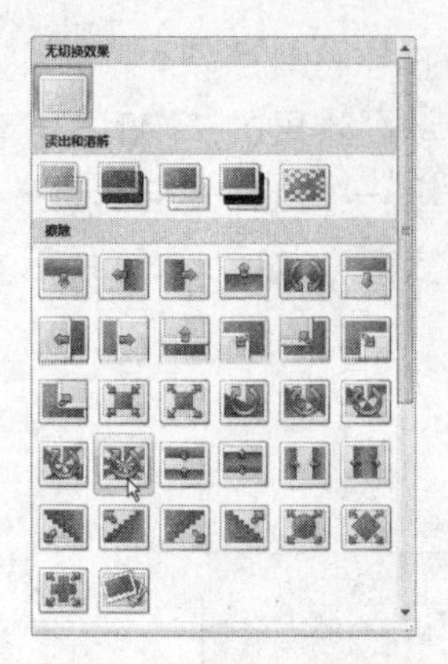

图12.22 选择切换方式

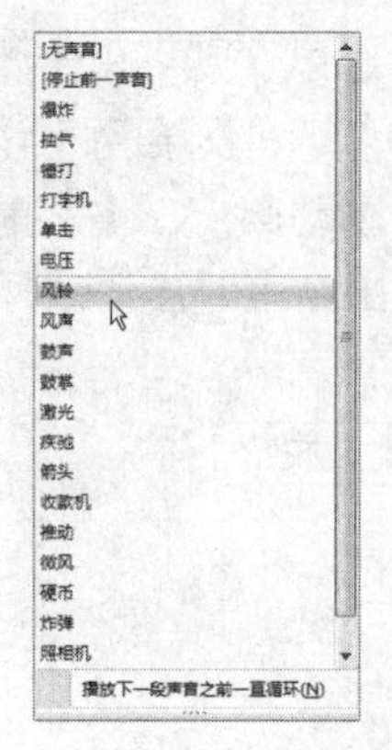

图12.23 选择播放声音

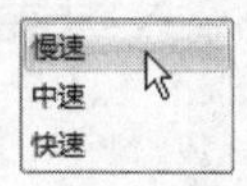

图12.24 选择播放速度

12.3.2 典型案例——为“七夕礼品大放送2”幻灯片设置动画效果

案例目标

本案例将为幻灯片中的对象设置动画效果，并为幻灯片设置动态的切换效果，如图12.25和图12.26所示分别为幻灯片中对象的动画效果和幻灯片切换时的动态效果。

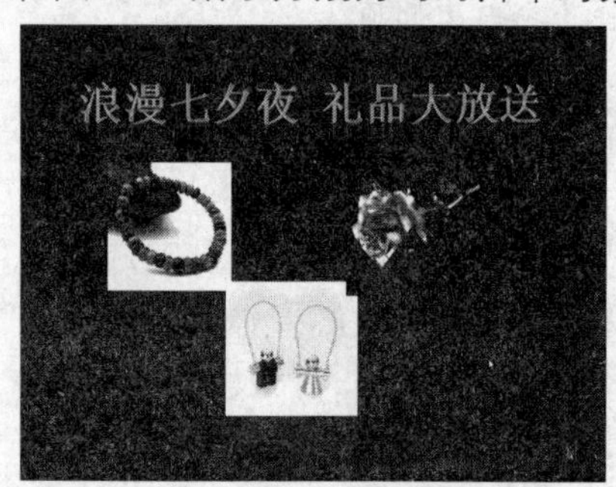

图12.25 幻灯片对象的动画效果

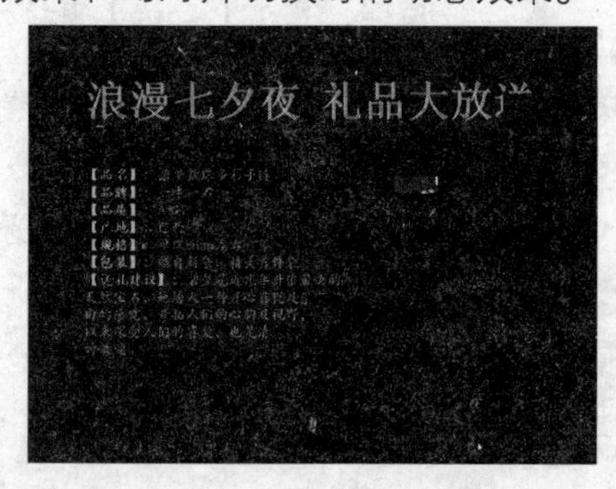

图12.26 幻灯片的动态切换效果

素材位置：【第12课\源文件\七夕礼品大放送2.ppt】

效果图位置：【第12课\源文件\七夕礼品大放送3.ppt】

操作思路：

步骤01 为幻灯片中的各对象设置动画效果。

步骤02 设置幻灯片切换效果。

操作步骤

步骤01 打开“七夕礼品大放送2.ppt”幻灯片。

步骤02 在第1张幻灯片中选中艺术字“浪漫七夕夜 礼品大放送”，打开【动画】选项卡。

步骤03 在【动画】组中单击【自定义动画】按钮，打开【自定义动画】任务窗格。

步骤04 单击【自定义动画】任务窗格的【添加效果】下拉按钮，在弹出的下拉列表中选择【进入】选项，在子列表中选择【菱形】选项，如图12.27所示。

步骤05 选择第1张图片，单击【自定义动画】任务窗格的【添加效果】下拉按钮，在弹出的下拉列表中选择【进入】选项，在子列表中选择【其他效果】选项。

步骤06 打开【添加进入效果】对话框，在该对话框中选择一种动画效果，如图12.28所示。

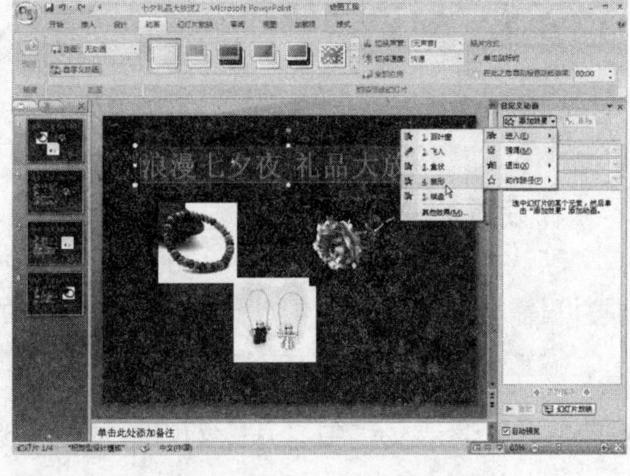

图12.27 选择动画效果

步骤07 单击【确定】按钮，完成设置。

步骤08 使用相同的方法为幻灯片中剩余的图片和文本设置进入时的动画效果，文档窗口如图12.29所示。

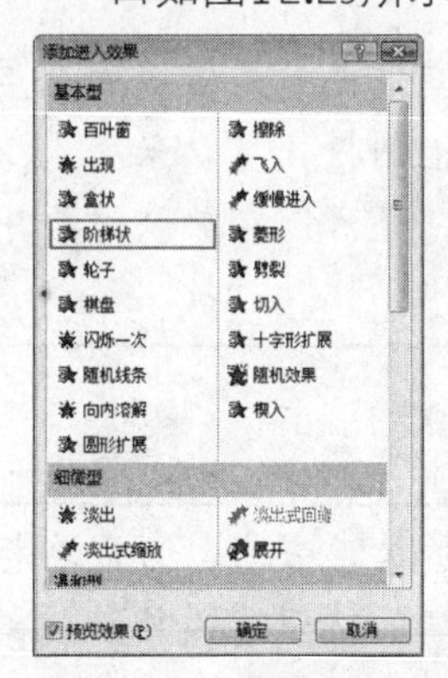

图12.28 【添加进入效果】对话框

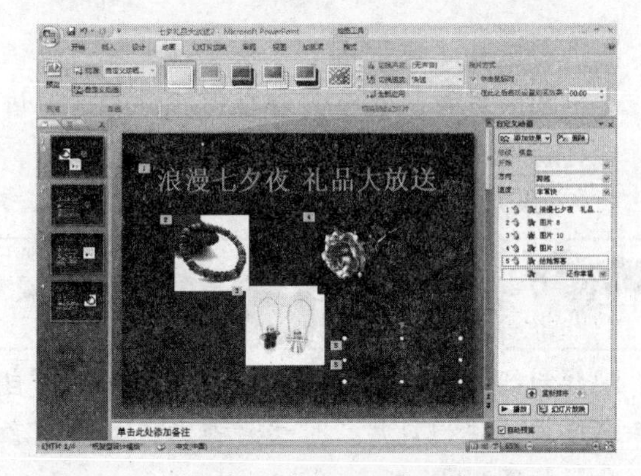

图12.29 为幻灯片对象设置动画效果

步骤09 在【幻灯片】任务窗格中选择第2张幻灯片，打开【动画】选项卡，在【切换到此幻灯片】组中单击【其他】按钮，在弹出的下拉列表中选择【向左推进】选项。

步骤10 然后设置【切换声音】为【风铃】，【切换速度】为【中速】。

步骤11 使用相同的方法为第3张和第4张幻灯片设置切换效果、切换声音和切换速度。

步骤12 最后另存演示文稿为“七夕礼品大放送3.ppt”。

案例小结

本案例对“七夕礼品大放送2.ppt”演示文稿中的幻灯片对象进行了动画设置，并对幻灯片之间的切换设置了动态效果，使放映时更具观赏性。

12.4 放映幻灯片

制作好演示文稿后，需要查看制作的效果或者让观众欣赏制作出的演示文稿，此时可以通过幻灯片放映观看幻灯片的总体效果。

12.4.1 知识讲解

在放映幻灯片之前，需要进行一系列的准备工作，例如设置幻灯片的放映方式、放映顺序等。

1. 设置放映方式

默认情况下，PowerPoint 2007会按照预设的演讲者放映方式来放映幻灯片，而且放映过程需要人工控制。因此，为了适应不同的放映场合，幻灯片应有不同的放映方式。

设置幻灯片放映方式的方法如下：

步骤01 在演示文稿中打开【幻灯片放映】选项卡，在【设置】组中单击【设置幻灯片放映】按钮。

步骤02 打开【设置放映方式】对话框，如图12.30所示。

几种演示文稿放映类型的作用分别如下。

- **演讲者放映（全屏幕）：** 这是一种便于演讲者演讲的放映方式，也是传统的全屏幻灯片放映方式。在演讲者自行播放时，演讲者具有完全的控制权，可以采用人工或者自动方式放映，也可以将演示文稿暂停，添加细节内容，还可以在放映过程中录制旁白等。

演讲者放映方式是最常用的，也是默认的放映方式。

- **观众自行浏览（窗口）：** 这是一种让观众自行观看幻灯片的放映方式，可以在标准窗口中放映幻灯片。可通过拖动滚动条或者单击滚动条两端的按钮选择放映的幻灯片，如图12.31所示。

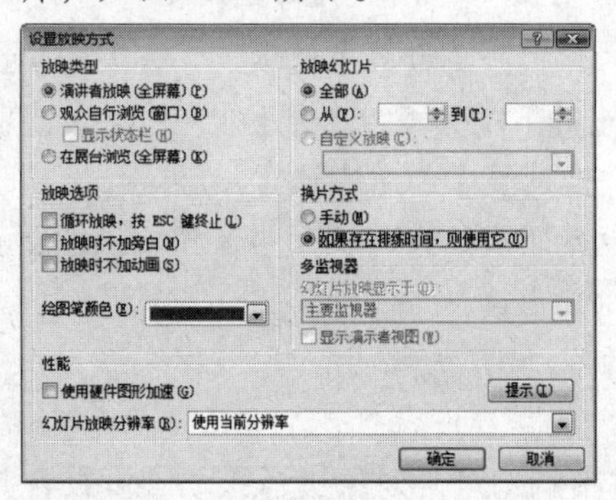

图12.30 【设置放映方式】对话框

图12.31 观众自行浏览放映窗口

在观众自行浏览方式中，还可以使用【Page Down】键和【Page Up】键放映幻灯片，但不能通过单击鼠标放映。

- **在展台浏览（全屏幕）：** 在展台浏览方式是3种放映类型中最简单的。这种方式将自动运行全屏幻灯片放映，并且循环放映演示文稿。在放映过程中，除了保留鼠标指针用于选择屏幕对象进行放映之外，其他功能全部失效，终止放映只能使用【Esc】键。

2. 开始放映幻灯片

设置好放映方式后即可放映幻灯片，放映幻灯片有从头开始放映、从当前幻灯片开始放映和自定义幻灯片放映3种放映方式。

1）从头开始放映

需要演示文稿从第一张幻灯片开始依次放映，方法如下：

- 按【F5】键。
- 打开【幻灯片放映】选项卡，在【开始放映幻灯片】组中单击【从头开始】按钮。

2）从当前幻灯片开始放映

如果希望从当前选择的幻灯片开始放映，方法如下：

- 单击状态栏中视图切换选区中的【幻灯片放映】按钮。
- 打开【幻灯片放映】选项卡，在【开始放映幻灯片】组中单击【从当前幻灯片开始】按钮。

3）自定义幻灯片放映

在放映幻灯片时，可能只需要放映某些幻灯片，这时演讲者可以自定义幻灯片放映，方法如下：

步骤01 打开【幻灯片放映】选项卡，在【开始放映幻灯片】组中单击【自定义幻灯片放映】下拉按钮，在打开的下拉列表中单击【自定义放映】命令。

步骤02 打开【自定义放映】对话框，如图12.32所示。

步骤03 单击【新建】按钮，打开【定义自定义放映】对话框，如图12.33所示。

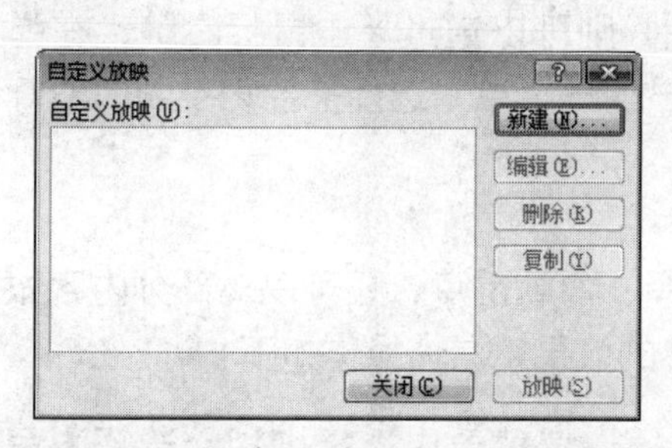

图12.32 【自定义放映】对话框

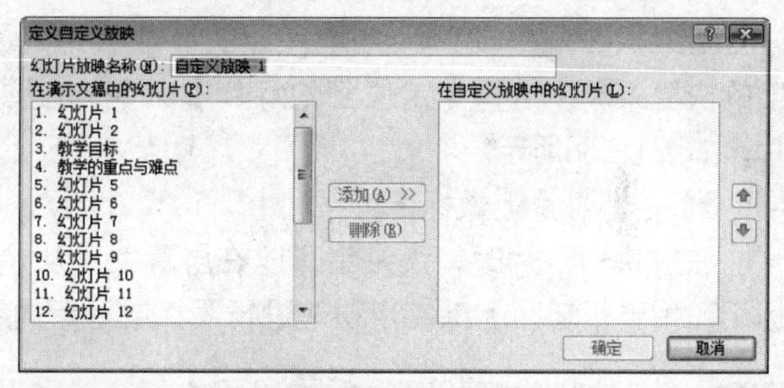

图12.33 【定义自定义放映】对话框

步骤04 在【在演示文稿中的幻灯片】列表框中选择需要放映的幻灯片，单击【添加】按钮，将其添加到【在自定义放映中的幻灯片】列表框中，如图12.34所示。

步骤05 在【在自定义放映中的幻灯片】列表框中选择幻灯片，使用右侧的箭头调整该幻灯片在放映时的顺序。

步骤06 最后单击【确定】按钮，返回【自定义放映】对话框，如图12.35所示。

步骤07 单击【放映】按钮，开始放映。

3. 在幻灯片放映中的过程控制

在放映幻灯片的过程中需要进行其他某些控制，下面分别介绍。

1）按照放映次序依次放映

如果需要按照次序依次放映，其操作很简单，如下几种方法皆可：

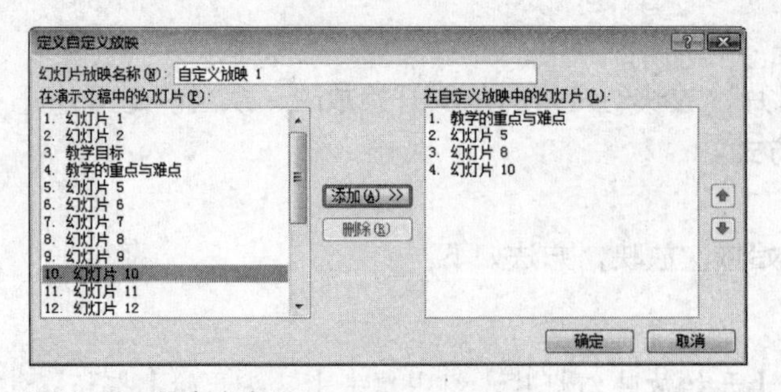

图12.34　添加幻灯片

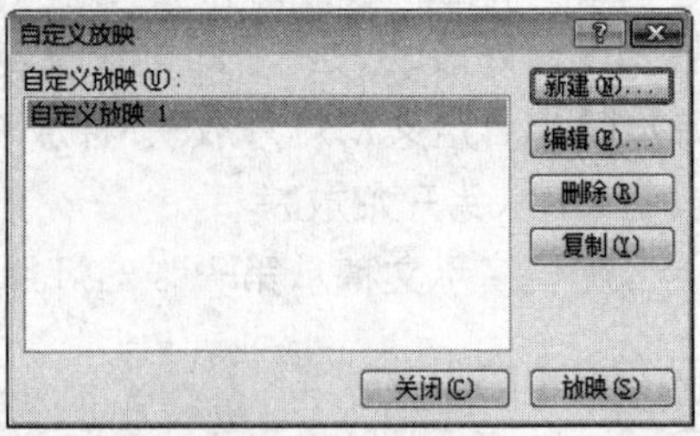

图12.35　【自定义放映】对话框

- 单击鼠标左键。
- 单击鼠标右键，在弹出的快捷菜单中选择【下一张】命令，如图12.36所示。
- 单击屏幕左下角的➡按钮。
- 单击屏幕左下角的▤按钮，在弹出的快捷菜单中选择【下一张】命令，如图12.37所示。

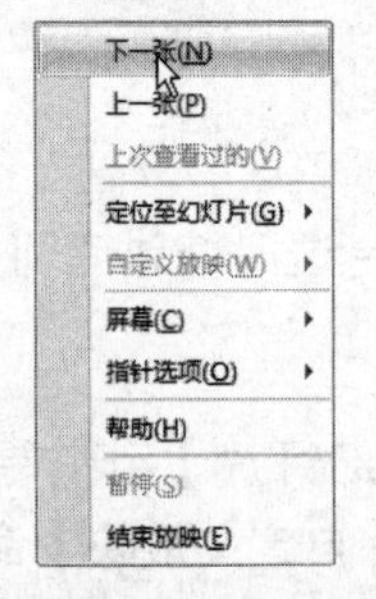

图12.36　右键快捷菜单

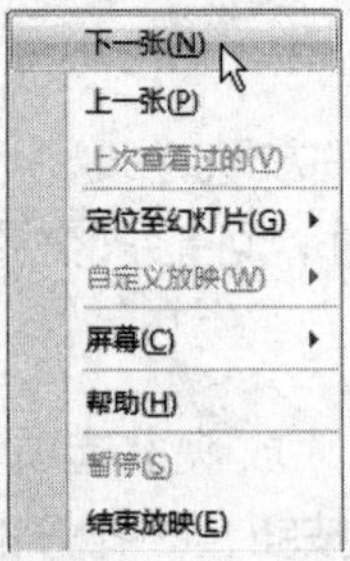

图12.37　快捷菜单

2）通过快捷菜单调整放映顺序

如果用户不需要一张张地按照次序放映幻灯片，则可以通过单击鼠标右键，在弹出的快捷菜单中选择【定位到幻灯片】命令，在弹出的子菜单中选择需要切换到的幻灯片，如图12.38所示。

3）在幻灯片上做标记

在放映幻灯片时，演讲者可以在屏幕上添加注释、勾画重点，还可以对部分内容做标记，相当于老师上课使用粉笔进行圈点或注解内容的效果，具体操作如下：

步骤01　在放映幻灯片时，单击鼠标右键，在弹出的快捷菜单中选择【指针选项】命令，在弹出的子菜单中选择一种画笔，这里选择【荧光笔】，如图12.39所示。

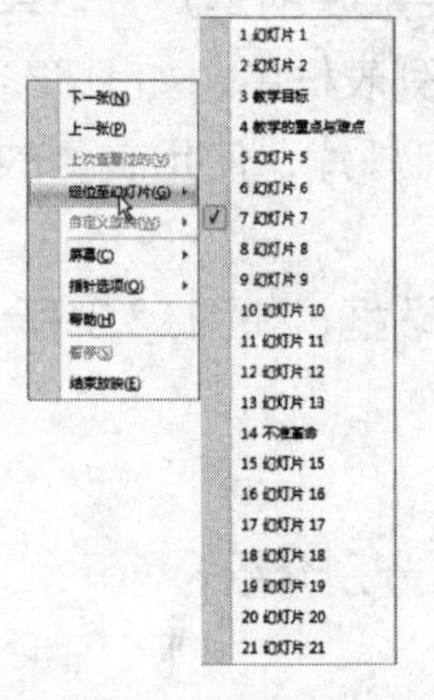

图12.38　选择需要放映的幻灯片

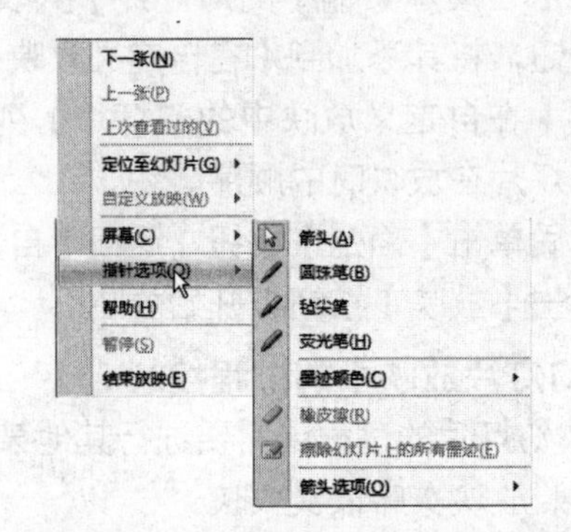

图12.39　选择【荧光笔】选项

步骤02 然后在【墨迹颜色】子菜单中选择一种颜色，如图12.40所示。

步骤03 用绘图笔在需要画线或者标注的地方按住鼠标左键拖动即可，如图12.41所示。

步骤04 放映结束时将打开一个提示框询问用户是否保存标记，如图12.42所示。

步骤05 单击【保留】按钮将所做的标记保存到演示文稿中，单击【放弃】按钮将不进行保存。

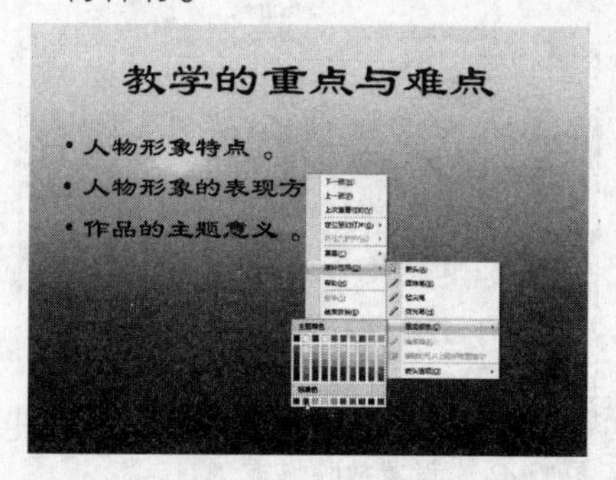

图12.40 选择墨迹颜色

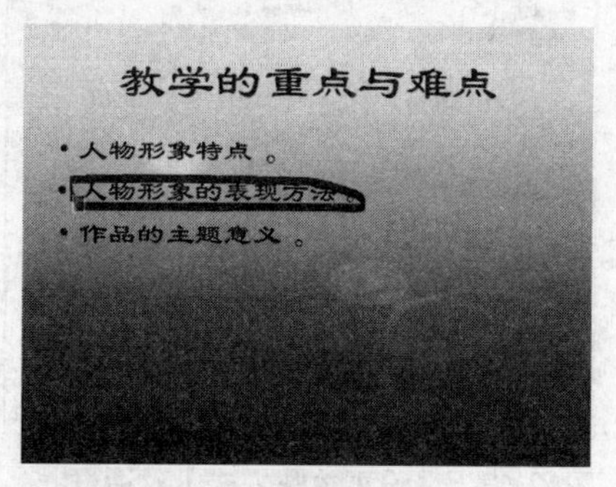

图12.41 标记内容

图12.42 提示框

12.4.2 典型案例——设置“七夕礼品大放送3”演示文稿放映方式

案例目标

本案例将设置“七夕礼品大放送3”演示文稿的放映方式，要求将其中的所有幻灯片以“演讲者放映（全屏幕）”的方式循环放映，并由演讲者手动换片。

素材位置：【第12课\源文件\七夕礼品大放送3.ppt】

操作步骤

步骤01 打开“七夕礼品大放送3”演示文稿。

步骤02 打开【幻灯片放映】选项卡，在【设置】组中单击【设置幻灯片放映】按钮，打开【设置放映方式】对话框，如图12.43所示。

步骤03 在【放映类型】选区中选中【演讲者放映（全屏幕）】单选按钮。

步骤04 在【放映选项】选区中选中【循环放映，按ESC键终止】复选框。

步骤05 在【绘图笔颜色】下拉列表框中选择蓝色。

步骤06 在【放映幻灯片】选区中选中【全部】单选按钮。

步骤07 在【换片方式】选区中选中【手动】单选按钮，如图12.44所示。

步骤08 单击【确定】按钮完成设置。

步骤09 按【F5】键便可根据设置放映幻灯片。

案例小结

本案例练习了幻灯片放映方式的设置方法，用户在放映幻灯片时应根据当时的场所、条件，选择合适的放映方式。

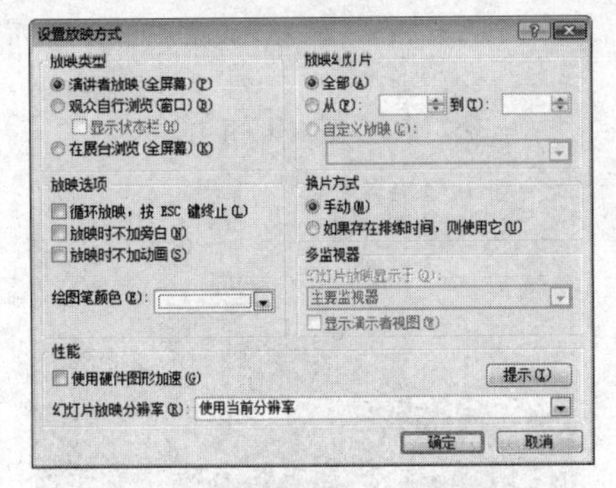

图12.43 【设置放映方式】对话框

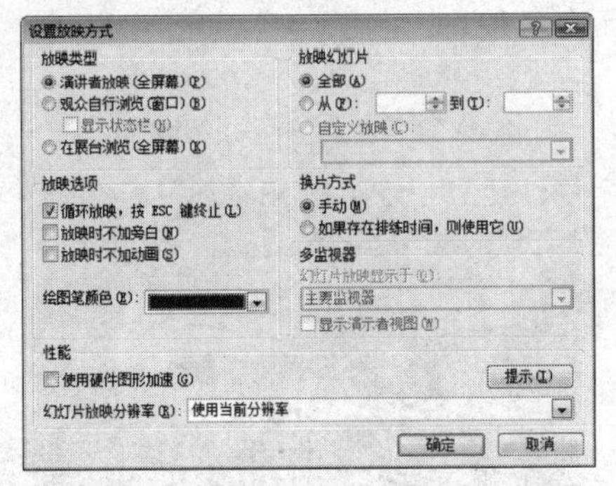

图12.44 设置放映方式

12.5 打印演示文稿

演示文稿中的内容不仅可以通过放映的方式展现，还可以将其打印出来。

12.5.1 知识讲解

在打印演示文稿前，需要先进行页面设置。

1. 页面设置

与Word 2007一样，PowerPoint 2007演示文稿的页面设置方法如下：

步骤01 打开须打印的演示文稿。

步骤02 打开【设计】选项卡，在【页面设置】组中单击【页面设置】按钮。

步骤03 打开【页面设置】对话框，可在该对话框中设置纸张大小、幻灯片编号和放置方向等参数，如图12.45所示。

步骤04 设置完成后单击【确定】按钮即可。

步骤05 执行【Office按钮】→【打印】→【打印预览】命令可以查看设置后的效果。

2. 打印演示文稿

在PowerPoint中打印演示文稿可分为常规打印、以灰度或黑白方式打印、打印大纲及打印讲义等方式，具体操作如下：

步骤01 打开须打印的演示文稿，执行【Office按钮】→【打印】命令，打开【打印】对话框，如图12.46所示。

步骤02 在【名称】下拉列表框中选择打印机的名称，在【打印范围】选区中设置打印幻灯片的范围，在【份数】栏中设置打印的份数。

步骤03 在【打印内容】下拉列表框中选择【大纲视图】选项，将以大纲视图的方式打印幻灯片。如果选择【讲义】选项，则可将幻灯片作为讲义的方式打印出来。

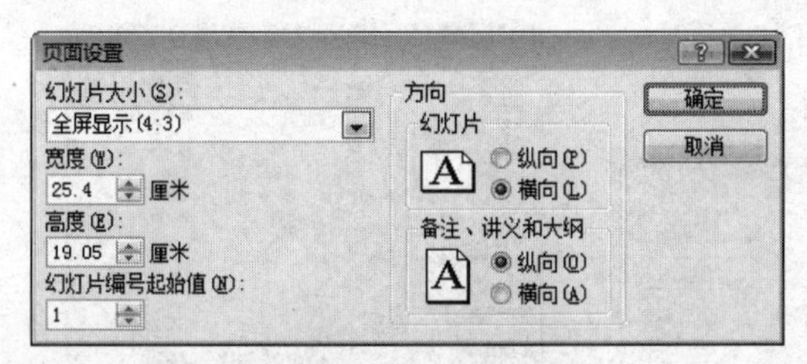

图12.45 【页面设置】对话框

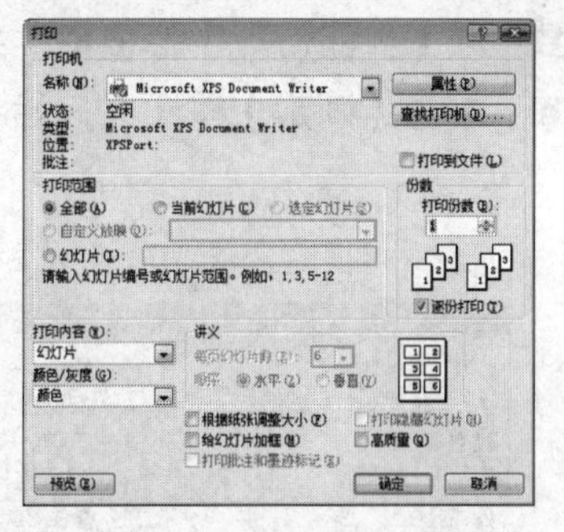

图12.46 【打印】对话框

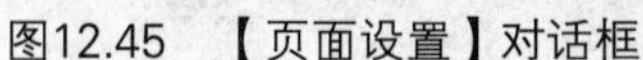

步骤04 单击【颜色/灰度】下拉按钮，在打开的下拉列表中选择打印模式，可将幻灯片打印成彩色、灰度或纯黑白样式。

在【颜色/灰度】下拉列表框中包含3种选项，即【颜色】、【灰度】和【纯黑白】。其中，【颜色】模式将以彩色的方式打印出幻灯片；【灰度】模式是以黑白方式打印幻灯片的最佳模式；【纯黑白】模式一般用于打印讲义或手稿。

步骤05 设置完成后单击【确定】按钮，开始打印。

12.5.2 典型案例——打印“七夕礼品大放送3”演示文稿

案例目标

本案例将练习把“七夕礼品大放送3”演示文稿中的第1张幻灯片打印10份，设置为横向打印，打印纸张类型为A4。

素材位置：【第12课\源文件\七夕礼品大放送3.ppt】

操作思路：

步骤01 打开须打印的幻灯片，对其进行页面设置和打印设置。

步骤02 打印演示文稿。

步骤01 打开“七夕礼品大放送3”演示文稿。

步骤02 打开【设计】选项卡，在【页面设置】组中单击【页面设置】按钮。

步骤03 打开【页面设置】对话框，在【幻灯片大小】下拉列表中选择【A4纸张（210×297毫米】选项，在【幻灯片】选区中选择【横向】单选按钮，单击【确定】按钮，如图12.47所示。

步骤04 然后执行【Office按钮】→【打印】命令，打开【打印】对话框。

步骤05 在【名称】下拉列表框中选择打印机的名称，在【打印范围】选区中选择【幻灯片】单选按钮，在右侧的文本框中输入“1”。

步骤06 在【打印内容】下拉列表框中选择【幻灯片】选项，在【颜色/灰度】下拉列表中选择【颜色】选项。

步骤07 在【打印份数】数值框中输入10，如图12.48所示。

步骤08 单击【确定】按钮，开始打印。

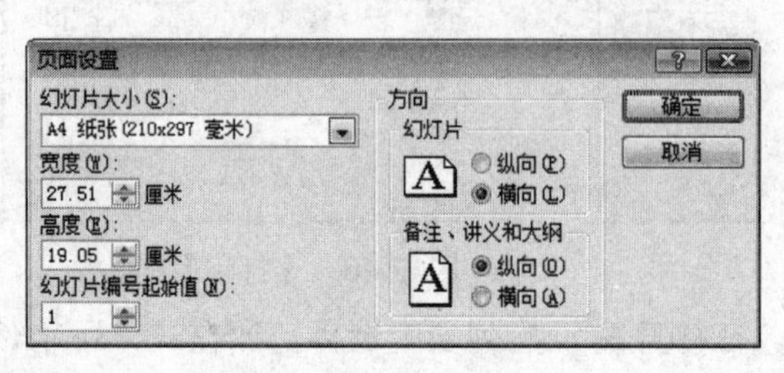

图12.47　页面设置

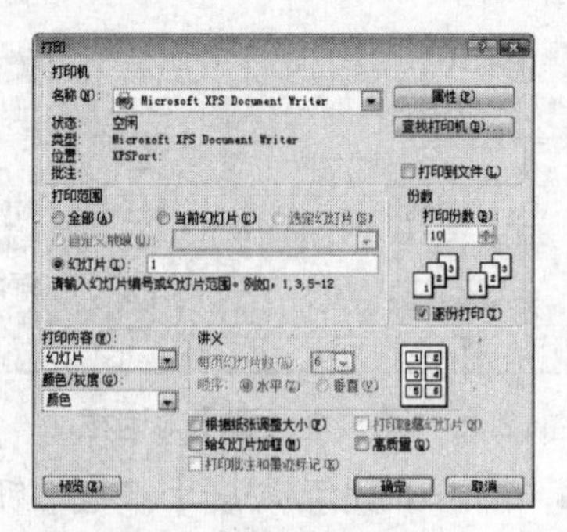

图12.48　设置打印参数

案例小结

本案例主要练习了如何进行演示文稿的页面设置和打印设置，用户还可以将演示文稿设置为以讲义或大纲视图的打印方式进行打印。

12.6 上机练习

12.6.1　设置“环保公益广告”幻灯片动画效果

本次练习将设置“环保公益广告”幻灯片的动画效果，为幻灯片中的文本对象设置的效果如图12.49所示。

素材位置：【第12课\素材\环保公益广告.ppt】

效果图位置：【第12课\源文件\环保公益广告动画效果.ppt】

操作思路：

图12.49　设置动画效果

步骤01 打开“环保公益广告”演示文稿。

步骤02 打开【动画】选项卡，在【动画】组中单击【自定义动画】命令，打开【自定义动画】任务窗格。

步骤03 为各个文本对象设置动画效果。

步骤04 将演示文稿另存为“环保公益广告动画效果.ppt”。

12.6.2　设置“日历”演示文稿

本小节将练习打印“日历”演示文稿，巩固设置打印的方法。其中，应注意在对话框的【打印内容】下拉列表框中选择【大纲视图】选项，在【颜色/灰度】下拉列表框中选择【颜色】选项。

素材位置：【第12课\素材\日历.ppt】

操作思路：

步骤01 打开“日历”演示文稿。

步骤02 执行【Office按钮】→【打印】命令，打开【打印】对话框进行打印设置。

步骤03 打印演示文稿。

12.7 疑难解答

问：在使用展台浏览方式放映幻灯片时，为什么鼠标不管用了?

答：使用展台浏览方式时不能单击鼠标手动放映幻灯片，但可以通过单击超链接和动作按钮来切换。在展览会场或者会议中运行无人管理的幻灯片放映时适合使用这种方式。

问：在设置幻灯片动画方案时，除了【百叶窗】等几种样式外，还有更多的样式吗?

答：有。在【添加效果】下拉列表的【进入】子列表中，选择【其他效果】选项，在打开的对话框中即可选择更多的动画样式。

12.8 课后练习

选择题

1 在设置幻灯片的放映方式时，PowerPoint 2007提供了（　　）放映方式。

A、演讲者放映　　B、在展台浏览

C、观众自行浏览　　D、混合放映

2 在选择打印幻灯片的颜色模式时，PowerPoint 2007中没有的模式是（　　）。

A、灰度模式　　B、半灰度模式

C、颜色模式　　D、纯黑白模式

问答题

1 简述如何为幻灯片设置动画。

2 简述如何在放映过程中在幻灯片上做标记。

上机题

为11.6节上机题中的“国庆”演示文稿设置动画效果。

素材位置：【第11课\练习\国庆.ppt】

效果图位置：【第12课\练习\国庆动画.ppt】

打开“国庆”演示文稿，为“10.1国庆”艺术字设置动画效果，以单击鼠标时进行十字形扩展的方式进入；为“庆祝新中国60华诞”文本设置动画效果，以单击鼠标时进行放大的方式进入。

第13课

Internet基础知识

▼ 本课要点

Internet连接

IE浏览器的应用和设置

使用IE浏览器搜索和下载网络资源

▼ 具体要求

Internet简介

软硬件准备

连入Internet的方式

Internet工作界面

浏览网页

设置IE浏览器

搜索资源

下载资源

▼ 本章导读

Internet的标准中文名称为因特网，它通过网络通信协议使得不同的硬件、操作系统和网络实现通信，实现信息的交换和资源的共享。本课将介绍上网准备、IE浏览器的使用及使用网上资源等知识。

13.1 Internet连接

计算机网络的诞生（尤其是Internet的发展与普及）给人们的工作和生活方式带来了翻天覆地的变化，丰富的网上资源使越来越多的人受益匪浅。

13.1.1 知识讲解

如果要使用计算机搜索信息、共享资源，必须将计算机连入Internet才可以。下面介绍Internet并讲解连入Internet的方法。

1. Internet简介

Internet通过TCP/IP（传输控制协议/网际协议）协议进行数据传输，将世界各地的计算机及类型不同、规模各异的网络连接在一起，形成一个更大的网络系统，遍布世界各地。接入Internet的任何一台计算机都是Internet的一部分，任何人都可以通过Internet同世界各地的人们自由地进行通信和信息交换。

2. 软硬件准备

要让计算机连入到Internet中，首先必须要有充分的软硬件准备。

1）硬件准备

Internet对计算机硬件的要求如下。

- **中央处理器（CPU）**：至少需要486（全称为80486）以上。若使用Pentium或者主频更高的处理器，速度与效果将会更好。
- **内存（RAM）**：至少需要32MB的内存空间，建议在128MB或以上。
- **硬盘**：至少需要30MB的硬盘剩余空间，原则上是剩余空间越多越好。建议配置一个40GB或更大的硬盘。
- **显卡**：最好能够支持800×600像素以上的分辨率。
- **显示器**：15英寸以上（推荐17英寸）的CRT纯平显示器或液晶显示器。
- **网络连接**：可以采用ADSL上网、专线上网、小区宽带上网及无线上网等方式。
- **其他**：为了实现网络的多媒体功能，还可配备声卡、音箱和话筒等设备。如果计算机是通过局域网连接到Internet的，则还必须具有网卡和网线等。

2）软件准备

拥有充分的硬件准备后，还须安装相应的软件（可购买安装光盘或在网上下载）才能充分利用网络资源为自己服务。常用的网络应用软件如下。

- **浏览器软件**：用于浏览网页，如Internet Explorer（IE）等。
- **网络媒体软件**：用于播放网络中的音频及视频文件，如Windows Media Player和RealPlayer等。
- **下载软件**：用于下载网上信息的专业软件，如NetAnts、FlashGet和CuteFTP等。
- **压缩软件**：用于打开具有压缩软件格式的文件及对文件进行压缩的软件，如WinRAR和WinZip等。

➔ **电子邮件软件**：收发电子邮件的软件，如Foxmail和Outlook Express等。

操作系统具备网络功能也是上网的前提，例如Windows 98/2000/XP等都已具备该功能。

3. 连入Internet的方式

连入Internet的方式有多种，较常用的为ADSL上网、专线上网、小区宽带上网和无线上网。

1）ADSL上网

目前使用最为广泛的上网方式为ADSL上网，它具有独享带宽、安全可靠、安装方便、一线多用以及费用低廉等特点。其连接示意图如图13.1所示。

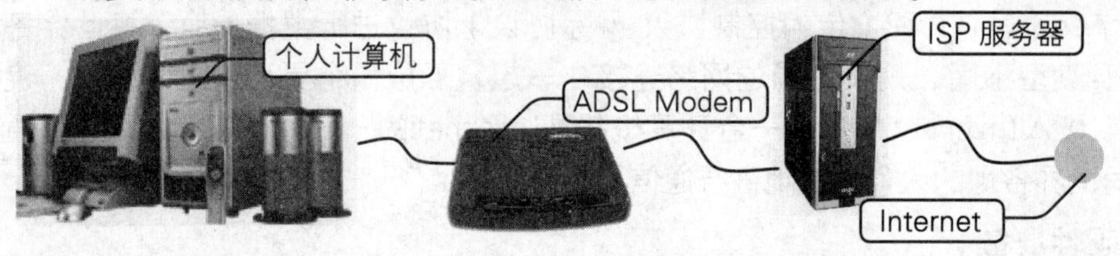

图13.1　ADSL上网

ADSL上网对电话线质量的要求较高，如果线路质量不好或传输距离过大（有效距离约为3～5km），就会降低访问速度甚至断线。

2）专线上网

对于拥有局域网的大型单位或业务量较大的个人，可以使用专线上网。该方式只需到Internet服务提供商（ISP）处租用一条专线，同时申请IP地址和注册域名，即可将计算机直接连入Internet。专线上网不仅速度快、线路稳定，且专线24小时开通。其连接示意图如图13.2所示。

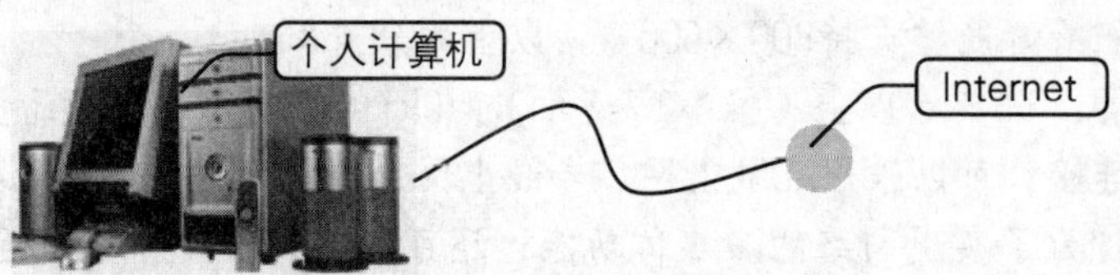

图13.2　专线上网

3）小区宽带上网

小区宽带上网是目前大中城市比较普及的一种宽带接入方式，网络服务商利用光纤把网络接入到小区，通过申请后用网线直接接入到用户家的共享宽带。这种接入方式适用于普通的家庭和个人，它花费少、连接容易，速度也比较快。这种接入方式不再需要调制解调器了，只需一个10Mb/s或100Mb/s的一般网卡安装到计算机上即可。这种宽带接入通常不受理个人服务，可由小区出面申请安装。

4）无线上网

无线上网就是利用红外线或蓝牙技术与Internet的服务器进行交换数据的一种新型上网方式。它不需要网线，而是通过无线电波进行数据传输，但上网速度相对较慢，还要求所处的地点有无线电波覆盖。该方式特别适合移动办公的笔记本电脑使用。

13.1.2 典型案例——ADSL拨号连接

案例目标

本案例将通过ADSL上网的方式连入Internet，主要练习ADSL上网的方法。

操作思路：

步骤01 建立ADSL连接。

步骤02 ADSL的拨号连接。

操作步骤

按照使用说明书完成ADSL设备与计算机的物理连接，这里不再详细介绍。

1. 建立ADSL连接

步骤01 执行【开始】→【控制面板】命令，打开【控制面板】窗口，如图13.3所示。

步骤02 单击【网络和Internet】选项，进入到【网络和Internet】对话框，如图13.4所示。

图13.3 【控制面板】对话框

图13.4 【网络和Internet】对话框

步骤03 单击【连接到网络】命令，打开如图13.5所示的对话框。

步骤04 单击【设置连接或网络】命令，搜索可用连接，如图13.6所示。在出现的【选择一个连接选项】页面中选择【连接到Internet】选项，单击【下一步】按钮。

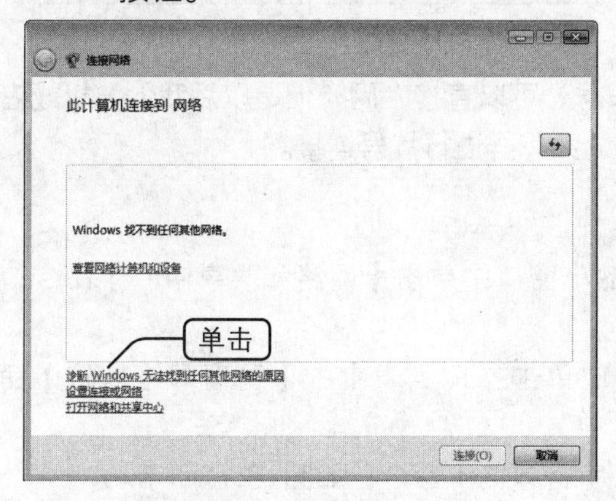

图13.5 【连接网络】对话框

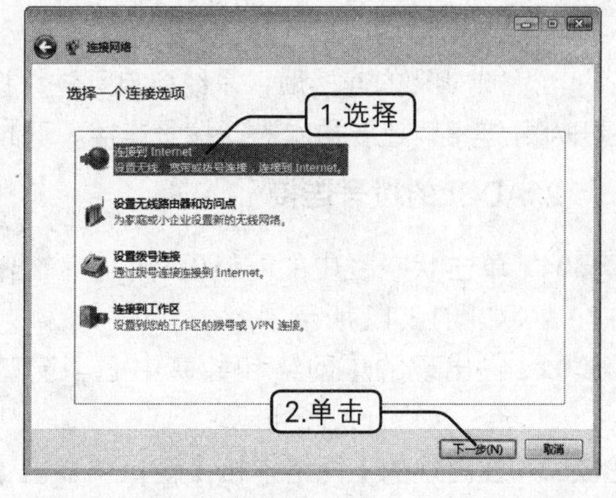

图13.6 搜索可用连接

步骤05 在出现的【您想如何连接】页面中，单击【宽带（PPPoE）】命令，进行连接，如图13.7所示。

步骤06 输入ADSL的用户名和密码，并为此连接取个名字，如图13.8所示。

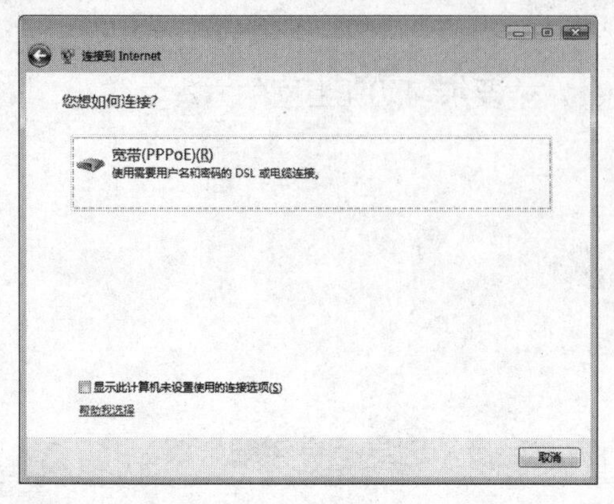

图13.7 【您想如何连接】页面

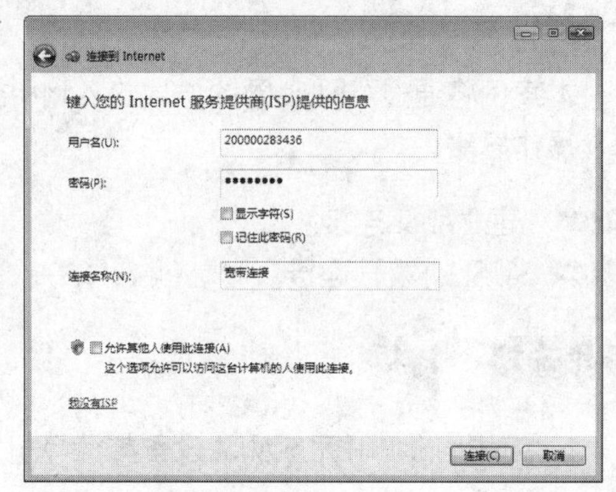

图13.8 连接向导

说明：该用户名和密码是在进行网络连接申请时由电信公司提供的。

步骤07 单击【连接】按钮，就开始连接了，如图13.9所示。

步骤08 稍等一会儿后，ADSL连接成功了，如图13.10所示。单击【立即浏览Internet】选项，这样就可以访问因特网了。

图13.9 正在连接

图13.10 连接成功

当完成ADSL的连接后，系统会自动进行拨号，可以直接上网，但是以后我们关机或者断开ADSL连接时还要再次进行拨号连接。下面介绍怎样进行拨号连接。

2. ADSL的拨号连接

步骤01 单击状态栏中的网络图标，在弹出的小窗口中单击【网络和共享中心】命令，如图13.11所示。

步骤02 在出现的【网络和共享中心】窗口中单击左侧列表中的【管理网络连接】命令，如图13.12所示。

步骤03 在出现的【网络连接】窗口中双击【宽带连接】命令，如图13.13所示。

步骤04 在弹出的【拨号连接】对话框中单击【连接】按钮，这样就可以拨号上网了，如图13.14所示。

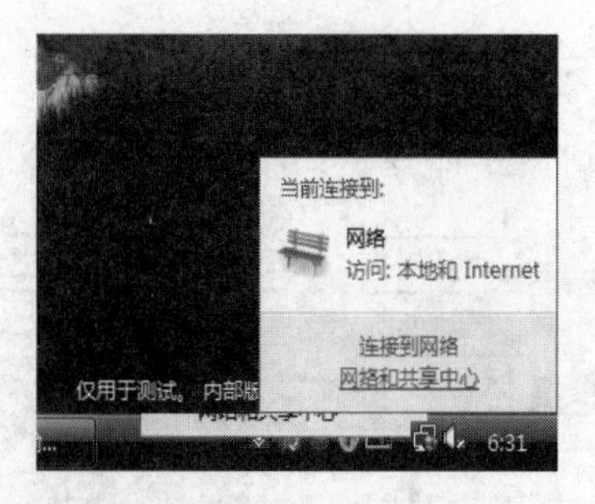

图13.11　状态栏

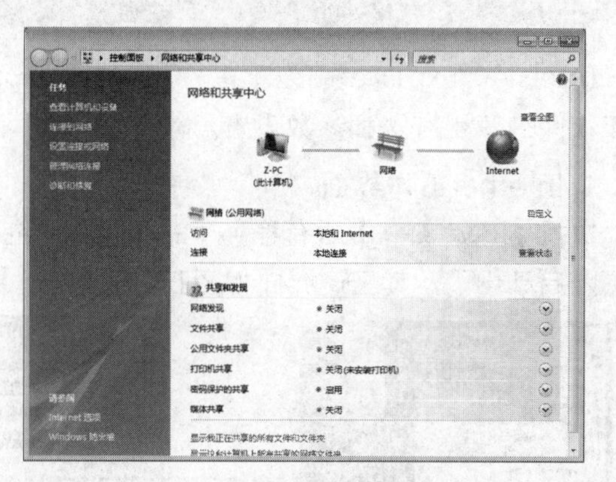

图13.12　单击【管理网络连接】命令

图13.13　【网络连接】窗口

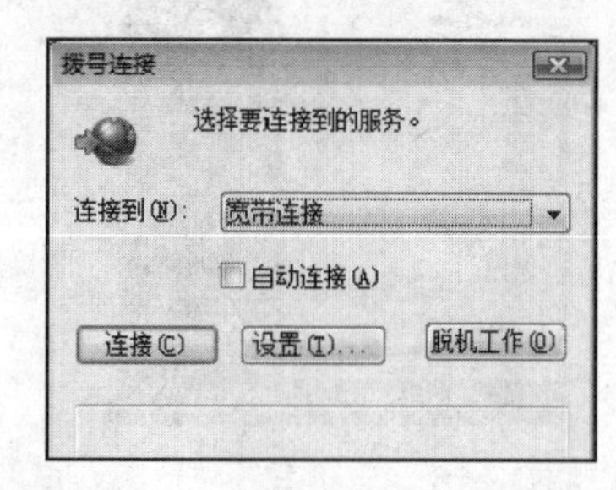

图13.14　【拨号连接】对话框

如果不需要上网了，就可以断开ADSL连接。断开连接的方法很简单，步骤如下：

步骤01　在状态栏右侧右键单击网络连接图标。

步骤02　在弹出的快捷菜单中选择需要断开的连接，如图13.15所示。

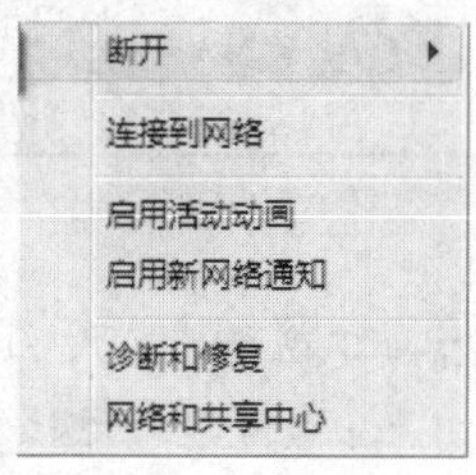

图13.15　断开连接

对于ADSL用户，直接关闭ADSL Modem的电源即可断开连接。如果希望再次使用，那么就可打开电源并进行拨号。

案例小结

本案例练习了通过ADSL上网方式连入Internet的方法。对上网速度要求较高的个人或者公司，可选择专线上网。

13.2 IE浏览器的应用和设置

因特网中包含了大量的信息，用户在访问这些信息时需要使用网页浏览工具。本节将介绍如何使用IE浏览器查看因特网中的信息以及如何对IE浏览器进行设置。

13.2.1 知识讲解

Internet Explorer（以下简称IE）是一个功能强大的网页浏览软件。下面我们来学习该软件的使用方法和参数设置。

1. Internet工作界面

执行【开始】→【所有程序】→【Internet Explorer】命令，如图13.16所示，随后就可以启动IE了，其工作界面如图13.17所示。

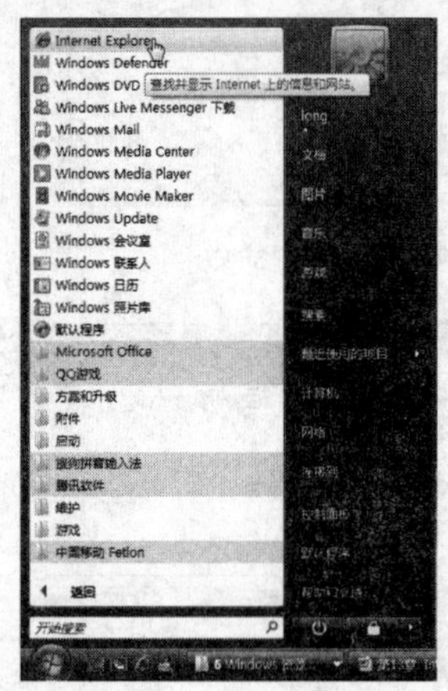

图13.16　启动IE

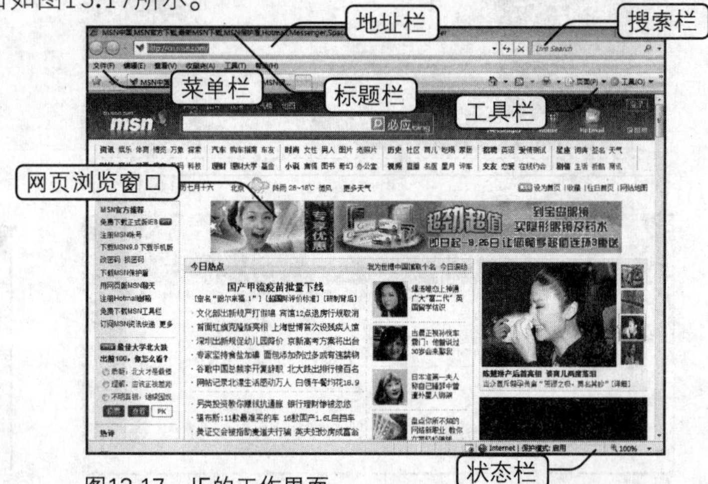

图13.17　IE的工作界面

当用户打开了快速启动栏后，单击IE图标，如图13.18所示，这样也可以启动IE浏览器。

图13.18　快速启动栏

IE工作界面中各个组成部分的含义如下。

- **标题栏**：位于IE浏览器工作界面的最上端，其左侧显示了网页名称，右侧分别为【最小化】、【向下还原】/【最大化】和【关闭】按钮。
- **地址栏**：主要用于输入要浏览的网页地址，浏览器通过识别地址栏中的信息，打开需要浏览的网页。打开一个网页后，地址栏用来显示当前所打开网页的地址。

地址栏具有自动记忆的功能，可以自动记忆以往浏览过的网页的网址，如再次访问新浪网站时，只要在地址栏中输入“sina”，IE就会自动在地址栏下拉列表中列出相关的网址。

- **搜索栏**：位于地址栏的右边，输入要搜索的文字，可以直接搜索相关网页。

IE浏览器默认的搜索网站是www.live.com，用户可以根据需要设定其他的搜索网站。

- **菜单栏**：由【文件】、【编辑】、【查看】、【收藏夹】、【工具】和【帮助】菜单组成，这些菜单项包括了所有操作菜单项，通过它们可对网页进行保存、复制和收藏等操作，还可以设置IE浏览器。
- **工具栏**：列出了浏览网页时所需要的最常用工具按钮，单击各按钮可以快速对所浏览的网页进行各种操作。

与以往版本的IE浏览器不同，IE 7.0增加了选项卡功能，在工具栏的中间位置有网页标题显示切换区域，IE浏览器可以在其窗口中打开几个网页，方便了用户的操作。

- **网页浏览窗口**：用于显示当前打开的网页的信息。网页中的元素主要包括文字、图片、声音和视频等。
- **状态栏**：显示浏览器当前操作状态的相关信息和下载Web页面的进度情况。

2. 浏览网页

认识了IE浏览器的工作界面后，下面学习使用IE浏览器浏览网页的操作方法。

1）直接输入网址

步骤01 在IE浏览器的地址栏中，选中当前网址。

步骤02 输入需要访问的网址，如http://www.qq.com/。

步骤03 按【Enter】键，腾讯网站的主页就打开了，如图13.19所示。

图13.19 打开网页

2）单击超链接

在打开的网页中，可利用超链接来浏览与该网页相关的网页。超链接包括文字链接和图片链接。将鼠标指针悬停在某文字或图片等对象上时，若鼠标指针变为手形状，此时单击该链接可打开链接目标的网页，例如在腾讯首页单击【体育】文本超链接，可打开如图13.20所示的页面。

一般在地址栏中输入某个网站的地址后打开的都是该站点的主页，若想查看其中的详细内容，就要通过单击超链接来实现。

3. 设置IE浏览器

设置IE浏览器包括设置主页、历史记录的保存天数、收藏夹的使用及清理临时文件等，下面分别进行介绍。

1）设置主页

在IE浏览器中用户可以将自己喜欢的网页或经常浏览的网页设置为主页，具体操作如下：

步骤01 在IE浏览器中打开要将其设为默认主页的网页，执行【工具】→【Internet选项】命令，打开【Internet 选项】对话框的【常规】选项卡，如图13.21所示。

步骤02 在【主页】栏中单击【使用当前页】按钮，可将当前打开的网页设为IE浏览器启动时默认打开的网页。

2）设置历史记录

IE提供了记录上网历史的功能，可以将用户访问过的页面全部记录下来。这样不但方便了对上网行为的监控，也便于再次访问以前浏览过的网页。

图13.20　打开链接页面

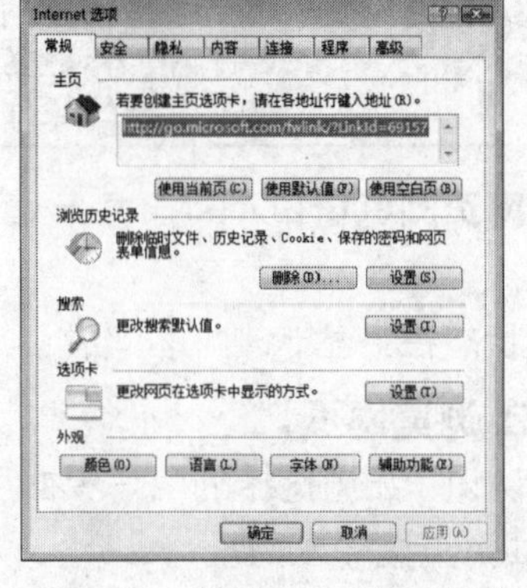

图13.21　【Internet 选项】对话框

设置历史记录非常简单，具体操作如下：

步骤01　执行【工具】→【Internet选项】命令，打开【Internet 选项】对话框的【常规】选项卡。

步骤02　在【浏览历史记录】选区中单击【设置】按钮，打开【Internet临时文件和历史记录设置】对话框，如图13.22所示。

步骤03　在该对话框的【网页保存在历史记录中的天数】数值框中设置需要保存的天数，最多可设置为99天。

步骤04　设置完成后单击【确定】按钮，返回到【Internet 选项】对话框。

步骤05　在【Internet 选项】对话框【常规】选项卡的【浏览历史记录】选区中单击【删除】按钮，弹出如图13.23所示的【删除浏览的历史记录】对话框。

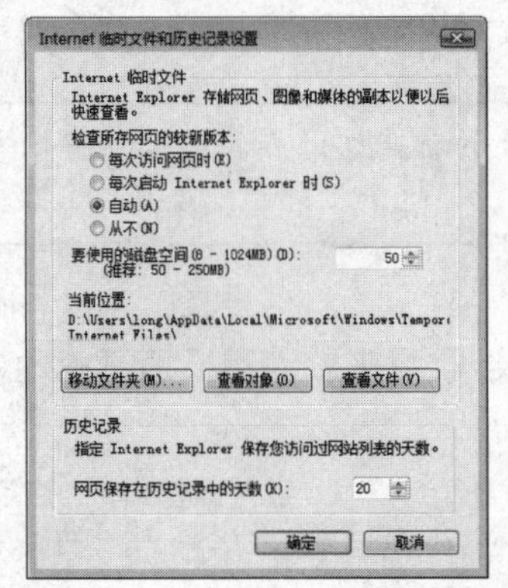

图13.22　【Internet临时文件和历史记录设置】对话框

图13.23　删除历史记录

步骤06　在该对话框中单击【删除历史记录】按钮，弹出如图13.24所示的【删除历史记录】提示框。

步骤07　单击【是】按钮即可删除历史记录。

3）使用收藏夹

收藏夹是Internet Explorer中的一个功能，当看到对自己有用的信息时，就可以通过收藏夹将该网址进行收藏，在以后需要查看该网页的时候直接通过收藏夹进行访问就行了。

下面我们就以将“http://www.google.cn”网站添加到收藏夹中为例进行介绍。

步骤01 启动IE浏览器，然后访问“http://www.google.cn/”网站。

步骤02 执行【收藏】→【添加到收藏夹】命令，如图13.25所示，打开【添加收藏】对话框，如图13.26所示。

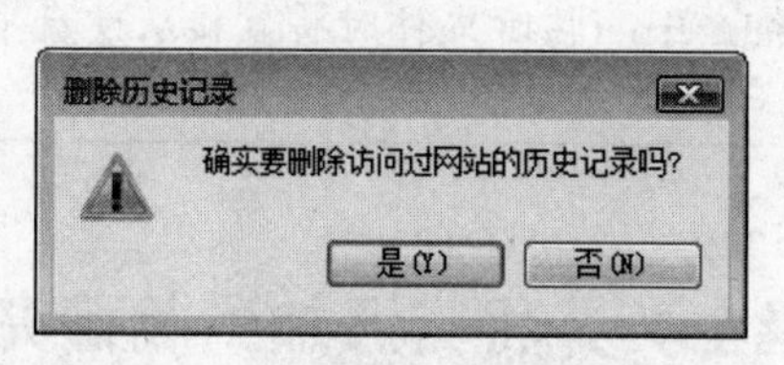

图13.24 【删除历史记录】对话框

图13.25 选择【添加到收藏夹】命令

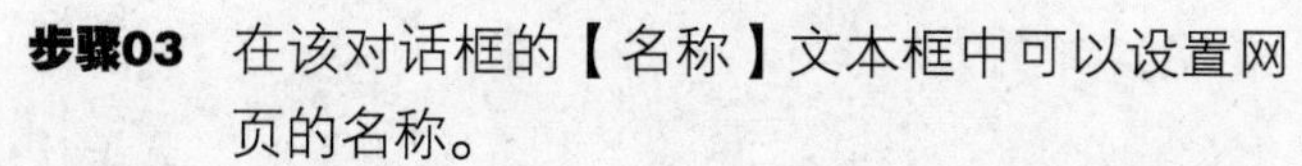

步骤03 在该对话框的【名称】文本框中可以设置网页的名称。

步骤04 设置完成后单击【添加】按钮，完成网页的收藏。

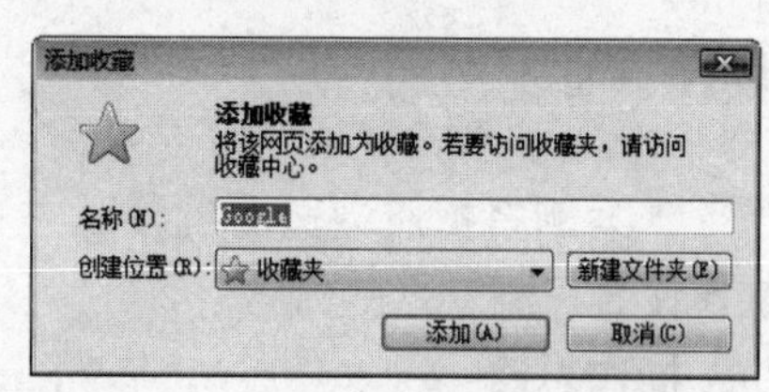

图13.26 【添加收藏】对话框

步骤05 在IE浏览器中单击工具栏中的【收藏中心】按钮，可以打开【收藏夹】列表框，在该列表框中可以看到收藏的网页，如图13.27所示。

用户还可以单击工具栏中的【添加到收藏夹】命令，在打开的下拉菜单中选择【添加到收藏夹】命令，如图13.28所示，这样也可以打开【添加收藏】对话框。

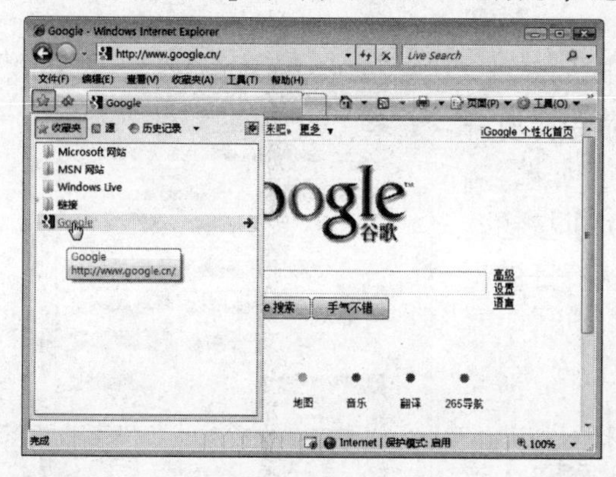

图13.27 显示收藏的网页

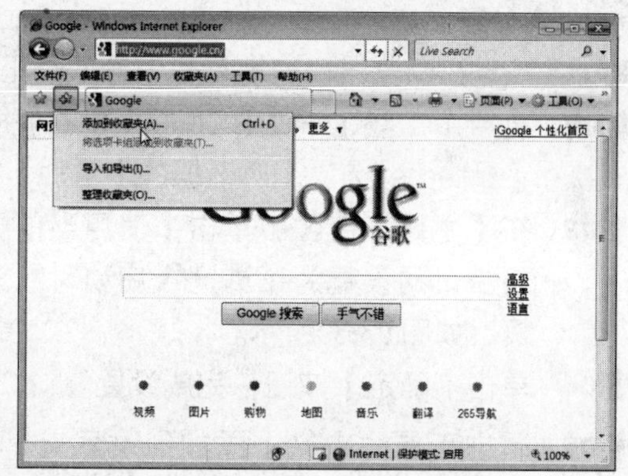

图13.28 选择【添加到收藏夹】命令

步骤06 以后访问这个网站，只要打开【收藏夹】列表框，找到这个网站单击就行了。

4）清除临时文件

浏览器会自动将访问过的网页中的图片、Flash等内容保存到本地磁盘的Internet临时文件夹中，这样以后再次访问相同网页时便可以提高访问的速度。

但随着上网次数的不断增多，保存的IE临时文件也会占用越来越多的磁盘空间。这时就应该清除临时文件以释放磁盘空间，具体操作如下：

步骤01 执行【工具】→【Internet选项】命令，打开【Internet选项】对话框的【常规】选项卡。

步骤02 在【浏览历史记录】选区中单击【删除】按钮，弹出【删除浏览的历史记录】对话框。

步骤03 在该对话框的【Internet临时文件】选区中单击【删除文件】按钮，弹出如图13.29所示的【删除文件】对话框。

图13.29 【删除文件】对话框

与删除其他文件不同的是，删除Internet临时文件时将直接从硬盘中删除，而不会放到【回收站】中。

步骤04 单击【是】按钮即可删除临时文件。

13.2.2 典型案例——设置浏览器主页并将其添加到收藏夹中

案例目标

本案例将把IE浏览器的默认主页设置为腾讯网的首页并将其添加到收藏夹中，主要练习设置IE浏览器的方法。

操作思路：

步骤01 将腾讯网首页设置为IE浏览器默认的主页。

步骤02 将腾讯网首页添加到收藏夹中。

操作步骤

步骤01 启动IE浏览器，在地址栏中输入腾讯网的网址“http://www.qq.com/”。

步骤02 执行【工具】→【Internet选项】命令，打开【Internet选项】对话框的【常规】选项卡。

步骤03 在【主页】选区中单击【使用当前页】按钮，将腾讯网设置为IE浏览器启动时默认打开的网页，如图13.30所示。

步骤04 单击【确定】按钮，完成设置。

步骤05 单击工具栏中的【添加到收藏夹】按钮，在打开的下拉菜单中选择【添加到收藏夹】选项。

步骤06 打开【添加收藏】对话框，在该对话框中设置网页的名称为“我的主页”，如图13.31所示。

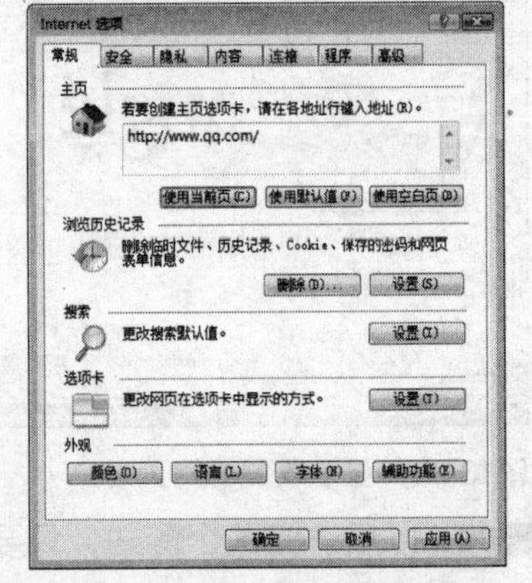

图13.30 单击【使用当前页】按钮

步骤07 单击【添加】按钮，将其添加到收藏夹中，如图13.32所示。

案例小结

本案例通过把IE浏览器的默认主页设置为腾讯网的首页并将其进行收藏的操作，练习了设置IE浏览器的一般方法。

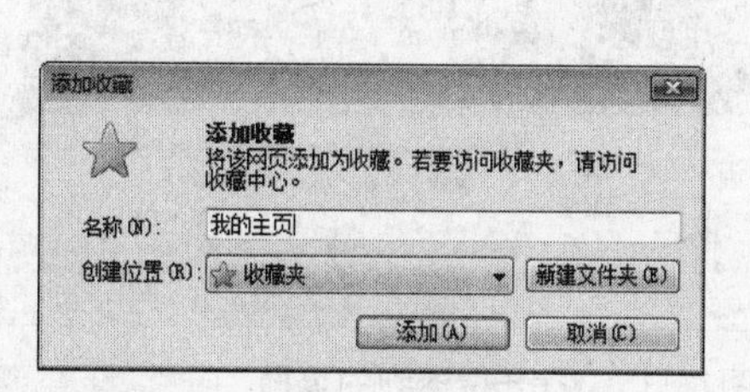

图13.31　设置网页名称

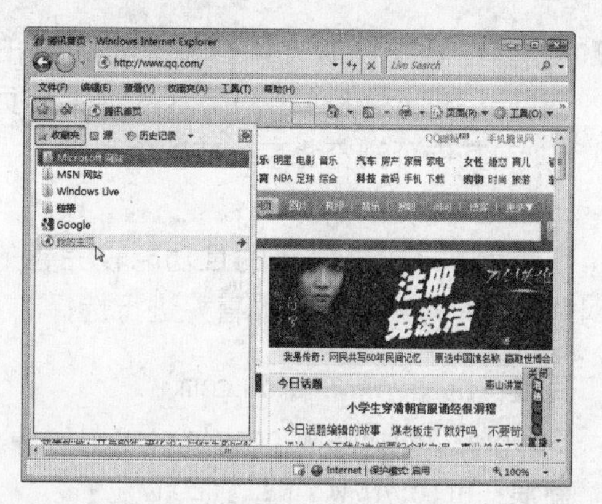
图13.32　添加到收藏夹中

13.3 使用IE浏览器搜索和下载网络资源

Internet是一个信息宝库，蕴藏着丰富多彩的资源。要使用某个资源，通常要搜索并下载到本地计算机上。

13.3.1　知识讲解

一个网站由许多网页组成，一个网页上又有更多的链接。因此，在下载网上资源时首先应学会怎样快速找到所需的资源。

1. 搜索资源

下面介绍如何在网上搜索网络资源。

1）使用搜索引擎搜索资源

使用搜索引擎搜索网上资源可以快捷地找到所需的信息。下面以在百度搜索引擎中搜索北京公交信息为例，介绍搜索引擎的使用方法，具体操作如下：

步骤01　启动IE浏览器，在地址栏中输入“http://www.baidu.com”，之后按【Enter】键打开百度网站主页。

步骤02　在该主页的文本框中输入“北京公交”，如图13.33所示。

步骤03　单击【百度一下】按钮，打开如图13.34所示的搜索完成页面。

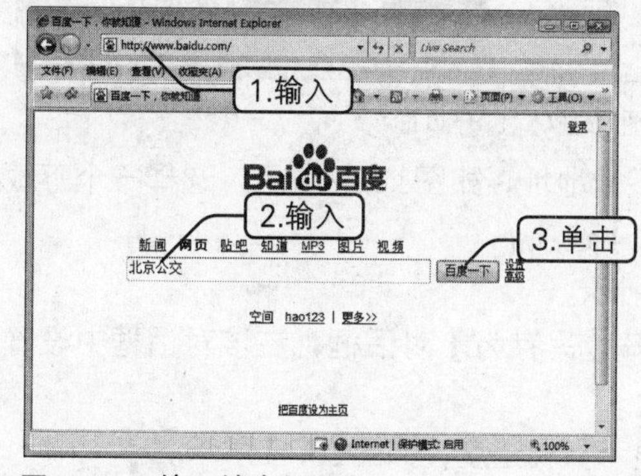

图13.33　输入搜索关键字

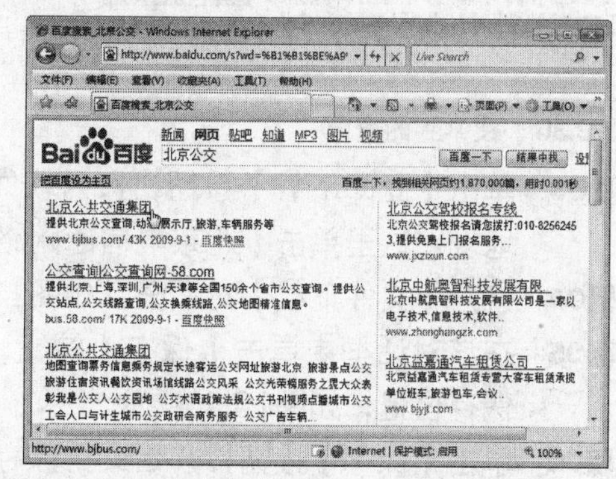
图13.34　搜索完成页面

步骤04 单击其中任意一条有关北京公交的链接，进入如图13.35所示的相关网页，在其中可浏览北京公交的信息。

图13.35 打开搜索到的页面

2）搜索网站汇总

下面列举了一些常用的且功能较完善的搜索网站，用户可根据自己的喜好进行选择。

- **百度**：http://www.baidu.com
- **Google**：http://www.google.com
- **新浪**：http://www.sina.com.cn
- **一搜**：http://www.yisou.com
- **搜狗**：http://www.sogou.com
- **163**：http://search.163.net

2. 下载资源

Internet上有许多提供资源下载的网站，通过直接下载或使用专用下载软件可下载这些资源。

1）直接下载

直接下载网上资源是下载的一种常用方法。下面就以下载“千千静听”软件为例进行介绍，具体操作如下：

步骤01 按照前面的搜索方法在百度首页的文本框中输入“千千静听”，按【Enter】键，搜索到相关信息的链接网页，如图13.36所示。

步骤02 单击第一条链接，打开如图13.37所示的页面。

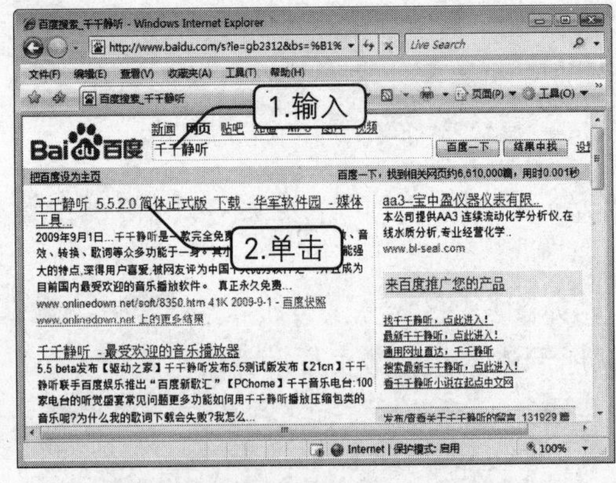

图13.36 搜索到的资源

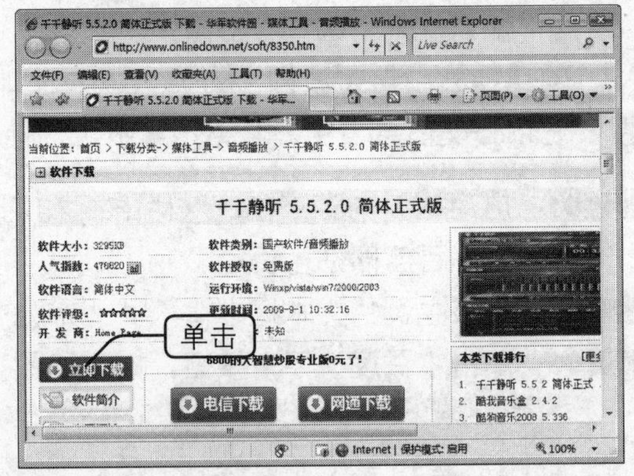

图13.37 打开页面

步骤03 单击【立即下载】按钮，打开软件的下载地址，如图13.38所示，选择一个下载地址，这里单击【北京电信通网络下载】选项。

步骤04 打开【文件下载】对话框，如图13.39所示。

步骤05 在该对话框中单击【保存】按钮，打开【另存为】对话框，在该对话框中设置保存位置，如图13.40所示。

步骤06 单击【保存】按钮，开始进行保存，显示保存进度，如图13.41所示。

图13.38 选择下载地址

图13.39 【文件下载】对话框

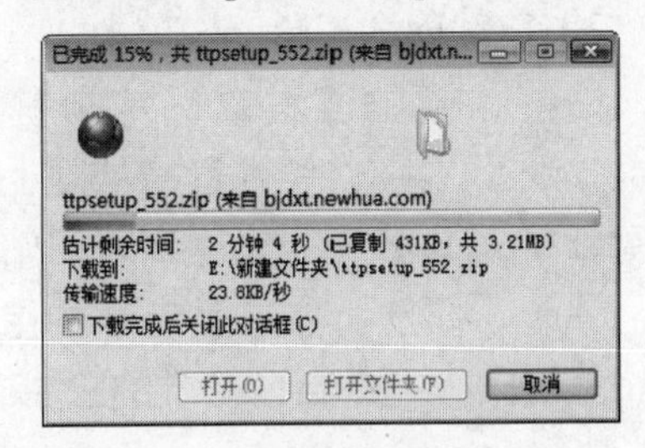

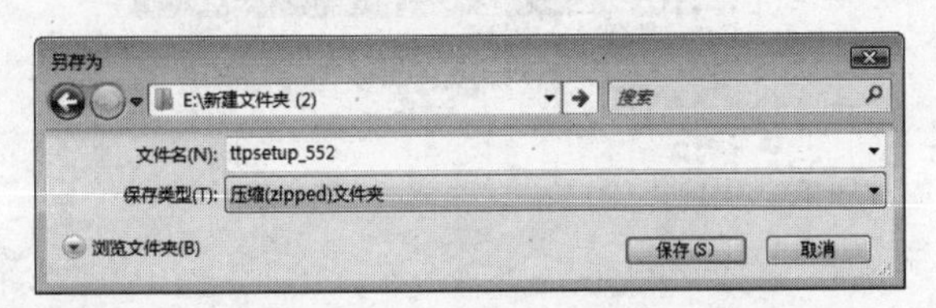

图13.40 【另存为】对话框

图13.41 显示保存进度

步骤07 下载完成后可在保存路径下找到下载的文件。

选中【已完成】对话框下方的【下载完成后关闭此对话框】复选框，在完成文件下载后将自动关闭该对话框。

2）使用下载软件

专业的下载软件比直接下载所需的时间更短且更安全。常用的专业下载软件有FlashGet、迅雷和BT下载等。

下面以使用迅雷5下载资源为例进行讲解，具体操作如下：

步骤01 将迅雷5下载软件安装到自己的计算机中。

步骤02 在网页中找到相关文件的下载地址链接后，在其上单击鼠标右键，在弹出的快捷菜单中选择【使用迅雷下载】命令，如图13.42所示。

步骤03 打开【建立新的下载任务】对话框，在其中的【网址】文本框中已经自动填入了下载地址，在【存储目录】下拉列表框中自动默认了保存路径，如图13.43所示。

步骤04 单击【浏览】按钮，打开【浏览文件夹】对话框，在该对话框中可以重新选择保存路径，如图13.44所示。

步骤05 单击【确定】按钮，返回【建立新的下载任务】对话框。

步骤06 单击【确定】按钮，启动迅雷5，开始下载文件，如图13.45所示。

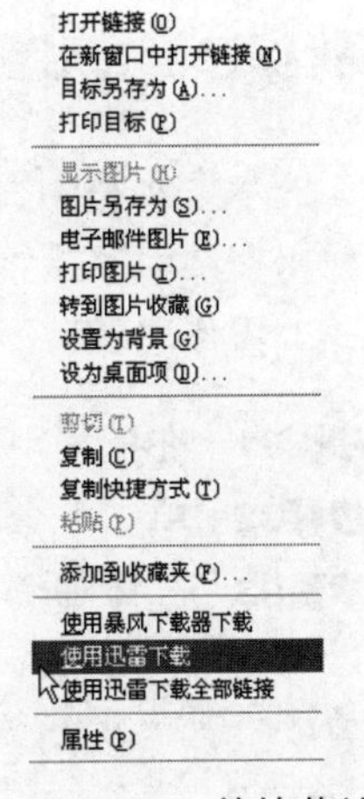

图13.42 快捷菜单

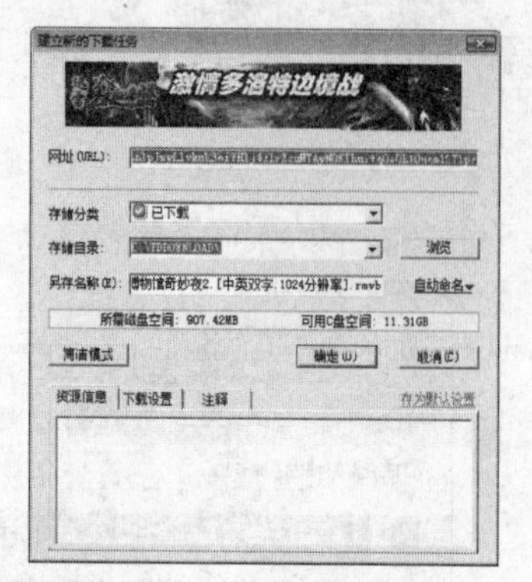

图13.43 【建立新的下载任务】对话框

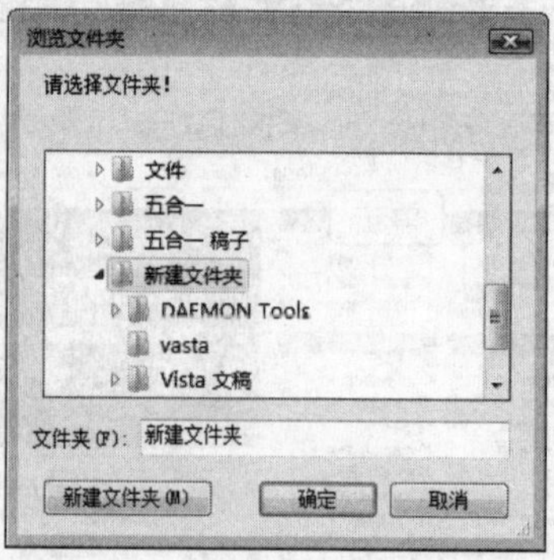

图13.44 【浏览文件夹】对话框

3）下载网站汇总

一些常用的工具软件常常有网络版或者共享版，这些软件可直接从网上下载。下面列举了一些著名的软件下载网站供用户参考。另外，喜欢听歌或看电影的用户也可选择一些网站来下载自己喜欢的歌曲或电影。

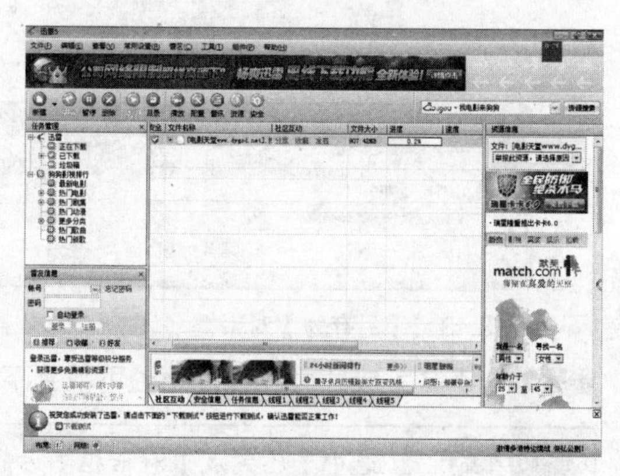

图13.45 开始下载文件

- **华军软件园**：http://www.onlinedown.net
- **天空软件站**：http://www.skycn.com
- **太平洋软件下载**：http://www.pconline.com.cn/download
- **21cn软件下载**：http://download.21cn.com
- **硅谷下载**：http://download.enet.com.cn
- **免费电影下载网址**：http://www.babeijiu.com/info/7934.htm

13.3.2 典型案例——搜索并下载暴风影音播放器

案例目标

本案例将用百度在网上搜索并下载暴风影音播放器到本地计算机的E盘中，主要练习利用搜索引擎搜索并下载软件的方法。

操作思路：

步骤01 在搜索引擎中搜索相关信息。

步骤02 单击一个搜索出的相关链接，进入其网页。

步骤03 选择一个下载链接，直接下载该软件。

操作步骤

步骤01 启动IE浏览器，在地址栏中输入“http://www.baidu.com/”，之后按【Enter】键打开百度网站主页，在该主页的文本框中输入“暴风影音”，如图13.46所示。

步骤02 单击【百度一下】按钮，打开搜索完成的页面，单击其中任意一条有关暴风影音的链接，打开相关网页，其中显示了暴风影音的相关信息。

步骤03 拖动滚动条至该页面下方，单击相关的下载链接，如图13.47所示。

步骤04 打开【文件下载】对话框，如图13.48所示。

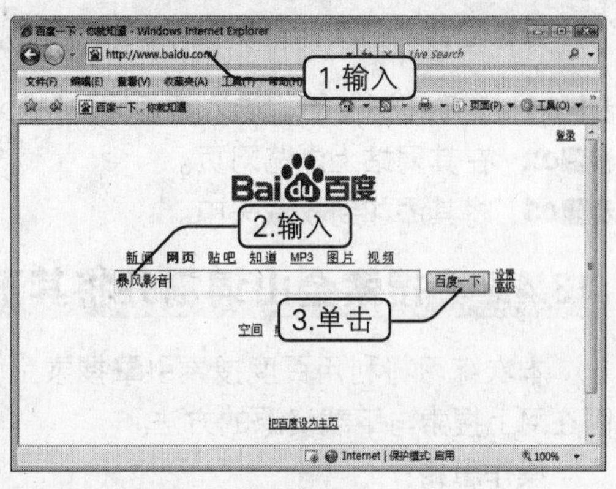

图13.46 输入“暴风影音”

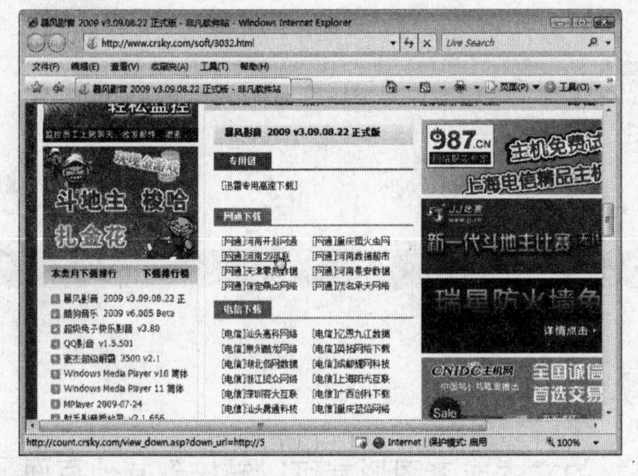

图13.47 单击相关的链接

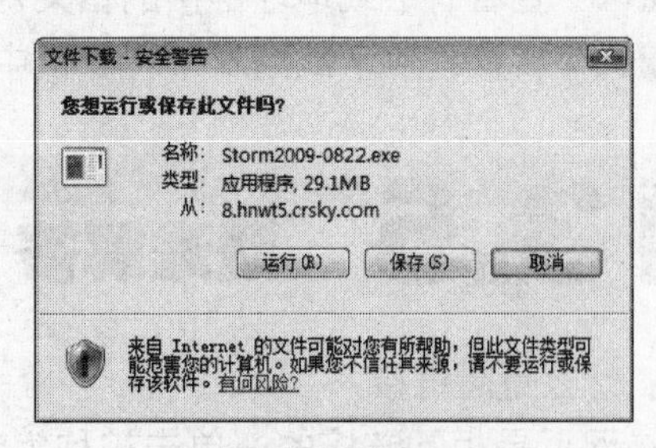

图13.48 【文件下载】对话框

步骤05 单击【保存】按钮，打开【另存为】对话框，在该对话框中设置保存位置。

步骤06 单击【保存】按钮，此时显示下载进度，如图13.49所示。

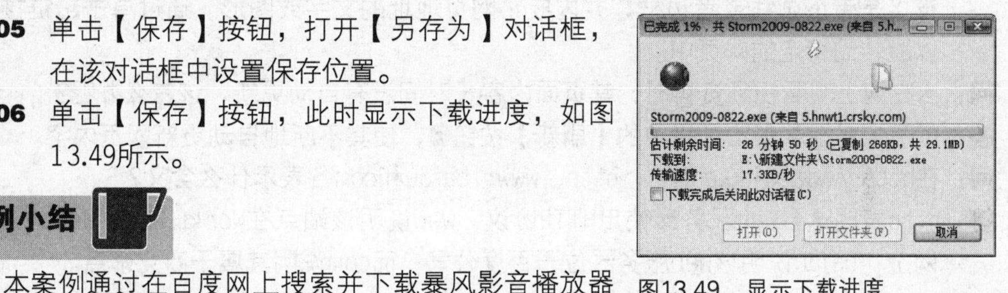

图13.49 显示下载进度

案例小结

本案例通过在百度网上搜索并下载暴风影音播放器软件的操作，巩固了在网上搜索与下载信息的方法。在下载时可利用专业的下载软件，如迅雷等进行下载。掌握了这些技巧，就可以在网上轻而易举地找到所需的信息并将其下载到计算机中。

13.4 上机练习

13.4.1 浏览新浪网并将其添加到收藏夹中

本次练习将在新浪网上进行浏览，并将其添加到收藏夹中。

操作思路：

步骤01 启动IE浏览器，进入新浪网（http://www.sina.com.cn/）。

步骤02 在其网站上浏览网页。

步骤03 将其添加到收藏夹中。

13.4.2 搜索金山词霸并将其下载到本地计算机上

本次练习将利用百度搜索引擎搜索金山词霸软件并将其下载到本地计算机中，以巩固在网上搜索与下载资源的方法。

操作思路：

步骤01 启动IE浏览器，进入百度主页。

步骤02 在搜索的文本框中输入“金山词霸”。

步骤03 查看有下载地址链接的相关网页。

步骤04 将该软件下载到本地计算机中。

13.5 疑难解答

问：什么是超链接?

答：网页是相互链接的，单击被称为超链接的文本或者图形就可以链接到其他页面。超链接是带下画线或者边框，并内嵌了网页地址的文字或图形。通过单击超链接，可以跳转到特定的网页中。

问：当在网上观看视频资料时，其页面内容长时间没有自动更新，该怎么办呢?

答：可不定时地单击工具栏中的【刷新】按钮，使其不断地自动更新网页内容。

问：在http://www.baidu.com中，http、www、baidu和com各表示什么含义?

答：http表明这台Web服务器使用HTTP协议；www说明该站点在World Wide Web上（万维网）；baidu说明该Web服务器位于百度公司；而com说明其属于商业站点。

13.6 课后练习

选择题

1 在网址http://cn.msn.com/中的.com所表示的含义是（　　）。

A、军事网站　　B、教育网站

C、政府部门网站　　D、商业性网站

2 连入Internet的方式有多种，较常用的有（　　）。

A、小区宽带上网　　B、ADSL上网

C、专线上网　　D、以上都不正确

3 下列选项中较常用的搜索网站有（　　）。

A、百度　　B、Google

C、新浪　　D、一搜

问答题

1 要让计算机连入到Internet，必须要有的硬件准备有哪些?

2 简述如何收藏网页。

3 简述在网络中下载资源的操作方法。

上机题

1 利用百度网站（http://www.baidu.com/）搜索“国庆阅兵”的相关信息。

- 进入百度网站，在其首页的搜索栏文本框中输入“国庆阅兵”。
- 单击其中一个相关链接，查看国庆阅兵的信息。

2 利用百度网站（http://www.baidu.com/）搜索Foxmail软件，并将其下载到自己的计算机中。

- 在搜索到的网页中查找一个有软件下载地址链接的网页。
- 将Foxmail下载到自己的计算机中。

第14课

网上冲浪

▼ 本课要点

网上视听
网上聊天
网上游戏
网上购物

▼ 具体要求

认识网络播放器RealPlayer
在网上听音乐
在网上观看视频文件
腾讯QQ功能简介
登录QQ
添加QQ好友
与QQ好友聊天
注册联众网络游戏
在“联众世界”进行游戏
QQ游戏
在购物网站注册
选购商品

▼ 本课导读

随着网络的广泛应用，各种网上娱乐方式和交易方式应运而生。网上冲浪是信息时代人们必须掌握的一门技术，本课将介绍在网上听音乐、看电影、玩游戏及购物等网上冲浪的相关知识。

14.1 网上视听

在Internet上除了进行信息浏览和资源下载外，还能进行各种娱乐活动，如网上视听、网上聊天和网上游戏等。

14.1.1 知识讲解

听音乐是人们进行娱乐的主要手段之一，目前Internet上的很多网站都提供了在线试听音乐的功能，以供人们休闲娱乐。

1. 认识网络播放器RealPlayer

要想在网上进行视听体验，必须在本地电脑中安装相应的媒体播放器。其中，RealPlayer播放器支持更多文件格式，功能更加强大，播放效果更加流畅，是目前使用最为广泛的网络播放器。用户可通过前面介绍的搜索与下载的方法获取其安装程序。

安装RealPlayer后选择【开始】→【所有程序】→【RealPlayer】命令，启动该软件，其播放器的工作界面如图14.1所示。其中，播放器主窗口的常用按钮功能如下。

- **【查看Real消息中心】**：单击该按钮，可打开RealPlayer的【消息中心】对话框，在其中可查看有关RealPlayer的更新等消息。
- **【播放】**：单击该按钮将开始播放当前文件。播放时该按钮将变为【暂停】按钮，单击该按钮可暂停播放。

图14.1　RealPlayer的工作界面

- **【停止】**：单击该按钮将停止播放当前文件。
- **【上一个剪辑】**：单击该按钮可以切换至上一个文件，按住该按钮不放可快退当前文件。
- **【下一个剪辑】**：单击该按钮可以切换至下一个文件，按住该按钮不放可快进当前文件。
- **【静音】**：单击该按钮将关闭声音。
- **【音量】**：拖动该按钮上的滑块可以调节播放影音文件时的音量大小。

2. 在网上听音乐

音乐是人们生活中不可缺少的元素，也是Internet娱乐生活的重要组成部分。在

Internet上有许多优秀的音乐网站，这些网站不仅提供了大量的音频文件，而且其音乐质量也较高，如“好听音乐网”、“QQ163音乐网”等便是其中的佼佼者。下面以在“QQ163音乐网”中收听音乐为例讲解在网上听音乐的方法，具体操作如下：

步骤01 启动IE浏览器，在其地址栏中输入一个音乐网站的网址，如“QQ163音乐网”的网址为http://www.qq163.com/，按【Enter】键打开其主页，如图14.2所示。

步骤02 在其主页的顶端将歌曲进行了分类，单击相应的歌手链接，如【华人男歌手】链接，打开如图14.3所示的页面。

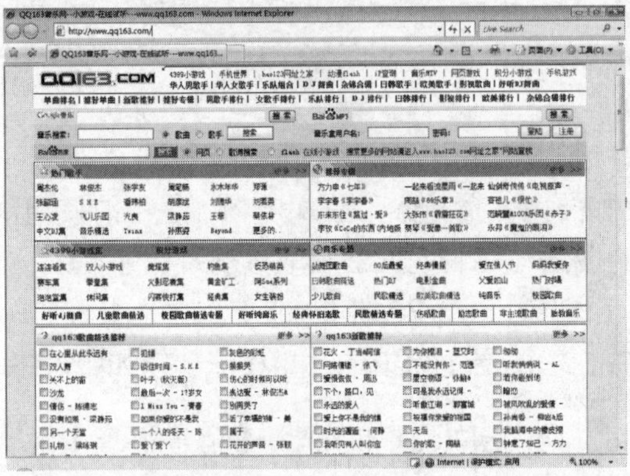

图14.2　QQ163音乐网

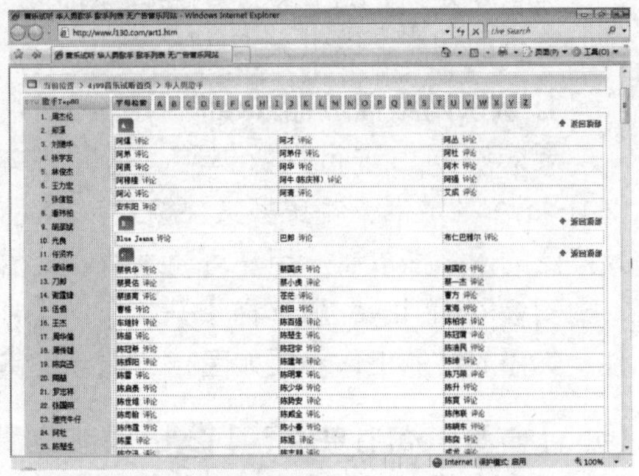

图14.3　打开链接页面

步骤03 该网页中以英文字母的顺序列出了许多歌手的名字，单击所需的歌手名字链接，如单击左侧列表中的【周杰伦】歌手名字链接，打开如图14.4所示的页面。

步骤04 在打开的网页中列出了该歌手的歌曲，选中想收听的歌曲前面的复选框，然后拖动滚动条，找到【连播】按钮，如图14.5所示。

步骤05 单击【连播】按钮，开始进行播放，如图14.6所示。

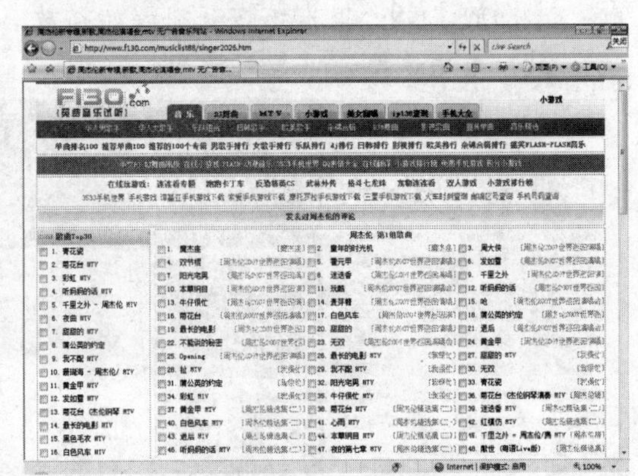

图14.4　打开歌手名字的链接页面

图14.5　选中想播放的歌曲

图14.6　开始播放歌曲

除了RealPlayer以外，Windows XP自带的Windows Media Player也是一种常用的网络播放器。

3. 在网上观看视频文件

在Internet上不仅可观看最新的电影，更可将电影下载到本地计算机中，以便日后随时观看。下面以在“我爱电影”免费电影网站（其网址为http://www.52dianying.com/）中观看电影为例介绍在线收看电影的方法，具体操作如下：

步骤01 启动IE浏览器并在其地址栏中输入“我爱电影”免费电影网的网址http://www.52dianying.com/，然后按【Enter】键进入其主页，如图14.7所示。

图14.7 “我爱电影”免费电影网

步骤02 在其主页中选择要观看的影片类型，单击相应的链接，如单击【爱情片】文本超链接，打开如图14.8所示的页面。

步骤03 选择一部影片，单击其图片链接，打开如图14.9所示的页面。

图14.8 打开链接页面（一）

图14.9 打开链接页面（二）

步骤04 拖动滚动条，找到播放链接，单击该链接，打开如图14.10所示的窗口，待播放器加载完成后便开始播放影片。

图14.10 正在加载信息

14.1.2 典型案例——使用RealPlayer网络播放器在线听歌

案例目标

本案例将利用RealPlayer的网络播放器在一听音乐网收听歌手周杰伦的一首歌曲，练习通过播放器的媒体浏览器在线听歌的方法。

操作思路：

步骤01 启动RealPlayer，在主窗口中单击【音乐】链接，打开【Real音乐中心_MV】窗口。

步骤02 在其地址栏中输入收听歌曲的网址。

步骤03 在网站中寻找并收听自己喜欢的歌曲。

操作步骤

步骤01 启动RealPlayer，在主窗口中单击【音乐】命令，如图14.11所示。

图14.11 单击【音乐】链接

步骤02 打开【Real音乐中心_MV】窗口，如图14.12所示。

步骤03 在地址栏中输入一听音乐网的网址http://www.1ting.com/，然后单击地址栏右侧的【转到】按钮，打开其网页，如图14.13所示。

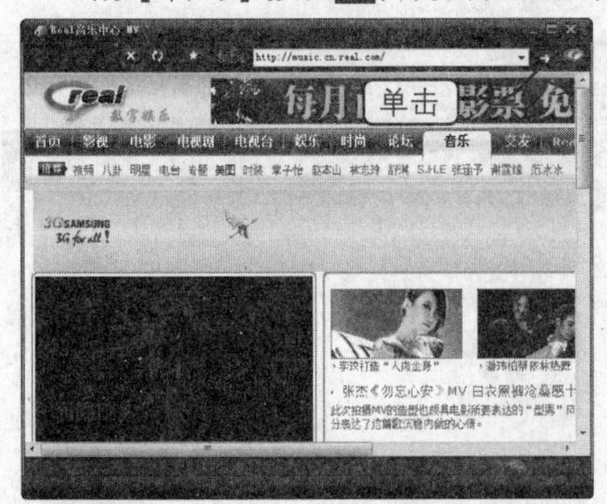

图14.12 【Real音乐中心_MV】窗口

图14.13 打开一听音乐网

步骤04 在窗口顶端单击【华语男歌手】命令，打开如图14.14所示的窗口。

步骤05 在【本类热门歌手】选区中单击【周杰伦】文本超链接，打开如图14.15所示的窗口。

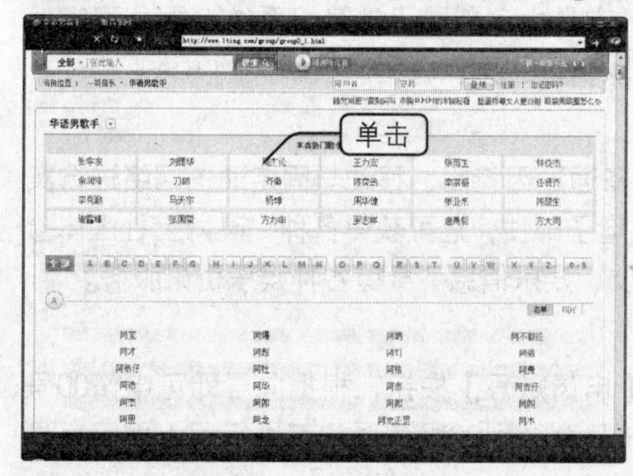

图14.14 打开歌手列表页面

图14.15 打开歌手专辑页面

步骤06 拖动滚动条，找到【魔杰座】专辑链接，单击该链接，打开专辑页面，如图14.16所示。

步骤07 在该页面中选中需要播放的歌曲，单击【播放】按钮，打开播放页面，如图14.17所示。

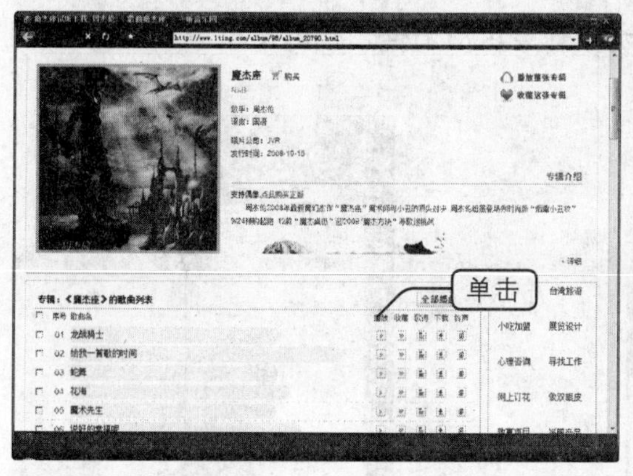

图14.16 专辑页面

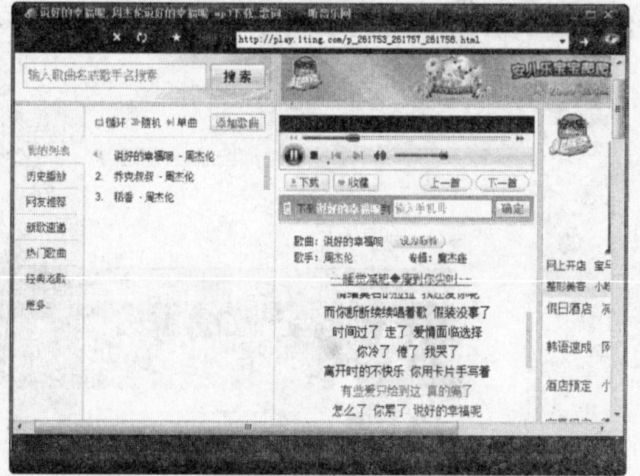

图14.17 开始播放歌曲

案例小结

本案例练习了通过RealPlayer网络播放器进行在线听歌的方法。在搜索想听的歌曲时不应盲目寻找，而应通过链接提示缩小搜索范围，这样就不会浪费时间了。

14.2 网上聊天

通过Internet进行网上聊天，就算地理位置相隔再远，也可以一次聊个够，更不用担心昂贵的电话费问题。

网上聊天这种聊天方式，以其方便、快捷、即时和经济等特点，正在被越来越多的人所接受，并成为Internet中沟通的主要方式。

14.2.1 知识讲解

在我国使用最广泛的聊天软件是腾讯QQ。它是由深圳腾讯计算机系统有限公司开发的一款基于Internet的即时通信软件。下面就以腾讯QQ为例介绍网上聊天的方法。

1. 腾讯QQ功能简介

利用QQ的即时通信平台，能以各种终端设备通过因特网、移动与固定通信网络进行实时交流，它不仅可传输文本、图像、音/视频及电子邮件，还可获得各种提高网上社区体验的因特网及移动增值服务，包括移动游戏、交友、娱乐信息下载等各种娱乐资讯服务。

2. 登录QQ

安装好QQ软件后，在其登录窗口中单击【申请账号】按钮，根据向导即可申请QQ号码。如果用户已经有QQ账号，则只须利用QQ账号登录到QQ服务器就可进行网上聊天，具体操作如下：

步骤01 双击桌面上的QQ快捷方式图标，或者执行【开始】→【所有程序】→【腾讯软件】→【腾讯QQ】命令。

步骤02 打开【QQ2009】用户登录对话框，在【账号】下拉列表框中输入QQ号码，并在下面的【密码】文本框中输入正确的密码，如图14.18所示。

步骤03 输入完成后单击【登录】按钮，打开正在登录对话框，稍后便可进入QQ的主界面，如图14.19所示。

图14.18 输入账号和密码

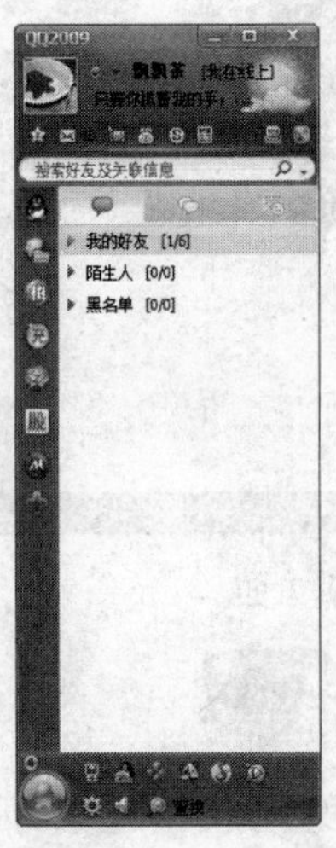

图14.19 登录界面

3. 添加QQ好友

成功登录后，须先添加想要聊天的好友才能进行网上聊天，具体操作如下：

说明：对于新申请的QQ号码，在第一次登录QQ时并没有QQ好友，即没有聊天的对象，因此还不能进行网上聊天。

步骤01 在QQ主界面底部，单击【查找】按钮，打开【查找联系人/群/企业】窗口的【查找联系人】选项卡，如图14.20所示。

步骤02 选中【精确查找】单选按钮，并在下方的【账号】文本框中输入须添加为好友的QQ号，如图14.21所示。

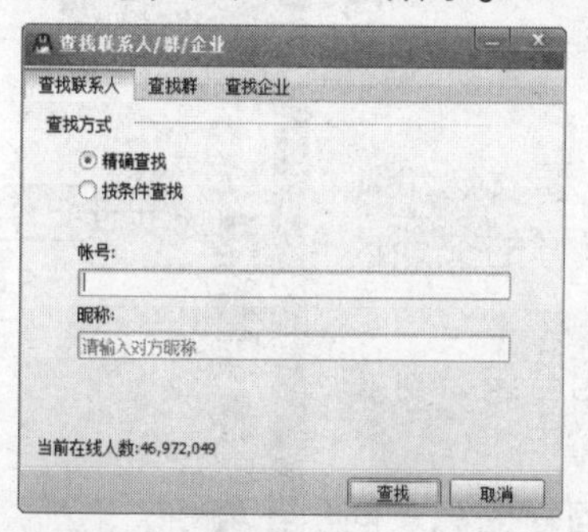

图14.20 【查找联系人】选项卡

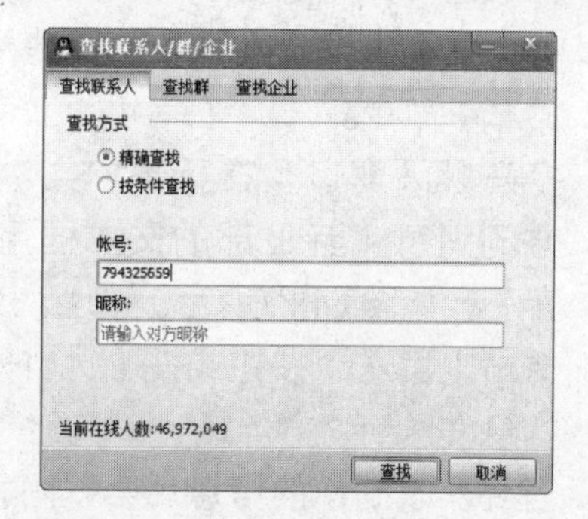

图14.21 输入好友的账号

步骤03 单击【查找】按钮，打开如图14.22所示的对话框，其中显示了查找到的结果。

步骤04 选择该QQ号码，单击【添加好友】按钮，打开【添加好友】提示框，如图14.23所示，在该提示框中，用户可以为好友设置分组。

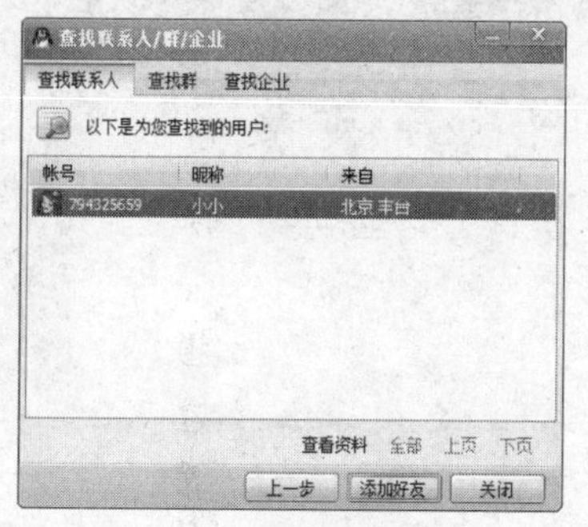

图14.22 显示查找结果

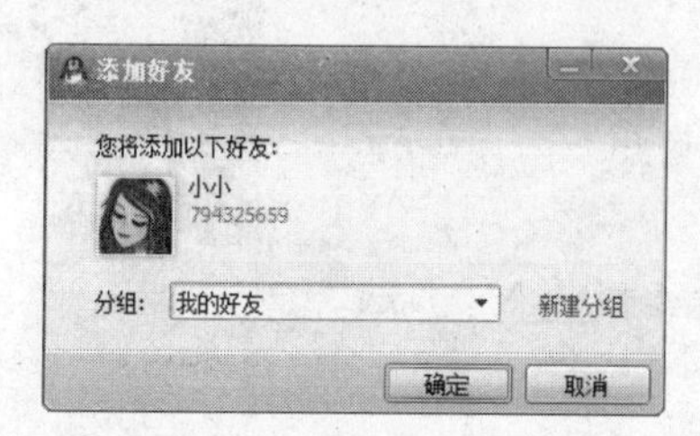

图14.23 【添加好友】提示框

如果需要添加的好友设置了身份验证，则可在【添加好友】提示框中填写验证信息，如图14.24所示。

步骤05 单击【确定】按钮，打开如图14.25所示的提示框，在该提示框中用户可以在【备注（可选）】文本框中为好友设置备注，即在QQ界面中显示的好友名称。

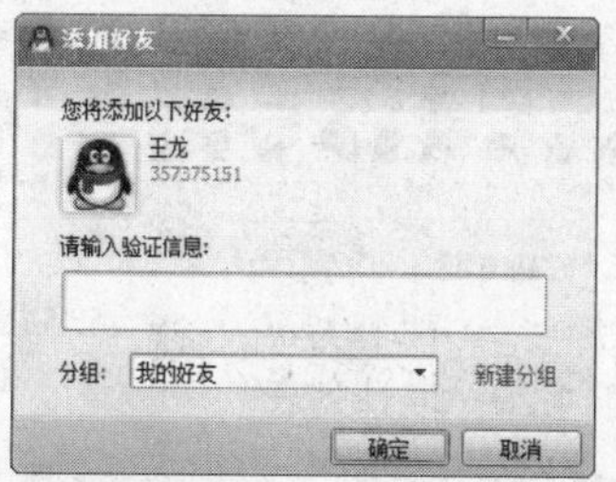

图14.24 需要身份验证

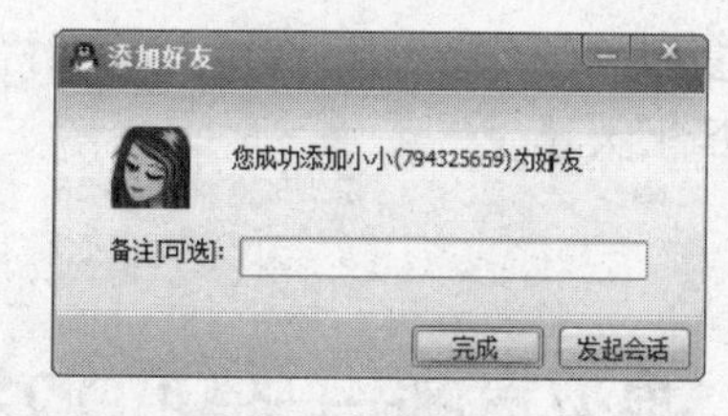

图14.25 设置备注

步骤06 单击【完成】按钮，便可在QQ主界面的【我的好友】栏中看到该QQ好友的头像，这表示已添加该好友，如图14.26所示。

4. 与QQ好友聊天

添加好友后就可以进行网上聊天了，具体操作如下：

步骤01 在QQ主界面中双击QQ好友的头像，或在对方的头像上单击鼠标右键，在弹出的快捷菜单中选择【收发即时信息】命令。

步骤02 打开聊天窗口，在下部的文本框中输入要发送给对方的消息（其上部的文本框用于显示双方的交谈内容），如图14.27所示。

步骤03 单击【发送】按钮或按【Ctrl+Enter】组合键，可将信息发送给对方。

步骤04 当好友收到你的信息后会以同样的方法回复信息，同时你会看到对方的头像不停地闪动，此时双击该头像，在打开的窗口中即会显示对方所回复的信息，如图14.28所示。

图14.26　显示添加的好友

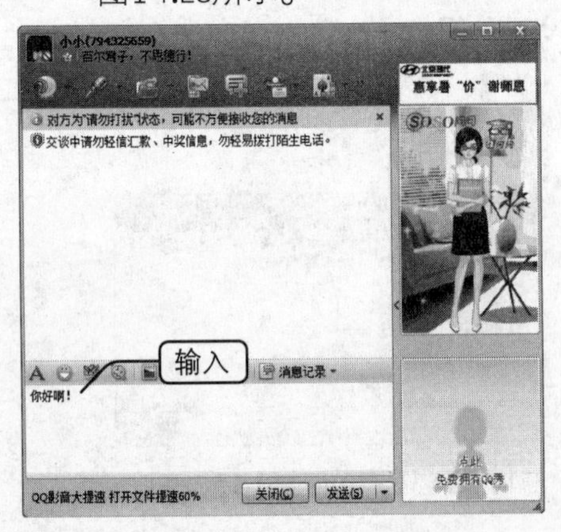

图14.27　聊天界面

图14.28　显示聊天信息

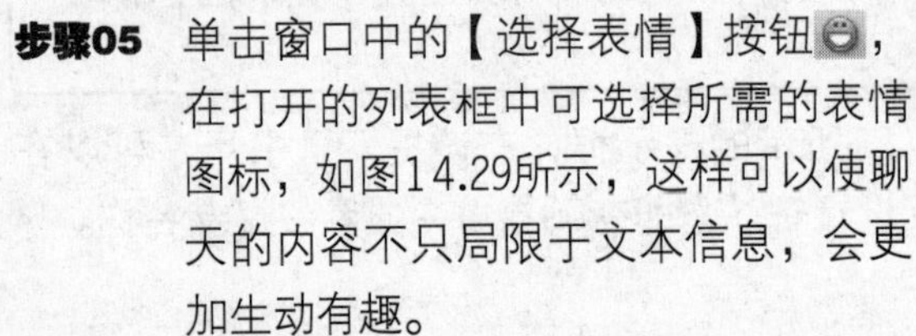

步骤05 单击窗口中的【选择表情】按钮，在打开的列表框中可选择所需的表情图标，如图14.29所示，这样可以使聊天的内容不只局限于文本信息，会更加生动有趣。

步骤06 重复以上操作，即可在网上与QQ好友尽情聊天了。

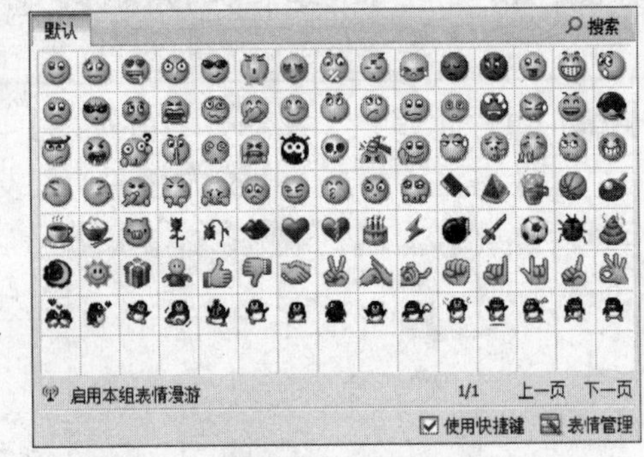

图14.29　表情列表

14.2.2　典型案例——使用QQ发送文件

案例目标

本案例将利用QQ聊天工具给好友发送文件。

操作思路：

步骤01 登录QQ的主界面并向好友发送接收文件的询问信息。

步骤02 接收好友的回复信息。

步骤03 选择接收文件的QQ好友和须发送的文件。

步骤04 发送文件给QQ好友。

操作步骤

步骤01 登录QQ，双击要接收图片的QQ好友的头像，打开聊天窗口。

步骤02 切换到合适的输入法，在聊天窗口下部的输入框中输入“我找到你要的照片了，现在给你传过来，好不好？”，如图14.30所示。

步骤03 待对方同意并返回信息后，单击聊天窗口上方的【传送文件】下拉按钮，在弹出的下拉菜单中选择【发送文件】命令。

步骤04 打开【打开】对话框，在该对话框中选择要传送的文件，如图14.31所示。

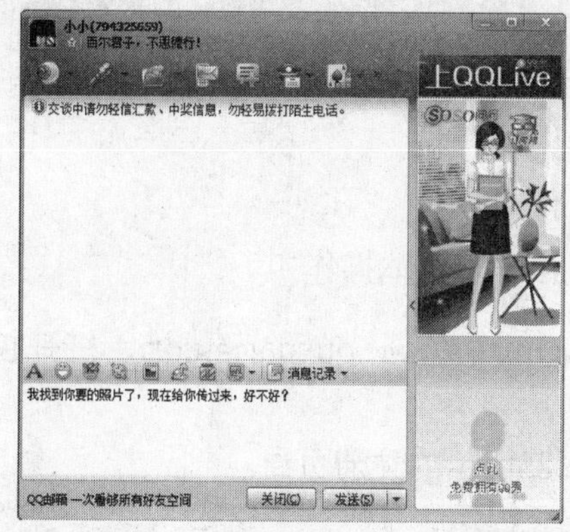

图14.30　输入文本信息

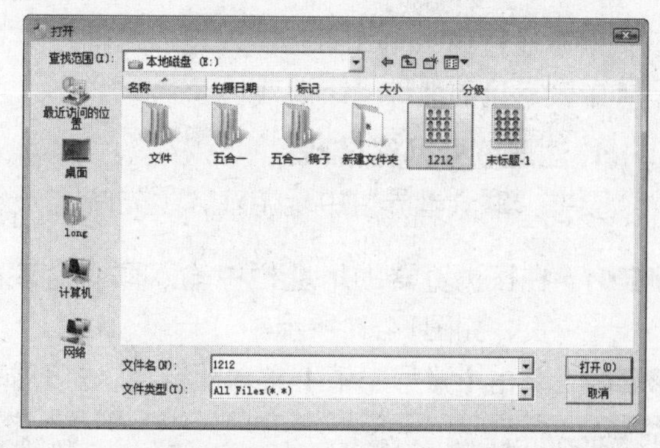

图14.31　选择文件

步骤05 单击【打开】按钮，返回聊天窗口，并向对方发出传送请求，如图14.32所示。

步骤06 当对方同意接收该文件后，将在窗口右侧打开【发送文件】窗格，其中显示了文件传送的速度及进度等信息。

只有当QQ好友在线时，才能将文件传送出去。

步骤07 文件传送完毕后，在聊天消息窗口中将出现成功发送文件的提示信息，表示文件已经发出，如图14.33所示。

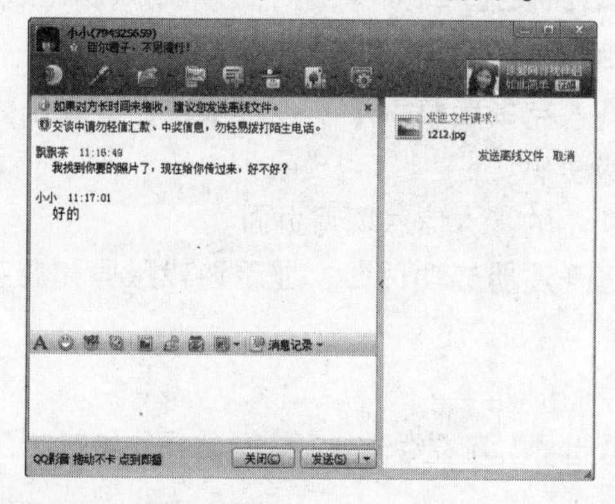

图14.32　等待回应

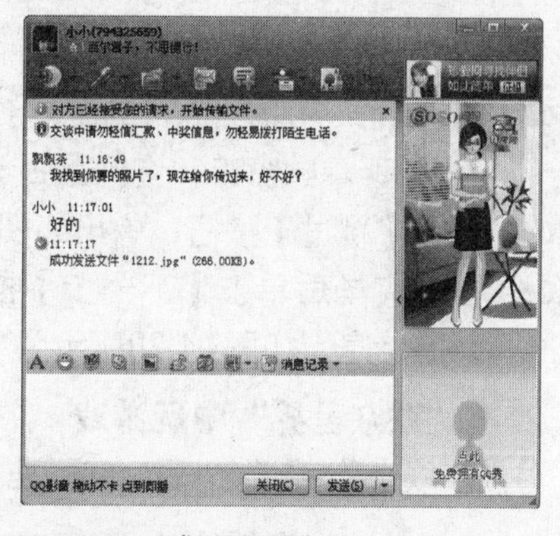

图14.33　成功发送文件

案例小结

本案例练习了通过QQ向好友发送文件的方法，利用QQ不仅可以发送图像文件，还可以发送音频文件、视频文件等。若传送的文件较大，则需要较长的时间。另外，应注意在接收好友发送的文件时，要小心谨慎，不要接收来历不明的文件，以防病毒入侵。

14.3 网上游戏

游戏也是Internet娱乐的重要项目之一，通过Internet进行的游戏叫网络游戏，简称网游。它可以让不同国家、不同地域的人突破空间的限制聚在一起进行游戏与交流。

14.3.1 知识讲解

网游通过Internet实现了人与人之间在游戏中的对抗与合作，联众游戏和QQ游戏就是其中较常见的两种网络游戏。

1. 注册联众网络游戏

要在“联众世界”中玩游戏，须先注册一个游戏账号，具体操作如下：

步骤01 在IE浏览器的地址栏中输入联众游戏的地址http://www.ourgame.com，打开首页，如图14.34所示。

步骤02 单击【账号申请】文本超链接，打开如图14.35所示的注册页面。

图14.34 联众世界首页

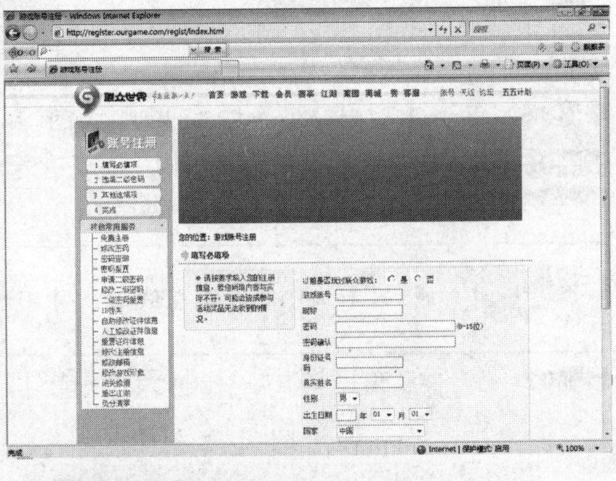

图14.35 打开注册页面

步骤03 在该页面中填写个人的基本资料，输入完毕后单击【下一步】按钮，弹出如图14.36所示的窗口，询问是否设置二级密码。

步骤04 单击【跳过】按钮，弹出如图14.37所示的基本信息填写页面。

步骤05 填写完毕后单击【下一步】按钮，打开注册成功页面，显示游戏账号和游戏形象等信息，如图14.38所示。

2. 在“联众世界”中玩游戏

注册了联众游戏的账号后，就可进入“联众世界”玩在线游戏了，具体操作如下：

步骤01 打开“联众世界”首页，输入游戏账号和密码，登录“联众世界”主页，在其右上方单击【进入游戏大厅】按钮，如图14.39所示。

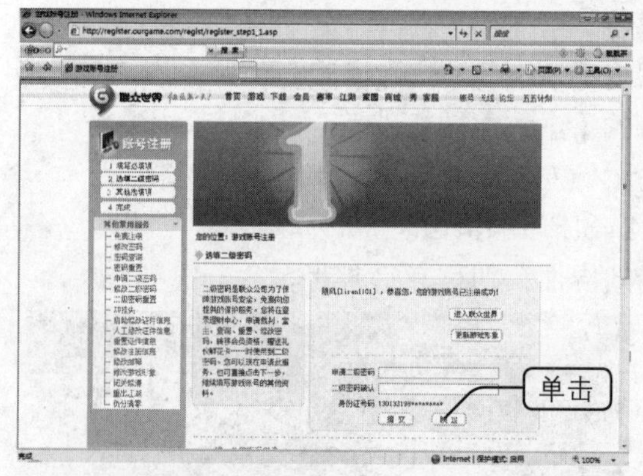

图14.36　设置二级密码

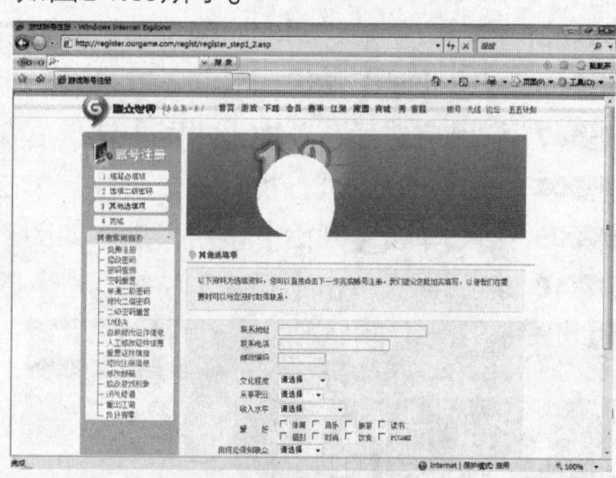

图14.37　基本信息填写页面

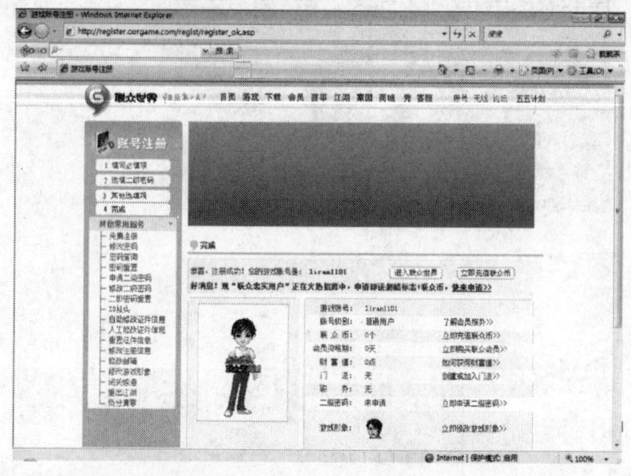

图14.38　注册成功

图14.39　登录主页

步骤02 打开如图14.40所示的界面，要求下载安装“联众游戏大厅”，在下载安装（可参照前面介绍的下载方法进行操作）完成后将在桌面出现快捷方式图标。

步骤03 双击桌面上的【联众世界】快捷图标，打开【登录信息】对话框，在其中输入刚注册的用户名和密码，然后单击【登录】按钮，打开如图14.41所示的联众游戏大厅。

图14.40　要求下载游戏大厅

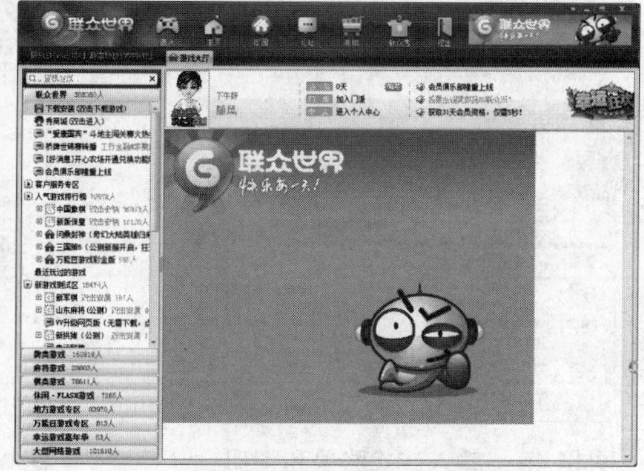

图14.41　进入大厅

步骤04 在左侧的游戏列表中选择要进行的游戏，这里选择【休闲 FLASH游戏】选项中的【拼图】游戏。

步骤05 然后双击鼠标左键，弹出下载提示框。

步骤06 单击【是】按钮，显示下载信息，根据提示下载并安装游戏。

步骤07 安装完成后，单击【拼图】链接右侧的【进入】按钮。

步骤08 进入游戏主页，找到一个座位，单击鼠标左键即可坐下，如图14.42所示。

步骤09 然后单击【开始】按钮，进入如图14.43所示的页面。

步骤10 然后再次单击【开始】按钮，进入游戏界面，即可开始游戏。

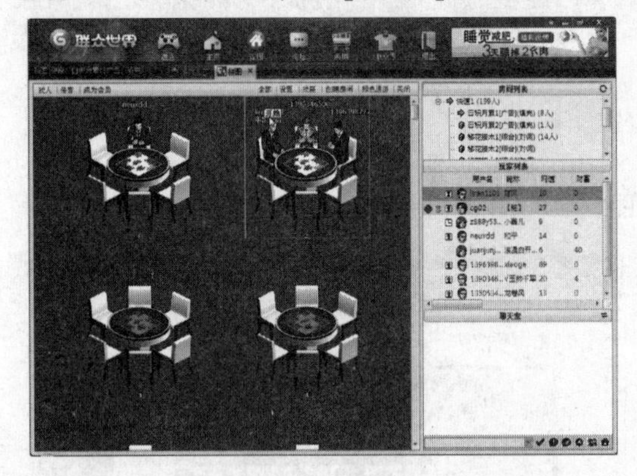

图14.42 找到座位并坐下

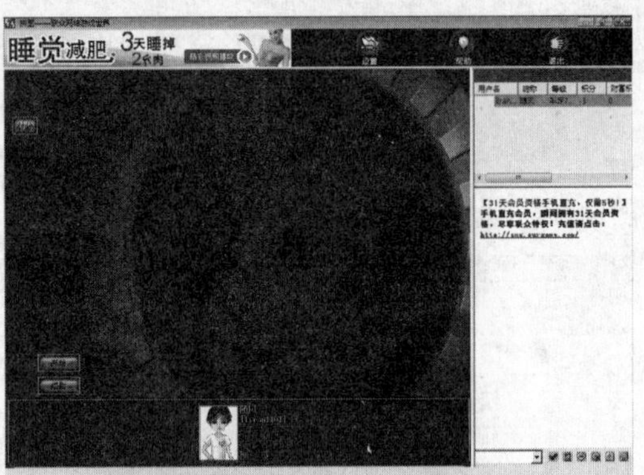

图14.43 拼图游戏页面

3. QQ游戏

QQ游戏与联众游戏相似，在玩之前须下载安装QQ游戏大厅，方法如下：在QQ主窗口中单击【QQ游戏】按钮，打开【在线安装】对话框，如图14.44所示，单击【安装】按钮，按照提示进行安装。

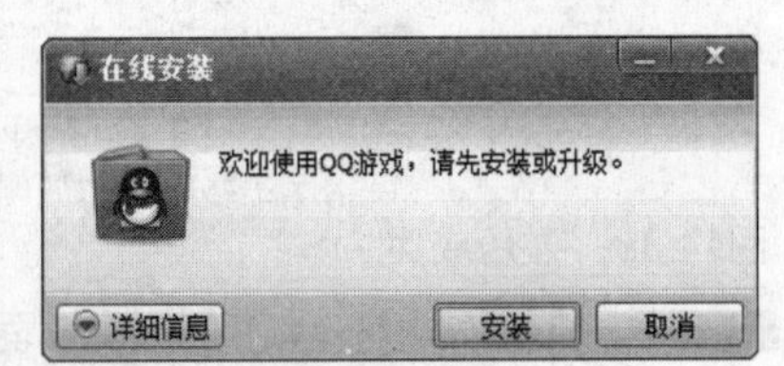

图14.44 【在线安装】对话框

安装完成后，打开登录界面，输入游戏账号和密码，如图14.45所示，单击【登录】按钮进入游戏大厅，如图14.46所示，以后的操作同在联众世界中玩游戏的操作类似。

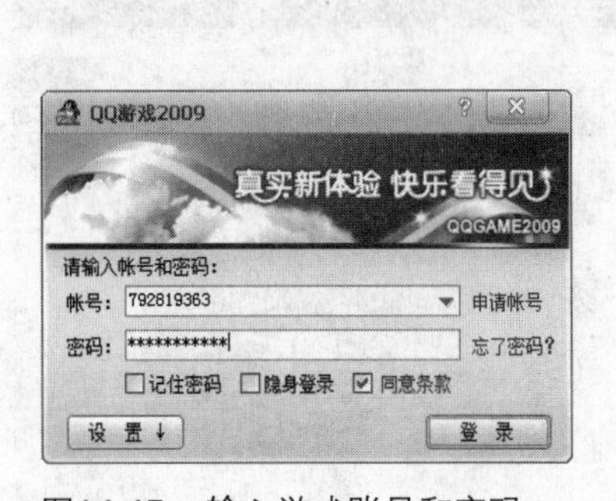

图14.45 输入游戏账号和密码

图14.46 进入游戏大厅

14.3.2 典型案例——玩QQ游戏“欢乐斗地主”

案例目标

本案例介绍QQ游戏中的“欢乐斗地主”游戏，以让读者熟悉在QQ中玩游戏的方法。

操作思路：

步骤01 进入QQ游戏大厅。

步骤02 选择“欢乐斗地主”游戏，进行下载和安装。

步骤03 在QQ游戏大厅中玩“欢乐斗地主”。

操作步骤

步骤01 下载并安装QQ游戏大厅后，双击桌面上的【QQ游戏】快捷图标，打开游戏登录对话框。

步骤02 在该登录对话框中输入自己的QQ号码和密码后单击【登录】按钮，打开QQ游戏主窗口。

步骤03 双击窗口左侧游戏列表栏中的一个已经安装的游戏链接，这里双击【欢乐斗地主】游戏链接，如图14.47所示。

步骤04 弹出【提示信息】对话框，如图14.48所示。

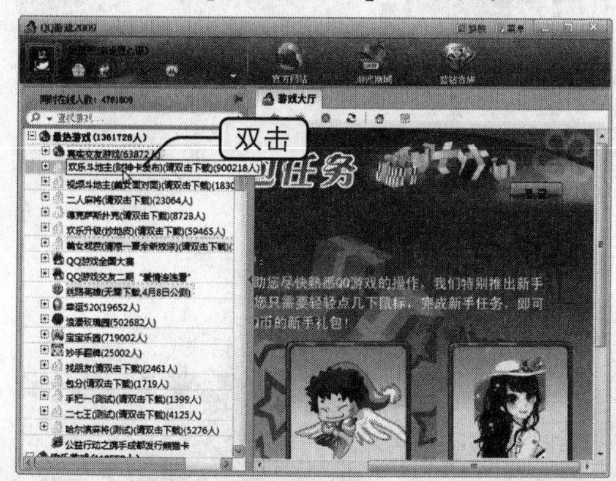

图14.47　双击游戏链接

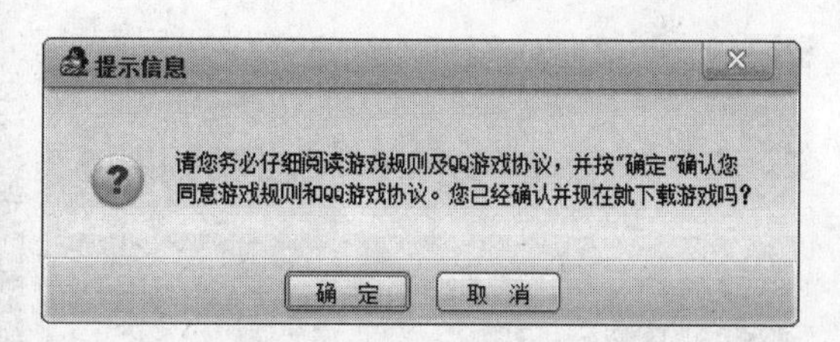

图14.48　提示信息

步骤05 单击【确定】按钮，进行游戏的更新和下载，如图14.49所示，完成下载后自动进行安装。

步骤06 安装完成后弹出提示信息对话框，如图14.50所示。

步骤07 单击【确定】按钮，打开如图14.51所示的服务器列表窗口。

步骤08 在服务器列表中双击任意服务器，打开服务器列表，这里选择【欢乐新手培训场】服务器。

步骤09 双击任意一个培训场，显示登录服务器提示，如图14.52所示。

图14.49　更新和下载游戏

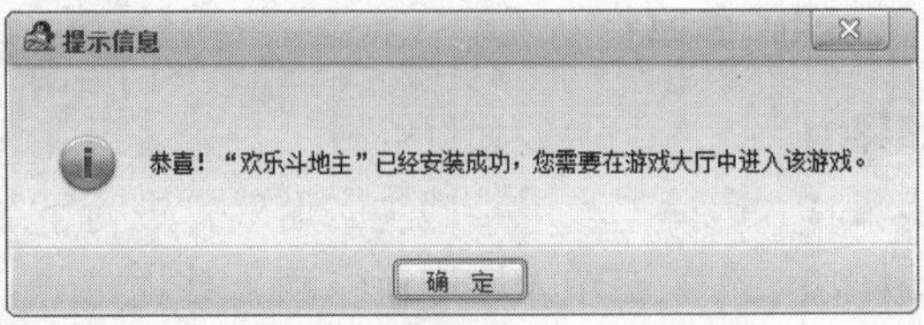

图14.50　提示安装成功

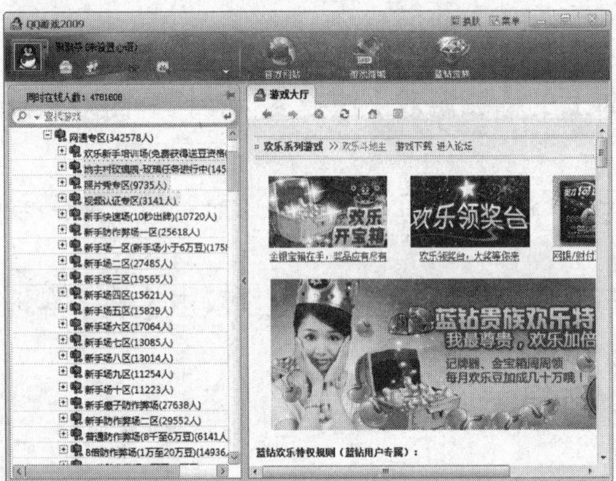

图14.51　打开服务器列表窗口

图14.52　登录服务器

步骤10　登录完成后，QQ游戏主界面将变为如图14.53所示的窗口，单击空缺的位置坐下。

步骤11　当其他玩家加入后进入游戏界面，如图14.54所示。

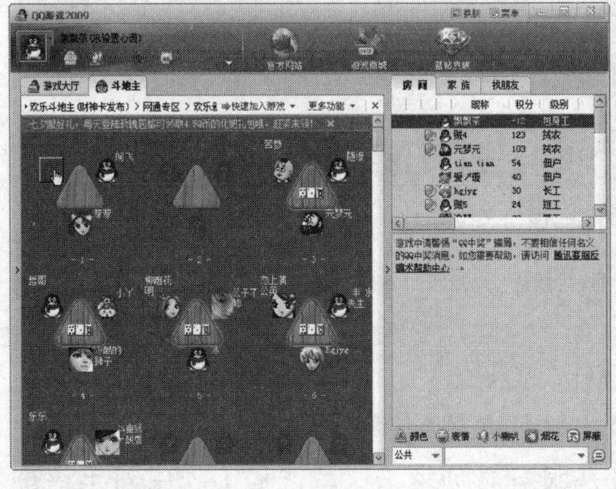

图14.53　游戏主界面

图14.54　进入游戏

步骤12　单击【开始】按钮，即可开始游戏，如图14.55所示。

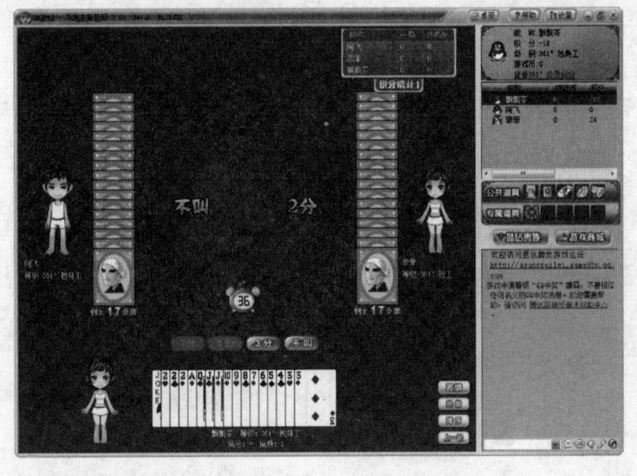

图14.55　开始游戏

案例小结

本案例介绍了玩QQ游戏中“欢乐斗地主”游戏的方法。当然，用户还可以玩其他QQ游戏。

14.4 网上购物

随着电子商务的飞速发展和不断完善，网上购物类网站也越来越多、越来越专业。不仅有阿里巴巴、淘宝这样的专业购物网，甚至一些大型门户网站也开设了网上商城，如新浪商城、易趣网、腾讯拍拍网等。本节将介绍网上购物的一些基础知识。

14.4.1 知识讲解

网上购物是电子商务最常见的一种服务，它不仅快捷、方便，而且安全性和保密性也很好，用户可以足不出户地在购物网上选购商品。

1. 在购物网站注册

在任何一个购物网站购物之前，都要先在其网站中注册，方法如下：单击网站主页中相应的注册按钮，在打开的网页中填写信息，然后提交即可。

2. 选购商品

注册后就可进行网上购物了。下面以在易趣网上进行购物为例讲解网上购物的方法，具体操作如下：

步骤01 在IE浏览器的地址栏中输入易趣网的网址“http://www.eachnet.com/”，按【Enter】键打开其购物主页，如图14.56所示。

步骤02 使用注册的名称和密码进行登录，然后在主页中根据所购买的物品类别单击相应的链接。

步骤03 打开相应类别的商品链接，继续单击商品分类链接，直到找到符合的商品，如图14.57所示。

步骤04 单击【立即购买】按钮，打开收货地址和付款方式等信息窗口，在此填写订单，如图14.58所示。

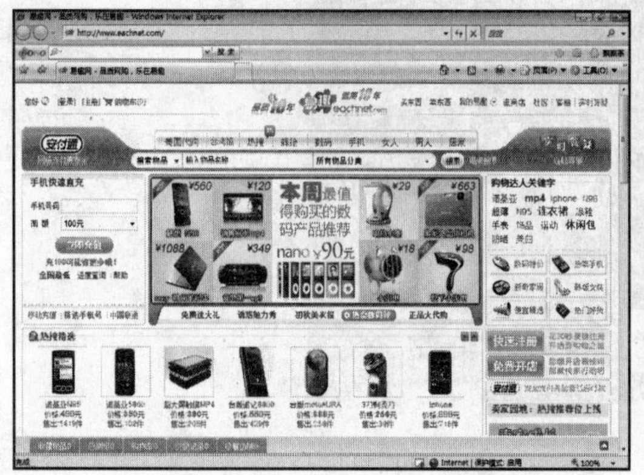

图14.56 易趣网主页

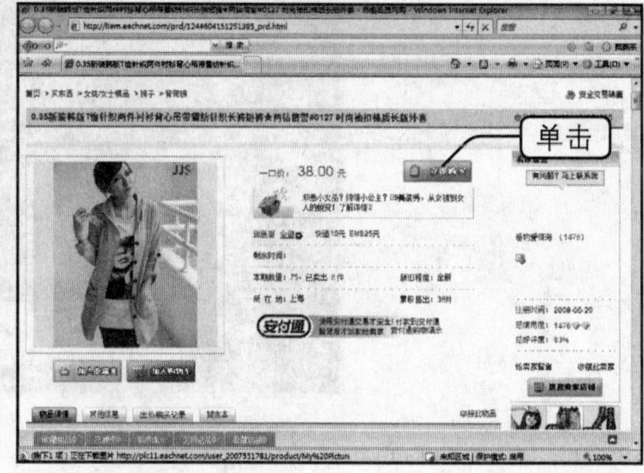

图14.57 选择商品

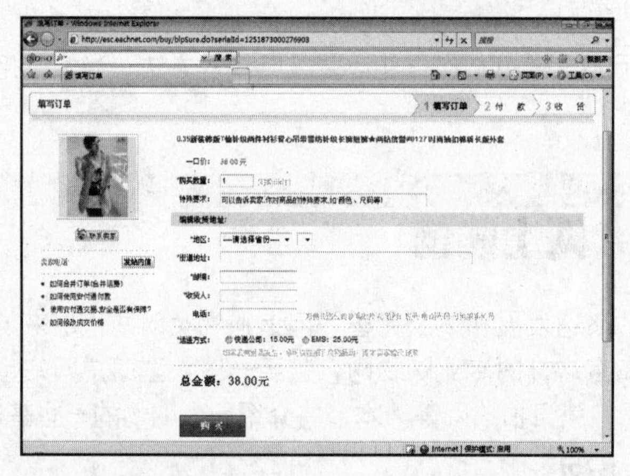

图14.58 填写订单

步骤05 提交订单之后只须坐在家里就能买到称心如意的商品了。

14.4.2 典型案例——在当当网购买图书

案例目标

本案例介绍如何在当当网购买图书，以巩固网上购物的操作方法。

操作思路：

步骤01 在当当网进行用户注册。

步骤02 登录当当网，选择须购买的图书。

步骤03 填写订单信息，购买商品。

操作步骤

步骤01 在IE浏览器中打开当当网（网址为http://www.dangdang.com/），单击其首页的【注册】按钮，根据注册向导进行用户名注册。

步骤02 使用刚刚注册的用户名和密码登录到当当网，主页如图14.59所示。

步骤03 在导航条中单击【图书】文本超链接，打开如图14.60所示的页面。

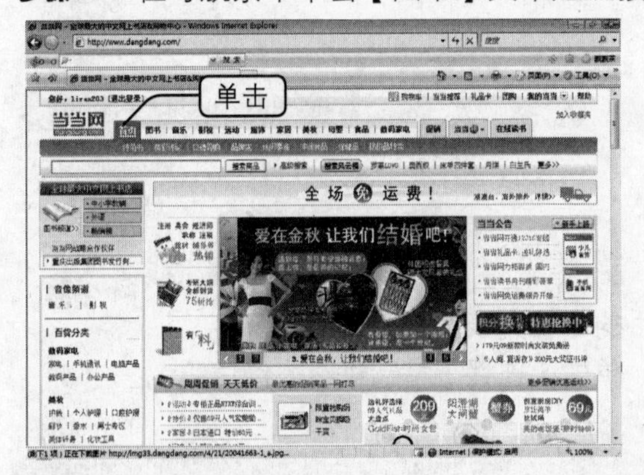

图14.59 登录当当网

图14.60 图书类别

步骤04 在左侧的【分类浏览】列表中选择图书类别，继续单击图书分类链接，直到找到符合的图书。

步骤05 单击须购买的商品链接，在打开的页面中将显示该商品的价格及出版信息等，如图14.61所示。

步骤06 单击【购买】按钮，打开选择订单页面，如图14.62所示。

步骤07 单击【结算】按钮，打开核对订单信息窗口，包括收货人信息、付款方式以及商品清单等信息。

步骤08 最后单击【提交订单】按钮即可完成网上购买活动。

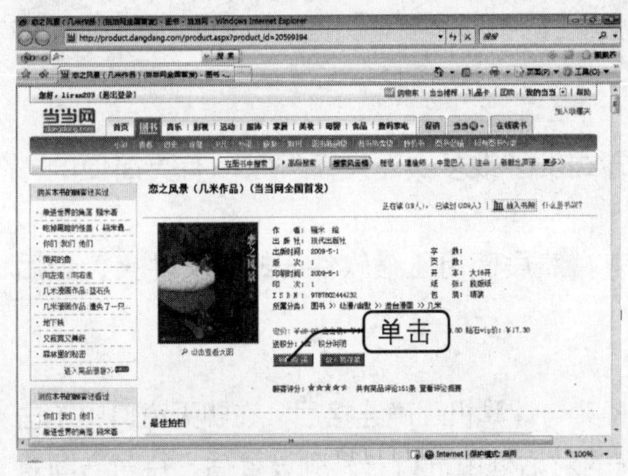

图14.61 显示商品信息

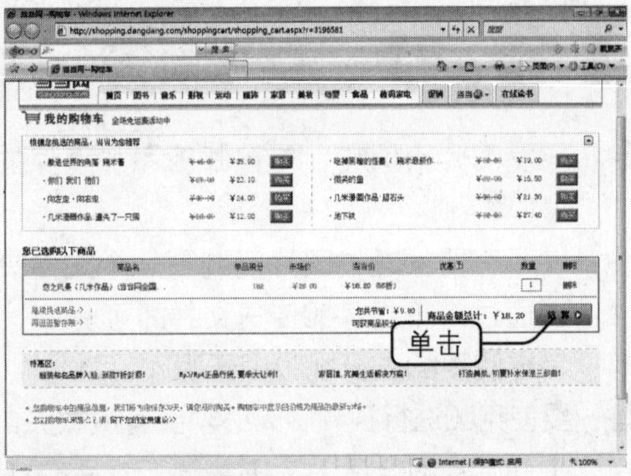

图14.62 选择订单页面

案例小结

本案例练习了在当当网购买图书的方法。应注意的是，若非实际需要该商品，一定不要轻易发出订单；否则就表示你确认从卖家处购买此物品，并接受一份有法律约束力的协议。不履行该协议将会受到法律制裁，这也正是网上购物安全性的一方面体现。

14.5 上机练习

14.5.1 连续试听免费音乐

本次练习将在七禧网上试听音乐。

操作思路：

步骤01 启动IE浏览器并打开七禧网。

步骤02 通过分类查找，找到自己喜欢的歌手的专辑列表。

步骤03 进入专辑列表并选择要试听的歌曲，单击【连播】按钮进行连续试听。

14.5.2 查找QQ好友

本次练习将在QQ中查找好友并将其添加到自己的好友列表中。

操作思路：

步骤01 单击QQ界面底部的【查找】按钮，打开【查找联系人/群/企业】对话框。

步骤02 选择【按条件查找】单选按钮，选择查找条件。

步骤03 单击【查找】按钮，在打开的对话框中选择一个好友，单击【查看资料】超链接。

步骤04 查看后单击【加为好友】按钮，添加好友。

14.6 疑难解答

问：要发图片给朋友，使用邮箱添加附件的方式发了很多次还没有发完，有更简便的方法吗？

答：将所有要发送的图片复制到一个文件夹中，然后使用压缩软件压缩该文件夹，最后再通过邮箱或者QQ传送文件即可。

问：怎样使用QQ进行视频聊天呢？

答：要使用QQ进行视频聊天必须要有摄像头，将其与计算机正确连接后，在聊天窗口中单击【开始视频会话】按钮，然后在打开的对话框中进行一系列设置后，待对方同意即可聊天了。不过，要想看到对方的样子则需要对方的计算机上连接有摄像头才行。

问：每次进入QQ游戏大厅，速度都非常慢，有时选择了房间也登录不进去，这是什么原因呢？

答：造成无法登录的原因很多，有可能是因为网速太慢，或者是同时打开了很多应用程序，导致计算机本身运行很慢，还有可能是由于当时是上网高峰期，同时登录游戏服务器的人数太多造成的。

问：网上求职会收费吗？

答：不会。目前绝大部分正规人才招聘网不会向求职者收取任何费用，但如果遇到要收费的网站，求职者就要判断其是否为正规网站，以免上当。

14.7 课后练习

选择题

1 下列（　　）网站提供网上贸易服务。

A、前程无忧　B、土豆网　C、易趣　D、天空软件

2 要想通过网络购物，必须先（　　）。

A、申请免费邮箱　B、注册　C、搜索商品　D、出价

3 网上购物的特点有（　　）。

A、方便　B、快捷　C、种类齐全　D、便宜

问答题

1 简述如何在网上听音乐。

2 简述通过QQ聊天工具和朋友进行聊天的方法。

3 简述网上购物的过程。

上机题

1 申请一个免费QQ号码，并利用该号码添加好友，进行网上聊天。

- 在QQ登录窗口中单击【申请号码】按钮，根据向导提示申请免费的QQ号码。
- 进入QQ主界面并添加一个或多个QQ好友。
- 与所添加的好友进行网上聊天。

2 在卓越网上购买商品。

打开卓越网的页面，然后在打开的页面中找到【小家电】文本超链接，单击该链接，查找微波炉的相关信息。

第15课

电子邮件的应用

本课要点

电子邮箱的申请
电子邮件的收发
电子邮件的管理

具体要求

电子邮件简介
电子邮箱的申请
在网上收取电子邮件
在网上发送电子邮件
用Foxmail收发电子邮件
回复邮件
转发邮件
删除邮件
创建通信录

本课导读

在网络技术日趋成熟的今天，网络通信以其快速、准确的信息传播特点，得到了广泛的应用。使用网络通信，不会因为地域的距离和时间的紧张而产生信息传播不及时。网络通信中使用最广泛的是电子邮件。

15.1 电子邮箱的申请

电子邮件以其快速、方便且可靠地传递和接收信息，成为人们生活和工作中不可缺少的交流方式之一。

15.1.1 知识讲解

学习使用电子邮件之前，应先了解电子邮件的概念和优点，然后再申请一个电子邮箱，这些都是使用电子邮件的基础。

1. 电子邮件简介

电子邮件又称“E-mail”，通过网络发送电子邮件没有时间和地域的限制，使用它可以便捷地与商务伙伴或者朋友进行交流，传送声音、图片和视频等多种类型的文件，还可以通过网站的服务订阅各种电子杂志、新闻及资讯。

1）电子邮件的特点

与普通邮件相比，电子邮件具有以下几方面的特点。

- **价钱更便宜：** 电子邮件的价格比普通邮件要便宜许多，且传送的距离越远，相比之下就越合算。
- **速度更快捷：** 只需几秒的时间即可完成电子邮件的发送和接收。
- **内容更丰富：** 电子邮件不仅可以像普通邮件一样传送文本，还可以传送声音和视频等多种类型的文件。
- **使用更方便：** 收发电子邮件都是通过计算机完成的，并且接收邮件无时间和地域限制，操作起来也比手工方便。
- **投递更准确：** 电子邮件投递的准确性极高，因为它将按照全球唯一的邮箱地址进行发送，确保准确无误。

2）电子邮箱

电子邮箱是用于发送、接收以及保存电子邮件的工具，相当于传统通信中邮局的信箱。

3）邮箱地址

电子邮箱的地址格式为user@mail.server.com，其中user是收件人的账号；@符号用于连接地址前后两部分；mail.server.com是收件人的电子邮件服务器名，可以是域名，也可以是用十进制数字表示的IP地址，如yxi123@163.com就是一个电子邮箱地址。

2. 电子邮箱的申请

要使用电子邮箱收发电子邮件，必须先申请一个属于自己的电子邮箱。电子邮箱主要有免费邮箱和收费邮箱（收费邮箱的功能比免费邮箱的功能更强，适用于公司企业或业务较多的个人）两种类型。普通用户没有必要申请收费邮箱，只需在提供免费邮箱申请的网站上申请免费邮箱即可。

下面以在网易网站上申请一个免费电子邮箱为例讲解免费电子邮箱的申请方法，具体操作如下：

步骤01 启动IE浏览器，在其地址栏中输入网易网站的网址“http://www.163.com/”，然后按【Enter】键，打开其首页，如图15.1所示。

步骤02 单击页面上方的【注册免费邮箱】链接，打开注册新用户页面，如图15.2所示。

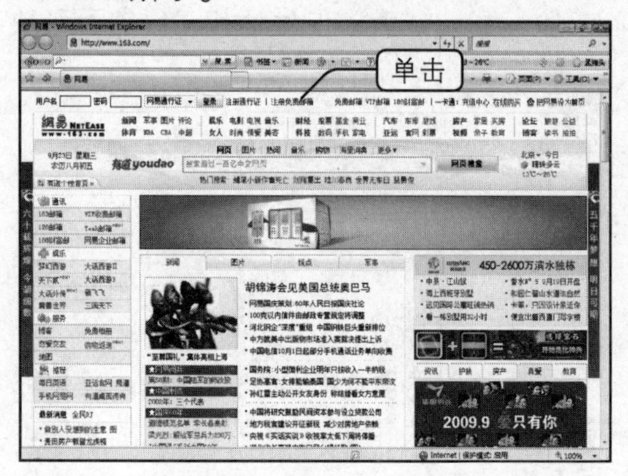

图15.1 网易首页

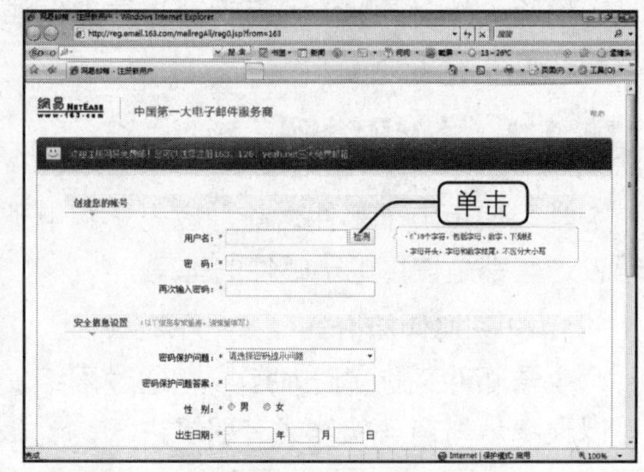

图15.2 注册新用户页面

步骤03 在打开页面的【用户名】文本框中输入电子邮箱的用户名，单击【检测】文本超链接，检查用户名是否可用，如图15.3所示。

步骤04 选择一种电子邮件服务器，例如选择126.com，然后在该页面中设置邮箱的密码和安全信息。

步骤05 单击【创建账号】文本超链接，将打开申请成功的页面，表示电子邮箱已经申请成功，并在页面中显示出该邮箱地址，如图15.4所示。

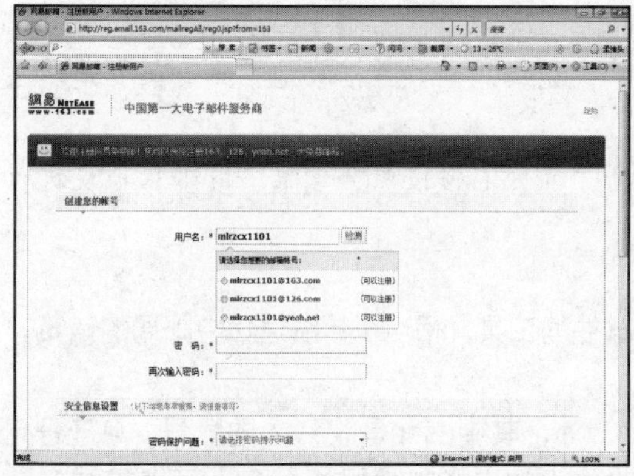

图15.3 检查用户名是否可用

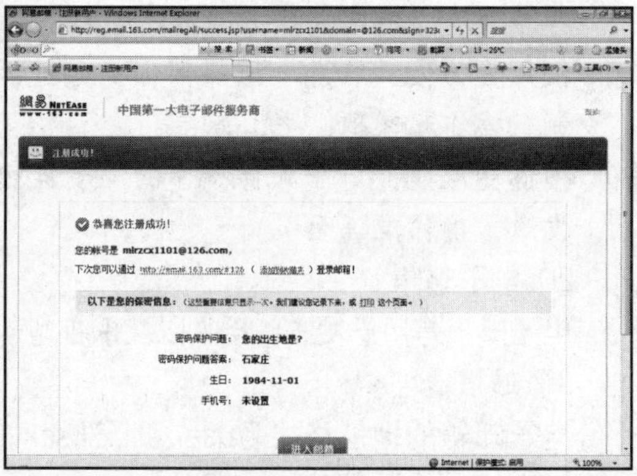

图15.4 申请成功

15.1.2 典型案例——在雅虎网申请免费电子邮箱

案例目标

本案例将在雅虎网中申请免费电子邮箱，以巩固在Internet中申请免费邮箱的方法。

操作思路：

步骤01 进入雅虎网，单击有关申请免费电子邮箱的链接。

步骤02 按照申请向导的提示填写相关信息。

步骤03 获得电子邮箱地址。

步骤01 打开IE浏览器，在地址栏中输入雅虎网站的地址“http://cn.yahoo.com/”，按【Enter】键，打开其主页，如图15.5所示。

步骤02 在主页右侧单击【雅虎邮箱】文本超链接，打开雅虎邮箱页面，如图15.6所示。

图15.5 雅虎主页

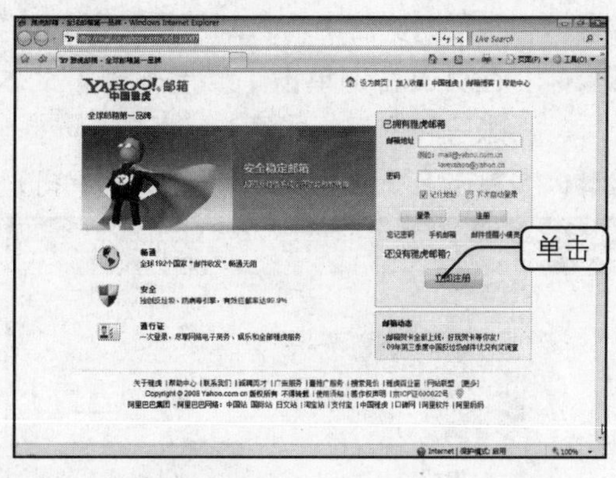

图15.6 雅虎邮箱页面

步骤03 在该页面中单击【立即注册】文本超链接，打开填写注册信息页面，如图15.7所示。

步骤04 填写完成后，单击【同意并提交】文本超链接，将显示申请成功页面，如图15.8所示。

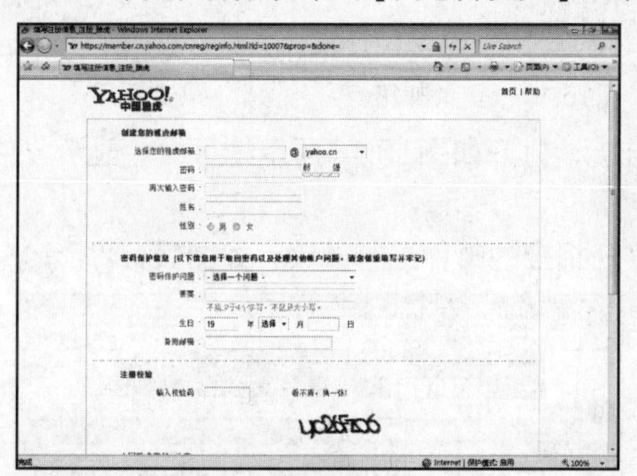

图15.7 填写注册信息页面

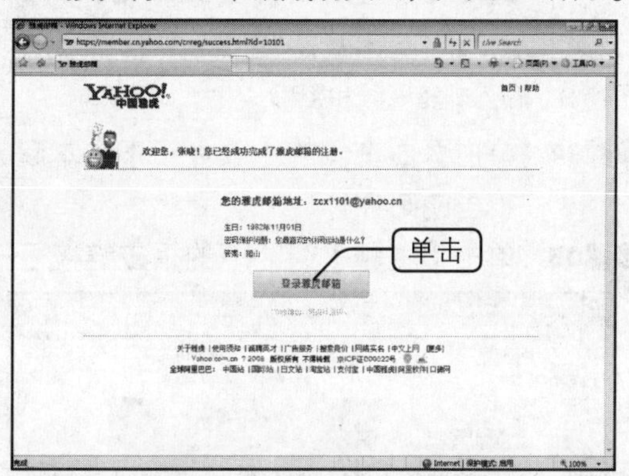

图15.8 申请成功页面

步骤05 单击【登录雅虎邮箱】文本超链接，将打开新申请的邮箱，或者等待20秒后，再自动跳转到新邮箱页面。

案例小结

本案例介绍了怎样申请免费电子邮箱，须注意的是在填写注册信息时，一定要慎重填写并牢记邮箱名称和密码。

15.2 电子邮件的收发

申请电子邮箱之后，便可登录并使用该电子邮箱进行邮件的接收和发送等操作。

15.2.1 知识讲解

收发电子邮件有两种方法，一是在网上进行收发，二是利用收发邮件的软件进行收发。

1. 在网上收取电子邮件

在网上通过浏览器收取电子邮件是最常见的方法，只要在能上网的地方，就可以在不借助其他软件的情况下收发电子邮件，具体操作如下：

步骤01 在IE浏览器中输入邮箱所在网站（如雅虎网）的网址，打开雅虎网的首页。

步骤02 在页面右侧单击【雅虎邮箱】文本超链接，在打开的页面中输入所申请的邮箱账号和密码，如图15.9所示。

步骤03 单击【登录】按钮，登录邮箱，打开如图15.10所示的网页，提示有一封未读邮件。

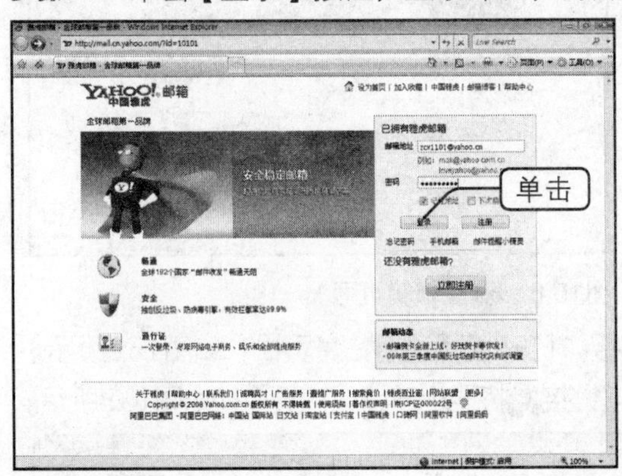

图15.9 输入邮箱账号和密码

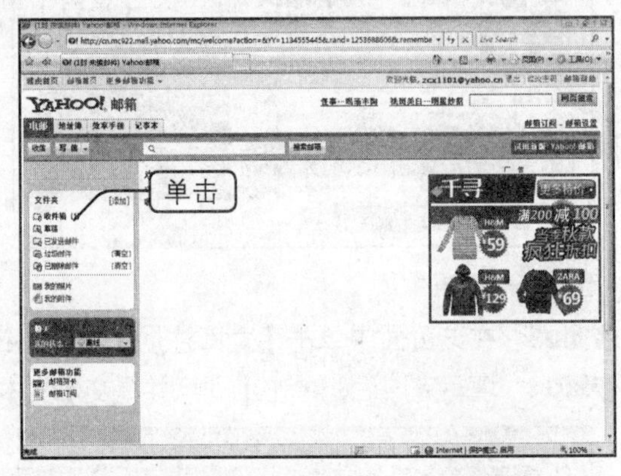

图15.10 登录邮箱

步骤04 单击页面左侧的【收件箱】文本超链接，打开如图15.11所示的页面，显示收件箱里的邮件。

步骤05 单击【主题】选区下的相应链接可打开相应的邮件进行阅读，如图15.12所示。

图15.11 显示收件箱中的邮件

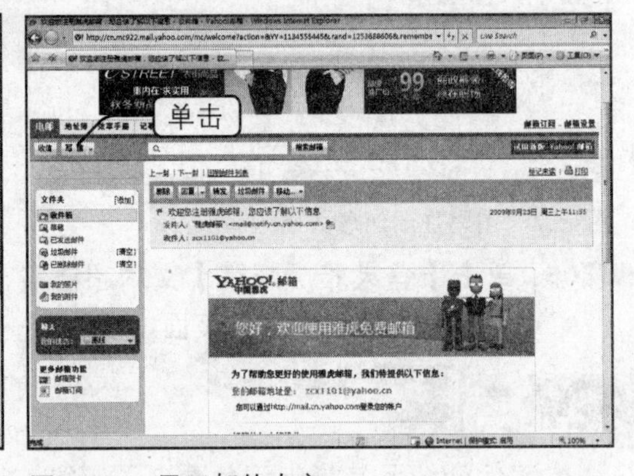

图15.12 显示邮件内容

在查看邮件内容时，可通过单击该网页上方的各个按钮，对邮件进行相关操作，如进行回复和删除邮件操作等。

2. 在网上发送电子邮件

通过浏览器发送电子邮件的具体操作如下：

步骤01 登录邮箱（仍以雅虎网邮箱为例）后，单击网页左侧的【写信】文本超链接，打开如图15.13所示的页面。

步骤02 在【收件人】文本框中输入接收电子邮件方的邮箱地址，在【主题】栏右侧的文本框中输入所写邮件的主题，在【正文】文本框中输入邮件的内容，如图15.14所示。

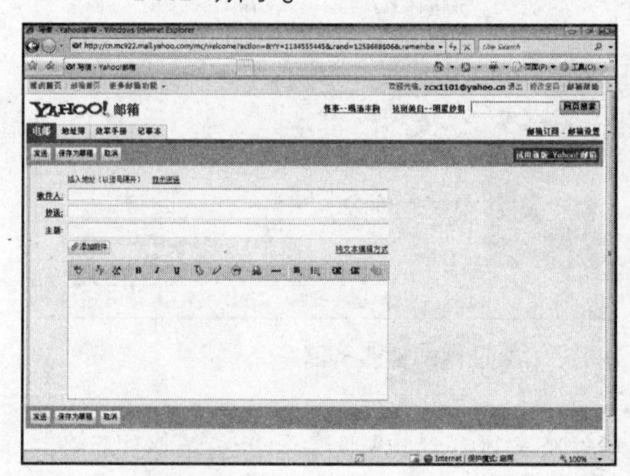
图15.13 写信页面

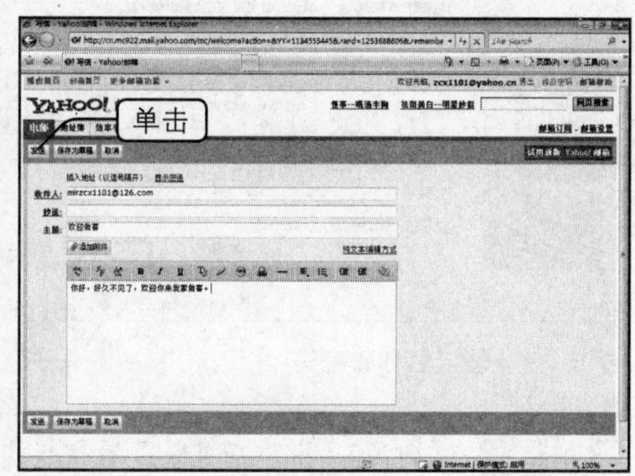

图15.14 撰写邮件

步骤03 单击【发送】按钮，打开如图15.15所示的页面，显示发送成功。

步骤04 单击页面右上方的【退出】文本超链接即可退出当前页面。

3. 用Foxmail收发电子邮件

Foxmail是一个专业的收发电子邮件的软件，使用Foxmail之前，须添加邮件账户，这样才能进行邮件的收发及管理。

1）添加新账户

安装并启动Foxmail后，如果还没有添加账户，系统将自动打开如图15.16所示的【向导】对话框。

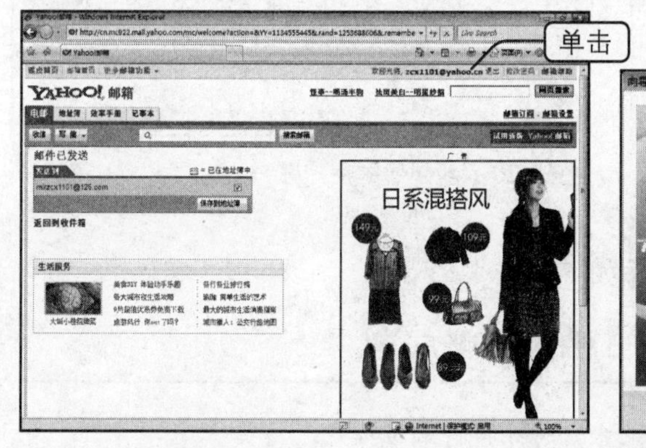

图15.15 显示发送成功

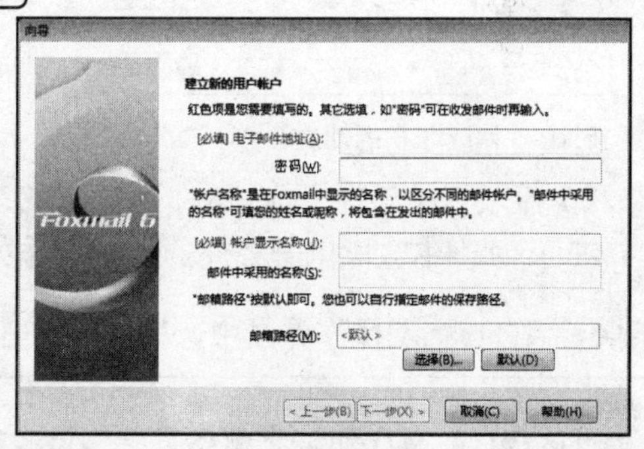

图15.16 【向导】对话框

根据其中的提示可添加账户，具体操作如下：

步骤01 在【向导】对话框的【电子邮件地址】和【密码】文本框中分别输入电子邮件地址和密码。

步骤02 在【账户显示名称】和【邮件中采用的名称】文本框中分别输入名称，如图15.17所示。

步骤03 单击【下一步】按钮，打开【指定邮件服务器】对话框，在【接收邮件服务器】和【发送邮件服务器】文本框中输入相应服务器的地址，这里保持默认设置，如图15.18所示。

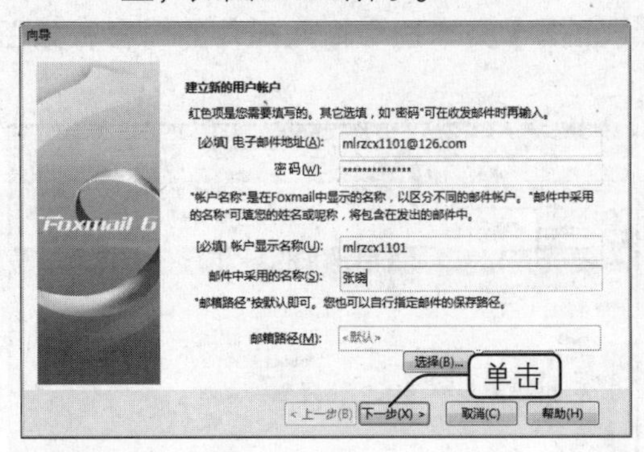

图15.17 输入名称和密码

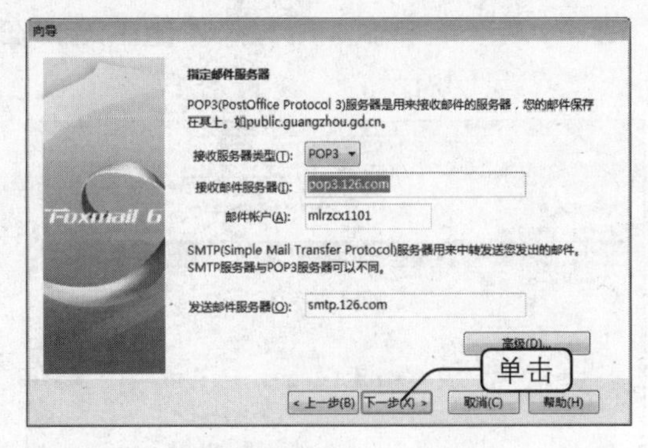

图15.18 设置邮件服务器

POP3（或POP）服务器指接收邮件服务器；SMTP服务器指发送邮件服务器，这两个服务器须正确设置，否则将不能成功接收和发送邮件。

步骤04 单击【下一步】按钮，打开【账户建立完成】对话框，如图15.19所示。

步骤05 单击【完成】按钮，此时可以看见Foxmail窗口中新建了一个账户，如图15.20所示。

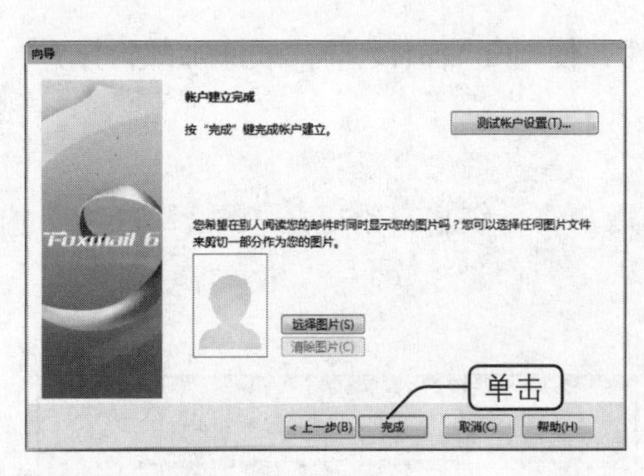

图15.19 完成账户的创建

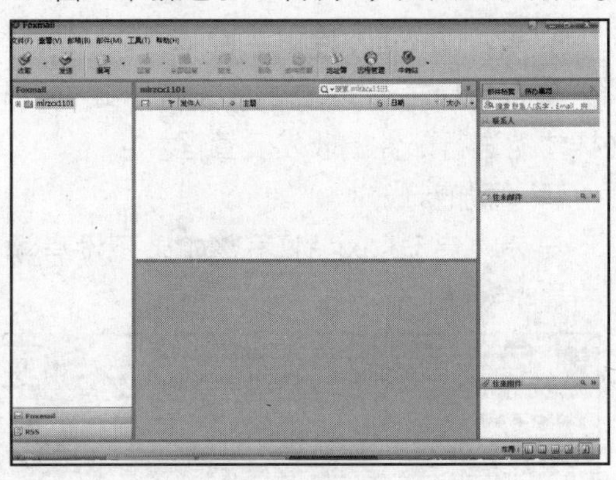

图15.20 新创建的用户账户

2）接收电子邮件

在Foxmail中收取电子邮件的具体操作如下：

步骤01 在Foxmail操作界面中选择要收取邮件的邮箱账户。

当Foxmail中创建了多个登录账户时才执行本步操作。

步骤02 单击工具栏中的【收取】按钮，系统将开始收取邮件，同时打开一个提示对话框，显示收取邮件的信息和进度，如图15.21所示。

图15.21 显示收取邮件的信息和进度

单击【取消】按钮可以取消邮件的收取操作。

步骤03 收取完成后，在窗口左侧单击用户账户前面的小加号，在【收件箱】文件夹中将显示收到的邮件数量，右侧将列出收取的所有邮件，如图15.22所示。

步骤04 选择某邮件后将在下方的邮件内容区显示出该邮件的内容，如图15.23所示，未阅读的邮件呈黑体显示。

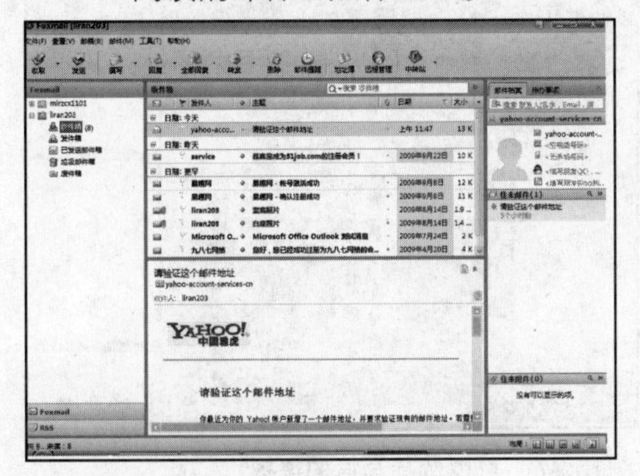

图15.22 显示收取的邮件

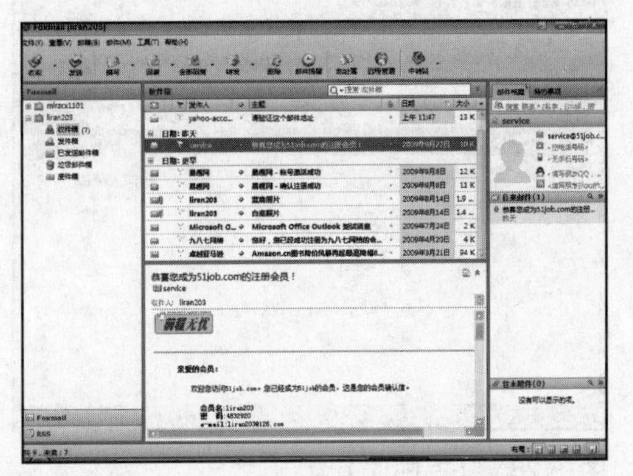

图15.23 显示邮件内容

当接收的邮件包括其他图片或声音等附件时会在Foxmail主界面中显示出来，如图15.24所示。双击该图标将打开【附件】对话框，如图15.25所示。单击【打开】按钮可查看该附件，单击【保存】按钮可将附件保存到本地计算机中。

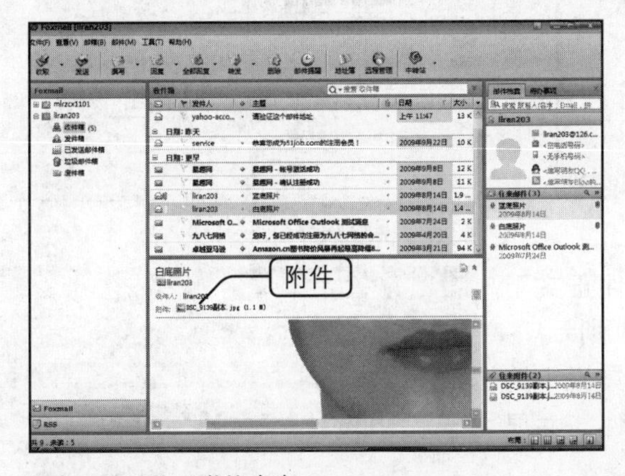

图15.24 显示附件内容

图15.25 【附件】对话框

3）发送电子邮件

用Foxmail发送电子邮件的具体操作如下：

步骤01 在Foxmail界面左侧选择需要发送邮件的账户，然后单击工具栏中的【撰写】按钮或执行【邮件】→【写新邮件】命令，打开如图15.26所示的【写邮件】窗口。

单击【撰写】下拉按钮，在打开的下拉列表中提供了各式各样的写信模板供用户使用，如图15.27所示。

步骤02 在【收件人】文本框中可输入收件人的邮箱地址，在【主题】文本框中可输入这封邮件所表达的主题，在正文区中可输入邮件的内容，如图15.28所示。

步骤03 单击工具栏中的【附件】按钮，在打开的【打开】对话框的【查找范围】下拉列表框中选择附件的路径，在其下的列表框中选择一个附件，可以是图片、声音等，如图15.29所示。

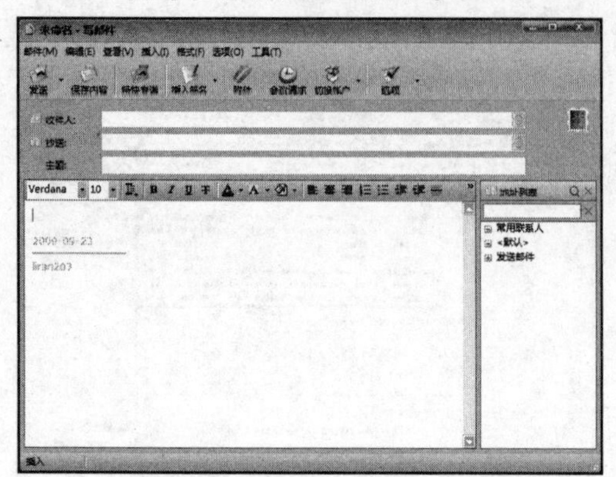

图15.26 【写邮件】窗口

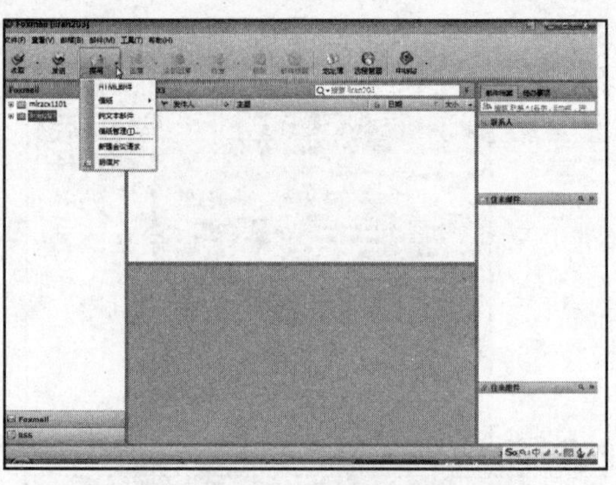

图15.27 可以选择写信的模板

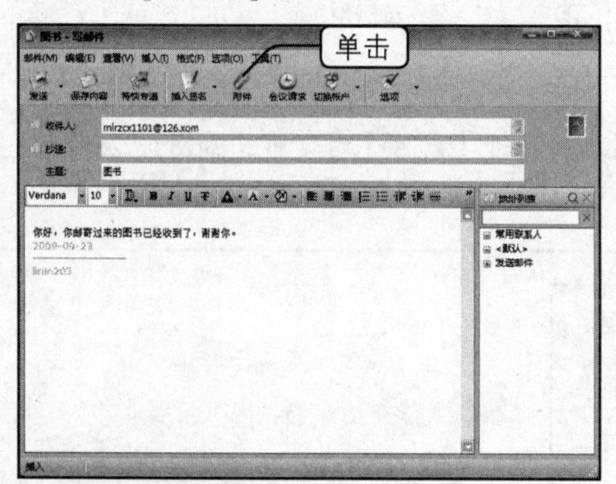

图15.28 写邮件

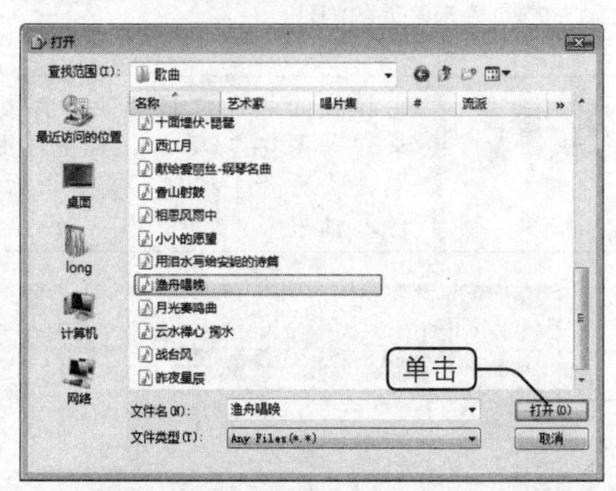

图15.29 选择附件

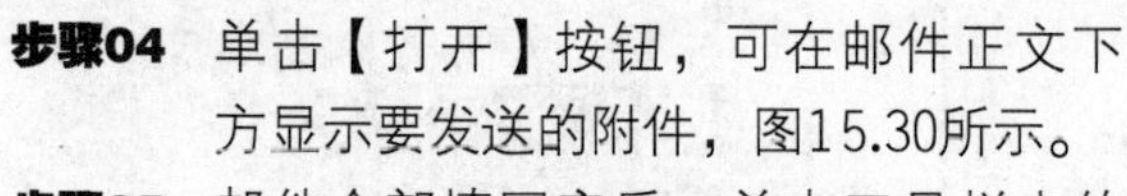

步骤04 单击【打开】按钮，可在邮件正文下方显示要发送的附件，图15.30所示。

步骤05 邮件全部填写完后，单击工具栏中的【发送】按钮，即可发送邮件，并显示发送的进度对话框。

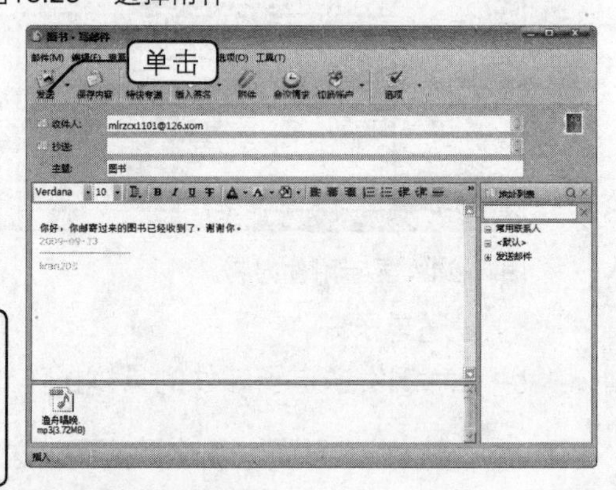

图15.30 显示附件

邮件发送成功后进度对话框自动消失，并在用户区域中的【已发送邮件箱】文件夹中显示出已经发送的邮件。

15.2.2 典型案例——使用Foxmail发送邮件

本案例将练习用Foxmail给朋友发送邮件，并在邮件中添加一个附件。

操作思路：

步骤01 启动Foxmail，进入【写邮件】窗口。

步骤02 输入收件人的邮箱地址、邮件主题和邮件内容等信息。

步骤03 在邮件中添加附件。

步骤04 发送邮件给朋友。

素材位置：【第15课\素材\01.bmp】

操作步骤

步骤01 启动Foxmail，选择发送邮件的账户。

步骤02 单击工具栏中的【撰写】下拉按钮，在弹出的下拉列表中选择【信纸】→【物语】→【枫叶】选项，如图15.31所示。

步骤03 打开【写邮件】窗口，如图15.32所示。

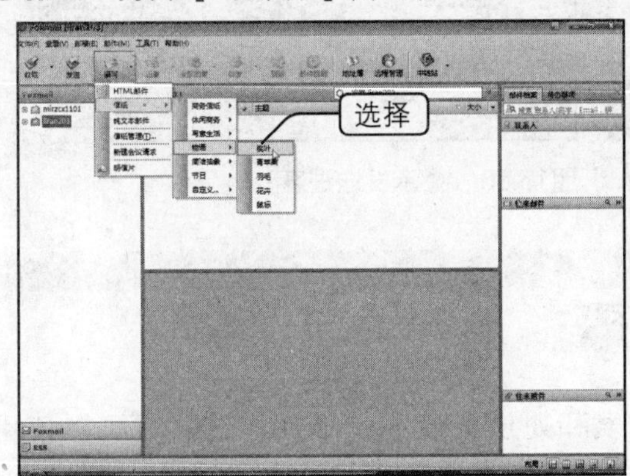

图15.31 设置信纸模式

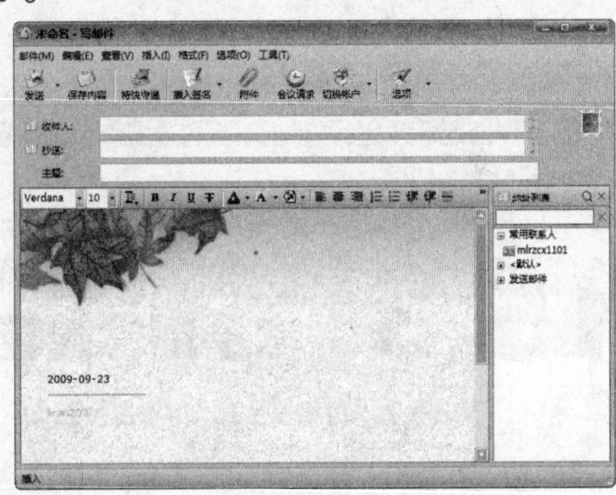

图15.32 【写邮件】窗口

步骤04 在【收件人】文本框中输入收件人的邮箱地址，在【主题】文本框中输入“桌面”，在窗口中输入邮件内容，如图15.33所示。

步骤05 完成后，单击工具栏中的【附件】按钮，在打开的对话框中选择【01.bmp】文件，如图15.34所示。

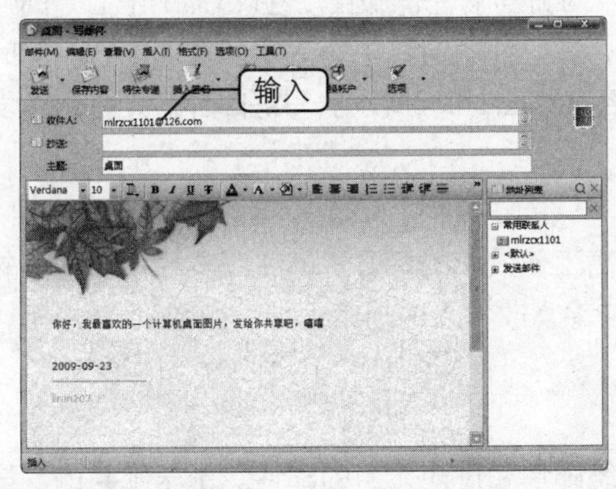

图15.33 写邮件

图15.34 选择附件

步骤06 然后单击【打开】按钮，在邮件底部出现了该图片的图标，如图15.35所示。

步骤07 单击工具栏中的【发送】按钮，将开始发送邮件，并显示发送的进度对话框，如图15.36所示，发送完成后该对话框自动关闭。

案例小结

本案例主要讲解了通过Foxmail发送邮件的方法，以及如何给电子邮件添加附件和信纸。在现在的生活和工作中，电子邮件的应用非常广泛，读者应熟练掌握。

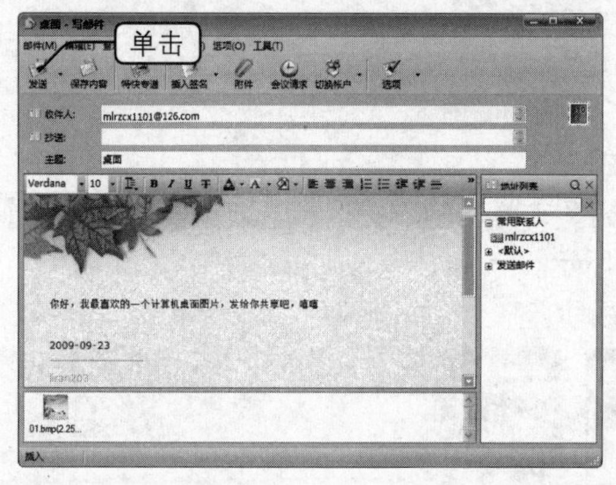

图15.35　显示附件

图15.36　显示发送进度

15.3 电子邮件的管理

对于办公人员而言，通常每天都要收发和处理很多电子邮件，这时就可以使用Foxmail提供的邮件管理功能进行邮件管理。

15.3.1　知识讲解

电子邮件的日常管理包括邮件的回复、转发以及删除等。

1. 回复邮件

收到邮件后，一般情况下出于礼貌都要给对方回复一份邮件。在Foxmail中回复邮件的方法如下：在工具栏中单击【回复】按钮，在打开的窗口中输入须回复的内容。此时【收件人】和【主题】文本框将自动填写内容，如图15.37所示。写好邮件后，单击【发送】按钮即可将邮件发送出去。

2. 转发邮件

利用现有的邮件转发给其他人是一种提高工作效率的好方法，在工具栏中单击【转发】按钮，在打开窗口的【收件人】文本框中输入收件人的邮箱地址，如图15.38所示，然后单击【发送】按钮即可。

3. 删除邮件

在使用邮箱的过程中，将会产生一些系统邮件和过期无用的邮件。由于邮箱的容量是受限制的，因此必须将这些无用的邮件删除。其方法如下：选择须删除的邮件，单击工具栏中的【删除】按钮，将其删除到【废件箱】中，然后进入【废件箱】中，选择该邮件，如图15.39所示，再次单击【删除】按钮将其彻底删除。

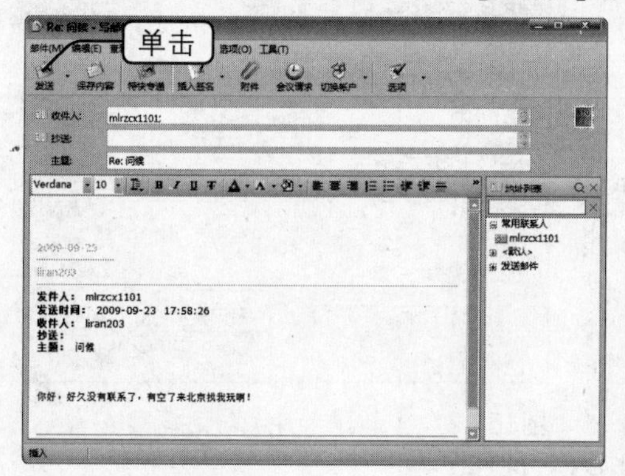

图15.37　回复邮件

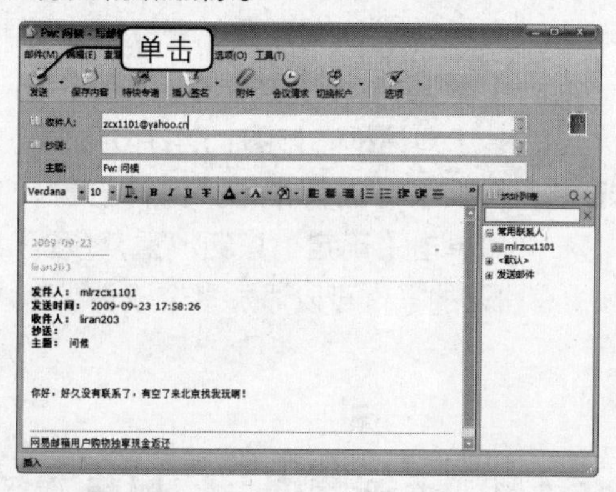

图15.38　转发邮件

4. 创建通信录

在传统通信中常常需要记录很多联系人的地址以及各地的邮编，从而形成了专门的通信录。在使用电子邮箱时，要逐一记住由英文和数字组成的邮箱地址也令人头疼。这时可以在电子邮箱中制作一个通信录，用于保存联系人的邮件地址，在发送邮件时直接调用即可。

在Foxmail中创建通信录的具体操作如下：

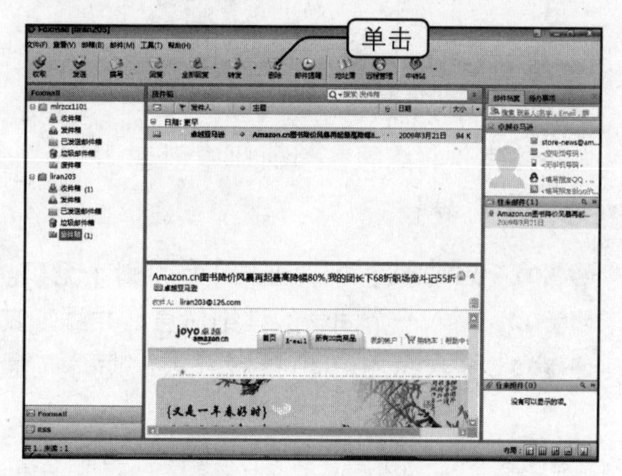

图15.39　删除邮件

步骤01　在Foxmail界面中，单击工具栏中的【地址簿】按钮，打开【地址簿】窗口，如图15.40所示。

步骤02　在窗口左侧可选择【公共地址簿】或【个人地址簿】选项，这里选择【公共地址簿】下的【默认】选项。

步骤03　然后单击工具栏中的【新文件夹】按钮，打开【输入】对话框，如图15.41所示，在其中可为新建的文件夹命名。

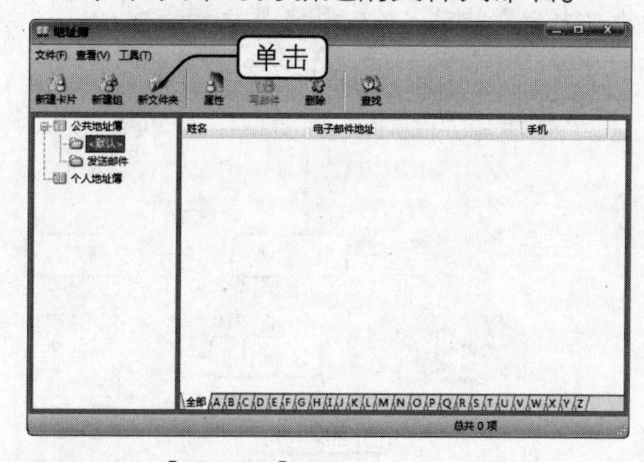

图15.40　【地址簿】窗口

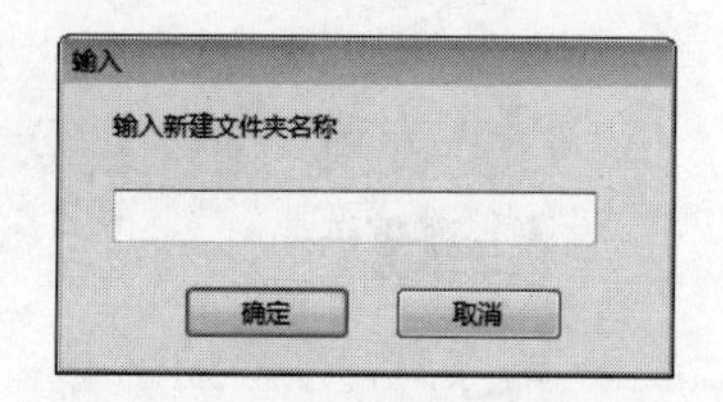

图15.41　【输入】对话框

步骤04　单击【确定】按钮，此时在窗口左侧的【公共地址簿】选项下将出现该新建的文件夹。

步骤05 选择新建的文件夹，单击工具栏中的【新建卡片】按钮，打开【新建卡片】对话框，如图15.42所示。

步骤06 在其中可进行详细的身份设置，完成后单击【确定】按钮。重复步骤5和步骤6的操作可以添加多个收件人地址。

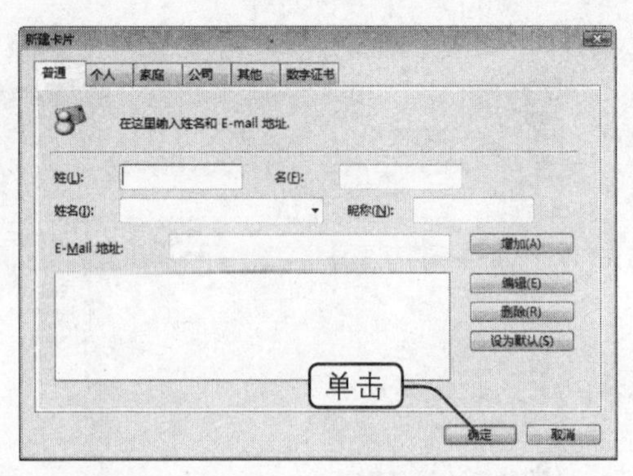

图15.42 【新建卡片】对话框

15.3.2 典型案例——创建“同学”通信录

案例目标

本案例将练习在Foxmail中创建“同学”通信录，以掌握创建通信录的操作。

操作思路：

步骤01 启动Foxmail，进入【地址簿】窗口。

步骤02 输入一个同学的详细信息，并添加其邮箱地址。

步骤03 多次添加，即可创建一个“同学”通信录。

操作步骤

步骤01 在Foxmail界面中，单击工具栏中的【地址簿】按钮，打开【地址簿】窗口。

步骤02 在窗口左侧选择【个人地址簿】选项，然后单击工具栏中的【新文件夹】按钮，打开【输入】对话框，设置文件夹的名称为“同学”，如图15.43所示。

步骤03 然后单击【确定】铵钮，添加【同学】文件夹。

步骤04 选择【同学】文件夹，单击工具栏中的【新建卡片】按钮，打开【新建卡片】对话框。

步骤05 在【普通】选项卡的【姓】文本框中输入“李”，在【名】文本框中输入“然”，在【昵称】文本框中输入“小小”，在【E-Mail地址】文本框中输入“zcx1101@yahoo.cn”，单击【增加】按钮，将该地址添加到下方的窗口中，如图15.44所示。

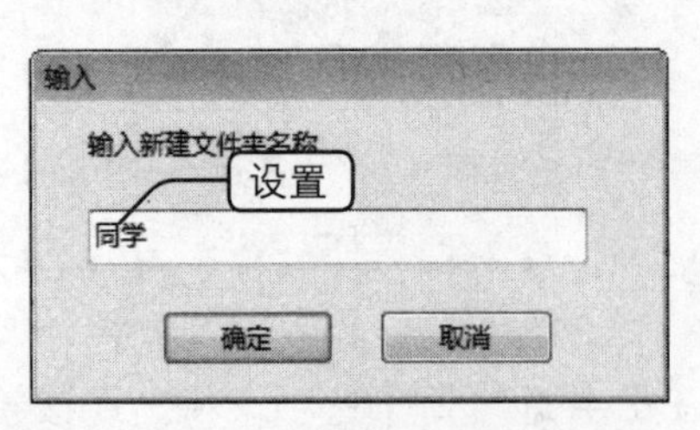

图15.43 设置文件夹的名称

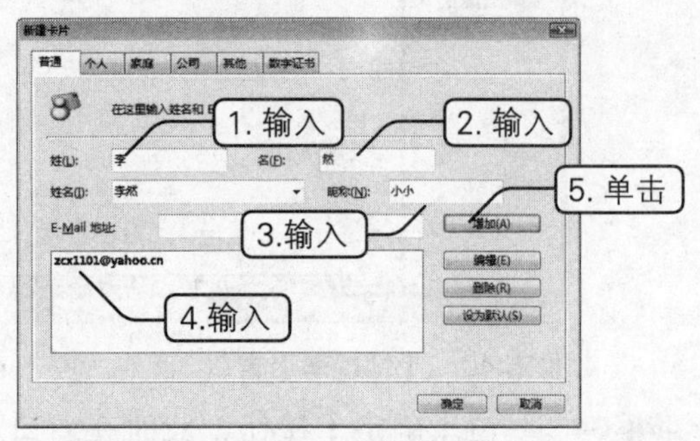

图15.44 设置信息

步骤06 单击【确定】按钮，完成地址的添加。

步骤07 重复步骤4～6，添加其他收件人地址，最终效果如图15.45所示。

步骤08 当要给地址簿中的某人发送邮件时，只要在如图15.45所示的窗口右侧双击所创建的相应邮箱地址便能打开【写邮件】窗口，并将在【收件人】文本框中自动输入邮箱地址。

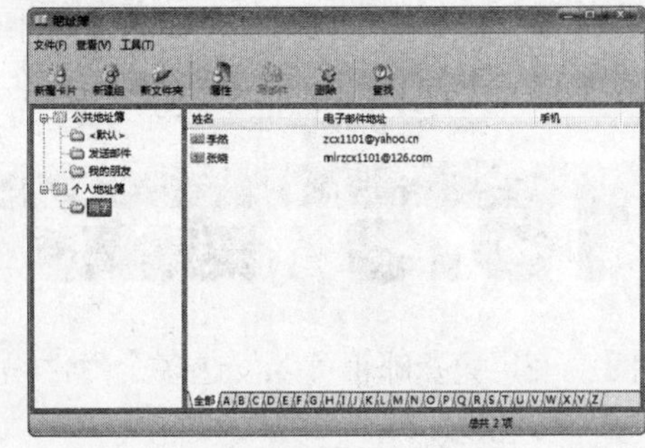

图15.45 创建的通信录

案例小结

本案例练习了在Foxmail中创建通信录的方法。如果用户需要修改通信录中某个朋友的信息，则只要在图15.45中选择该朋友的信息后，单击工具栏中的【属性】按钮，就可以打开信息卡片的【普通】选项卡，修改信息。

15.4 上机练习

15.4.1 在亿邮网申请免费邮箱

本小节练习在亿邮网申请免费电子邮箱，以巩固申请邮箱的方法。

操作思路：

步骤01 启动IE浏览器并打开亿邮网。

步骤02 单击【激活邮箱】文本超链接，打开亿邮免费邮箱页面。

步骤03 单击【新用户注册】文本超链接，打开eYou账户页面，如图15.46所示。

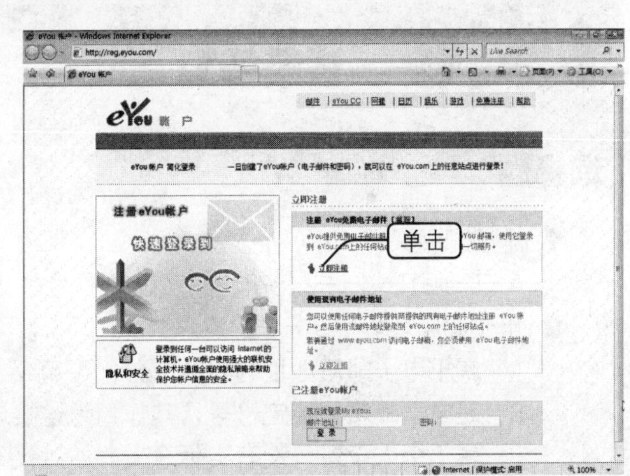

图15.46 eYou账户页面

步骤04 在【注册eYou免费电子邮件】选区中单击【立即注册】文本超链接，打开注册页面。

步骤05 在注册页面填写基本信息并提交，邮箱申请成功。

15.4.2 使用Foxmail发送邮件

本小节练习用Foxmail向朋友发送电子邮件。

操作思路：

步骤01 启动Foxmail，进入【写邮件】窗口。

步骤02 输入收件人地址、邮件主题和邮件内容等基本信息。

步骤03 单击【发送】按钮，完成邮件的发送。

15.5 疑难解答

问： 使用免费邮箱可以发送多个附件吗？要如何操作呢？

答： 可以发送多个附件，只要再次单击【添加附件】文本超链接即可，但是需要注意附件总量不能超过发送限制的大小。

问： 在Foxmail中可以新建信纸模板吗？

答： 可以。在其操作界面中执行【工具】→【邮件撰写信纸管理】命令，打开【信纸管理】对话框，单击【新建】按钮，在该对话框右侧将出现字体设置工具栏，如图15.47所示，可通过设置字体大小、颜色、对齐方式及字号等新建一个模板。

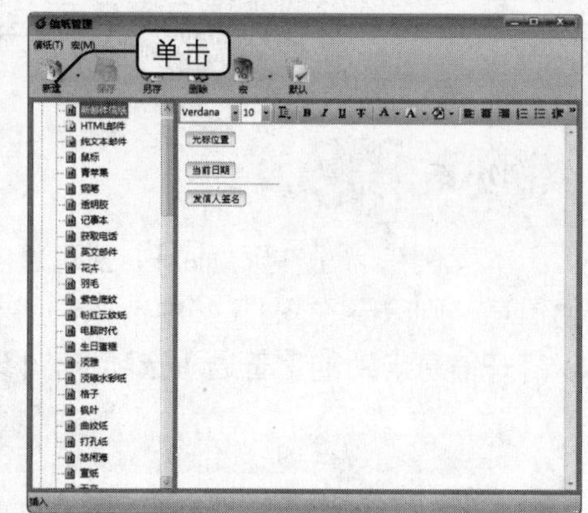

图15.47 【信纸管理】对话框

15.6 课后练习

选择题

1 电子邮件又称（ ）。

A、E-mail　　B、数字邮件　　C、网络邮件　　D、Internet-mail

2 电子邮箱地址中@符号的意思为（ ）。

A、属于电子邮箱地址的组成部分，可用α、β等符号代替。

B、是电子邮箱的特定符号，其作用为连接地址前后两部分。

C、属于个人设置，没有实际意义。

D、属于电子邮箱地址的组成部分，但可以移动其位置。

3 利用Foxmail发送电子邮件时，可以作为附件添加到邮件当中的是（ ）。

A、Word文档　　B、音频文件　　C、视频文件　　D、图片

问答题

1 简述申请免费电子邮箱的方法。

2 简述转发邮件的操作方法。

3 简述利用Foxmail创建通信录的方法。

上机题

1 登录雅虎网的电子邮箱，给自己的好友发送一封电子邮件。

- 登录雅虎网，进入其电子邮箱的界面。
- 书写电子邮件内容等基本信息。发送电子邮件给自己的好友。

2 使用Foxmail转发一封邮件给一位好友。

- 启动Foxmail，在操作界面中选中一封邮件。
- 单击工具栏中的【转发】按钮，打开【写邮件】窗口。
- 输入收件人地址，直接单击【发送】按钮即可。

习题答案

第1课

(1) B　(2) C　(3) ABCD

第2课

(1) B　(2) ABCD　(3) C

第3课

(1) C　(2) D　(3) A

第4课

(1) BA　(2) C　(3) ABCD

第5课

(1) A　(2) D　(3) B

第6课

(1) ABCD　(2) A　(3) ABC

第7课

(1) D　(2) AD　(3) ABCD

第8课

(1) B　(2) A　(3) D

第9课

(1) B　(2) B　(3) B

第10课

(1) B　(2) B　(3) C

第11课

(1) D　(2) ABCD

第12课

(1) ABC　(2) B

第13课

(1) D　(2) ABC　(3) ABCD

第14课

(1) C　(2) B　(3) ABCD

第15课

(1) A　(2) B　(3) ABCD

在此仅提供了选择题的答案，问答题及上机题可参照书中的讲解自行练习。

电子工业出版社
PUBLISHING HOUSE OF ELECTRONICS INDUSTRY

《Windows Vista，Word/Excel/PowerPoint 2007 与 Internet 五合一培训教程》读者交流区

尊敬的读者：

感谢您选择我们出版的图书，您的支持与信任是我们持续上升的动力。为了使您能通过本书更透彻地了解相关领域，更深入的学习相关技术，我们将特别为您提供一系列后续的服务，包括：

1. 提供本书的修订和升级内容、相关配套资料；

2. 本书作者的见面会信息或网络视频的沟通活动；

3. 相关领域的培训优惠等。

请您抽出宝贵的时间将您的个人信息和需求反馈给我们，以便我们及时与您取得联系。

您可以任意选择以下三种方式与我们联系，我们都将记录和保存您的信息，并给您提供不定期的信息反馈。

1．短信

您只需编写如下短信：B11103+您的需求+您的建议

发送到1066 6666 789（本服务免费，短信资费按照相应电信运营商正常标准收取，无其他信息收费）

为保证我们对您的服务质量，如果您在发送短信24小时后，尚未收到我们的回复信息，请直接拨打电话（010）88254369。

2．电子邮件

您可以发邮件至jsj@phei.com.cn或editor@broadview.com.cn。

3．信件

您可以写信至如下地址：北京万寿路173信箱博文视点，邮编：100036。

如果您选择第2种或第3种方式，您还可以告诉我们更多有关您个人的情况，及您对本书的意见、评论等，内容可以包括：

（1）您的姓名、职业、您关注的领域、您的电话、E-mail地址或通信地址；

（2）您了解新书信息的途径、影响您购买图书的因素；

（3）您对本书的意见、您读过的同领域的图书、您还希望增加的图书、您希望参加的培训等。

如果您在后期想退出读者俱乐部，停止接收后续资讯，只需发送“B11103+退订”至10666666789即可，或者编写邮件“B11103+退订+手机号码+需退订的邮箱地址”发送至邮箱：market@broadview.com.cn 亦可取消该项服务。

同时，我们非常欢迎您为本书撰写书评，将您的切身感受变成文字与广大书友共享。我们将挑选特别优秀的作品转载在我们的网站（www.broadview.com.cn）上，或推荐至CSDN.NET等专业网站上发表，被发表的书评的作者将获得价值50元的博文视点图书奖励。

我们期待您的消息！

博文视点愿与所有爱书的人一起，共同学习，共同进步！

通信地址：北京万寿路 173 信箱　博文视点（100036）　　电话：010-51260888

E-mail：jsj@phei.com.cn，editor@broadview.com.cn

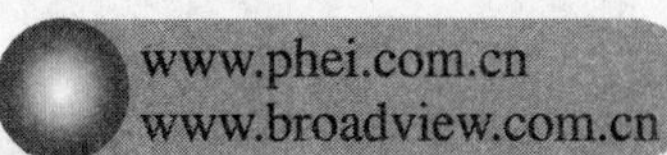

反侵权盗版声明